通信网络前沿
技术丛书

无线网络及移动设备安全

（原书第2版）

[美] 吉姆·多尔蒂（Jim Doherty）著
王亚珊 郭宇春 译

WIRELESS AND MOBILE DEVICE SECURITY

2nd Edition

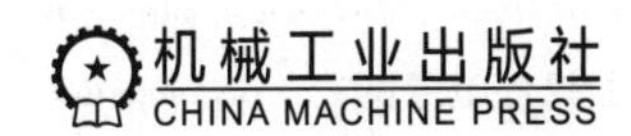

图书在版编目（CIP）数据

无线网络及移动设备安全 ： 原书第 2 版 ／（美）吉姆 · 多尔蒂（Jim Doherty）著 ； 王亚珊，郭宇春译 . 北京 ： 机械工业出版社，2025. 5. --（通信网络前沿技术丛书）. -- ISBN 978-7-111-77575-1

Ⅰ. TN92

中国国家版本馆 CIP 数据核字第 2025HL9237 号

机械工业出版社（北京市百万庄大街 22 号　邮政编码 100037）

策划编辑：王　颖　　　　责任编辑：王　颖　张　莹

责任校对：赵　童　杨　霞　景　飞　　责任印制：郜　敏

三河市国英印务有限公司印刷

2025 年 5 月第 1 版第 1 次印刷

186mm×240mm · 16.5 印张 · 472 千字

标准书号：ISBN 978-7-111-77575-1

定价：109.00 元

电话服务　　　　网络服务

客服电话：010-88361066　　机　工　官　网：www.cmpbook.com

010-88379833　　机　工　官　博：weibo.com/cmp1952

010-68326294　　金　书　网：www.golden-book.com

封底无防伪标均为盗版　　机工教育服务网：www.cmpedu.com

|Preface| 前　言

本书写作目的

本书对 IT 安全、网络安全、信息保障和信息系统安全等领域内的最新研究成果和趋势进行了全面论述，同时还结合实际生活中的应用与案例提供了基本的信息安全原则。本书由信息系统安全方面经验丰富的专家撰写，能够提供有关该领域的全面信息，不仅适用于当下，还具有前瞻性，不仅能够帮助读者解决当下的网络安全挑战，还能放眼未来的网络安全问题。

本书第一部分回顾了无线和移动网络的历史，以及有线和无线网络的演进。你将了解移动设备的出现，实现了笨重的模拟手机到日常生活中不可或缺的“智能”设备的转变，以及这些设备时刻在线、无处不在的意义。尽管大多数人认为由此产生的变化带来了积极作用，但无线和移动网络技术也产生了巨大的网络安全漏洞。本书将会对网络安全的威胁和考虑因素进行介绍，特别是无线网络和移动设备的安全。

第二部分重点介绍了无线局域网（WLAN）安全。首先，你将了解 WLAN 设计和无线通信的常规操作，尤其是 802.11 WLAN。其次，你还将了解 802.11 无线网络以及在不同拓扑和设备情况下的安全威胁和漏洞。再次，书中还讨论了小型办公室/家庭办公室（SOHO）网络所需的基本安全措施，以及能够满足更大群体网络需求的无线安全相关概念。这一部分还介绍了审计和监控 WLAN 的需求以及实现该目标的工具。最后，对应用在 WLAN 和互联网协议可移动性中的风险评估程序进行了说明。

第三部分讨论了针对无线网络和移动设备风险和漏洞的安全解决方案。首先，介绍了三种主要的智能手机操作系统及其对应的安全漏洞。接着，对这些操作系统的安全模型进行了讨论，并进一步阐述了 IT 组织如何对大规模智能设备的安全进行管理和控制。在此基础上，说明了移动客户端对企业网络构成的风险，以及用于应对这些风险的工具和技术。此外，还介绍了移动设备指纹识别带来的问题。最后，介绍了恶意移动软件的概况以及应对措施，以防止恶意软件入侵组织的信息安全资源。

本书特色

本书内容实用且对话性强，信息安全概念和程序都附有示例。此外，书中会有知识拓展、提示、参考信息、警告，以提醒读者注意与所讨论主题相关的其他有用信息。在每章结尾会有自测题目，参考答案可见本书附录。书中同时包含了每章小结，读者可以据此对学习内容进行快速回顾或预习，也能据此区分不同内容的重要程度。

版本修订说明

第 2 版相比第 1 版有很大改变。在这一版中，我们使用了一整章来探讨“时刻在线”的现象，并重点关注了物联网。物联网带来了无线和移动网络设备的爆炸式增长，并间接导致了漏洞的爆炸式增长。为了留出足够空间讨论这些新主题，原本专门讨论数据和移动网络发展的两章已合并为一章。

值得一提的是，第 2 版包含了最新的 Wi-Fi 标准（本书第 1 版出版以后已更名），以及安卓和苹果 iOS 操作系统的最新版本说明。本书还保留了 Windows Phone 操作系统的相关内容，并包含了 5G 最新信息。最后要说的是，这一版本的修订使得本书包含了最新的无线和移动安全漏洞及其对策。

|Acknowledgements| 致　谢

以作者身份出现在封面上实属幸运，但我不能独揽殊荣，在本书的创作过程中有许多人都发挥了重要的作用。若没有他们，我本无法接受此重任，更不要说完成本书的写作。

首先要感谢的是 Alasdair Gilchrist，他是我的研究员、写作助理和技术顾问。在写作本书及建立实验室的过程中，他的知识技能、努力和技术专长都是不可或缺的。所有这些新技术的最大优点之一是，它能够连接来自世界各地的人。我与他虽然一个身在北卡罗来纳州、一个身在曼谷，但通过使用本书提到的多种工具和技术，实现了生活和工作上的协作（当然是通过十分安全的方式）。Alasdair 是一位真正的专家，团队中有他我感到十分幸运。

其次要感谢的是 Justin Hensley，他是我的技术审稿人和编辑，同时也是坎伯兰大学信息安全与基础设施部的主任。Justin 让我们保持敏锐性，并尽其所能确保本书中的信息准确无误，同时兼顾了读者的阅读感受。借助他的卓越能力，本书在可读性上能够精益求精。

还要感谢内容策略师 Melissa Duffy，她以坚定不移的专注力和良好的心态推动了写作的进展。经过多次修订、技术和编辑审查，以及几近错过最后期限，本书最终得以顺利完成。写作容易、出版难，Melissa 在此过程中扮演了重要的角色。

最后需要感谢的人还有 JB Learning 的制作团队，包括制作专家 Allie Koo、媒体发展编辑 Faith Brosnan、版权专家 James Fortney，还有帮助我改正语法、标点符号和格式错误的项目经理 Manjusha Chandrasekaran，这可是不小的工作量！我要感谢整个团队，以及所有在创作过程中为我提供过帮助的人。

再次感谢所有人！

Jim Doherty

目　录 | Contents |

第一部分　无线网络和移动网络的演进及其面临的安全挑战

第 1 章 |Chapter 1|

数据和无线网络演进

在过去的二十多年中，网络安全已经经历了多次演进，如今又由于两种现象的发生而再次发生颠覆性变化：网络连接的无束缚化，以及始终在线、始终连接且经常移动的设备的激增。我们无须通过以太网电缆将计算机连接至网络就可同时登录互联网和办公网，这从根本上改变了我们的生活方式，并极大地模糊了工作和生活之间的界线。而且，直接（通过计算机和手机）或者间接（通过智能设备）与万物互联的意愿重新定义了隐私和个人数据的安全性。

尽管大多数人认为由此产生的变化是积极的，但是无线和移动网络却给组网带来了极大的安全漏洞，特别是在公司和个人信息领域。这些漏洞以及预防和检测方法将是本书的重点。在详细讨论无线和移动网络安全之前，我们首先来看看这些深刻变化是如何发生的。

1.1 数据通信的萌芽

数据通信和网络的历史可以追溯到 1837 年，当时塞缪尔·摩尔斯（Samuel Morse）发明了第一个可实用的电报系统。1844 年，摩尔斯发出了他的第一个长途信息，这条信息以摩尔斯电码编码，从华盛顿特区发送到了马里兰州的巴尔的摩。截至 1850 年，美国共有超过 20 家不同的电报运营商，运营着超过 12 000 英里（1 英里 = 1 609. 344m）的电报线路。众所周知，电报使用以点和划表示的开始和停止信号并通过铜缆进行传输。电报信号是一种单向消息协议，后来发展为支持两个通道，甚至四个通道。从此电报在电信业一直占据垄断地位，直到 1877 年第一个电话网络的出现。

尽管起初有人担心电话对于普通人来说技术门槛过高，但电话还是获得了迅速的普及。事实上，电话系统在承载的流量、产生的收入和网络的覆盖范围方面都迅速超越了电报，但是电话受限于只能传输语音。因此，尽管电报作为人际交流的流行手段被电话所取代，但它仍然是承载数字数据通信的有效媒介。

1923 年，为满足人们对通信真实性和准确性的需求，第一台电传打字机应运而生。到 1935 年，旋转拨号电传机服务被引入。

到 20 世纪 50 年代，公共交换电话网络（Public Switched Telephone Network, PSTN）已无处不在且价格亲民，这在很大程度上得益于广泛的互连性，从而产生了**网络效应**。PSTN 可以通过其交换网络实现社区、国家甚至国际上任意地方间的电话互连。为了实现这一点，具有层级结构的网络通过交换运营商（IXC）将本地交换运营商（LEC）与区域、国家和国际运营商连接起来。正是这种国内和国际的影响力，使得 PSTN 成为了一种在大型企业计算机组网时富有吸引力的必要媒介。

知识拓展

网络效应是指技术随着用户或单元数量的增加而变得更有价值的现象。传真机就是常见的例子。第一台传真机可能用处不大，但是第二台传真机的出现使得第一台变得更有价值。随着传真机数量的进一步增加，传真机的用途逐步凸显。

1.1.1 早期的数据网络

到 20 世纪 50 年代末，随着大型企业中部署计算机需求的不断增加，对计算机组网的需求也日益增长。这些计算机是独立运行的大型独立机器。IBM 通过声耦合器和电话机在模拟 PSTN 上成功实现了两台数字设备之间的连接。这些声耦合器以 300bit/s 的速率工作在 PSTN 上。这一时期，语音网络和新兴的数据网络开始融合。

参考信息

在个人计算机（Personal Computer, PC）出现之前，计算机通常都是占据了整个房间的大型主机。计算机的访问是通过一个“笨终端”实现的，这个终端提供了一个简单的文本展示页面（由于终端的黑色屏幕上显示绿色字体，这个页面通常称为“绿屏”），如图 1-1 所示。这个终端不具备计算能力，只是简单的读数显示器。

图 1-1　笨终端（绿屏）

注：图片由美国国防部提供。

数据通信历史上另一个重要的里程碑是 1962 年通过标准 PSTN 传输了第一份传真。它的实现得益于一个名为调制解调器（modem）的设备，它将数据调制为声音，并与模拟电话线的两端相连。调制解调器是调制器/解调器的简称，在接下来的几十年里，调制解调器一直被用于在模拟 PSTN 上传输数字信号。调制解调器将数字信号调制为模拟信号，在另一端模拟信号被解调，从而恢复原始的数字信号。通过使用调制解调器，与电话线相连的计算机可以通过模拟 PSTN 进行通信。

但是电话公司很快意识到了数字技术的显著优势，并针对网络进行了升级。从技术角度来看，数字信号通信优于模拟信号通信。此外，数字技术也已经变得更加便宜和可靠，适合进行语音信号传输。

相比模拟信号通信，数字信号通信具有以下优势：

- 带宽使用更有效。
- 利用率更高。
- 错误率更低（即错误更少）。
- 不易受噪声和干扰的影响。
- 吞吐量更高。
- 支持附加服务（比如来电显示、自动转接和呼叫等待）。

随着电信运营商推出新的数字网络，高速数字通信已成为一项广泛可用的服务。

分组交换技术是长距离数字通信技术领域的里程碑式创新，它取代了电路交换技术。在电路交换技术中，电话通过电话交换机进行物理连接，从而形成电路。当电路正在使用时，连接两部电话之间的线路被独占。这种方式是十分低效的，因为考虑到词语之间的停顿和交谈者之间的停顿，即使是健谈的人在交谈过程中也有大约50%的沉默时间。同时这种方式的成本也十分高，尤其对于长途电话，因为长途线路总是处于繁忙状态，而主叫者需要为专享线路而付费。

此外，我们还需要考虑电路交换中消息路径的自愈问题。在持续通话期间，电路交换将通信限制在一个预设置的点对点电路中，如果消息路径上发生任何中间交换失败，电路交换将会失效并需要重新设置。理想情况下，通话将会被重新路由至其他路径，但这要求网络中对于任意给定的目的地址都有多条路径，并能够识别替代路由，这将会极大增加用户成本。

在分组交换中，语音信号首先进行数字化转换，并被分割成多个数据包。这些数据包中包含了语音信息、源地址和目的地址。在此基础上，数据包由源地址传送至目的地址。利用语音通话中的沉默间隙，不同语音通话的数据包实现了电路的共享，因此分组交换效率更高。随着数字压缩技术的发展，效率得到了进一步提升，因而如今大量语音通信得以共享同一线路。

相比电路交换，分组交换的自愈能力更强。在分组交换中，数据包可以从不同的路径由源地址到达目的地址，不会依赖某一条电路。同时，每一个数据包都只是语音信号中很小的一部分，即使许多数据包丢失或被丢弃，也不会明显影响通话质量。因此在分组交换中，如果任何一条电路或交换失败，数据包的路由将被重新规划。被丢弃的数据包可忽略不计。事实证明，分组交换技术也是现代数据通信的关键技术。

1.1.2　互联网革命

在分组交换技术的驱动下，美国政府成立了高级研究计划局（Advanced Research Projects Agency, ARPA）来研究和开发计算机网络。ARPA 项目的成果是设计、创建和开发了第一个基于分组交换的计算机网络 ARPANET。

ARPANET 是现代互联网的前身。在 20 世纪 70 年代和 80 年代，它是一个由大学和研究机构开发和使用的非商业网络。这一时期，尽管了解和使用 ARPANET 的人很少，但它已经完成了几个关键协议的开发，其中最重要的就是传输控制协议/互联网协议（Transmission Control Protocol/Internet Protocol, TCP/IP）。20 世纪 90 年代初期，TCP/IP 成为了互联网的协议。

与此同时，许多局域网（Local Area Network, LAN）技术在争夺主导地位。几种专有的网络协议非常流行，并互相争夺市场主导地位。但是这几种专有的网络协议无法兼容。也就是说，使用不同协议的 LAN 无法互相通信。如何将这些不同的操作系统和协议连接成一个异构网络成为了一项挑战。到 20 世纪 90 年代初期，以太网协议在 LAN 技术之争中获胜，成为全球通用的局域网网络标准协议。30 年过去了，现如今以太网协议仍旧在 LAN 协议中占据主导地位。

ARPA 不止创造了局域网

ARPA 还进一步创造了连接远距离商用计算机和网络的标准方法，即众所周知的广域网（WAN），它是一种点对点或点对多点的拓扑结构，通过使用这种网络，企业能够以高速率和高吞吐量连接全球范围内不同城市或国家的网络和计算机。

1.1.3　个人计算机的发展

获得飞速发展的不止有数据通信。在企业内部，一场革命终结了大型主机及相关笨终端的历史。

20 世纪 80 年代早期，IBM 推出了个人计算机（PC）。它迅速获得了企业的关注，并因具备运行独立的文字处理和会计软件包的能力而变得流行。但由于大部分业务数据都保存在大型机上，因此桌面上必须同时拥有一台 PC 和一台大型机终端（连接到大型机的“笨”屏幕）。这不仅不方便，而且也没有简单的方法将信息从大型机传输到 PC 应用程序以进行本地处理。后来的解决办法是将每台 PC 连接到大型机组成 LAN，并通过 LAN 实现 PC 间的直连，从而利用 PC 日益增长的数据处理能力。随着个人计算机销量的飙升和计算机网络行业的爆炸式增长，笨终端不再被需要。但是到目前为止，如果想要将一台设备接入网络或者接入互联网，我们还是需要将设备通过以太网连接或者调制解调器连接至 PSTN。这一切都将随着无线网络的出现而发生改变。

1.2　计算机网络和开放系统互连参考模型

在研究有线网络如何演变成无线网络之前，我们要了解基本的计算机网络知识。一个较为合理的起点是开放系统互连（Open Systems Interconnection, OSI）参考模型。OSI 参考模型在 1984 年被提出，起初是为解决业界在网络时代初期专有数据网络和设备开发中产生的问题。在此之前，大多数设备制造商都已经开发出了专有的数据网络技术。其中包括特殊的通信协议、连接接口，以及用于数据传输和检索的程序等。在某些情况下，供应商这样做的原因是该领域内大部分开发没有先例可参考，但很多供应商坚持专用技术是为了获得竞争优势。

对于打入这个新兴市场的公司来说，使用专有数据网络技术似乎是一件好事，但是对于用户来说却不是这样，因为这会使得他们与单一供应商解决方案绑定。最终，解决方案的有限以及用户对与单一供应商绑定的谨慎限制了市场的进一步发展。当然，这种情况不仅对用户不利，对供应商也不利，因为它人为地限制了商业机会。

解决问题的答案是开发一个模型，为通信协议以及机器和子系统之间的物理和逻辑接口定义标准。OSI 参考模型就是这样一个网络通信模型，它由国际标准化组织发布且是一个七层模型（称为堆栈，stack），描述了从物理线路一直到计算机应用程序接口的标准。根据这个标准，每一层都有在所有设备中通用的特定功能，以及与其相邻层进行通信的特定方式。

参考信息

在很多情况下，术语“堆栈”是指某种特殊的协议，比如互联网协议（IP）。但是我们也经常看到“向堆栈的上层移动或下层移动”，这种情况下指的是 OSI 参考模型中的不同层。比如，防火墙最初是第 3/4 层（IP）的设备，然而现在有的应用防火墙已经“上升”到第 7 层。类似这种情况，术语的使用方式和场景有助于我们确定术语的适用含义。

由于这种标准化，不同的公司能够专注于特定的解决方案或产品，即使没有预先合作也不用担心与其他制造商产品的兼容性。大量创新由此产生，同时这也大大增加了可用解决方案的数量，因为进入市场的障碍减少了。与一个完整的端到端解决方案相比，企业开发一个具有清晰定位的产品要容易得多。

更重要的是，事实证明，OSI 参考模型为企业、大学、消费者带来了巨大好处，用户可以有更多选择并有机会选择“同类最佳”产品，而不是被迫在整个网络中围绕单一供应商进行标准化。采用 OSI 参考模型推动了网络行业成为现如今经济产业中的重要力量。

1.2.1　OSI 参考模型

如前所述，OSI 参考模型包含七层，每层具有特定功能，并且能够与相邻层通过标准方式通信。从下到上这七层分别如下所述。

- 第 1 层（物理层，Physical Layer）：物理层是数据传输的信号通道，包括铜线、光纤、无线电信号（如 WiFi、WiMAX、蓝牙），以及其他的传输通道。这一层信息以位或者字节为单位进行传输。
- 第 2 层（数据链路层，Data Link Layer）：数据链路层通过每台设备的媒体访问控制（MAC）地址来建立设备间的通信通道。这一层也称为交换层，因为它是 LAN 中确定交换路径的层。以太网协议就是第 2 层的协议。这一层的信息单位是数据帧。
- 第 3 层（网络层，Network Layer）：网络层通常被视为路由层或 IP 层。尽管路由和交换间的界线已经模糊，这一层主要处理 LAN 之间的通信路径问题。互联网协议（IP）为第 3 层的协议。可以知道，通信路径是由其 IP 地址决定的。这一层信息传输的单位是数据包。
- 第 4 层（传输层，Transport Layer）：传输层是设备上应用程序处理软件与网络之间的桥梁。在这一层，来自应用程序的数据被分解成适合设备发送传输的小块或数据包，然后在接收设备上重新组合。
- 第 5 层（会话层，Session Layer）：会话层对不同设备上应用程序间的通信进行定义和管理。
- 第 6 层（表示层，Presentation Layer）：表示层对发送至应用程序和从应用程序接收的信息进行格式化。
- 第 7 层（应用层，Application Layer）：应用层是堆栈的最顶层，它为互联网应用（如 HTTP、SMTP）提供了适用的协议。

> **知识拓展**
> 有一些小技巧可以帮助我们记住 OSI 参考模型的各层名称。其中一个适合工作场合的、自上而下的记忆口诀是：**A**ll **P**eople **S**eem **T**o **N**eed **D**ata **P**rocessing[⊖]（所有人似乎都需要数字处理）。

栈间通信通过报头实现。当数据（在应用层）产生并沿堆栈自上而下传输，通过网络到达其他设备时，每一层都会针对其他设备的对应层，以及本设备的相邻堆栈层添加自己的一套指令。

尽管 OSI 参考模型提供了一个清晰的框架，但不同层之间的界线已经开始变得模糊。例如，许多人现在会参考一个新的精简框架，称为 TCP 模型，它将 OSI 参考模型中的 5~7 层合并称为“应用层”。此外，由于 TCP/IP 是互联网通信的实际标准，第 3 层和第 4 层也紧密相关。最终，如前所述，随着创新和处理能力的不断提高，交换机和路由器之间的功能界限变得非常模糊，这有助于提高多任务设备的效率，

⊖ 此句中每个单词的首字母正好对应 OSI 参考模型中自上而下的七层英文名称首字母。——译者注

也使得第 2 层和第 3 层不再是分别专属于交换机和路由器的领域。

OSI 的各层仅能与其相邻的上下层、其他设备上的对应层通信。通过指令的相邻层间传递信息（包括数据和层指令）能够逐层向下传递、再经过网络到达其他设备并向上传输至对应层。图 1-2 展示了 OSI 参考模型中七层间的相互关系以及各自的功能。

图 1-2　OSI 参考模型描述了设备如何通过网络进行通信

1.2.2　网络通信概述

因篇幅有限，本书无法详细叙述数据通信的基础知识，但有必要对网络通信的几个关键方面进行简要概述。尤其要关注无线安全方面十分重要的网络知识。从最简单的层面来说，网络通信的两个关键问题一是对数据进行处理以满足传输条件，二是确保数据到达正确的目的地。

基于这种简化，应用层的作用是调整数据以便通过网络传输，或重新组合数据以供接收端的应用程序使用。虽然应用层方面有很多安全问题，但是它们在很大程度上与传输的方式没有关系（无论是有线还是无线），故不在本书的讨论范围内。随着联网移动设备的出现，固定场景中存在的所有已知问题都变成了移动场景下的问题。

网络层的通信是通过逻辑寻址方案实现的，该方案使路由器能够将数据包通过网络传输到正确的目的地（在这种情况下，“逻辑”表示地址已分配并且可以根据需要进行更改）。这种寻址方案称为 IP 寻址，通过路由的广域网实现了互通的局域网之间的数据传输。

1.2.3　IP 寻址

IP 寻址使得一个网络具备在网络内部对数据包进行准确路由的能力。在过去 30 年的大部分时间里，我们都是使用 IPv4 作为 IP 寻址方案。该方案使用点分十进制的格式，由四个八位组（每个八位组包含八个二进制代码）组成，用于定义源 LAN 或目标 LAN 的位置。与家庭或公司地址编码方式类似，包括门牌号、街道、城镇、州或省、邮政编码和国家等。典型的 IP 地址形式如 198. 10. 249. 168，其中第一个或前几个八位组定义网络段，其余八位组定义该网络上的计算机或设备（称为主机）。同样，与街道地址类似，可以将网络视为一条街道（比如第五大道），网络中的主机就像是街道上的房子（比如第五大道 121

号、第五大道 122 号)。每一个八位组的取值范围为 1~255，最大值 255 是八位二进制数（11111111）的十进制表示。某些特定数字如 0 和 255 保留，以用于特定通信类型。

1. IPv4

最初开发 IPv4 时，人们认为它足以支撑未来设备数量的发展，毕竟 IP 地址的组合数超过了 40 亿，虽然如前所述有部分地址不允许使用，实际可用地址的数量比上述数字少一些，但可用地址的实际数量仍有数十亿。这样看来似乎有很多地址可供使用。然而，这是在互联网爆炸式发展之前，而现在每个商业办公室、发达国家中的每个家庭，以及每部智能手机都需要一个 IP 地址。这样一来，地址空间迅速变得稀缺。网络地址转换（Network Address Translation, NAT）是一种针对外部网络掩盖内部设备地址的方法，动态主机配置协议（Dynamic Host Configuration Protocol, DHCP）用于根据需要自动为设备分配 IP 地址，这两种技术都有助于缓解地址短缺问题，但鉴于 IP 设备的迅速增长，NAT 和 DHCP 都被证明只是权宜之计。真正能解决这个问题的是 IPv6。

2. IPv6

IPv4 的 32 位地址产生大约 40 亿个可用地址，与此不同的是，IPv6 是一个 128 位地址方案，可以提供超过 3.5×10^{38} 个地址，这个数量级表示数字后面有 38 个 0。基于这个非常大的数字，可以肯定的是，无论有多少需要网络连接的智能物联网（Internet of Things, IoT）设备出现，地址空间都将不再是问题。IPv6 还有以下优势：

- 可以自动配置。
- 地址管理方式优化。
- 内置安全/加密功能。
- 路由方案优化。

一个 IPv6 地址包含八个字段，每个字段是一个四位的十六进制数（数字从 0~9，再加上 a~f 表示 10~16)，例如：2051: 0011: 13A2: 0000: 0000: 03b2: 000a: 19aa。

对于这种标记方式还可以使用一种速记方法来消除前导零，且全零字段可以由单个零表示，基于此，上述地址可简记为：2051: 11: 13a2: 0: 0: 3b2: a: 19aa。

进一步，全为零的连续字段可以使用双冒号（: :）简记，这样上述地址可表示为：2051: 11: 13a2: : 3b2: a: 19aa。

IPv4 向 IPv6 的过渡已经进行了很多年，但是在本书撰写期间，这种过渡仍在进行中。目前仍广泛使用 IPv4 的原因是过渡到 IPv6 需要大规模升级，这将花费数百万甚至数十亿美元。然而，随着大多数新设备都支持 IPv6，这种过渡似乎也将逐步完成。在大多数网络设备经过 7~10 年的自然更新过程之后，被可以适应新寻址方案的设备所取代的时候，可能就是过渡的临界点。

1.2.4 数据链路层

OSI 参考模型的第 2 层，即数据链路层，在过去 30 年的大部分时间里一直由以太网协议主导。以太网协议主要用于 LAN，它是交换机在机器之间传输数据的方式。经过多年发展，以太网也得到了扩展。以太网被用于大型数据中心和大型城域网，进一步巩固了它在第 2 层的地位，就像 IP 主导了第 3 层一样。

交换的主导地位

交换机一直是网络的关键组成部分。近年来交换机开始在组网中占据主导地位。原因之一是交换机供应商对交换机功能进行了扩展，增加了包括以太网供电（Power over Ethernet, PoE）等在内的功能。这使得互联网协议语音（VoIP）电话无须额外的电源线即可工作（当然，它仍然需要以太网电缆），而且赋予了它在 OSI 参考模型第 3 层甚至第 4 层的转发能力。交换性能的提升推动了传输速度的不断提高，以太网速率从 1Gb 到 10Gb 再到 40Gb，甚至 100Gb、400Gb。随着专用数据中心在企业网络中兴起，这些性能改进变得尤为重要。随着虚拟化的出现，交换速度的提升也大大加快，在大型虚拟化数据中心内的快速切换是主要的考虑标准。

与旨在将 LAN 相互连接的 IP 不同，以太网连接的是同一网络中各机器之间的数据。因此，以太网的关键作用之一就是防止在同一网段上多台计算机同时传输数据时发生数据冲突。

路由器工作在 OSI 参考模型的第 3 层，交换机工作在第 2 层。交换机通过交换机端口将不同的网段连接在一起，每个网段上可以有多台机器（或分层网络中的其他交换机）。当数据帧（相当于第 2 层中的数据包）到达交换机端口时，交换机会查找源 MAC 地址和目标 MAC 地址（MAC 地址即制造商分配给任一联网设备的唯一标识符），并根据与目标 MAC 地址关联的规则集做出转发决策。

不同于 IP 地址，MAC 地址是由制造商在设备出厂组装线上为每台联网设备分配的物理地址，MAC 地址具有唯一性和永久性。但可想而知，MAC 地址也可能被伪造，具有重大的安全隐患。

1.2.5 物理层

在堆栈的底部，OSI 参考模型指定了数据传输的介质的标准。这个标准虽然不如第 2 层或第 3 层那样经常被讨论，但它还是相当复杂的。这里强调它的重要性的原因是它涉及了无线局域网（Wireless Local Area Network, WLAN）的通信标准。

第 1 层定义了实际的位数据如何在设备之间传输，包括以下方面的规范。

- 传输方面：即数据的位传输过程。
- 电气方面：信号电平、放大和衰减。
- 机械方面：电缆规格（类型、长度）和连接器。
- 程序方面：调制方案、同步、信令和复用。
- 无线传输方面：频率、信号强度和带宽。
- 吞吐量方面：比特率。
- 拓扑结构方面：总线型、环型、网状、点对点和点对多点。

第 1 层定义的协议包括：

- 同步光纤网络（Synchronous Optical Networking, SONET）/同步数字体系（Synchronous Digital Hierarchy, SDH）。
- 数字用户线路（Digital Subscriber Line, DSL）。
- T1/E1。
- 综合业务数字网（Integrated Services for Digital Networks, ISDN）。
- 以太网物理层。
- 蓝牙。
- 802.11（即无线局域网 WLAN）。

1.3 有线向无线的演进

网络行业在 20 世纪 80 年代开始发展，并在 20 世纪 90 年代爆发式增长，这一时期价格实惠的个人计算机发展达到了顶峰，互联网和万维网日益普及。尽管在20世纪90年代末期网络行业已经走上了令人难以置信的轨道，接着又从无线网络的兴起中受益，但是还有更大的推动力紧随其后。

网络行业的“第二次发展浪潮”最初源于1985年联邦通信委员会（Federal Communications Commission, FCC）做出的一项开创性决定，FCC是负责电信规则的美国监管机构，这个决定就是开放几个无线电频段（连续的无线电频率范围）作为免许可使用的频段。这是一个巨大的转变，因为以前除了作为全国性的应急通信系统的业余无线电之外，无线电频谱是一种被严格控制的政府资产，需要获得许可才能使用。这个有远见的决定（虽然这个词语并不经常用于形容政府监管机构）对网络以及其他几个行业产生了深远的影响。

上面讨论的频段中900MHz、2.4GHz、5.8GHz已被保留用于微波炉等其他设备。FCC允许任何人在不干扰其他设备的情况下使用这些频段（或任何公司制造使用这些频段的产品）。这使得无绳电话和遥控吊扇等产品，以及后来的无线网络成为可能。

初看时，很难确切理解为什么无线通信会产生如此巨大的影响。当时无线通信的性能并不是那么好。实际上，与硬连接的以太网相比，它的表现相当糟糕。然而事实证明，用户对便利性的关注远远大于性能，至少最初是这样的。在WLAN出现之前，如果想连接到网络，那么必须要将计算机连接到以太网端口。或者，随着便携式计算机价格的降低，如果你有一台便携式计算机，必须到连接端口所在的地方才能上网。这可能看起来没什么大不了的，但“用计算机”就意味着离开你所在的地方、放下你正在做的事情。

无线网络的出现改变了这一切。有了WLAN，可以将计算机带到任何想去的地方并就地连接到网络。与较慢的连接速度相比，在会议室或沙发上进行连接的能力更加重要，尤其是当时高速网络应用程序也很少。例如，当时的流媒体要等待5~10min才能下载一首歌曲。无线网络的便利性导致了WLAN使用量的激增。这种激增促使了制造商投入数百万美元进行研发，从而提高了性能，这反过来又吸引了更多的用户。

第一代WLAN在免许可频段上以约500Kbit/s的速率运行。在这种情况下，“免许可”意味着任何人都可以使用它。只要传输功率保持较低，频段就可以不受限制地使用，也不会被保留用于商业或政府用途。到了第二代，WLAN传输性能提升到2Mbit/s，提升了400%。（请注意，此处使用的术语“代”是通常意义上的，而不是描述移动网络技术时的名称。）

1990年，IEEE为了确定WLAN的标准成立了一个工作组。1997年，IEEE 802.11标准获得批准，该标准规定使用2.4GHz频段进行数据传输的速率最高为2Gbit/s。不同版本的802.11标准在后面的几年内陆续开发，并通过a、b、g和n等扩展名加以说明。例如，其中一种扩展后的标准可表示为“802.11b”。

在企业工作场所之外，移动数据通信也正变得无处不在。便携式计算机价格实惠、功能强大，WLAN路由器也变得成本合理、配置简单，两者的结合使互联网用户对无线连接的需求日益增长。当购物中心、咖啡馆、餐馆、酒吧、机场甚至体育场成为当地热门地点时，对无线连接的需求更加旺盛。家庭用户急于购买WLAN接入点和路由器，因为这使他们能够为所有设备创建一个WLAN，以便在整个房子中进行连接。无须铺设或隐藏电缆即可轻松构建覆盖整个家庭的WLAN，这一事实对于已经开始期待互联网接入的世界来说是一个巨大的卖点。尽管与有线接入相比，无线的数据速率较低，但人们还是愿意以数据速率换取更广泛的连接性。

除了性能问题之外，WLAN还带来了新的安全风险。当WLAN供应商试图进军企业市场时，也许我们可以理解，信息技术（IT）安全和网络管理人员对它们的使用前景并不那么兴奋。不仅如此，事实上大多数人都非常反对它。无线连接带来的问题是用户开始要求在办公室的任何地方都可以进行网络访问，尤其是在会议室。当IT经理表示他们不支持无线连接时，许多人就将自己的WLAN路由器连接到会议室和其他位置的以太网端口，创建自己的非法接入点。这对IT部门来说是一个巨大的问题，他们制定了严格的规则来避免此类事件的发生。

然而，最终还是防不胜防。用户对无线连接的需求完胜 IT 部门的决心。因此，在 2005 年之后，企业逐渐开始在那些使用临时网络连接是为了便利而非必要性需求的区域推出 WLAN。这种区域包括接待区、会议室、餐厅和娱乐场所等，可以由无线接入点提供网络连接能力。仅从功能角度来看，这被证明是该项技术的理想用途，因为人们在这些区域使用便携式设备时通常不需要高吞吐量。相反，他们更有可能仅仅是查看电子邮件或使用即时消息应用程序。

与此同时，一种更具颠覆性的技术正在悄然崛起，那就是 3G 移动 IP 宽带。它的出现真正实现了"无处不在的移动数据访问"。

1.4　无线网络解决的商业挑战

无线网络能够在不受电缆限制的情况下进行网络访问，得益于这一固有能力，无线网络解决了多个挑战。最明显的优势是，对于考虑部署 WLAN 的区域，不需要有线缆连接到每个办公桌或打印机。这样可以大大节省时间和精力。在任何安装、办公室搬迁或调整中，搬运电缆并激活以太网端口都是一个相当大的负担。由于 WLAN 部署以无线为主，布线设备的负担大大减少，因为只有从接入点到网络的这一段回程电路可能需要布线。因此，办公桌和网络打印机可以随意放置。尤其对于新地点的部署，每个办公桌或工作空间使用的以太网电缆更少，这极大节省了成本。

知识拓展

Wi-Fi 设备通常是指基于电气和电子工程师协会（IEEE）802.11 标准的设备。但该术语也常用于描述任何支持 WLAN 的设备（其中大多数都兼容 802.11 标准）。Wi-Fi 和 WLAN 这两个术语经常交替使用。IEEE 为广泛使用的技术制定了全球统一标准。802 标准适用于局域网，而".11"扩展定义了 WLAN 的标准。

1.4.1　无线网络的经济影响

要了解无线网络如何实现随处可接入，首先要了解人们对移动接入的渴望。人们已无法接受固定的网络接入点。如今，消费者希望能够随处移动，这个需求如此迫切以至于越来越难以找到物理连接的网络设备。

无线革命的第一次浪潮由一些先行者引领，他们在咖啡馆和购物中心提供基于 PC 的固定线路互联网服务。这种收费服务存在诸多安全问题，比如键盘嗅探器可用于窃取密码和银行信息，因此很快就被免费的公共无线宽带服务所取代。

随后，在住宅中使用高速非对称数字用户线（ADSL）和固定宽带网络变得非常普遍。为了减少用户流失，互联网服务提供商（Internet Service Providers, ISP）经常向消费者提供支持 Wi-Fi 功能的网关。用户流失是指用户从一个网络转移至使用另一个网络，这是与整体绩效最相关的关键绩效指标（KPI）之一。这些措施帮助 Wi-Fi 在家庭和小型企业中获得了普及，但仅凭这些措施不足以解释 2005 年无线宽带的生产力增长了 280 亿美元，而且这一趋势还在继续。

1.4.2　无线网络改变工作方式

Wi-Fi 带来的商业影响与其经济影响密不可分，因为它们本质上是联系在一起的。然而，本节将重点关注一个关键点：无线网络如何改变了工作方式。如前所述，无线网络改变了人们在办公室的工作方式，尤其是对于知识型劳动者（即工作中涉及数据使用和操作的专业人士）。这是第一批使用计算机，后来又使用便携式计算机的员工。这些员工发现，能够从办公室的任何地方（如会议室）连接到网络非常有用，尤其是考虑到他们工作的协作性。

当然，这是一个重要的变化。无线网络从根本上还改变了一些行业的经营方式。这里将讨论其中的几个。

1. 医疗保健

最早采用无线技术的行业之一是医疗保健行业，医院的工作方式以及医生和护士与患者互动的方式都发生了深刻的改变。2005 年，美国医疗保健行业使用移动无线宽带解决方案带来的生产力提升价值近 69 亿美元。如今，我们不能忽视医疗行业中的无线技术的生产力价值，因为它已经融入现代医疗保健行业的体系中。

医疗保健是劳动密集型行业之一，同时也是对个人数据保密最敏感的行业之一。尽管如此，医疗保健业还是成功地利用了无线技术改善了与患者的沟通方式，并通过可即时访问的信息门户网站或应用程序来获取患者的健康信息（如饮食和生活方式计划）和用于初步诊断的信息。然而，单靠这些效率上的提升并不能解释医疗保健行业的成本降低。通过使用无线标签或射频识别（RFID），医疗保健行业节省了超过 10 亿美元的库存成本。

无线技术为医疗保健行业带来的一个明显改进是，在患者在医院治疗期间，现代医疗设备和监护仪可以与患者一起移动到医院的不同地方。在使用无线网络之前，人们经常需要断开、移动、重新连接这些设备和监视器，这极大增加了连接失败或连接故障的几率。电缆、连接器和端口会随着使用时间的延长而损坏，当它们在病床旁使用时，由于经常需要调整病床的高度和位置（例如，从坐姿到俯卧姿势），这种情况会更加复杂。结果往往是电缆被夹住或割断，很多时候人们无法及时发现，导致患者得不到监护。

对于患者、医疗专家和保险公司来说，无线技术带来的另一个好处是可以获取临床实时数据。这有几个重要的含义。首先，这意味着可以随时监控患者，从而提高医护人员对警报的反应及时性。其次，利用无线技术可以实时更新患者的病历，这是一个深刻的变化。在此之前，患者的纸质病历通常放在床脚，医生或护士在进行护理或检查之前会查看一下。这些病历极易因丢失或页面缺失，也会因笔迹错误、信息过时或不完整而出错。而通过无线技术，医护人员能够实时查看患者的数字病历，这种病历有备份且完整。此外，还可以实现自动警报等功能，有助于减少治疗错误、处方不一致或剂量错误等问题。这些都是挽救患者生命的改进。当然，在使用这种无线技术的同时也会带来很多重要的安全问题。

此外，无线技术在医疗保健行业还有一个虽不起眼但十分重要的应用，那就是大多数医院都会向患者和访客提供免费的 Wi-Fi。这种方式极大地提升了患者和访客等人群对医院的满意度。在所有的医疗紧急情况中，实际来访者和患者的绝大多数时间都是坐在医院里等待。而免费上网提供了一种完美的注意力分散方式。

2. 仓储和物流

从技术领域来看，似乎仓储和物流行业与医疗保健行业相去甚远，但是无线技术在这个行业也发挥了重要的作用。

在无线网络出现之前，仓库工作人员将存储位置记录在纸上，在需要时查找纸质记录。这种方法易错且低效，对于较大规模的仓库，比如 100 万平方英尺（1 平方英尺 = 0.092 903 0m^2），尤其如此。

无线网络有助于实现仓储和物流全流程的效率提升，从货物接收、上架、分拣（检索）到向外分发。

具体而言，无线网络有助于实现以下功能。

- 自动跟踪资产：通过无线网络，公司可以实时自动跟踪资产，与手动、每半年一次的盘存方式相比，大大提高了生产效率。
- 提升拣货效率：在过去，配送前的库存查找（从仓库地板上拣货）是一个漫长的过程。一般来说，工人们需要在仓库中行走（或者驾驶）数百米，到达后却发现没有找到物品，之后会原路返回并查找错误原因，这个过程循环反复。有了无线技术，货物定位的准确度得到了很大提升，分拣过程显著改进。从而极大节约了时间和资金。
- 减小库存损耗：Wi-Fi 自动化带来的一个好处是减少库存损耗。在本书的第一版中，作者引用了行业研究中对于应用无线网络所节约成本的估算值。自那时起，完全基于无线技术的“智慧库存”系统就变得十分普遍，以至于很难像估计以太网电缆的经济影响那样，将无线作为一个独立因素来说明它的具体益处。

3. 零售业

无线技术也给零售业带来了福音。具体而言，无线技术给零售业带来了以下关键变化。

- 库存清点：零售商总是希望手中有最受欢迎的产品，但他们必须谨慎管理库存以避免积压。准确的库存数量、店面和客户直接交互有助于仓库订单实时更新。
- 客户满意度：零售商花费大量资金将消费者吸引到商店内。一旦消费者踏入店门，商家需要尽全力引导顾客消费。对于劳动力流动性大的行业来说，这并不是一件容易的事，特别是在能决定一家零售业是立稳脚跟还是关门倒闭的重要购物季。为售货员配备无线设备后，他们就能够实时核查店内库存、推荐热门商品的搭配或追加货品，或向其他当地门店查询热门商品情况，这样，即使是新员工也能成为销售能手。

4. Wi-Fi

虽然无线网络确实给某些行业带来了福音，但无线网络的最大影响是它从根本上改变了人们工作的方式、地点和时间。在无线网络广泛采用之前，人们主要在办公室工作。无论是下班后还是出差，只要员工离开了办公室，通常只能通过电子邮件等方式继续工作。

有了无线网络，工作地点变得非常灵活，可以是在海景房的阳台、咖啡店、机场航站楼，也可以是在时速 500 英里、飞行高度为 30 000 英尺（1 英尺 = 0. 304 8m）的飞机上。因此，员工生产效率已经提升，并持续提升。

纵然无线网络有很多优势，但同时也有其弊端。其中最重要的一个问题可能就是“工作”和“非工作”的界线变得模糊，以至于很难区分工作的结束与个人生活的开始。越来越多的企业希望员工在深夜、周末和假期也能在线并查收邮件。本书更关注的是，使用便携式工作设备通过公共 Wi-Fi 访问网络，会带来一系列潜在的安全风险，这是必须加以考虑的。

无论如何，Wi-Fi 带来了成本节约和整体效率的巨大提升。早在 21 世纪初，在高速设备和移动网络应用出现之前，无线网络在刚刚起步的状态下已经对经济产生了可观的影响。那时候首先接受这项技术的人们就发现它为企业带来了巨大的优势。

1.5　Wi-Fi 改变商业模式

如前所述，Wi-Fi 技术改变了很多组织的商业经营方式，也就是说它已经创造了全新的商业模式。

咖啡店、书店和餐厅通过两次浪潮实现了与无线连接的融合。第一次浪潮为用户提供了无线接入专用 LAN 的服务，该服务包括一次性付费或订阅两种模式。很多企业认为这是一个绝佳的附加功能，是一次增加收入的好机会。然而有趣的是，由于 Wi-Fi 设备成本的降低，很多企业开始提供免费 Wi-Fi 接入，从而吸引更多用户进店和驻留。换句话说，他们鼓励用户将店铺作为办公室使用，原因有三：

- 顾客在店内时会倾向于买店内的其他物品和服务。
- 免费的 Wi-Fi 能够创造稳定和忠诚的客户群。
- 提供免费的 Wi-Fi 正是客户期待的。

酒店同样进行了改变。不难理解，能够给用户提供互联网接入对于酒店来说是十分重要的。无线技术给酒店业带来的最大影响就是它极大地降低了互联网访问的成本。当一家较为古老的酒店改造提供有线网络需要的成本极高时，无线技术显得尤为重要。如果没有无线技术，很多酒店就不得不在昂贵的升级费用和潜在的收入损失之间做出选择。无线技术使得互联网接入成本大大降低。举办会议和活动作为酒店收入的两个主要来源，也从无线技术中获益巨大。

与餐厅类似，一些酒店也为用户提供免费互联网接入，尤其是在大厅等地点，以方便客人，尤其商务旅客，在此见面。有意思的是，仍有一些酒店对于客房内的“高速”或“优质”互联网接入服务收取费用，但几乎所有酒店都会提供一般水平的免费 Wi-Fi。人们对无线连接的需求已经和对水的需求一样普遍。

IP 移动性

如今移动无线设备的数量已经远超固定设备。智能手机、便携式计算机的增长和使用对移动运营商的数据网络产生了巨大的需求，自 2011 年以来，数据流量的年复合增长率高达 115%。

对无线移动设备的需求激增为企业带来了许多机遇和挑战，其中最显著的挑战是如何充分利用新的移动无线技术。毕竟网络的设计和安全考虑原本是针对固定场景的。设计 LAN 时，假设场景是员工在部门内的办公桌旁使用网络。这种网络通过划分子网以满足当前实际数量员工的需要，并为未来数量增长预留空间。WLAN 技术的出现用于解决任何意外的增长。然而，支持 IP 无线设备数量的增长，意味着员工的移动性变得更强，他们可以在任何联网甚至没有联网的地方工作，比如在家中或在客户那里。

事实证明，这对企业非常有效，并极大地提高了员工的效率，增进了员工间沟通。便携式计算机、智能手机可以在任何具备 WLAN 或 4G/5G 网络连接的条件下使用。同时这些设备也可以在工作场所的 LAN 内漫游，在有信号的地方连接到 WLAN。如果 WLAN 是一个单一子网，那么用户的应用和网页浏览器会话就可以不被中断。

对于 IP 移动性来说，漫游和保持 IP 会话能力是最基本的。理想情况下，无线设备不仅可以在任意地点被使用，而且在不同地点之间迁移时，甚至在 IP 网络与移动网络之间迁移时也能保持可用。这就带来了一个严重的问题，即从一个网络或子网移动至另一个网络或子网时，设备的 IP 地址将会发生改变。而一旦移动设备的 IP 地址变化，其当前所有会话都将丢失，应用程序将会挂起和崩溃。

我们需要一种方法，可以实现 IP 地址从一个网络无缝切换至另一网络，同时保持 IP 会话。只有这样，才能实现 IP 无线设备漫游过程中真正的移动性。这就是所谓的 IP 移动性。为解决 IP 移动性问题，国际互联网工程任务组（IETF）使用移动 IP（Mobile IP）这个术语来描述所需的标准通信协议。其解决方法是当一个设备移动至具有不同 IP 地址空间的网络时保留当前会话。由于该功能在 OSI 参考模型的网络层而非物理层实现，因此设备可以横跨不同类型的无线和有线网络，同时保持网络连接和应用程序会话。

移动 IP 标准的另一目标是，设备不仅能够跨越网络边界，而且能够跨越技术边界。理想状况下，设备应该透明连接至其所支持的任意网络，包括有线、无线和 4G/WiMAX 网络。

概括来说，如果具有 IP 移动性，任何在网络层通信的可兼容设备都能从固定以太网漫游至无线以太网，再到移动（蜂窝）网络，同时保持会话，如果有变化，也只是接入速度上有明显变化。由于网络层实现了无缝切换，因此也无须重启操作系统（OS）。

移动 IP 通过使用某些针对移动 IP 客户端堆栈的特定组件来处理 IP 地址的更改并实现会话保持，该组件包含以下几个部分。

- 移动节点（Mobile node, MN）：指连接点可以从一个子网或网络移动到另一子网或网络的设备（或其他任何东西）。移动节点对自身的移动进行检测，并确定是否仅改变访问类型，或子网也发生了改变。
- 归属地址（Home address）：指移动节点的归属 IP 地址，也即设备通过归属代理进行注册的地址。根据归属代理注册过程的不同，该地址可以是静态的，也可以是动态分配的。
- 归属代理（Home agent, HA）：指能够处理和跟踪移动路由 IP 更新的路由器，它能跟踪移动节点的注册，并通过 IP 隧道将流量转发至被访问网络中的移动节点。
- 转交地址（Care-of-address, CoA）：指移动节点在被访问网络中所分配的新 IP 地址。在移动节点向归属代理注册其移动时，会报告此转交地址。
- 外地代理（Foreign agent, FA）：指保存访问当前网络移动节点的所有信息的路由器。当移动节点访问 FA 所在网络时，FA 会向其宣告转交地址和路由服务。如果一个网络中没有外地代理，那么移动节点就需自行获取本地址并进行公布。

移动 IP 使得无线设备可以在不同网络类型（固定网络、无线网络、蜂窝网络）间切换，同时保持会话和应用状态不变。它提供了透明切换，并通过使用从归属网络到访问网络的 IP 隧道实现对不同访问类型和 IP 子网的支持。这不仅使得无线设备能够在不同网络中工作，还可以同时实现服务无中断且无缝切换。这就是真正的 IP 移动性。这种方式有助于实现无线设备的真正漫游，在这个过程中设备会自动重新配置并注册到另一个网络类型和 IP 地址，而用户工作时不会受到任何干扰。图 1-3 展示了用户移动时如何保持移动 IP 会话。

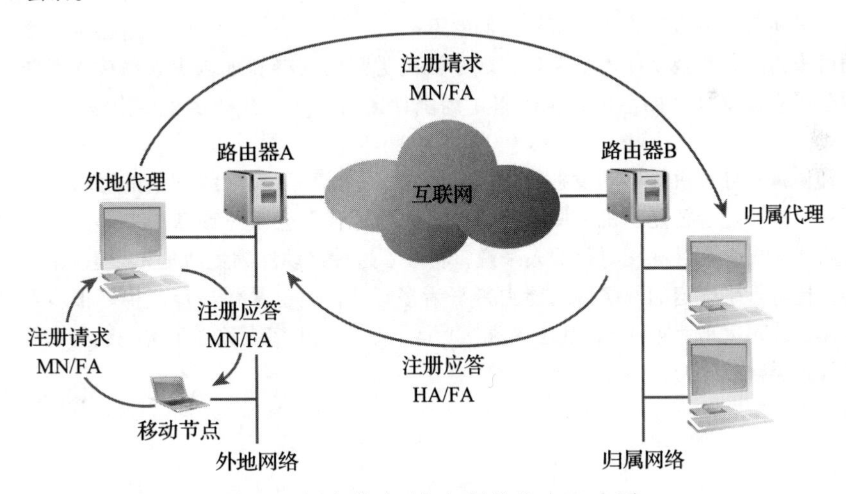

图 1-3　用户移动时如何保持移动 IP 会话

1.6　物联网概述

在 2005 年，在工作场所或家中使用无线网络接入仍然是一件新鲜事。如今，无线网络已经非常普遍，我们甚至可以在洲际航班上使用无线网络。如果网络连接速度慢或者不稳定，乘客甚至会向空乘人员抱怨。

当前最大的技术趋势之一就是接入各种形式的互联网，实现互联。众所周知的物联网就是几乎所有通过自动化或互联网远程连接进行控制和优化的电子设备之间的互连。将物联网和互联网应用于家居环境，可实现智能家居，从而实现节能编程、自动照明、安全编程和家庭娱乐。物联网正在深刻改变人们的生活方式以及与家庭环境和电子设备的交互方式。物联网也广泛应用于企业和工业界，甚至用于心脏监听器等植入式医疗设备中。

随着物联网在未来几年内的继续发展，人们将真正生活在一个无线世界中，实现万物互联和远程控制。尽管这将在安全性、能源效率和便利性方面带来很多好处，但它也将打开一个充满安全威胁和漏洞的全新世界。你的计算机文件可能由于病毒或其他恶意软件被损坏，或者你的信用卡通过网络被盗刷。更有甚者，黑客可能将你锁在家门外，在寒冬时节控制家里的取暖系统，或者控制一辆行驶中的汽车。对于从事信息安全行业的人来说，这将是又一场永无止境的网络安全战。

本章小结

数据通信和网络历史源远流长，从电报到广泛使用的公用电话网络（PSTN），经历了 60 多年的稳步发展。然而随着分组交换技术的出现，它实现了单条电路的复用传输，并且进一步催生了 ARPANET 和互联网，网络和通信创新的发展速度之快甚至超过了 20 世纪 80 年代的最大胆预测。

起初，网络通过有线方式实现，但随着移动电话的发展，能被移动用户访问的无线局域网也不断发展。

无线网络以多种方式改变了世界。它改变了所有行业，甚至给似乎已经逼近生产力极限的行业带来了生产力的提升。不仅如此，无线网络不仅改变了人们工作的方式和地点，也改变了雇主和雇员间的关系。无线技术以前所未有的方式将工作带入人们的家中。

从宏观角度来讲，无线技术使得长期处于数字鸿沟劣势的人群和地区更容易接入互联网。网络访问的扩展不仅改善了直接受益者的生活，也改善了周围社区的生活，并一定程度上改变了世界。正所谓，水涨船高。

智能手机和便携式计算机等移动设备的使用日益增多，推动了对无线网络的需求。它同样给企业带来了许多机遇和挑战。随着智能手机和便携式计算机成为现代社会不可或缺的一部分，移动性已经变成了一种生活方式。对出生在互联网时代的人来说，剥夺了这种移动性的生活是无法想象的。

尽管这种便捷且近乎恒定的网络接入能力带来诸多好处，但也暴露甚至产生了很多安全漏洞。这些漏洞影响了个体、公司（或大或小），甚至国家。幸运的是，有很多人致力于解决这些漏洞，让移动性的便利更好地造福人类。

本章习题

1. 数字信号通信具有以下哪些优点？
   A. 带宽使用更有效
   B. 利用率更高
   C. 错误率更低
   D. 不易受噪声和干扰影响
   E. 以上均是
2. ARPANET 是现代互联网的前身。
   A. 正确
   B. 错误

3. 由于无线网络能带来生产力的提升，它最初获得了 IT 部门的支持。
   A. 正确　　B. 错误
4. 移动 IP 解决了下列哪个重要的问题？
   A. 电池寿命　　B. 无线互联网接入
   C. 访问应用商店　　D. 移动过程中保持 IP 不变
5. 下列哪项不是实现移动性的条件？
   A. 位置发现　　B. 移动探测
   C. 信令更新　　D. 全向天线
   E. 路径建立
6. 交换机最初工作在 OSI 参考模型的哪一层？
   A. 物理层　　B. 数据链路层
   C. 网络层　　D. 传输层
   E. 以上均不是
7. 网络层定义了无线网络的标准。
   A. 正确　　B. 错误
8. 通常将第 4 层到第 7 层合并称为“应用层”。
   A. 正确　　B. 错误
9. 哪一层对 IP 寻址进行了说明？
   A. 第 1 层　　B. 第 2 层
   C. 第 3 层　　D. 第 4 层
   E. 以上均是
10. 数据链路层使用逻辑寻址方案进行数据帧交换。
    A. 正确　　B. 错误
11. 下列哪项不是 Wi-Fi 在仓储业中的应用？
    A. 资产跟踪　　B. 损失控制
    C. 叉车自动化　　D. 拣货效率提升

第 2 章 |Chapter 2|

移动网络和移动 IP

本章回顾了移动网络、智能手机和其他移动设备的发展历史。在此基础上，读者将能更好地了解与移动网络和移动设备相关或特定的安全问题。

在过去的 30 年中，移动性方面取得了重要的进展。从笨重的模拟手机（不过是新颖的身份象征和糟糕的通信设备）演变为人们无法离开的商业“智能设备”，这些设备及其支撑系统改变了人们的生活、工作和互动方式。然而，对于安全专家来说，移动性带来了一系列新的复杂挑战。

2.1 蜂窝技术简介

20 世纪最伟大的成就之一是公共交换电话网络（PSTN）的问世，不仅因为这项技术本身，还因为其无处不在的覆盖范围。有了 PSTN，发达国家中几乎每个家庭（甚至一些不发达地区中，也有很大一部分家庭）都能够通过有线通信信道与世界互联，也能在遇到困难时找到一线生机。PSTN 甚至可以不需要外部电源，这使得它在停电情况下依然可以保持通信信道畅通。试想一下，在美国这个拥有约 1.25 亿个家庭和 2 000 万套公寓的国家，运行和维护这些有线连接的范围和成本有多大（而这甚至还未考虑企业和办公室的需求）。

在 20 世纪 90 年代初，随着第一款移动电话或者说蜂窝电话的出现，电话通信突破了有线连接的限制。蜂窝是移动电话系统或设备的通用术语，它指的是频率覆盖图的划分，这一内容我们将在稍后讨论。移动电话最初被视为高级管理人员的福利和年轻专业人士的身份象征，之后迅速流行起来。随着其使用越来越广泛，科技公司投入数亿美元进行研发，创新步伐也随之加快。

在 20 世纪 90 年代，第一代蜂窝电话的使用和覆盖范围都是有限的，电池寿命较短，而且语音质量也很糟糕。即便如此，人们还是清楚地看到了可以随身携带移动电话的好处，此时大部分人并未将移动电话作为主要通信工具。仅仅过了 30 年，移动电话现在已被视为人们生活中必不可少的一部分。在某些情况下，它成了人们与世界互动的主要方式。

电话的发展是惊人的。在美国，目前 90%的成年人拥有移动电话，其中年龄在 18~29 岁的用户占到了 98%。同时，越来越多的青少年甚至儿童都拥有自己的智能移动电话。更令人印象深刻的是，这些统计数据包含了不同性别、种族和收入类别的人。最令人惊讶的是，不再使用固定电话的人越来越多，而这在 15 年前是难以想象的。

移动电话运用了 20 世纪初出现的双向无线电通信原理。范围、功率、信噪比和干扰等众所周知的问题随之出现。这使得很多射频（Radio Frequency, RF）工程师得到高薪聘请。然而移动电话也带来一些特殊的挑战。其中一个对于移动电话的可行性至关重要，以至于该问题的解决方案变成了现在描述整个系统的名称，即蜂窝。这个问题源自移动电话系统中用户数量远超可用于通信的频道数。这个问题包含两部分，我们首先讨论信道或频带的物理分配。

2.1.1 蜂窝覆盖图

蜂窝技术的限制之一是手机的传输功率。因为手机是由电池供电的，而且电池寿命是一个重要的考虑因素，所以传输功率必须保持在较低水平（这也是出于健康方面的考虑，没有人会希望每天将高功率发送机紧贴头部好几个小时）。然而，低传输功率限制了信号范围，这就要求附近有一个接收机。

为了解决这个问题，需要创建一个覆盖小型地理区域或小区（cell）的地图，每个小区都有自己的天线塔。来自贝尔实验室的两支独立工程师团队，相隔 20 年，构思并完善了使用六边形小区的想法。这种小区提供了最佳的覆盖范围，且实现了无留白覆盖。这被称为蜂窝设计（cellular design），它对系统设计至关重要，并因此出现了“蜂窝电话”（即“手机”）这一术语。

在每个小区中，都有一个称为基站收发台（Base Transceiver Station, BTS）的天线阵列，它直接与覆盖区域内的用户电话进行通信。这些天线阵列通常位于高大的金属结构上，被称为蜂窝塔，或简称为塔。在某些地方，地方法令要求对塔进行伪装。因此，许多蜂窝塔看起来像高大的树木，如果不仔细观察很容易忽视（这正达到了伪装目的）。移动电话与这个塔进行通信，反过来，塔通过回程电路进行通信，这种电路先经过固定线路 T1/E1 中继线（T1/E1 是传输语音和数据的标准数字载波信号），或者点对点微波链路，与基站控制器（Base Controller Station, BCS）相连，再连接到核心网络。如今有了 4G/5G 网络，在城市地区，回程通常采用高速光纤；在偏远地区，则采用微波链路实现。一般来说，一个 BCS 会连接多个蜂窝塔。核心网络连接所有 BCS，以便可以通过本地蜂窝网络建立呼叫。核心网络还通过网关连接到 PSTN，后来实现了与互联网的连接。

贝尔实验室

在 20 世纪的大部分时间里，PSTN 主要由贝尔电话系统（后来成为 AT&T）提供，由于后续催生了许多小型区域提供商，称为“贝尔子公司”，因此贝尔系统通常也被称为“贝尔母公司”。垄断的常见弊病在于缺乏竞争而导致的创新停滞，然而贝尔似乎并非如此。作为贝尔的工程部门，70 多年来，贝尔实验室在技术突破和创新方面取得了骄人的成绩。其中包括第一个运算晶体管、第一台二进制数字计算机、第一个跨大西洋电话、UNIX 操作系统的开发以及 C 和 C++编程语言的开发。

蜂窝的设计解决了电话传输功率的难题，然而它又带来了频率干扰的问题。如图 2-1 所示，如果每个蜂窝使用相同的一组频率，那么在不同蜂窝、使用相同信道的用户就会互相干扰。

解决干扰问题的办法是，对不同蜂窝使用的频率进行划分，以避免相邻蜂窝间的干扰。这样一来，干扰大幅减少，如图 2-2 所示。

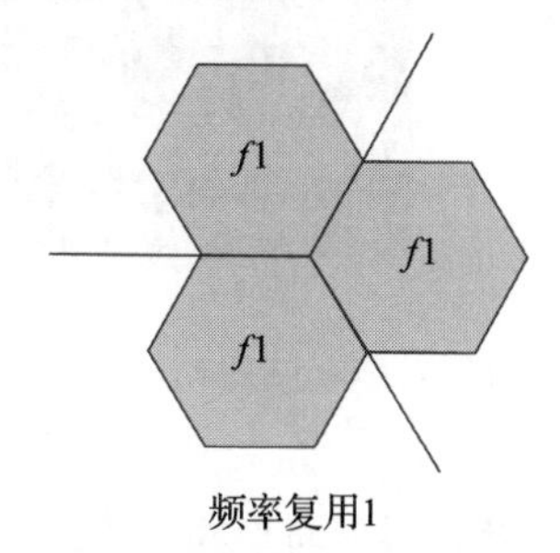

图 2-1　相邻蜂窝若使用相同频率则会产生干扰，尤其是在边界处

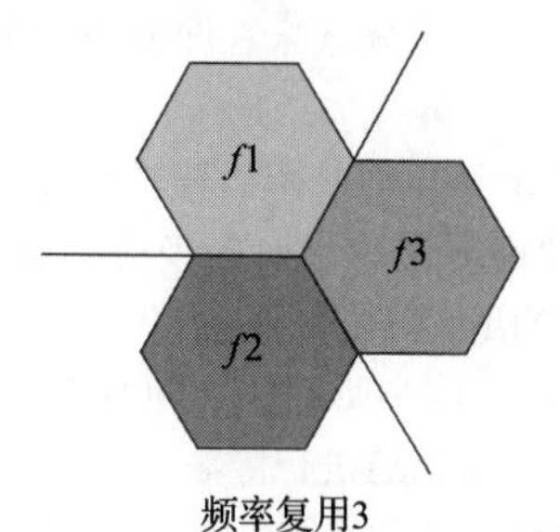

图 2-2　相邻蜂窝使用不同频率，干扰可大幅降低甚至避免

回过头来看这种重复使用频率的方式，我们可以看到蜂窝这个概念和频率复用（frequency reuse）方法背后的精妙之处，通过对传输流的物理隔离和功率管理，可以为多个用户分配使用同一频率信道。当然这里是简化后的描述。射频规划需要的不仅仅是简单地创建能够大致对应六边形蜂窝模式的区域，因为潜在用户的分布和密度不可能是均匀的。因此，农村地区需要称为宏蜂窝（macrocell）的大型蜂窝，即移动系统内覆盖区域较大的蜂窝。城市地区需要微蜂窝（microcell），即移动系统内覆盖区域较小的蜂窝。密集的城市地区需要微微蜂窝（picocell），即移动运营商提供 Wi-Fi 连接的小型热点蜂窝。这确保了每个蜂窝或区域有足够的容量（见图 2-3）。现在的建筑物和大型场所内经常使用微微蜂窝，因为大多数蜂窝通信都是在建筑物内部进行的，这种情况下外部蜂窝塔的信号在室内会发生衰减。当家庭或办公室超出蜂窝网络范围时，微微蜂窝也可以部署在偏远农村地区。

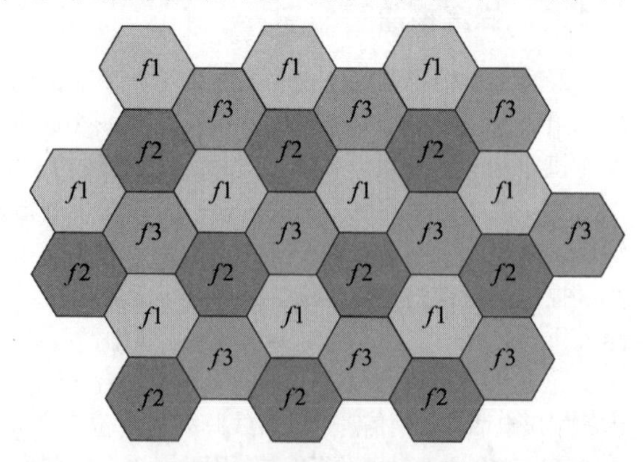

图 2-3　大规模蜂窝网络中基本频率复用模式示意图（相邻蜂窝不可使用相同频率集）

1. 频率共享

移动电话面临的另一个挑战是频率信道的限制。例如，美国的第一个蜂窝系统仅包含 830 个可用信道，这个数量远远不够。而在频率复用模式下，每个蜂窝的信道数会减少至 280 个，这使得问题更加严峻。即使在移动电话发展的早期，数量如此之少的信道也远无法满足需求。虽然存在解决这个问题的方案，但都是基于多址接入的概念，如频分多址、时分多址和码分多址。

2. 频分多址

频分多址（Frequency Division Multiple Access, FDMA）是蜂窝覆盖图的基础，但在这种解决方案中，每个信道被进一步细分，以便每个信道可以被多个用户共用而不会产生干扰。FDMA 不需要大量的时间同步，但对传输和接收滤波器的准确度要求极高。FDMA 的频率在通信期间分配，其缺点是未使用的信道会处于空闲状态。FDMA 是一种 1G 技术（见图 2-4），且目前仍在卫星通信中广泛使用。

3. 时分多址

时分多址（Time Division Multiple Access, TDMA）中多个用户可以使用相同的频率信道，每个用户有自己的时隙。这种技术适用于语音通话，因为通常两个人通话的大部分时间都处于沉默状态。这就意味着即使正在使用的信道也还是有很多“空余”。

通过使用语音压缩技术，信道效率得到了极大提升。这些技术使用智能算法将语音转换为数学图表中的一个个点。这样无须发送语音信号，便可以完成对语音的高保真复制（也就是说，在接收端听起来如同真人语音）。最终，大量对话被压缩在同一个信道进行传输。

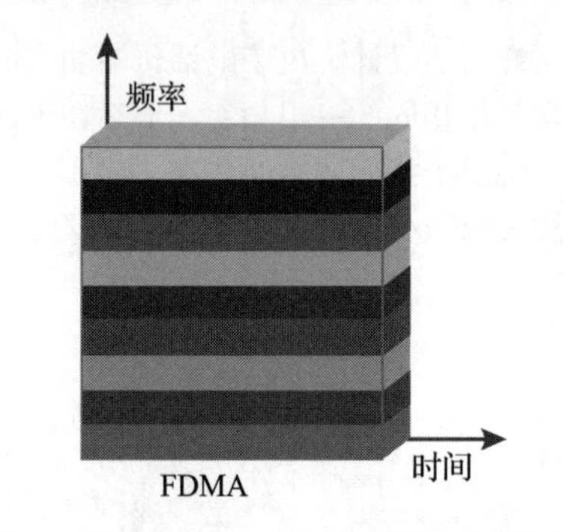

图 2-4　采用 FDMA 为不同用户分配不同频谱

TDMA 对滤波器的性能要求不像 FDMA 那么高，但要求非常精确的时间同步。TDMA 是 1G 向 2G 发展的桥梁，并且支持用户由原始的模拟电话系统极速扩张到数字电话，而无须昂贵的系统升级费用（见图 2-5）。

4. 码分多址

码分多址（Code Division Multiple Access, CDMA）通过将信号在频率上进行扩展，使得多个用户可以同时共享多个频带。这种频谱扩展技术使用编码区分不同连接，扩展的带宽以及优化后的功耗极大减少了干扰，且编码技术使得不同用户可以同频、同时进行数据传输（见图 2-6）。

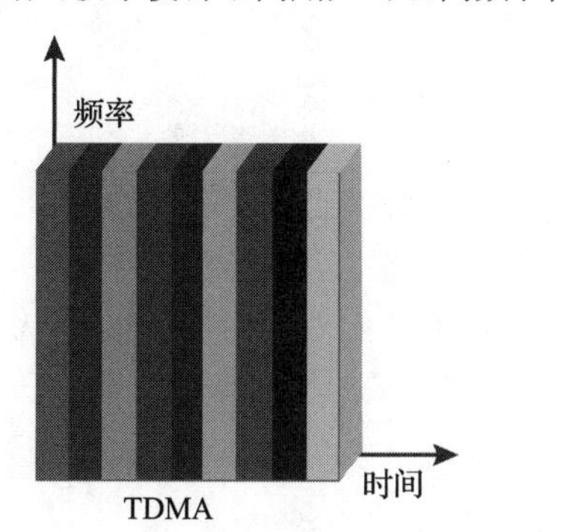

图 2-5　采用 TDMA 为每个用户分配单独的时隙，以便不同通信会话的数据包在不相互干扰的情况下可以共享频率

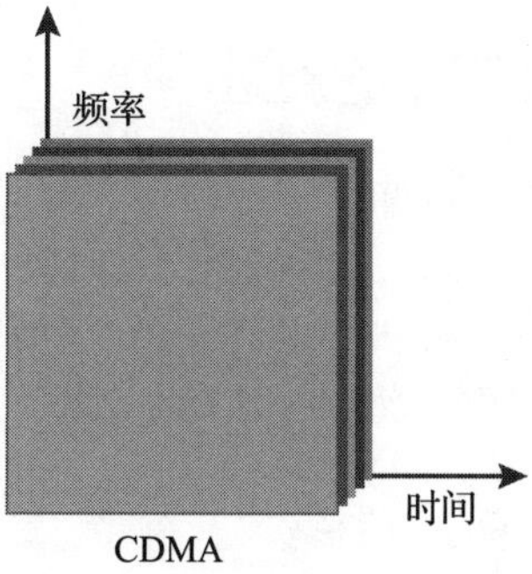

图 2-6　采用 CDMA 实现多个频率上的同时通信，在信号扩展和重组过程中使用编码算法

CDMA 是一种 3G 技术，它将 1G 系统的容量提高了 18 倍，将 2G 系统的容量提高了 6 倍。然而由于 CDMA 依赖功率较低的信号，因此会受到远近效应的影响。当接收机受到距离较近信号源的强信号影响时，它会阻止接收距离较远（因而更弱）的信号源发出的有用信号。由于 CDMA 包含了使用同一频率的多个信号，远近效应会导致频率拥塞。从可用性的角度来看，这是一个潜在的安全问题，因为黑客（hackers）可能会利用拥塞来阻止通信。图 2-7 展示了三种基本蜂窝调制方式，即 FDMA、TDMA，以及 CDMA。

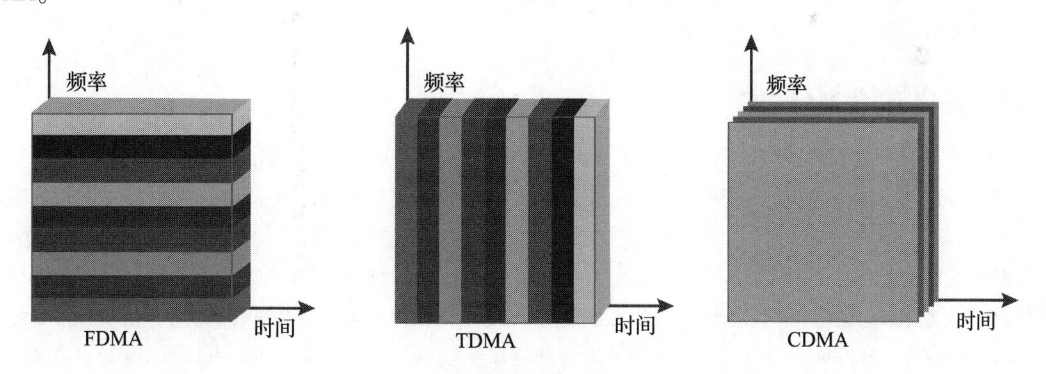

图 2-7　三种基本蜂窝调制方式的比较示意图

2.1.2　蜂窝切换

由于移动电话显而易见的移动性，蜂窝网络必须能够保证用户从一个信号发送机的覆盖范围移动到另一个覆盖范围时连接不会中断。这需要从一个基站到另一个基站的可控切换。这就是所谓的切换过程，它发生在两个相邻频率信号都处于最低点的时刻，通常位于两个蜂窝的边界处。如果切换过程设计得当，当用户停留在两个蜂窝交界处时，手机可以在不同蜂窝间来回切换。

如前所述，通过在覆盖区域上叠加蜂窝模式，可以规划不同大小的蜂窝以满足人口密度和频率复用的需求。通过使用固定线路 T1/E1 中继线或点对点微波链路构建的回程电路，蜂窝塔可以实现与连接到核心网络的基站控制站的通信。核心网与所有基站收发台、基站控制器相连，以便在本地网络上建立呼叫。此外，核心网还可以通过网关与 PSTN 和互联网相连。

2.2　移动网络的演进

消费者使用移动电话已有约 35 年时间，在这段时间内该项技术取得了令人瞩目的进步。自 1983 年首次有限商业发布以来，已经经历了四代技术。起初只是基本的无线通信，通信范围有限且通话质量差，到后来发展为能够同时兼顾高质量语音通话和 700 万像素图片拍摄与发送的智能手机，且无明显质量损失。本节将回顾各代移动电话技术，从而了解其特点、工作方式及过去和现在的安全问题。

2.2.1　AMPS 1G

1993 年，在北美部署了一种称为高级移动电话系统（Advanced Mobile Phone System, AMPS）的商用蜂窝系统。AMPS 使用模拟信号连接到蜂窝塔，使用 FDMA 进行信道分配。在此之前，创建商用蜂窝服务的尝试都失败了，而 AMPS 取得了成功，原因在于其能够重复利用频率（FDMA）并能以相对无缝的方式实现切换，而切换过程用户无感知。

尽管在性能上有诸多缺陷，AMPS 系统仍然在商业上取得了成功。AMPS 的通话质量和可靠性远不及 PSTN，这限制了它的实用性。此外，尽管 FDMA 被认为是一项突破性技术，但是它在每个信道内的带宽消耗还是很大，这限制了 AMPS 的容量。同时，APMS 呼叫也未加密，使用扫频仪就可能对通话进行窃听。上述问题导致了对 AMPS 手机实现克隆相对容易，未订购用户也可以使用该服务。

尽管进行了诸多优化的第二代技术很快问世，但运营商仍继续支持 AMPS，直到 2002 年，较旧的技术才最终被淘汰。

2.2.2　GSM 和 CDMA 2G

从 1G 到 2G 的最大变化是从模拟到数字的转换。2G 技术最初被称为数字高级移动电话系统（Digital Advanced Mobile Phone System, D-AMPS），2G 蜂窝电话和网络使用 TDMA，极大地提高了带宽效率和用户容量。

AMPS 在所有地方的部署都基本相同，而 D-AMPS 则出现了两种不同的系统。第一种是基于 TDMA 的第二代技术，它在 20 世纪 80 年代末由一个工业联盟研发，该联盟成员大多是欧洲公司。这项技术最初被称为 Groupe Spécial Mobile（GSM），后来更名为全球移动系统（Global System for Mobile, GSM）。在整个欧洲范围内都要求使用 GSM，以确保各国间的兼容性。

第二种主要的 2G 技术是 CDMA，它关系到蜂窝系统和用户访问方法。CDMA 是美国使用的主流 2G 系统。虽然 CDMA 和 GSM 不兼容，但最终开发出了可以在两者中任一系统上运行的双系统电话。

知识拓展

直到 21 世纪中叶 3G 系统上线，1G、2G、3G 和 4G 等使用“代”（Generation, G）的命名方式才开始流行。即便如此，最初的技术仍被称为 AMPS 和 D-AMPS，1G 和 2G 是采用了后来的命名方式。

除了提高带宽使用效率外，2G 系统还使用了加密技术，这大幅提高了安全性。同时它也具有缺点，其中之一就是，数字系统对功率的要求较低，这意味着，一旦离开蜂窝密度相对较高的人流密集区域，信号覆盖范围往往有限。数字系统的另一个问题是，与模拟信号线性衰减特性不同，当信号强度低于某个阈值时，数字信号会迅速衰减。这导致了数字信号的质量好则极好，而一旦质量变差，则基本上无法使用。

这种 2G 技术是移动数据网络的前身。移动数据网络首先被用于短消息服务（Short Message Service, SMS），它让世界进入了短信时代。起初，SMS 服务看起来并不起眼，但随着青少年和年轻用户群激增，很多人手机的唯一用途就是发短信，最终为满足这些用户的需求，推出了订阅计划。

参考信息

GSM 的一大突破就是用户身份模块（Subscriber Identity Module, SIM）卡的引入。SIM 卡是一种小型、可拆卸的智能卡，可装入手机的标准卡槽中。SIM 包含了用户的所有信息，以及联系人列表。它不仅有助于解决 1G 系统的克隆漏洞，还实现了手机和运营商的解耦。这导致了第三方手机零售商的出现，他们可以（也确实）直接向消费者销售手机。

2.2.3　GPRS 和 EDGE 2G+

虽然 GSM 和 CDMA 都是数字技术，并利用了多址技术，但它们本质上仍然是电路交换技术，这与 PSTN 非常相似。通用分组无线服务（General Packet Radio Service, GPRS）是第一种在移动网络上实现共享数据的分组交换技术。虽然 GPRS 仍被认为是 2G 技术，但通常称之为 2G+或 2.5G，它实现了对一些网站的访问，但其数据传输速率仍然过低，无法满足人们对日益增长的数据速率的需求。

2003 年 AT&T 推出 EDGE，其他运营商也迅速推出 EDGE 产品，实现了对 GPRS 进一步的改进。EDGE 通过更好的数据编码和（当时）对许多网站可行的数据访问，提供了较高的数据速率。

2.2.4　3G

第三代移动通信技术被称为 3G，是第一代专门设计用于同时承载语音和数据的技术。基于国际电信联盟（ITU）制定的国际移动电信-2000（International Mobile Telecommunications-2000, IMT-2000）标准，3G 可以支持语音、数据和视频。

2001 年，首个 3G 系统在日本推出。2002 年，包括美国和欧盟在内的其他国家也推出了 3G 系统。然而 3G 的落地时间比预期要长，很大程度上是由于需要扩展频率许可，以满足更高的带宽需求和快速增长的用户数量。截至 2007 年底，全世界超过 40 个国家部署了 190 个 3G 系统。

3G 最显著的改进就是它的高速数据传输速率。其中一项提升被称为高速下行链路分组接入（High Speed Downlink Packet Access, HSDPA）的移动协议，它将数据速率大幅提升至惊人的 14Mbit/s，实现了有史以来首次支持向移动设备传输音乐和视频流数据。基于这种能力，许多内容提供商创建了专门针对移动用户的流媒体产品。

除了拥有 2G 的安全优势（如加密）之外，3G 还支持网络认证，以确保用户连接到正确的网络。然而，3G 也存在弊端，使用 3G 网络的智能手机获取个人数据的能力得到了极大提升，如能够访问用户的银行账户、能够访问公司的系统和各种应用。随着用户数量的增长和可利用机会的增加，3G 系统和智能手机很快吸引了犯罪分子的注意。

参考信息

“3G”一词最初是一个行业内部术语，用于笼统指代遵守 IMT-2000 标准的多种技术。它成为日常用语的契机是恰逢智能手机用户的爆炸式增长，这些用户通常都使用 iPhone 及 Android 手机。为了尽可能多地占领新市场，运营商投资进行大规模的主动营销活动，宣传其“3G 数据网络”的卓越性能和覆盖范围。结果，“3G”一词被广泛采用，甚至在消费者中也是如此。

2.2.5　4G和LTE

移动通信技术已经进入第四代，称为 4G，而在撰写本书期间，第五代（称为 5G）也已开始推出。4G 使用全 IP 网络，并且支持超宽带，数据传输速率可达 1Gbit/s。在该吞吐量水平下，语音通信可以转换为具有高质量的 IP 语音（Voice over IP, VoIP），高清晰度电视可以流式传输到移动设备，且用户可以享受大量实时交互式游戏应用。

4G 技术中部署了两个系统，一个是全球微波互联接入（Worldwide Interoperability for Microwave Access, WiMAX），另一个是长期演进（Long-Term Evolution, LTE）。4G 标准由国际电信联盟（ITU）制定，并作为国际移动电信高级（International Mobile Telecommunications Advanced, IMT-Advanced）规范。此外，4G 也支持 IPv6，考虑到智能设备的增长，这一点尤为重要。

4G 的一项重要改变是其鉴权方法。以前的系统使用 7 号信令系统（Signaling System 7, SS7）来建立呼叫和移动数据会话，而 4G 使用称为 Diameter 的信令协议。一些批评人士指出，Diameter 会话可能会被劫持或暴露用户的个人信息，因此其并不是 SS7 的理想替代品。此外，4G 是一个全 IP 网络，这使其面临所有互联网已知的安全问题。鉴于移动设备上存储了或抓取了大量个人信息以及公司信息，这将给个人和企业带来重大的安全漏洞问题。

知识拓展

最初的一些 WiMAX 和 LTE 系统（以及后来的一些 3G+系统）并不能与 4G 标准完全兼容，但我们仍称其为 4G。

2.2.6　5G

在撰写本书期间，大部分运营商已经开始推出其 5G 网络，尽管他们的营销和广告活动夸大了其 5G 网络的范围和实际影响，但 5G 已经到来，并且很快将会无处不在。虽然它注定将被如 6G 的技术超越，但事有先后，我们先关注当下。

第五代移动网络技术经过专门设计，不仅可以应对每个用户数据流量的爆炸式增长，还可以满足数据消费（和生产）设备的爆炸式增长。

5G 技术有望提供更高的速率、更低的时延、更大的连接密度和更高的可靠性。5G 的两个备受期待的应用场景分别是：

- AR/VR 手机游戏。5G 能够支持移动增强现实和虚拟现实（AR 和 VR）游戏。想象在一个完全渲染的虚拟三维（3D）环境中，一群佩戴 VR 头盔的人实时互动，他们的头盔用于与网络（和游戏引擎）以及彼此之间进行通信。
- 无人驾驶汽车。为了确保公众安全，“自动”驾驶的实现不仅需要极高的本地算力，还需要大量数据流入/流出无人驾驶的车辆。5G 网络是否真的能够实现商业意义上的无人驾驶汽车还有待观察，但令人欣慰的是当前已有几个试点项目正在进行。

2.3　黑莓效应及 BYOD 革命

可以说，Research in Motion（RIM）公司（后来改名为黑莓公司）首先打开了自带设备（Bring Your Own Device, BYOD）的大门。黑莓公司通过两项正确的举措实现了它的迅速崛起，但有意思的是，也正是这两项举措中的一项，导致了它后续的衰败。

第一项成功之举是 1999 年黑莓企业服务器（BlackBerry Enterprise Server, BES）的研发。BES 使得黑莓设备能够接收来自微软邮箱服务器（Microsoft Exchange Server）“推送”的电子邮件，这意味着用户无论身在何处都可以发送和接收电子邮件（前提条件是有蜂窝网络覆盖，而当时已几乎无处不在）。

第二项成功之举是将销售对象重点放在了 IT 部门而不是个人消费者。这是一项绝妙的举措，因为在当时，除了技术能力极强的用户之外，其他所有用户都需要 IT 支持才能接收微软邮箱服务器推送的电子邮件。这让 IT 部门掌握了控制权，而这正是 IT 部门喜欢的方式。

更重要的是，黑莓针对客户的需求进行了产品设计，这在 IT 方面意味着易于集成、广泛的控制能力和良好的安全性（尽管仍然存在一些安全问题）。这种策略成效显著，截至 2010 年，黑莓在全球拥有了 3 600 万用户。然而，很多人指出，这种面向 IT 部门销售的策略是黑莓随后迅速衰败的根本原因。

2007 年苹果公司推出了 iPhone，这是第一款所谓的智能手机，紧随其后出现了安卓（Android）手机。这两种设备（及其他设备）也可以接收微软邮箱服务器推送的电子邮件。与黑莓不同的是，它们更关注消费者满意度，尤其是 iPhone 满足了人们提升个人声望的需求。最初发布的 iPhone 并不支持任何第三方应用程序，但即便如此，它仍被吹捧为黑莓的杀手。随着 2008 年 iPhone 2 的发布，以及对第三方应用程序的支持（和 App Store 的推出），黑莓的末日近在咫尺。

截至此时，人们已经可以在无须 IT 部门过多帮助的情况下，轻松实现与微软邮箱服务器的连接。尽管许多 IT 部门已经习惯使用黑莓标准，但越来越多的人开始使用 iPhone 和 Android 手机工作。一小部分有发言权的人强烈要求允许使用第三方设备。如果被拒绝，许多人就采用变通的方法来实现。随着面向消费者设备数量的增长，IT 部门也不得不支持这些设备。

从本章内容可以看到，黑莓使得公司和政府组织习惯于员工拥有移动设备，让他们无论去哪里几乎都能全天候地访问电子邮件，这是其他公司不曾做到的。无线技术模糊了工作和生活之间的界线，但这仅仅意味着我们能够从无线网络连接状态中断开、移动、再重连，而黑莓实现了真正的移动性，使人们在变换位置时仍然能够保持连接。现在，人们能够（并且实际上确实）实现随时查看并回复电子邮件，比如在晚餐时、孩子的足球比赛中，甚至（很遗憾）在驾驶途中。在这种新型连接方式的帮助下，工作与生活间的界线已几乎被完全抹去。

很多人批评黑莓公司，认为这是一个无法快速适应变化的公司警示案例，但是没有人能否认，黑莓公司不仅改变了人们的工作方式，还改变了公司与员工之间的关系，其深刻程度达到了自工业革命之后的顶峰。它还在无意中开辟了 IT 安全问题的新战线。

2.4　移动 IP 的经济影响

移动 IP 是一种即使在不同小区或网络之间切换也能保持 IP 会话的标准，它所产生的经济影响在规模和发展速度上都令人瞩目。如前所述，第一批智能手机出现在 2007 年左右，它们的成功导致了智能设备的激增。据行业分析师描述，在过去 5 年内，每年卖出超过 14 亿部智能手机，2020 年智能手机用户约为 38 亿。

尽管智能设备数量增长显著，但是数据使用量的发展更为迅猛。研究表明，数据使用量在2007年至2010年间平均每年增长400%，随着5G的出现，预计数据使用量在2020年至2025年间将再增长400%。

用数字说明上述现象更具有启发性。图2-8展示了全球主要国家每月移动数据的使用总量。“EB（艾字节）”可能是一个比较难理解的数字。举例来说，如果在2005年一个人的月均移动数据使用量为20MB（这在当年是个不小的数字，且价格昂贵），那么这个人在2010年的月均使用量将达到20GB，增长了惊人的100 000%。值得注意的是，在2015年出版的本书第一版中，当时这个图引用了“PB”的单位，比此处引用的更新后的“EB”小1 000倍。

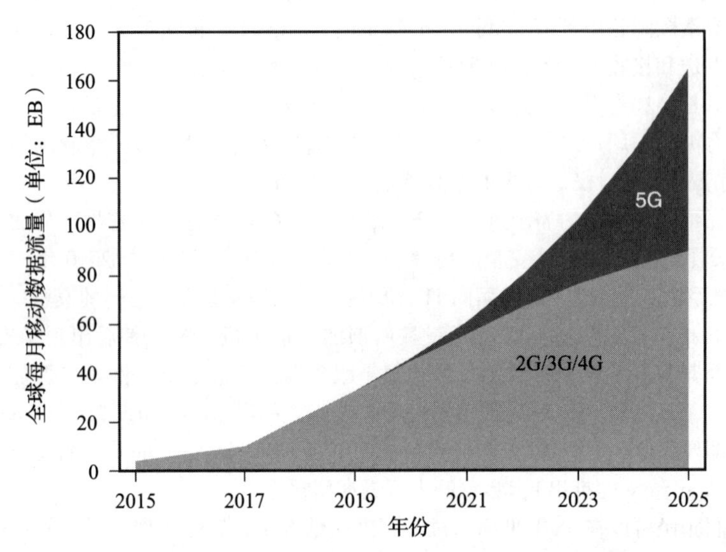

图2-8　全球主要国家的移动数据使用量增长示意图（数据来源于2020年6月爱立信移动数据报告 https://www.ericsson.com/en/mobility-report/reports）

注：该图未包含固定无线接入（fixed wireless access, FWA）服务产生的数据流量。

根据通信公司爱立信的调查报告，“预计到2025年，北美每部智能手机的移动数据月平均使用量预计将达到45GB。”

对于运营商而言，移动设备通信消耗的数据量远远超过了10年前甚至5年前做出的最大胆的预测。不仅如此，数据消耗的速率也在不断增加。移动运营商们一直在争先恐后地满足需求，这导致了用户资费提高，并进一步推动了压缩、流媒体、缓存和其他高效数据传输领域的大量创新。然而有趣的是，移动数据访问逐渐显示出商品化的迹象，同时也有一些运营商免费提供以前能够带来丰厚收入的数据套餐。例如，某大型运营商提供数据流量套餐外的无限音乐数据流量，这个方法对于吸引一群以青少年和年轻人为代表的潜在终身用户有极大帮助。

除了托管其他来源的媒体数据外，运营商自身也实现了迅速增长，并迅速成为媒体创作者。用户期待通过移动连接获得高性能数据，运营商们不得不在许多地区建立大规模高性能的数据中心，以确保用户满意度。事实证明，这给交换机及其他设备供应商，以及数据中心所在地的小型农村市场经济带来了福音。而在20年前，尽管下载一首歌需要56分钟，很多人还是认为能够下载歌曲几乎是一种奇迹。如今，孩子们坐在时速70英里（1英里=1 609.344m）的汽车后座上，用手机观看高清（HD）电影，缓冲时间只要超过10秒，就会听到他们的抱怨。显然，世界已不复从前。

遗憾的是，高速移动数据为我们带来了生活方式上的改善，同时也伴随着重大的安全风险。随着个人生活中的方方面面越来越多地与移动应用相关，手机中的个人数据也随之越来越多。这对于潜在的窃贼来说是一座金矿，他们对数据的敏感性远超一般不知情的手机用户。网络犯罪分子在与训练有素的 IT 对手的较量中磨炼了技能，对于他们来说，那些对网络安全可能一无所知的普通人根本无法与之匹敌。对于 IT 安全专家来说，这只不过是一个警示故事，不同之处是许多同样不知情的用户可以访问公司服务器。

许多大城市的游客担心扒手偷走他们的钱包，里面可能包含一些现金、几张信用卡和一张带照片的身份证。然而，这些人往往没有考虑到，如果他们的手机或设备遭到入侵，他们所有的信用卡都会被刷爆、银行卡余额被清空、以他们的名义开的新信用卡额度也将全部被用光。稳妥起见，扒手可能会将偷盗的手机放在网络犯罪（cybercrime）版的 eBay（这不仅存在，甚至还有节日折扣）上出售给第三方，然后第三方可能会使用它来破坏受害者的公司。这看起来似乎很魔幻，但并不是不可能。

2.5　移动 IP 的商业影响

不言而喻，移动数据带来了巨大的商业价值，甚至可能高于 Wi-Fi 带来的价值。尽管对 BYOD 的所有安全担忧是合理的，但鉴于其带来的生产率的提高，一切似乎都是值得的。

从企业的角度来看，这就很容易理解了。对于一家企业来说，BYOD 的好处是，只要花很少的钱购买一个数据套餐和一部手机（数据套餐成本约为每年 1 200 美元，手机成本为一次性支付 100 美元），就能极大提升员工工作时间的占比，这些时间包括晚上、周末和假期。如今，很少有企业只在上午 9 点到下午 5 点之间运营，但即使将工作时间延长 2 小时（从上午 8 点到下午 6 点），仍然只有 10 小时的工作时间。假设人们每晚睡 7 个小时，且每晚额外留出 2 个小时关机时间（这可能是迄今为止最大胆的假设），那么每天还有 5 个小时的额外时间，员工可以在这期间做出决定，并与同事、客户以及合作伙伴沟通。在跨时区运营的全球公司中，这种方式作用极大。此外，BYOD 能够为公司在每个周末提供 4 小时的工作时间，并且员工在假期中还会每天多次查看电子邮件。

对于一位年薪 10 万美元的员工来说，假设他每周工作 60 小时，一年工作 48 周，每年休假 4 周，他的时薪约为 34.7 美元。根据之前的假设，如果这个员工使用智能手机或其他移动设备，那么分段时间相加，他将在每个工作日多花 90 分钟、每个周末的休息日多花 180 分钟、每个休息日多花 90 分钟用于查看、书写或回复工作邮件。这些时间加起来，员工额外工作了近 700 小时，如果按小时计费，成本将超过 25 000 美元。这是 1 200 美元投资带来的巨大回报！

但事情不止有积极的一面，公司也必须应对实际存在的安全漏洞，以及经常发生的严重安全问题，例如攻击或破坏。此外，由于智能设备支持各种应用程序和社交媒体软件，很多人认为智能设备也是浪费时间的天然工具。尽管如此，企业依然将移动 IP 视为一大利好，将这些潜在问题归为 IT 安全团队需要担心的事情。换句话说，企业认为 IT 安全团队能够解决这些他们可能并未真正理解的问题。

企业应用案例

移动技术的实际或潜在商业应用案例不胜枚举，这里仅介绍一些常见案例。

1. 人员或物品移动的相关业务

移动 IP 的出现带来了追踪人员和资产的能力，在这之前，从人员和资产离开办公室或仓库的物理边界开始，直到抵达目的地的那一刻（确实到达了目的地），这些记录都是空白的。移动 IP 大幅提高了配送准确率，也可用于计算驾驶员的最有效路线。

但从安全的角度来看，这有可能导致货物运输路线的错误。如果可以得到货物清单并修改运输路线，从而拿到货物的话，谁还会再去冒险抢劫货车？此外，工会方面也针对移动 IP 侵犯隐私权进行了投诉，举例来说，他们对公司是否有权得知驾驶员确切的午餐地点表示怀疑。

2. 缓解运输（卸货）损失

乍一看，这似乎与前面讨论的问题相同，但实际上这里讨论的是一种特殊情况。在建筑行业，物资盗窃是一个大问题，物料供应商往往要为此承担责任（尽管他们认为自己不应承担这个责任）。问题是，他们经常会将木材、照明设备、管道用品，甚至电器等物料放在工作现场，不仅现场的安全性无法保证，而且在交付时也无法确保有主管在场进行物料接管。即使有主管在场，现场有些时候也可能会无人监管，而且通常很少有或根本没有安全措施。物料被盗是一个重大问题，因为偷窃者可以轻易将其变卖换取现金。不幸的是，供应商常常不得不为这种损失承受不公平的代价，因为有时无法证明正确的物料被送至准确的地点，而且送货人员也不会为了确认签收而苦苦等待。

近年来，许多供应商采用的做法是，使用智能手机内置摄像头拍摄交付货物的照片，并将照片发送给客户，同时供应商保留照片作为记录。每张照片中都嵌入了时间戳和地理位置信息，即拍摄照片时的确切地理坐标。如果发生损失纠纷，照片将是证明运输内容、时间和地点的铁证。这样一来，移动 IP 确实解决了一个安全问题。

3. 信息传播

移动 IP 的另一大好处是无论员工身在何处，他们都可以随时随地获得信息。在享受移动 IP 带来的巨大改进之前，销售和现场人员经常面临消息不及时的困扰。一种情况是，甚至在不知情的情况下，他们就会面临使用过时信息的问题，还有一种情况是，如果过时信息不可用，那么他们只能等待，直到能够接入有线或无线互联网连接以获取准确信息。

有了智能设备，员工可以全方位实时获取公司信息。这意味着技术人员能够掌握最新手册，市场营销人员可以拥有准确的促销信息和行业情报，而支持人员也能够获取订单最新状态。

高带宽移动连接还有一个好处是使实时视频成为可能。通过实时视频，现场工作人员可以向学识更渊博的人请教超出他们经验范围的问题，甚至在现场就可以获得专家的全程指导。从洗衣机维修到急诊治疗等问题都可以应用这种技术。

从安全的角度来看，这里关注的是所谓的 C-I-A 三元组（C-I-A triad），分别指的是机密性（Confidentiality,）、完整性（Integrity）和可用性（Availability）。也就是说，配置的信息必须是私密的（机密性）、准确的（完整性）和可靠的（可用性）。设备的丢失也成为一个关注点，特别是如果丢失的设备存储了公司的私有数据或以其他方式提供了访问这些数据的途径。

4. 企业商业管理应用

现在许多提供企业管理软件的公司都同时提供移动应用，这可以大幅提高企业效率，对于拥有广泛分布销售人员的公司来说，更是如此。从客户资源管理（Customer Resource Management, CRM）系统到企业成本系统，这些应用都可以帮助公司更顺畅地运行。拥有这些应用的移动版本，可以消除实际活动与系统中录入或查询数据之间的无效工作。

特别是 CRM 系统，这是一个特别强大的工具，有了它，销售人员能够当场下订单，确保拿到最新且准确的定价，验证订单兼容性，甚至获得折扣批准。但同时它的安全风险也很高，如果有人未经授权访问设备或应用，他可能会获得有关公司的绝密信息。如果公司是公开交易的，安全风险会更高，因为这可能会导致内幕交易或其他违法行为。

本章小结

Wi-Fi 使计算机摆脱了网络端口的限制，但移动 IP 和智能设备将连接范围扩展到地球的每个角落。

Wi-Fi 使得互联网具有了便携性，而移动技术将不同地区的不同人连接在一起。不管怎样，现如今人们都能够与地球上的其他人实时地、紧密地联系在一起。

这种变化的影响不可小觑，几乎没有其他技术能像这样如此深刻地改变人类的生活和互动方式。更令人难以置信的是，互联网被认为是人类历史上最大的通信技术突破之一，移动互联网进一步扩大了互联网的影响力。然而，从安全的角度来看，本已艰巨的信息安全任务，移动互联网将其实现难度又翻了 1 000 倍之多，而且把它变成了一个不断移动的目标。

本章习题

1. 下列哪些是蜂窝系统设计的主要原则？
   A. iPhone 和 Android
   B. 数据速率和用户套餐
   C. 频率共享和蜂窝切换
   D. 蜂窝切换和前向传递
   E. 以上均不是
2. 在 FDMA 中，定时和同步是关键考虑因素。
   A. 正确
   B. 错误
3. CDMA 在哪一代移动技术中占据主导地位？
   A. 1G
   B. 2G
   C. 3G
   D. 4G
4. 处在同一蜂窝内的两部手机可以直接互相通信而不需要经过基站。
   A. 正确
   B. 错误
5. 下列哪项是对 EDGE 和 GPRS 的准确描述？
   A. 是 4G 关键技术
   B. 是 U2 的成员
   C. 是频率共享技术
   D. 是准 3G 数据共享技术
6. 4G 手机可以支持 IPv6 寻址。
   A. 正确
   B. 错误
7. BES 服务器可以支持下列哪项？
   A. 将电子邮件推送至移动设备
   B. 在手机上使用 Netflix
   C. 实现 GSM 和 CDMA 兼容
   D. 短消息服务（SMS）
8. C-I-A 三元组的命名承认了美国政府可以访问所有手机。
   A. 正确
   B. 错误
9. 自带设备（BYOD）会让公司损失成本。
   A. 正确
   B. 错误
10. 黑莓公司的下列哪些正确举措导致了 BYOD 现象的风靡？
    A. 发明了第一部智能手机
    B. 首先推出了 3G 技术
    C. 手机支持运行第三方应用程序
    D. 设备支持收到微软邮件服务器推送的邮件
11. 最先支持互联网访问的是下列哪项移动通信技术？
    A. 1G
    B. 2G
    C. 2G+
    D. 3G
    E. 4G

第 3 章 |Chapter 3|

随时随地任何事:“都有对应的应用!”

2007 年，智能手机的问世和广泛流行，预示着手机应用程序的普遍使用，这一现象改变了人们与世界的沟通方式。手机应用程序的种类在短期内以惊人的速度发展，且难以归类。事实上，手机应用程序的种类之广已远超人们的想象。

现在来看，手机应用程序取得的成功及其形成的巨大规模是水到渠成的，因为众多因素共同推动了其蓬勃发展。在开始阶段，智能手机变得随处可见且必不可少，用户随身携带，并时不时地查看消息通知、更新社交媒体的状态。智能手机不仅成为我们生活的一部分，在某些情况下甚至成为身体的附属品。

然而，智能手机的广泛使用只是冰山一角，其数量远小于组成物联网（Internet of Thing, IoT）的工业设备和智能家居设备等智能设备，且这一差距在不断加大。

保持一直开机、连接和在线状态的智能手机、智能家居、智能楼宇和智慧城市设备数量现已达数百亿。本章总结了随之而来的安全问题，同时介绍了多个场景下的无线协议。

3.1 智能手机的多功能性及发展趋势

新兴的智能手机功能强大，它们拥有一系列的传感器，如加速计、陀螺仪、指南针、近距离传感器、温度计、用于获得准确位置、距离和行进速度的 GPS，以及手电筒、照相机、麦克风、条形码/QR 码阅读器和视频/语音记录器。事实上，新款手机中增加了更多的功能，如计步器、气压计、心率传感器，以及指纹和面部识别功能（某一供应商生产的手机中还增加了盖革计数器）。大量的内置功能为开发者进行潜在应用开发提供了无数的可能性。

基于网页的应用程序被设计为瑞士军刀风格，功能多而全，而原生移动应用程序与此相反，其显著特点就是目的单一且明确。原生移动应用程序的设计理念就是它只需要做一件事情，但要简单且专业地完成。

随着手机供应商自有应用商店的出现，用户能够简单、安全地下载经过授权、认证和核查的应用程序。同时，有了应用商店，开发者发布移动应用程序，以及在用户下载应用后获取报酬也变得十分简单。从开发者的角度来看，软件开发工具包（Software Development Kit, SDK）获取简便、开发成本低，再加上发布简便，与开发和营销桌面应用相比，移动应用程序开发成为更有吸引力的选择。

此外，供应商驱动的应用程序商店提供了一种民主化的方式，因为任何开发团队，无论或大或小，都有可能创建和发布一个可以在一夜之间走红的应用程序。流行的应用程序总是能够通过用户推荐以及朋友和家庭的社交传播获得成功。

而从用户的角度来看，市场调查发现，消费者喜欢移动应用程序的便利性和简单性。然而，贯穿本书的一个问题是，如果要在便利性和安全性之间做出选择，安全性通常会失败。在原生移动应用程序领域更是这样。

3.1.1　便利性胜过安全性

随着移动应用的急剧增加，应用程序实现的功能过于强大，而用户的安全和隐私保护的意识又十分薄弱，这必然会导致巨大的安全问题。原因在于，无论应用申请访问的功能与应用本身是否有关，开发者都可以通过程序请求访问。操作系统（Operating System, OS）会对上述行为进行监督，并在征求用户的明确许可后允许应用程序使用这些功能，例如，GPS、照相机或麦克风。这是为了避免移动应用程序对用户的直接监视或通过更隐蔽的方式访问用户的相册、联系人，并对用户位置和行动进行跟踪。

问题不在于技术本身，而在于用户，用户在授权给移动应用程序时没有思考为什么应用需要该特定功能权限。这对用户隐私保护来说是一场灾难，但对收集用户数据并转卖给广告商的开发者来说却是有利可图的好机会。更糟糕的是，很多移动应用出于恶意目的故意对用户进行监视，或对用户数据和联系人信息进行窃取。一个手电筒应用程序收集你的行踪数据，除了向研究人员、广告商或政治利益集团出售 GPS 数据外，没有其他的任何合理理由。如果被问到"能否允许任意一家公司免费对你的行踪进行持续跟踪，然后将你的数据卖给第三方机构并且不限制使用?"大多数人可能都会明确拒绝，但是多年以来这正是数以百万计的用户实际上允许的。

主流的应用商店都会对恶意移动应用带来的威胁进行抵制，它们对被上传的移动应用进行严格的检查，以确保功能访问请求合理，这样一来大部分恶意应用都无法进入市场。然而，手机制造商也只能止步于此，安全和隐私保护的责任仍在终端用户，这也是用户的安全意识变得十分重要的原因。

3.1.2　始终连接，始终在线

不久以前，打电话还是一件看运气的事情。如果想跟某个人通话，你需要用办公桌电话或者家里的电话打给对方的固定电话，要是出门的话还需要使用附近的公用电话，而对方也需要恰好在电话附近的办公桌或者家里，通话很不方便。20 世纪 90 年代后期，无线移动技术的出现解决了这个问题，只要知道对方的手机号码，无论这个人出了办公室还是出了家门，你都可以联系到他。然而，找到对方并成功通话还是存在困难。

现代智能手机解决了许多传统的通信问题，填补了市场很多空白，因为它是真正的多信道通信设备，不仅可以传输语音，还可以发送短信和电子邮件。网络电话（Voice over Internet Protocol, VoIP）的出现开辟了新的无线信道，如线上聊天、在线状态检测，以及移动数据到 Wi-Fi 的切换。事实上，统一通信的概念是建立在将不同的无线技术合并到一个全信道通信平台的基础之上的。如今，随着移动无线技术的发展，人们已无法隐藏自己的行踪。此外，如果将上述通信平台，即虚拟的程控交换机（Private Branch Exchange, PBX）置于云端，通信服务就可以一直保持在线。

如果能将移动（蜂窝）技术与 Wi-Fi 网络电话、蓝牙连接，以及云进行全方位融合，则将拥有智能手机所有的常见功能，就可以实现任何时间、任何地点、在任何联网设备上进行多信道通信。

统一通信向大众展现了通信、协作、生产力和企业应用融合的巨大潜力，但这是以牺牲安全为代价的。尽管无线统一通信开启了一个便利和高效的时代，但移动性的发展是把双刃剑，它同时也打开了无线安全问题的潘多拉魔盒。

3.2　移动设备的变革及其对网络安全的影响

如前所述，智能手机为用户提供了多信道通信设备，这意味着用户不再受办公室电话或家庭固定电话的制约，他们可以自由地外出活动，因为他们知道不会错过电话。这给消费者带来的是便利性的提升，但对于企业而言，这是员工乐于接受的颠覆性变化。最初有人会有工作时间和个人时间界限不清的担忧，但总体上来说，大部分员工还是积极地接受了这个改变。实际上，员工对使用移动电话的积极性十分高涨，他们不仅希望接听工作电话、处理工作信息或电子邮件，还希望使用企业应用程序。现在，员工已经完全实现了移动办公，无须再与办公室绑定，工作状态已经发生变化。

移动设备的出现预示着安全远程计算时代的到来，同时也伴随着移动运营商宽带和 Wi-Fi 技术的巨大进步。现在，用户在任何地方、任何时间、通过任何联网设备都可以安全、可靠地访问公司的计算资源和服务器。这种资源访问的便利性促进了发展和创新，但与此同时传统网络防御的概念也已不再适用。

在移动设备出现之前，网络设计包含了传统防御层，除了经过授权的流量可以通过之外，网络的边界几乎是坚不可摧的。只有经授权用户过滤后的流量才可以通过，内部边界即建立在此防御机制上。移动设备出现之前，具有远程访问需求的用户很少，并且对内部网络资源的访问需求需要通过个性化预配置的虚拟专用网络（Virtual Private Network, VPN）来满足。而移动设备的出现颠覆了一切，所有用户都希望使用移动个人设备来工作。更重要的是，如果每个人都希望不限时间、地点和设备访问资源，那么将具有强大防御能力的计算机资源集中部署就显得没那么必要了。显然，是时候进行架构上的调整了。

移动性为应用程序开发及其向用户展示的方式带来了系统性的变化。传统网络中，商业软件大多采用客户端-服务器或者面向服务的架构。这些单一的应用程序不适合移动用户，他们需要原生移动应用程序，或基于网络的应用程序。后者可以在移动设备的浏览器中通过互联网访问，优势在于对用户设备的要求是只要能运行浏览器即可。但这种方法的缺点在于用户设备实际上是一个轻量级客户端，因而其正常运行需要完全依赖网络，在远程访问的场景中，则需要依赖互联网。

另外一种方法是在设备上搭建应用程序的用户界面（User Interface, UI），并使设备具有如存储的部分功能，正如原生移动应用程序所做的那样。这意味着设备和移动应用程序只需要间歇性地连接到互联网以进行数据同步或更新即可。当然，挑战依然存在，因为在不同的操作系统版本（如安卓和 iOS）上实现对应用程序的搭建、测试和支持是昂贵的，这当然也不是小事。然而，如果远程用户的设备实际上在互联网内，并且必须使用 VPN 隧道穿过企业外围防御系统才能访问商业应用服务器，那么为什么不把应用也转移到互联网上呢？

到 2010 年，云计算给各种规模企业带来的好处已经开始显现，尤其是与移动和无线应用相关的企业。因为人们很快就发现，移动和无线技术可以完美地互补，在此背景下，混合移动应用出现了，它原生地具有本地 UI，同时在基于云的应用中使用应用程序接口（Application Programming Interface, API）进行数据处理、智能计算和功能实现，谷歌地图和雅虎财经都使用了这种方式。

云与移动应用的融合变得密切且迅速，现在开发者已经无须几个月，而是在几分钟内就可以建立移动混聚，即外部 API 服务及一些代码的集合，可以很容易地实现功能强大且复杂的应用开发。然而，快速开发和部署通常也意味着安全性的欠缺，这种方式也不例外，通过混聚应用实现的云与移动技术的融合带来了早期云计算的繁荣，但这是以牺牲数据通信安全为代价的，数据完整性和隐私性在此过程中无法保证。尽管如此，移动和云融合的优势也是不可否认的，特别是对于移动应用开发者和使用这些应用程序的员工来说。

从安全的角度考虑，问题也并非那么简单。随着一夜之间涌现出来的众多基于云的应用、存储甚至基础设施，用户对于工作场所内的移动通信的接受度和期待也越来越高。很快，自带设备（Bring Your Own Device, BYOD）甚至自带云（Bring Your Own Cloud, BYOC）也被提上了日程。然而，允许用户通过自己的客户端访问公司的服务器，更有甚者，访问部署在云端的影子IT存储，这都与城堡-护城河般的安全蓝图相去甚远。实际上，正如安全专家所说，这预示了外围防御的终结，但也未必是件坏事。

3.3 零信任模型的兴起

IT领域的快速变化改变了人们对待安全问题的方式。传统的堡垒思维被抛弃，连同被抛弃的还有区分内部用户和外部用户的方法以及VPN。这样做的原因在于，如果移动性模糊了内部和外部间的界线，那么在云计算的场景下所有的区别都将不复存在。取而代之的是更灵活、粒度更细的策略驱动系统，用于身份验证、访问授权，以及针对配置文件和环境的细粒度分权操作。

随着BYOD的出现，IT安全领域也面临着重重挑战，要部署和执行一项能够适用于所有不同品牌和型号的BYOD设备的安全策略，对于管理者来说几乎是无法实现的。这进而带来了思维方式的改变，即对安全问题的关注点从用户（或设备）转移到了网络本身。

如果从用户设备层面考虑安全问题，人们倾向于认为部分用户设备（也即内部）是可信的，除此之外的其他设备（也即外部）均为不可信；而如果到了网络层面，因为所有设备本质上都是不可信的，因而安全模型中没有内外之分。VPN使用城堡护城河模型对内外进行严格区分，网络层面的安全模型与此不同，它不会对设备预设信任。每个应用程序的每个请求，无论来自何处，都会被检查、数字验证，按照零信任模型处理。

2016年，科技巨头谷歌首次发布了零信任模型，认为"内部网络和外部网络都是完全不可信的"，这种新型的去中心化的认证模型很快风靡企业、工业和商业界，被认为是云计算及混合架构的蓝图，其中本地部署、云和软件即服务（Software as a Service, SaaS）基础设施在这份蓝图中共存。

云安全零信任解决方案有一些显著优势，因为单点登录、防火墙策略配置、健壮的身份识别和访问管理（Identity and Access Management, IAM）的实现，以及服务器维护和操作系统管理等繁重的安全任务都可以外包给云服务提供商。除此之外，剩下的必要工作就只有确保用户设备中数据存储的安全性，以及使用超文本传输安全协议（Hypertext Transfer Protocol Secure, HTTPS）进行通信。安全方面只需要完成如公司IAM政策、用户组白名单等的开发和实施，这些原本就是无法省去的简单管理性工作。在此背景下，短短几年内企业网络已经发生了巨大变化，从使用城堡-护城河结构的集中式数据中心转变为专注于零信任安全模式的基于云的架构。

3.4 移动云

在过去的十年间，云计算给企业安全架构带来了极大的挑战，各种规模的企业都将业务从数据中心转向云端。云计算为企业提供了一种方便、高效、性价比高的互联网应用托管方式，实现了通过互联网对虚拟和物理计算资源的按需、自助服务，使用户能够真正享受随时随地的定制化计算服务。

基于云的架构有诸多优势，其中之一就是只要能连接到互联网，用户就能够轻松实现对商业应用的访问并获取大量信息。然而，由于云上机密信息的存储以及访问的便利性，安全性和隐私性成为如今需要重点考虑的问题。

3.4.1 什么是移动云计算

与通常提到的云计算不同，移动云计算（Mobile Cloud Computing, MCC）更多特指云计算、移动计算和无线网络的结合。所有这些功能的组合是为了满足用户对基于云的大量计算和存储资源的需求。移动云计算有一个基本的设计理念，就是使得在大量型号各异的移动设备上部署基于云的移动应用成为可能。

3.4.2 云应用和原生移动应用

在设计移动应用时，要确定的一个关键标准是：应用的部署方式选择移动云应用还是原生移动应用，为此我们需要比较一下两者的区别。

原生移动应用直接在用户设备上安装和运行，因此其专门针对用户设备的不同类型（例如操作系统的版本）设计。也正因为如此，开发者需要针对应用支持的每一种移动设备（或操作系统）开发不同的版本。原生移动应用通常从应用商店下载。

而移动云应用更像是基于网络的应用，因为它运行在外部服务器上而非设备本身。这意味着应用是与设备（或操作系统）解耦的，只要移动设备上有浏览器作为 UI 即可。

原生移动应用和云应用的区别还有：

- 原生移动应用可以直接访问设备的传感器以及 GPS、相机、定位、麦克风等功能，而云应用虽然也可以访问这些资源，但是要通过可以直接访问设备的 API。
- 原生应用程序比云应用程序运行速度快很多，因为前者可以直接访问用户界面，而云应用程序需要通过浏览器连接互联网。
- 原生应用程序的开发时间更长，成本通常也更高，因为需要为每个开发平台（如 iOS 和 Android）搭建单独的应用程序。而移动云应用与设备或操作系统无关，因为它们是用基于网络的语言（如 HTML5、CSS3、JavaScript 等）或服务器端网络应用框架编写的，这使得移动云应用具有跨平台和跨设备（或操作系统）兼容性。

两种移动应用都面临着安全性的挑战，具体来说就是数据保护和隐私问题，这些问题涉及如何在设备上、传输过程中，以及云存储中实现数据保护。根据关注的侧重点和控制方法的不同产生了多种方法。

3.5 无线网络的部署：具体问题具体分析

无线技术已经发展了很长一段时间，但随着近几十年来新用例的出现，真正的转变由此发生。2000 年时，企业内几乎没有人使用 Wi-Fi（即 802.11b），大家只是把它作为无法使用有线以太网时的权宜之计。然而，其在消费市场很快取得了成功，到 2005 年，Wi-Fi 已经开始取代有线连接，成为家庭和办公室的首选连接方式。但在当时，偏远地区的办公室、分散在城镇内的售货机和 ATM 几乎还无法使用 Wi-Fi，只能选择点对点的无线宽带电台或者作为 2G+数据协议的 GPRS。而对于农场内的微型智能传感器阵列来说，它们过于落后，无法连接至 Wi-Fi、宽带点对点电台或 GPRS，这种情况下该怎么办呢?

随着消费者和工业界对物联网服务需求的剧增，针对特定用例的无线技术和无线协议的需求也日益增加。这些新的无线技术需要适应资源有限的设备，并且（或者）能够在 ad hoc 网络中共享资源。除此之外，物联网设备被要求具有低功耗、极近或者极远距离传输能力，且支持低数据吞吐量，还需要满足工业、医疗、商业，甚至石油和天然气领域的大量潜在用例需求。

理想的云托管服务的另一个关键标准是，本地场所与云服务提供地之间具有足够大的互联网带宽。

在云中运行处理器密集型应用程序是可以实现的，但如果想获得足够好的性能，前提是拥有高吞吐量、低延时的互联网连接。因此，高带宽和低延迟技术成为云上部署时的重要考虑因素。这一点在物联网以及企业通过云远程管理上千台设备的场景中都清晰可见。

3.6　无线物联网技术

移动设备的变革带来的一个显著且持久的影响是出现了新型无线技术，以满足不同的工业和消费者用例需求。很多人会将无线技术狭义理解为移动运营商宽带、Wi-Fi 和蓝牙等，这些在 IT 组织和智能手机中是最常见的技术，因而我们也最熟悉，这无可厚非。但是，在过去的几十年里，已经有许多新型无线技术崭露头角，以满足物联网、机器对机器（M2M）通信、全球通信系统，甚至超长距离太空旅行等领域的特殊需求。这些都被认为是工业物联网的应用，它们的共同点是都有特定的操作配置文件。

为了在消费者、商业和工业等场景中应对物联网所带来的具体挑战，我们需要全面重新构想无线技术及协议。移动运营商推出的如 3G、4G、5G、Wi-Fi（802.11）和蓝牙等解决方案也许可以满足 IT 企业的需求，但是当低成本、低功耗（或高能效）、远距离和长寿命成为决定性的标准时，上述技术还远不能达到要求。因此，为了应对新用例带来的挑战，出现了大量专门针对资源有限设备的无线技术和协议。

在邻近网络中，我们将不同种类的传感器和设备连接在一起，其通信技术的选择将直接影响物联网系统的成本、可靠性和性能。然而，由于系统设计方可能以多种方式部署无线设备，想要找到一种能适用于所有场景的技术或者协议是不可能的，即不存在这样的万能技术。

举例来说，一栋智能楼宇中可能会有上千个传感器，用于监测温度、湿度、烟雾、声音、压力等环境条件。为了给这些设备或传感器接通电源，并实现通信而进行的物理布线不仅通常位置难以选取，而且成本较高、耗时费力。因此，部署无线传感器网络成为更优的选择，这就是我们通常所说的无线传感器网络（Wireless Sensor Network, WSN）的基础。

WSN 由许多无线节点组成，这些节点以本地网状或星形配置的方式连接，能够覆盖如智能楼宇中的楼层等局部区域。每个 WSN 节点会对数据进行中继，直到数据到达边缘节点，该节点通常是一个集线控制器设备。而后端应用通常是一个控制程序，来自后端应用的流量会以类似的方式传输至 WSN 节点。

WSN 节点的另一特点是它们通常都资源受限且功率较低。因此它们使用电池供电即可，太阳能、动能、风能或电磁辐射等也可以成为供电来源。WSN 节点使用的通信接口协议十分基础，因此它们需要连接至使用 IP 的边缘设备，借此与物联网系统中的其他设备通信。

1. 低功耗技术

低成本、低功耗的无线连接解决方案成为最近的研究和开发热点，但是在方案中有一些重要的权衡因素需要关注。例如，如果希望得到较高的数据传输速率，那么就需要高功率以保证无线电能在较高的频率下进行传输。因此，设计者倾向于选择较低的频率以节约和延长电池寿命。但是，低频率就意味着对于相同的数据量来说，数据传输速率更慢、传输时间更长，进而导致无线电在线时间更长、功耗更高且有可能耗尽电池寿命。因此，对于设计者来说，需要仔细考虑以下几个关键因素：

- 频率（也即数据传输速率）。
- 发送报文的大小。
- 可用的技术及协议。
- 无线电功率或传输时间。
- 电池寿命保护。

- 数据传输的安全性。

2. 低功耗设备组网的设计

对于具体场景来说，并不是所有的技术和协议都能够适用，而无线技术必须能够满足特定部署方案的标准要求。一个使用非标准接口的初创产品意义不大，因而建立标准尤为重要。

前面已经介绍了计算机在 IT 架构中的通信方式以及它们所采用的协议，如物理层和数据链路层的以太网协议、网络层的 IP，传输层的 TCP/IP，以及应用层的 HTTP。这些在 PC、便携式计算机中都得到了很好的应用，但是对于资源有限的物联网设备来说，情况就不一样了。执行器和传感器通常会受到资源限制，也就是说，它们的处理能力、本地存储、内存或通信能力都有限。因此，它们需要一套自己的特定标准。

针对资源受限型设备的一个成熟标准是 IEEE 1451 或智能传感器接口标准。该系列标准描述了一套开放、通用、独立于网络的通信接口，用于将传感器（或执行器）与微处理器、仪器系统和控制（或现场）网络连接起来。

3. IEEE 802.15.4

早期的物联网标准之一是低功耗 IEEE 802.15.4 标准，它在 2003 年被首次推出，并一直更新到 2012 年（包括 2012 年），为无线个人网络领域的低功率商业无线电制定了标准。802.15.4 标准可与基于 IPv6 的低功率无线个域网（IPv6 over Low-power Wireless Personal Area Network, 6LoWPAN）以及标准 IP 共同使用，以组建无线嵌入式互联网。

802.15.4 标准的引入解决了物理层的问题。然而，物理层之上也需要改变，所以还需要一个依赖更高效协议的不同协议结构。

3.7　无线通信技术

在过去 20 年间，无线通信技术的繁荣发展推动了消费者和工业界对物联网的青睐。根据实现目标的不同，一系列无线技术应运而生。一些技术如 Wi-Fi，即 802.11，是为了满足高带宽和高吞吐量而设计的，它无须考虑功耗问题，其应用场景如网页浏览、通过互联网下载数据至计算机等；而蓝牙是为了在个人局域网（Personal Area Network, PAN）内实现无线连接而设计的，当人们需要将佩戴或携带的设备（如智能手机、手表）与耳机连接时，蓝牙是十分常见的选择；Zigbee 定位于智能家居领域，它擅长将家庭内来自不同供应商的设备进行互联。因此，Zigbee 的传输距离和传输能力介于 Wi-Fi 和蓝牙之间。

如今，为了与新的用例匹配，无线通信技术和协议还在不断演进和重新利用。例如，Zigbee 已经发展到能够覆盖工业物联网场景中的邻域网络（Neighbor Area Networks, NAN），而蓝牙的范围和能力也已超出 PAN 的范围。

无论我们选择采用哪种技术，制约因素都会存在，如范围、吞吐量、功率、物理尺寸和成本。因此，在对最适合的无线技术进行评估时应该积极地不断求索。接下来我们将讨论一些较为常见的技术和协议。

3.7.1　低功耗蓝牙

低功耗蓝牙（Bluetooth Low Energy），也被称为蓝牙 4.0（Bluetooth 4.0）或智能蓝牙（Bluetooth Smart），是专门针对物联网设计的蓝牙技术版本。顾名思义，这种蓝牙技术对功率和资源要求较低，适用于低功耗设备，该类设备通常运行时间较短，采用充电方式或由硬币大小的电池供电。然而，蓝牙适合作为 WSN 节点的原因在于其能够组建 ad hoc 网络，称为微微网（piconet）。

微微网是指一组已配对的蓝牙设备，它随设备进入或离开无线范围而动态变化。微微网由 2~8 个同时处于活跃状态的设备组成，这些设备在短距离内进行通信。而蓝牙最初的目的就是组建 PAN，实现耳机、智能手机，以及其他个人电子设备间的无线互连。此外，蓝牙具有使用范围广泛、组网灵便轻巧、成本低廉、使用方便等特点，这使其成为一种极具优势的短距离无线通信技术。

3.7.2 Zigbee IP

Zigbee 是一种开放的全球无线通信技术，专为消费、商业、工业领域设计。它工作在三个免许可频段，分别是 2.4GHz、北美地区的 915MHz 和欧洲地区的 868MHz。Zigbee 与其他短距离低功率无线技术的不同之处在于，它是 IEEE 802.15.4 的扩展集。这意味着 Zigbee 自身能够提供更高层级的应用和安全支持，从而能够兼容来自不同制造商的产品。

Zigbee 在控制领域表现出色，且对于通常具有低数据吞吐量、短距离传输和低功耗要求的应用程序来说，Zigbee 能够进行良好的监测。Zigbee 的通信范围约为 70m，但它支持三种不同的网络拓扑结构，即星型、网状型、复合型，这样一来，网络中不同 Zigbee 节点间的中继通信范围就可以被极大地扩展。

最初的 Zigbee 标准默认不支持 IP，这使得它难以与消费者领域的应用进行交互。Zigbee IP 利用自身高层级应用和安全层的优势，增加了对 6LoWPAN 和低功率有损网络路由协议（Routing Protocol for Low-Power and Lossy Networks, RPL）的支持，优化了无线传感器网络的组网结构和 IP 路由。不同技术的融合产生了新的解决方案，能够很好地将 IP 网络扩展到基于 IEEE 802.15.4 的 MAC/PHY 技术。

3.7.3 Z-Wave

Z-Wave 是一种低功率射频通信技术，是为小数据包的可靠和低延时通信而提出的优化方案。其主要用于智能家居场景，如智能光照、恒温控制器、传感器等。Z-Wave 应用在智能家居中的优势在于它不会受到 2.4GHz 频率范围内无线技术（如 Wi-Fi、蓝牙或 Zigbee）的干扰。

与其他射频技术相比，Z-Wave 使用的协议相对简单，这使得它的开发速度更快、难度更低。除了能快速进行市场推广以外，它还具有很强的可扩展性，因为它支持在全网状网络中使用，可以控制多达 232 个设备。

3.7.4 RFID

在零售、商业和工业物联网中广泛使用的无线技术还有射频识别（Radio-Frequency Identification, RFID）系统。RFID 使用微小的标签来存储电子信息，这些信息可以通过电磁场进行无线通信。RFID 技术在多个行业中普遍使用，最常见的是用于身份识别和库存或资产跟踪。

3.7.5 NFC

近场通信（Near-Field Communication, NFC）是从 RFID 技术发展而来的，如今广泛用于短距离无线通信，特别是无接触支付系统中。NFC 的优点是不需要设备配对，而且通信范围仅限几厘米范围内，避免了干扰或劫持。因此，NFC 在安卓和 iOS 手机的应用开发领域变得十分受欢迎，只需要把设备靠近就可以完成支付或在手机间传输通讯录信息。

3.7.6 Thread

2014 年，一种新的名为 Thread 的协议被推出，它是基于 IP 的 IPv6 网络协议，重点应用于智能家居领域。Thread 基于 6LoWPAN 设计，从应用的角度来看，它旨在弥补 Wi-Fi 在智能家居领域的局限性。

Thread 可用于现有的 IEEE 802.15.4 设备，能够组建多达 250 个节点的网状网络，同时具有高水平的认证和加密功能。

3.7.7　6LoWPAN

对于大多数嵌入式传感器来说，使用 IP 会导致过多的数据包开销，为解决此问题，6LoWPAN 应运而生。低功率设备通常只需要传输极少量的数据，这意味着需要一个效率极高的通信协议，能够在很短的传输时间内进行数据封装和报头压缩，而这就是 6LoWPAN。

此外，6LoWPAN 还可用于构建健壮性强、可扩展、可自愈的网状网络，其中的网络设备能够路由发送给其他设备的数据，而主机则能够长期睡眠以节省电池寿命。

3.8　云 VPN、广域网和互连技术

使用云计算时一个必须考虑的问题就是，如何安全地将无线设备、网络或者环境连接至云计算基础设施。通常的选择是使用云服务提供商的 VPN 或其他互连配置方式。这些配置可能由云服务提供商直接提供，也可能通过第三方运营商提供。但无论采用哪种方式，在互连的场景下，数据都必须加密。因为许多第三方只是提供了一个通信渠道，而数据加密则需要由企业自行决定和完成。

目前也出现了其他类型的广域网连接方式，比如无线广域网（Wireless Wide Area Network, WWAN），以及软件定义广域网（Software-Defined Wide Area Network, SD-WAN）。一般来说，这些技术起初都作为无线解决方案被使用，然后在固定光纤介质转换器处汇聚，如运营商（4G）网络或者 Wi-Fi 回程网络。在城市地区或网络中，WWAN 通常只用于 802.11 免许可频段内宽带点对点无线通信，或作为无线自由空间光通信链路中的备份冗余链路。

3.8.1　自由空间光通信

自由空间光通信（Free Space Optics, FSO）是激光无线宽带广域网链路，视距范围达 3~5km，吞吐量为 10Gbit/s。这些激光束点对点链路用于企业或校园网络中远程办公室的数据回传，最近也应用在远程物联网传感器网络中的数据回传。FSO 和 Wi-Fi 可以很好地互补，假如激光链路受沙尘暴、大雾或暴雨天气影响无法使用，这时候宽带 Wi-Fi 无线电就可以启动并恢复连接，尽管吞吐量较低但可以正常工作。原因在于，宽带 802.11 无线信号的工作频率不受沙尘暴、大雾或暴雨天气影响。将 FSO 作为主链路，会得到默认的 3~5km 内的高传输速率、高吞吐量，同时可在紧急情况下切换至相同距离内具有中传输速率和中吞吐量的备用线路。然而，如果期望主用或备用链路有更大的覆盖范围，比如几百千米，这时需要使用另一项无线技术 WiMAX。

3.8.2　WiMAX

WiMAX 是运营商网络长期演进（LTE）和数字用户线路（DSL）网络最后一千米的替代解决方案，因为它是一种高速射频微波技术，可提供高达 1Gbit/s 的带宽传输速率。WiMAX 可以在 100km 或更远的距离上以低比特率工作，这使得它成为许多农村物联网应用的理想选择。然而，如果想要在更长的距离上实现更高的传输速率，那么需要考虑卫星通信。

3.8.3　vSAT

甚小口径终端（vSAT）是一种卫星通信技术，用于在广阔的覆盖范围内提供宽带互联网和专用网络

通信。当你距离基站有几百甚至上千千米但又需要连接至互联网，或者在整个陆地范围内向客户广播时，卫星无线通信就是一种解决方案。卫星通信可以支持高带宽、高速度的安全通信，但由于数据传输距离较远，它存在高延迟的问题。如果应用不要求低延迟，那么卫星通信是一种可行的无线技术。因此，卫星通信常用于航运、航空、石油和天然气平台、卡车运输业，以及物流和科学领域中多种形式的资产跟踪。

3.8.4　SD-WAN

如前所述，无线广域网通信领域有多种技术，不同的技术都有自身的优势和不足。这就是 SD-WAN 将不同的无线技术融合在一起的原因之一，以确保无论天气、地理、环境或大气条件如何，网络配置都足够健壮。

在无线网络技术中融入 SD-WAN 之后，所有本地部署和基于云的应用都能获得网络性能和安全性的提升。原因在于，将安全和网络监控推送给云服务提供商，可以确保 IAM 策略的变更、规则的新建和更新都会被自动推送给 SD-WAN 和 Wi-Fi 网关。然后，SD-WAN 和 WLAN（无线局域网）系统就会执行业务策略并控制流量，从而提升安全性。

3.9　物联网中的广域网技术

物联网涉及的行业和用例范围之广，很难找到一种低功率广域网技术来满足所有用例的要求。因此，能够提供多种选择的不同技术出现了，它们是在覆盖范围、吞吐量或电池寿命、工作频率等几个因素之间的折中。虽然，每种技术的特点不同，但还是能够找到一种与需求匹配的技术。

在开发适用于远程资源受限设备的低功率物联网无线技术方面，已经有了大量研究和进展。新技术和新协议大量涌现，并且不断演进。本节讨论了目前低功率广域网领域的主要技术。

3.9.1　Sigfox

Sigfox 低功率广域网是一个端到端系统，由一端经认证的调制解调器和另一端基于网络的应用程序组成。开发人员需要拿到经认证的制造商生产的调制解调器，并将其集成到物联网终端节点设备中。另外，也有第三方服务提供商提供与 Sigfox 兼容的接入点网络，以处理终端节点和 Sigfox 服务器之间的通信。Sigfox 服务器管理网络中的终端节点设备，收集其数据流量，然后通过基于网络的 API 向用户提供数据和其他信息。

为了保证安全性，Sigfox 系统使用了跳频技术，从而减轻了信息拦截和信道阻塞的风险。此外，Sigfox 的服务器中具有反重放机制，以避免重放攻击。传输的数据内容和格式是由用户定义的，只有用户具有设备数据的解读能力。

3.9.2　LoRaWAN

远程广域网（Long-Range Wide Area Network, LoRaWAN）架构是一种"星型"拓扑结构，终端节点设备通过网关连接到网络服务器。LoRaWAN 协议是基于 Chirp 的，即在终端节点和网关之间进行扩频后的无线跳频。当有数据需要传输时，终端节点通过 Chirp 信号与网关进行通信。LoRaWAN 在有效载荷和覆盖范围之间进行折中，具体取决于本地无线电条件。LoRaWAN 的安全性是通过使用独特的网络和设备加密密钥来实现的。

3.9.3　HaLow

Wi-Fi 802.11ah，或者说 HaLow（这个名称可能更常见），工作在略低于 1GHz 的 ISM 频段（即工业、科学和医疗无线电频段)，因为电池供电的设备工作在较低的频段，功耗也较小。虽然大多数 Wi-Fi 802.11 的最大覆盖范围在 100m 左右，但如果使用合适的天线，HaLow 可以覆盖方圆一千米。

802.11ah 的设计初衷是在低功耗和远程通信之间进行折中，在通常情况下，为了节省电池电量，用户基站会有睡眠模式，只在必要时进行通信，并使用短数据包。在进行网络设计时需要考虑的一个重要因素是对基站间的距离进行优化，因为优化争用访问程序将最小化传输时间和功耗。

为了扩大通信范围，802.11ah 使用了中继代理，这是一种能在低功率条件下扩大传输距离的特殊基站。802.11ah 本身可以支持大约 8 000 个基站，这样一来网络覆盖范围将获得极大提升。

3.9.4 毫米波无线电

近年来，针对毫米范围内的免许可 60GHz 频段的研究如火如荼。但是不可否认的一点是，高带宽和远传输距离两者不可兼得。

问题其实很简单，高数据传输速率和吞吐量依赖高频率，而远传输距离的获得需要低频。在 60GHz 频段，毫米波无线电无疑具有发送高吞吐量的潜力，但其传输距离不到 1km，而且要求视距清晰。

然而，在操作层面还存在一个问题，无线电领域内有一个不变法则：频率越高，信号越容易受雨衰和大气条件的影响。因此，毫米波无线电信号不仅极易受到其视距路径上物体的影响，而且也很容易受到大气条件的影响，即使是小雨也会影响其传输。在恶劣条件下，毫米波无线电需要提升功率以克服雨衰门限的影响，这是大多数物联网应用无法接受的。

如今，当提到无线网络时，我们最可能想到的是公共运营商的移动网络或专用 Wi-Fi 无线局域网(802.11X)，因为它们广泛应用于消费者家庭、商业和企业的网络架构中。然而，在某些情况下，Wi-Fi 以及公共 LTE 技术和协议并不是理想选择，许多用例需要一个介于两者之间的替代解决方案。这就是专用 LTE 成为无线网络融合方案之一的原因。

3.10 专用 LTE 网络

如今，市场对大规模无线局域网的需求已经十分明确，但是目前 Wi-Fi 还难以满足各种组织的需求。因此，很多组织正在从 Wi-Fi 转向专用 LTE 网络。

近年来，专用 LTE 作为一种解决方案填补了高端专用 Wi-Fi 网络和公共 LTE 运营商网络之间的空白。专用 LTE 网络的优势在于，它可以为所有 IT 资产和物联网设备提供专用的、成本固定的网络连接服务，且具有更好的信息安全性。

与运营商 LTE 网络类似，专用 LTE 网络使用许可、共享、免许可等多种射频频段来降低成本、减少拥堵、提高流量，并最终提升信息安全性。专用 LTE 网络以较小的规模复刻了运营商 LTE 网络，它建立在微型通信塔和极小蜂窝的基础上，这使其类似于具有接入点的 WLAN。

专用 LTE 网络的工作方式取决于射频频谱的管理方式。在某些情况下，移动运营商可以使用他们自己的许可 LTE 频段为第三方建立一个私人 LTE 网络。另外，组织可以利用 3.5GHz 的公民频段无线电频谱（Citizen Band Radio Spectrum, CBRS）等轻度许可频谱建立自己的专用 LTE 网络，这种频谱也称为共享频谱。这样，只要避开拥堵的 ISM 频段，组织就可以基于现有的免许可频段搭建专用 LTE 网络，不管哪种方式，专用 LTE 网络都能带来明确的好处，如数据成本降低、网络性能提升、信息安全性增强等。

专用 LTE 网络的优势来源于它与饱和的 802.11Wi-Fi 网络工作的频段不同。这在工业用例中大有裨益，因为在这些用例中，掌握可用频率并能将潜在的射频干扰降到最低，对机器人等关键自动化设备的运行至关重要。

除了频率分割和隔离之外，专用 LTE 网络还具有处理优先级和抢占的能力，并具有天然的可扩展性。这意味着专用 LTE 网络可以支持大量的本地连接设备及其流量需求，不必通过按量付费使用昂贵的公共运营商 LTE 网络。

基于此，很多组织都将专用 LTE 网络作为其通向 5G 时代的理想敲门砖，并将部署免许可专用 LTE 网络视为未来实现 5G 的必经之路。

3. 11　无线局域网的安全性：从 WEP 到 WPA3

一直以来 WLAN 技术都被安全专家们视为便捷有余、安全不足的通信方式，这是因为早期的 WLAN 通常是由不了解无线电技术或安全的技术人员安装的，这种情况常见于小型办公室/家庭办公室（Small Office/Home Office, SOHO）的网络部署中。这有可能造成未经授权的用户盗用网络，即未经许可使用其带宽。更有甚者，一些用户会未经授权访问网络上的数据，甚至注入或伪造数据。

特别需要关注的一种情况是在无线网络中使用全向天线。有了这种天线，任何有接收机的设备都可以收到附近无线接入点发送的广播，无论其是否经过授权。如图 3-1 所示，全向天线的网络覆盖区域能够并且在很多情况下延伸到办公室或大楼的物理墙壁之外，从而使网络处于危险当中。无线网络的另一个风险是入侵者使用定向天线来窃听网络，甚至可能从相当远的地方窃听。

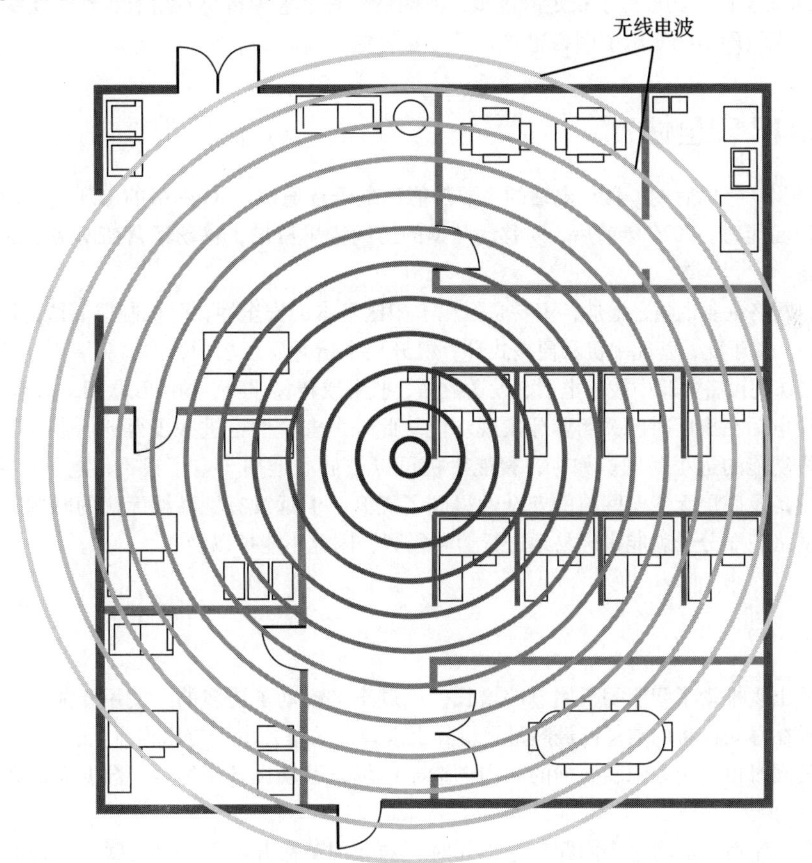

图 3-1　全向天线的网络覆盖范围延伸到了办公室墙壁之外

考虑到这些问题，IEEE 着手制定了一个安全标准，作为 802.11 标准的一部分。目标是使无线局域网能够与有线网络一样安全，具备保密性、完整性和可用性。不幸的是，早期为确保无线局域网的安全所做的尝试被证明是有缺陷的。

第一个方案被称为有线等效加密（Wired Equivalent Privacy, WEP），它使用了一种挑战-应答机制。很不幸，窃听者能够对挑战和应答进行截获。原因在于，虽然应答是加密的，但挑战却不是。攻击者能十分容易地捕捉并对应答进行重放，以成功应答挑战，这样一来便获得了网络访问权。

为了解决 WEP 的固有缺陷，Wi-Fi 联盟推出了 Wi-Fi 保护访问（Wi-Fi Protected Access, WPA）。它被证明只是破解难度稍有增加，因此也只是昙花一现。但是后来推出的 Wi-Fi 保护访问第 2 版（Wi-Fi Protected Access 2, WPA2）成为沿用多年的标准。2019 年，WPA3 被推出，为满足当今商业和工业领域内的安全需求，它的功能得到了进一步提升。

知识拓展

加密以及严格的访问控制可以保护大多数网络免受非授权访问的攻击。但如果某台已授权设备落入攻击者手中，比如便携式计算机丢失或被盗，那么攻击者就会掌握所有攻击所需的信息及配置，即使已经加密以及设置了最严格的访问控制也无济于事。

虽然 WLAN 安全性已经取得了长足的进步，但网络和安全管理员仍对所有无线设备的安全持怀疑态度。平心而论，无线网络确实给了网络犯罪分子以可乘之机。

3.12　移动 IP 安全性

直到 20 世纪 90 年代后期，移动电话的主要功能仍是语音通信。3G 网络的出现使移动设备获得了高质量的互联网访问能力。2010 年前后，对移动数据的访问需求激增，移动运营商网络中的移动数据流量超过了语音流量。

糟糕的是，网络犯罪也随之增加，主要原因在于相比基本的安全性，手机制造商认为即时、便捷的访问能力更加重要。基于此，智能手机和便携式计算机开启了蓝牙发现功能，网络犯罪因此获得了沃土，犯罪分子能够直接访问设备并暗中拨打电话、发送数据、监听或转移呼叫、访问互联网，甚至可以转移资金。

如今，移动电话在出厂时已关闭蓝牙发现功能。此外，安全性也进一步得到加强，以防止未经授权的连接或对手机功能的远程访问。如今，智能手机可以被放心地用于电子银行、电子商务和电子邮件。尽管无线移动设备及底层无线电网络的安全性得到了提升，但远没有到高枕无忧的时候。只要有未加密的无线网络，网络犯罪分子就能很轻易地进行信号拦截，因此不能掉以轻心。

本章小结

应用程序的出现推动了智能手机用户的增长，反过来又推动了更多的人使用智能手机，从而形成了良性循环，到现在移动设备的数量已经超过了世界上人口的数量。由于应用程序上会收集个人隐私数据，移动市场繁荣的同时也为个人隐私数据的利用创造了市场，移动设备使黑客、数据盗窃和挖掘有了更多可利用的载体。

正当开发者和制造商们为这个问题争论不休时，物联网革命开始了，目前联网设备的数量是世界人口数量的数倍。每个新用例的出现，都伴随着新攻击载体、漏洞和修复手段的发现和部署。

这就是无线网络和移动设备安全的本质。猫捉老鼠的游戏没有尽头，即使技术已经达到理论上的极限，坏人的聪明才智通常也比不上用户的粗心大意，用户希望事情变得简单、直观、不受干扰和安全。在迫不得已的情况下，用户自愿放弃了对安全性的要求。虽然有时令人费解，但这确实给很多人创造了绝佳的工作机会。

本章习题

1. 应用程序开发商大多通过什么方式访问用户信息？
   A. 以黑客方式进入操作系统　　B. 欺骗手机制造商
   C. 用户允许访问　　D. 在黑市上购买密码
2. 零信任系统认为内部和外部没有区别，因为所有的设备本质上都是不可信的。
   A. 正确　　B. 错误
3. 基于云的架构优势之一在于？
   A. 只要能够连接至互联网，用户就可以很方便地访问企业应用
   B. 它比原生应用更加安全，因为所有云都是安全的
   C. 有了 Gmail 就可以免费使用
   D. 它能解决数据隐私问题
4. 关于原生移动应用的说法，下列哪项是不正确的？
   A. 原生应用能够直接访问设备的传感器和 GPS、相机、定位、麦克风等功能
   B. 原生应用比云应用要快得多，因为它们能直接访问 UI
   C. 原生应用的开发时间更长，通常成本也更高
   D. 原生应用不存在安全问题
5. 几乎所有的物联网用例都可以使用主要的两项物联网无线协议。
   A. 正确　　B. 错误
6. 下列哪项不是物联网工业用例中的决定性标准？
   A. 成本　　B. 低功耗/高能效
   C. 覆盖范围　　D. 电池寿命
   E. 语音质量
7. 关于物联网无线方案采用的折中说法，下列哪项是正确的？
   A. 不管数据传输速率高低，功耗都是一样的　　B. 低频率意味着数据传输速率也较低，传输时间更长
   C. 数据传输速率不影响电池寿命　　D. 数据传输速率、频率和功耗三者不相关
8. 蓝牙低功耗是专为物联网设计的。
   A. 正确　　B. 错误
9. 关于微微网的说法，下列哪项是正确的？
   A. 是已配对蓝牙设备组成的 ad hoc
   B. 包含 2~8 个设备，设备间进行短距离通信
   C. 是一种有吸引力且成本较低的短距离无线通信技术
   D. 以上皆是
10. 有线等效加密（WEP）取代了 Wi-Fi 保护访问（WPA），成为牢不可破的无线安全协议。
    A. 正确　　B. 错误

第 4 章 |Chapter 4|

安全威胁概述：有线、无线和移动通信

本章对网络安全威胁和考虑因素进行了概述，重点关注包含物联网设备和移动设备在内的无线设备。理想情况下，安全专家可以很轻易地锁定所有网络或联网设备，以降低数据丢失或未经授权访问的风险。但实际上，一切操作都要考虑现实，安全团队的优先级需要结合企业需求、第三方要求以及员工满意度等多个因素综合考量。本章旨在展示安全威胁的同时阐明安全策略实施时需要考虑的诸多因素。能够在安全性和访问便利性之间取得适当平衡的方法才是通向成功的可取之策。

4.1 安全防护对象

从本质上来说，信息安全（Information Security）就是为了保证数字资产免受各种威胁而必须执行的措施。在制定所有信息安全方案之前，首先需要确认几个问题，如：

- 安全防护对象是什么？是企业数据、知识产权、用户数据、金融资产，还是对物理设备的远程控制？
- 为什么要对其进行安全防护？是政府或行业机构强制规定？还是内部的最佳实践？
- 资产价值有多少？是否对其进行过量化估值？是否对数据泄露的成本进行过评估？
- 威胁都有哪些？来自内部还是外部？目的是数据盗窃、实现设备控制，还是获得系统访问？来自环境还是人类？
- 阻碍安全防护的限制因素都有哪些？是否需要宽带接入？数据是否有变化或被移动？

上述问题的答案将有助于确认必须保护的资产，以及每项独立资产的优先级和价值。这是极其重要的，安全防护必须具有成本效益。为达到降低风险的目标，一个组织要有足够的成本花费在安全上，目标达成即可。

对组织内的网络进行安全防护比想象中要复杂得多。即使是小型企业，其网络安全防护工作也并不简单，安全的标准和最佳实践既要满足企业需要，在很多情况下还要满足行业要求。这就需要在遵守法律法规的前提下灵活的行动指南。

此外，小型公司进行安全防护的积极性与上市公司或大型政府机构也有很大区别。同样，在授权访问的便利性和实现健壮的外部安全性的平衡问题上，上市公司的销售总监或产品开发负责人可能与首席安全官的意见大相径庭。

4.2 安全威胁的一般分类

可能对组织资产产生的威胁有哪些？为了回答这个问题，首先需要考虑威胁来源于哪些人或者哪些事情？是外部的攻击者还是员工？近年来，一些重大的商业损失是通过内部操纵公司财务数据或内部人员恶意破坏造成的，吃一堑长一智，对于员工和外部入侵者，公司都应该谨慎对待。然而，有很大一部分情况是不知情的员工被黑客利用，这些黑客既擅长社交工程，又能破解安保措施。与获得许可直接进入相比，试图正面破解安保措施难多了。大多数公司采用最小权限的做法，即只给予员工执行工作需要的权限。虽然这并不能解决所有的问题，但它确实大幅降低了总体风险。

要考虑的还有需要保护的资产都有哪些，以及物质上和商业上存在的阻碍。并不是所有的资产都可以或者应该被保护。如网络服务器或自动取款机（Automatic Teller Machine, ATM）这样的资产需要公开暴露，而其他的资产如内部数据库服务器上的信息，需要采取更健壮的防护措施，因为访问需求是相对有限的。

安全防护措施应与商业目标和资产功能保持一致。比如，不能为了实现安全防护，切断电子商务服务器与互联网的连接。这样做确实会免受互联网攻击的威胁，如拒绝服务攻击、同步攻击或非法入侵等，但同时也失去了其存在的意义。

简而言之，安全措施应与资产的价值相称，并且不应与资产的目的和功能相悖。很多安全专家忽略了一个关键点，即信息安全不应该成为授权用户执行授权业务功能的阻碍。也就是说，对于使用或有权访问受保护数据或系统的员工来说，采取合理且显而易见的安全措施可以确保其始终将安全放在首位。

信息安全的文化变迁

信息安全政策需要与企业要求、目标以及企业文化相匹配。在当前移动和无线技术时代，这一点尤为凸显，与严格的访问控制相比，员工的生产力和可移动性更加重要。如今，企业鼓励员工使用自己的设备并安装应用程序，并且支持员工不限地点、不限设备访问信息。因此，信息安全必须与上述政策和举措相适应，同时做到对企业资产的安全保护。与十年前相比，这是一个重要的文化变迁。

安全防护的关键在于，要确保信息安全流程、实践和技术与企业的计划、目标和职能相匹配。这需要对用户进行教育引导，因为很多问题都是由于意识缺乏或理解不到位造成的。信息安全政策也十分重要。事实上，信息安全政策是所有企业中最重要的安全文件之一，是安全管理人员实施所有安全措施的基础和根本原因。

随着企业不断使用新技术，各项举措和实践可能会随着时间的推移而改变。然而，信息安全的核心原则以及保密性、完整性和可用性的C-I-A三要素不会改变。但它们的含义有了扩展延伸，以满足新技术和商业模式的具体要求。延伸后的信息安全原则如下。

- 保密性（Confidentiality）：防止信息未经授权泄露。
- 完整性（Integrity）：防止未经授权修改信息。
- 可用性（Availability）：防止未经授权扣留资源或服务。
- 问责制（Accountability）：用户是自身行为的第一责任人。
- 不可否认性（Nonrepudiation）：防止否认已执行的操作。

4.2.1　保密性

传统意义上的保密性是指通过访问策略和权限的控制，以保证对存储设备和服务器上信息的安全访问。管理员会对数据进行加密或隐藏以防止未经授权的访问，同时对目录和文件夹设置严格的访问策略。类似地，在必要情况下，对于经局域网（LAN）、广域网（WAN）或互联网传输的数据，管理员会设置加密和认证机制以保证数据安全。

在当今网络条件下，保密性还涉及数据隐私性（即保护数据为不可见状态）和机密性（即隐藏数据存在状态及其位置)。

此外，还需要兼顾便携式计算机、智能手机上存储的数据，因为在组织资产之外的信息总是安全性的短板，需要尤其关注。随着这些设备体积的不断减小，以及在办公室外人们随身携带时间的增加，设备丢失的可能性也越来越大，这是需要考虑的问题。举例来说，十年前，大多数人都不会将工作用的便携式计算机遗忘在咖啡店，但智能设备体积的减小使得遗失的概率增加。实际生活中，人们经常随身携带智能设备，这极大提升了丢失的可能性。因此，设备丢失以及丢失后的远程解锁和信息擦除，已成为信息安全领域面临的主要挑战。

物联网设备也存在保密性风险。通过跟踪设备使用情况、开关机时间，以及设置能够得到大量关于人和组织的信息。

4.2.2　完整性

安全领域的完整性是指确保信息的真实性，保证其与原始状态一致且未经操纵或篡改。许多应用程序使用数学算法来保证文件的完整性，这些算法称为信息摘要或哈希，也就是说，完整性的目的是确保文件没有因意外的损坏或故意的操纵而改变。通过算法能够得到文件或数据的摘要或者哈希值。

这种方法行之有效的原因在于利用该算法，相同的文件总是会产生相同的哈希值或数值结果。而如果改变了文件，哪怕只有1位，算法也会得到不同的结果。如果比较文件的哈希值，两者一致，那么可以确信两个文件是相同的。

当数据经不安全的网络（如互联网）传输时，哈希算法能够为数据的完整性提供保证。哈希算法同样能够减轻中间人（Man-In-The-Middle, MITM）攻击，即攻击者在将文件或信息传递给目标接收者之前拦截并修改它们。在无线、Wi-Fi或移动环境中，会话劫持是一个特别值得关注的问题。

4.2.3　可用性

在信息安全方面，可用性是指确保系统和服务在用户需要的时候可以正常使用，并且避免未经授权的阻止。这与系统或网络层面的可用性是完全不同的，后者更多的是对可靠性的衡量，并通过机器集群和故障切换时的主/从配置来保证。

安全领域内的可用性主要是指避免拒绝服务（Denial of Service, DoS）攻击，即攻击者试图通过使系统或服务不可用来阻止合法访问。攻击者通常通过对互联网中的传输控制协议/互联网协议（Transmission Control Protocol/Internet Protocol, TCP/IP）设备进行同步泛洪来发动DoS攻击，以破坏TCP用于建立会话时的三次握手。三次握手的步骤如下：

1. 客户端发送同步请求，称为SYN；
2. 服务器根据上一步的请求返回一个确认信号，称为SYN-ACK；
3. 客户端根据确认信号返回自身信息，称为ACK。

上述过程结束后，客户端和服务器就可以进行通信了。

在SYN泛洪攻击中，攻击者使用大量的伪造SYN请求来攻击服务器，服务器必须回复此请求，而客户端将永远无法通过发送ACK报文建立会话。SYN泛洪攻击使得服务器无法建立完整连接。当这个过程重复上千次，服务器中建立TCP连接的有限容量将被耗尽，无法继续建立连接。这是一种对系统可用性粗暴却十分有效的攻击。

在较小的范围内，使用干扰技术可以破坏Wi-Fi和移动系统的可用性。在某些情况下，移动系统本身也是目标。因为用户期待获得不中断的连接服务，这种攻击可能会让用户陷入近乎恐慌的状态。

在物联网领域，任何设备可用性的中断都会阻碍对照明、暖通空调（Heating Ventilation and Air Conditioning, HVAC）、物理安全系统的控制，甚至通过安全门控制物理访问的网络可用性也会受影响。

4.2.4 问责制

从安全的角度来看，问责制是十分重要的。即使已经竭尽全力确保保密性、完整性和可用性，但系统的访问控制还是可能会被无意或有意地绕过。严重的安全破坏行为有时会发生在网络内部，它们来自授权用户而非防火墙外的非授权攻击者。因此，内部用户的问责制必须存在，这通常包含审计跟踪和日志，以对用户进行认证和行为记录。

问责制的关键在于认证。如果系统没有对用户进行认证，是无法对用户问责的。而认证本身作用是有限的，因为它只能证明用户与其声称一致，并不能对其访问的资源进行限制。为了对每个用户进行资源访问限制，需要使用授权。认证的标准方式是网页登录时使用用户名和密码的组合，而授权通常是根据用户的职能要求或他们的角色授予权限来实现的。这再次引出了设备丢失的问题。如果丢失的设备落入了解情况的攻击者手中，就会造成毁灭性的破坏。在这种情况下，及时报告设备及访问工具（卡、钥匙等）的丢失情况对于控制威胁进一步扩大和减轻损失至关重要。

4.2.5 不可否认性

不可否认性解决的是人们否认执行了某项操作的问题，它能够为行为的执行和行为人提供不可否认的证据。不可否认性在如网上交易等电子商务和金融交易领域十分重要。

不可否认性的一个常见应用是发送和接收文件，发件人会在发送文件时附上一个阅读回执，由收件人签署并回复。这看上去似乎能够满足不可否认的要求，但是无法保证阅读并签署了回执的人就是目标收件人，因此目标收件人可以否认已阅行为。

数字签名可用于不可否认性，如果发件人使用自己的数字签名签署文件，那便认为是对发送操作的不否认。类似地，当收件人收到文件后，也可以使用自己的数字签名签署回执，这是对交付操作的不否认。

这里还可能存在一个问题，就是用户使用安全性低的 Wi-Fi 进行连接，密码可能被盗、会话很容易被劫持。这使得不可否认性的有效性难以保证。

4.3 无线和移动设备面临的安全威胁

虽然总体来看信息安全延伸后的原则较为全面，但对于移动和无线客户端、设备以及网络的日常防护来说，它们的指导作用有限。本节重点关注一些具体的威胁，包括以下几类：

- 数据盗窃。
- 设备控制。
- 系统访问。

这几类威胁可能会有一定重叠，但是好在足够全面，能够涵盖各个方面的威胁。

在学习具体的移动和 Wi-Fi 威胁之前，首先要记住一点，就是几乎所有存在于有线网络的威胁同样也存在于无线和移动网络。此外，还有部分无线和移动设备特有的威胁，或针对其产生的变体。本节将重点讨论这些针对无线和移动设备的威胁。

在无线或移动环境中，拒绝服务的威胁可能通过制造无线电干扰、阻止客户端与接入点通信产生，也可能通过物理方式切断移动回程连接产生，后者使得智能手机用户无法访问网络。这就是无线和移动安全领域的复杂性所在，表面上看无线只是换了一种访问网络的方式，但实际上其中的威胁和漏洞完全是另一个层面。这意味着在管理移动和支持 Wi-Fi 的设备时需要使用更加全面的安全管理方法。

4.3.1 数据盗窃威胁

虽然黑客和网络犯罪分子可能会使用不同的方法破坏或访问移动设备，但其通常都有特定的目标，这些目标中很多都与数据盗窃相关。通常情况下，这些黑客追求的是机会目标，而不是针对特定公司的定向攻击。也就是说，他们会搜集个人身份信息（Personally Identifiable Information, PII），即可以用来识别、联系或定位一个人的信息，或在环境中能够识别一个人的信息，在此过程中如果拿到任何与企业有关的数据就可以被视为意外收获。一般来说，网络犯罪分子关注的领域有：

- 个人或企业账户凭证。
- 企业或个人信息凭证。
- 企业网络的远程访问软件凭证。
- 数据和电话服务访问权。

在过去几年中，随着支持 LTE 和宽带无线数据的移动设备大量涌现，针对移动设备、旨在窃取数据的攻击也在增加。常见的威胁主要有以下几类。

- 嗅探（也称窥探）：所有使用无线电通信的设备大多存在一个明显的漏洞，即信号容易通过嗅探（或窥探）被拦截，这无须物理连接到传播媒介就可以实现。幸运的是，使用加密可以较容易地规避这个问题。虽然不同加密方法产生的效果不同，但相比不进行防护，即使“弱”加密也能起到作用。虽然部分加密算法能够被破解，但实际上大多数嗅探或窥探攻击都是寻求机会目标。所以进行基础的安全防护可以避免大多数的攻击。坚定且有才能的黑客为了特定目标能够破解基础或薄弱的加密算法，但是通常能够成为攻击对象的公司也会有较为健壮的数据保护措施。因而对于大多数组织来说，简单的防护已经足够。
- 恶意应用程序（即恶意软件）：虽然恶意应用程序或者说恶意软件已经存在多年，但与在个人计算机上的软件相比，智能设备上可用的应用程序数量增加了 10 000 倍，这开辟了许多新的攻击途径。这些应用程序包括可以自动安装在手机上的恶意软件和可以复制电子邮件、短信和联系人的间谍软件。由于恶意软件能够跟踪移动设备的位置，这会导致严重的隐私保护问题，此外设备中还包含了大量的 PII。这可能会造成一些前所未有的影响，比如某高管与不是其配偶的人计划在酒店见面或实施其他潜在的破坏行为，而某恶意软件具有在其手机上登录全球定位系统（Global Positioning System, GPS）并记录位置，以及发送短信的能力，这时这个恶意软件就可能被用来对高管进行敲诈，以获得内部信息或访问权。这听起来可能是天方夜谭，但确实是实际发生的事情。这就是必须对应用程序下载进行严格限制的原因。
- 浏览器漏洞：这种威胁专门针对移动设备用户，利用移动设备上网络浏览器的漏洞。这对于使用自带设备（Bring Your Own Device, BYOD）的组织来说是一个重要的问题，因为企业资产中的软件更新可以被强制执行和管理，而个人设备与此不同，其更新可能落后好几个版本。这种情况下，用户可能只是访问了一个不安全网页，但却触发了浏览器漏洞，该漏洞能够在设备上安装恶意软件或执行其他操作，因此移动设备管理（Mobile Device Management, MDM）在使用 BYOD 的组织中是一个重要的工具。
- 无线钓鱼：钓鱼是指向受害者发送伪造的电子邮件或短信（SMS），目的是让受害者打开诈骗网站链接。在该诈骗网站中，受害者会被诱导填写银行账户信息及其他机密信息，犯罪分子会利用这些信息登录真实账户。由于智能设备的屏幕较小，很容易忽略钓鱼行为的一些迹象，这加剧了钓鱼攻击的风险。此外，用户如果连接到违法接入点或恶意双胞胎（evil twins）的变体也会被黑客利用。

- 设备丢失或被盗：这类威胁看起来过于明显且没有技术含量，但它是移动设备面临的最常见的威胁之一。设备丢失或被盗不仅会导致数据丢失，也可能造成未经授权的系统访问。设备遭遇丢失或被盗后，其上的数据也会一并丢失。此外，设备也会陷入危险，特别是当它配置了能够访问公司网络的远程访问软件时。通常来看，为了提升便利性，安全性较高的虚拟专用网络（Virtual Private Network, VPN）都会被设置为自动连接，且使用弱口令。使用密码能够防止偶然发现或拿走设备的好奇者访问设备，但是在熟练的黑客手中，这些密码都不再是问题。所以如果设备丢失或被盗，最好及时通知并进行设备挂失或信息擦除。
- 系统或设备控制：在物联网领域，特别是无线控制的物联网设备，攻击者能够使物理连接失效或阻止远程访问。这有可能会造成资产的物理破坏，例如远程关闭机房的空调，导致服务器过热；也可能会有无政府主义倾向的人肆意破坏照明、门禁等。

知识拓展

即使设备所有者的访问权没有被剥夺，数据盗窃仍有可能发生。一切可见的数据或信息都可能被复制并用于他处。

4.3.2 设备控制威胁

除了获取设备上的数据之外，黑客通常还会试图控制设备本身。因为在控制了设备后，黑客不仅可以随时访问数据，还可以利用设备发起其他攻击，或利用设备上的权限访问内部服务器等更高价值的目标。通过网络中的横向移动（lily padding 或 island hopping），黑客从一个设备“跳”至另一个，每跳一次都离目标更近一步。举例说明，设备控制威胁包含以下几种。

- 未经授权的客户端或修改的客户端：当用户企图规避政策或某些设备配置缺失时，可能会产生其他漏洞。例如，互联网中曾发现用户黑客改变智能设备进行越狱（jailbreaking），并在没有安全保障的情况下打开智能手机的热点。由于设备在企业网络中视为已授权客户端，因此这些设备可能会被黑客用于访问系统或数据。虽然一些人认为使用自己的设备没有问题，但实际上 BYOD 会带来安全问题。
- ad hoc 连接与基于软件的接入点：ad hoc 网络已推出多年，但以前搭建 ad hoc 网络的技术门槛很高。然而，随着新型智能设备的出现，这些组网变得十分简单，但漏洞也随之而来。
- 终端攻击：现在有一些工具可以直接攻击无线客户端。例如，一种名为 Metasploit 的自动化工具可以用来探测 Wi-Fi 客户端的数千个已知漏洞。漏洞一旦暴露并被利用，Wi-Fi 客户端就可以被控制和（或）监控。
- 蓝牙 Wi-Fi 攻击：在以前，黑客们可以利用蓝牙协议中的漏洞访问并控制移动设备，但现在已经没那么简单，设备中的蓝牙默认关闭并被设置为不可发现模式。但如果用户改变了设置，黑客们还是可以轻易地控制开启蓝牙功能的移动设备，BYOD 模式下需要仔细考虑这种威胁。
- 近场通信与邻近攻击：相距几英尺（1 英尺 = 0.304 8m）的两个设备使用 ad hoc 无线连接进行通信的方式称为近场通信（Near Field Communication, NFC）。与蓝牙不同的是，近场通信的配对过程是自动的。NFC 现在已经作为交换联系人信息的社交媒介而被广泛使用，未来还可以在销售点（Point-of-Sale, PoS）终端通过信用卡进行自动支付，由此很可能成为黑客攻击的重要目标。

知识拓展

越狱攻击能够对苹果设备的 iOS 进行修改，从而允许无符号代码运行在如 iPhone 和 iPad 设备中，用户能够从苹果应用商店以外的来源下载和安装第三方应用程序。根权限的获取过程与此类似，只是它应用在安卓设备中，使得用户能够访问 Linux 系统的根账户。

4.3.3 系统访问威胁

如前所述，黑客们通常对实现网络的深入访问更感兴趣。对他们来说，设备控制只是达到目的的一种手段。有时，黑客会出于政治目的或受经济利益驱使而破坏网络或中断网络访问。有些情况下，黑客会因实际受到或自认为受到侮辱或伤害而进行报复。系统访问威胁的种类如下所示。

- 拒绝服务（DoS）攻击：如前所述，无线局域网（WLAN）和移动网络很容易受到基于网络的 DoS 攻击，以及专门针对无线电系统固有弱点而制造的攻击。在 Wi-Fi 环境中，使用相对不太拥挤的 5GHz 频段能够减少一些意外 DoS 攻击的影响，但是仍无法避免针对性的攻击威胁。
- 恶意双胞胎接入点：攻击者可以不费力地使得接入点与合法的 WLAN 或热点具有相同的网络名称，该名称被称为服务集标识符（Service Set Identifier, SSID），进而骗取不知情的用户进行连接。这并不是新出现的问题，但是有新型的黑客工具能够监听客户端搜索的 SSID 并修改自身配置，以使其与这些网络标识符类似。这样，用户即使不进行任何操作，客户端也可以连接成功，而一旦连接成功，客户端就会受到一系列的网络攻击。
- 流氓接入点：自 Wi-Fi 可商用以来，未授权接入点（或者说流氓接入点）的问题就出现了。当前，流氓接入点的出现原因通常是场地规划不当，进而导致出现了无线死角。因网络访问受挫，企业内的员工可能会私自设立流氓接入点以获得网络访问能力。但同时，如果黑客能够进入办公区域，他们也可以轻易设立流氓接入点。除非组织定期进行现场调查并清除违规设置，否则这些接入点有可能在一段时间内都无法被 IT 部门发现，进而成为挥之不去的漏洞。

4.4 风险缓解

针对前面提到的各种威胁，有多种适用于移动设备和 Wi-Fi 客户端的风险缓解方法。通常，最坏的情况是丢失或被盗的设备不具有任何安全防护能力。针对资产归属企业的设备，数据保护措施包括加密、擦除丢失设备、远程锁定等。当员工自带的设备具有访问和下载公司数据的权限时，这也是必不可少的。因此，对于 BYOD 或公司所有、个人使用（Corporate Owned Personally Enabled, COPE）的设备进行策略开发时，以上措施都需强制执行。

需要考虑的关键措施如下。

- 移动设备屏幕锁定及密码保护：这是避免未经授权访问移动电话或便携式计算机上商业数据及账户的第一道防线。
- 移动设备的远程锁定及数据擦除：通常密码锁已经足够将好奇的无关人员拒之门外，阻止他们访问智能设备，但是这不足以阻拦资深黑客。如果设备丢失或被盗，远程锁可以暂时保证设备安全。如果设备没有被找回，远程数据擦除或刷机能够避免后续对手机中商业数据及账户的访问行为。
- 移动 GPS 定位及跟踪：在所有手机的生命周期中，它能够收集和传输大量关于其所在环境及位置的详细信息。如果需要追踪人员或资产，这是非常有用的数据。此外，在定位丢失或被盗的设备方面也很有用。

- 存储数据加密：在大多数情况下，设备锁定和数据擦除已经足够将数据被盗、数据丢失和数据泄露的风险降到最低。但作为更进一步的安全措施，高管和其他能接触到敏感信息的员工应该对其个人设备上的数据进行加密。（虽然对于大多数员工来说，几乎没有必要在他们的个人设备上进行数据加密。）

这是移动设备安全管理实践的四项基本规范，而最佳实践是建立确保符合商业计划和政策的控制措施。关键政策之一就是设备丢失后的立即上报。一旦接到相关通知，IT 部门可以对设备进行远程锁定，并使用 GPS 定位跟踪。如果设备追回，则取消远程锁；如果未追回，则对设备数据进行擦除。减轻风险的关键是通过及时上报，将漏洞的窗口期缩到最小。然而值得注意的是，盗窃移动设备的犯罪分子会将设备放到金属盒中，这样设备就无法收到如锁定设备这类无线电信号。他们之后再将设备带到无线电屏蔽的房间中，对设备信息进行提取。

在用户满意度和风险缓解间取得平衡也是十分重要的。为了最大化员工满意度和政策接受度，在员工使用自己的设备时，给予一定的自由度和自治权能够使工作环境更加愉悦。

4.4.1　降低 BYOD 的风险

随着无线移动技术被大众广泛接受，企业中 BYOD 也成为常态。BYOD 起初源于公司发放黑莓移动设备，方便员工远程使用电子邮件。很快，员工们开始要求将个人的黑莓设备配置到黑莓服务器。到现在为止，大多数公司都在使用一定形式的 BYOD，在本书编写期间，BYOD 的市场估值已经超过 3 000 亿美元，相比 2014 年的 940 亿美元有了大幅增长（数据来自 Global Market Insights）。

不久之后，苹果、安卓，甚至是 Windows Mobile 取代了黑莓。包括首席执行官（CEO）和首席技术官（CTO）在内的员工在工作时使用自带设备并利用设备进行数据访问已成为一种常见做法。员工们开始对包括企业和自有设备在内的通信方式进行整合。企业决策者的风险接受程度比 IT 人员更高，他们可以很快看到员工使用自有设备的潜在好处，包括生产力、创造力、协作程度和移动能力的提升。所以尽管存在明显的风险，他们还是没有选择放弃这个绝佳的机会。因此，问题从 IT 部门是否允许 BYOD 转变到了如何对其进行安全保护。

针对较为安全的公司网络中活跃着员工自有设备的问题，当务之急是制定访问策略及可接受的使用政策。毕竟，如果企业网络中的设备使用未经许可的应用程序或盗版应用程序，企业难辞其咎。此外，如果员工自有设备中包含非法内容，并被有关部门追查至公司网络，那么公司就会深陷诉讼泥沼。这就是 MDM 和移动应用管理（Mobile Application Management, MAM）在公司的安全政策中占据重要位置的原因。

1. 移动设备管理

MDM 旨在帮助网络安全管理员管理移动设备。通常情况下，MDM 会向移动设备发送空中下载信号，从而对各种品牌的手机或其他移动设备进行应用程序和配置的分发。其目的是提供一个能够进行控制和决策的中央节点，从而提高移动通信的功能性和效率，同时降低成本和风险。

MDM 的架构由一个服务器和一个客户端组成，其中服务器作为中央管理系统，客户端安装在移动设备上。MDM 服务器能够对首次加入网络的移动设备进行自动识别和配置，随后保存所有发送给设备的配置及更新的历史记录，并在需要时通过空中下载（Over The Air, OTA）方式发送进一步的更新数据。但是 MDM 的作用并不仅限于保证移动设备的更新，它通常还能提供其他基本服务，如设备丢失或被盗后的远程锁定、位置跟踪，以及数据擦除。

MDM 服务器还能够实现安全防护功能，它通过 OTA 向远端的移动设备发送指令，从而可以实现远程锁定的激活以及设备信息的擦除。当移动设备中存在关于公司的敏感数据或有价值数据时，这是至关重要的安全措施。而实现设备跟踪有赖于移动设备的 GPS 功能，需要设备报告当前的 GPS 定位。不管是公司所有设备，还是员工所有设备，MDM 相关措施都是较为敏感的话题，尤其是移动设备位置跟踪。即使员工可以接受特定情况下对手机进行远程锁定和数据擦除，但是对其行为进行记录，特别是非工作时间的行为记录，很可能还是会造成员工不满意。因此，GPS 跟踪通常仅用于设备丢失或被盗之后。

MDM 为大型网络中的移动设备管理和安全防护提供了有价值的方案，对于小型企业来说，MDM 可能会过于昂贵，但如果使用基于云的软件即服务（Software as a Service, SaaS）MDM 解决方案，成本可以大幅降低。不管使用哪种方式的 MDM，都能给管理大量且多种类的潜在移动设备提供巨大便利。

2. 移动应用程序管理

MDM 提供了对设备进行配置和策略管理的方法，那么如何对应用程序进行管理和控制呢？在进行移动应用程序的配置和交付时，如何保证其安全？出于 BYOD 固有的风险，IT 部门对其十分抗拒，但这与物理设备本身没有关系，而是在于设备中包含的数据及设备具备的访问能力。特别值得关注的问题就是，员工的设备中可能安装有来源或质量不明的应用程序，员工可能下载各种娱乐应用程序，其中部分应用可能会打开设备的后门。为了降低这类风险，需要执行以下措施。

- 确保应用程序安全：移动应用程序几乎没有任何访问限制，可以在用户不知情或明确同意的情况下使用手机中的各种功能，包括位置跟踪及使用照相机。在此过程中可能会有一些关于最终用户许可协议（End User License Agreement, EULA）的说明，这是软件开发商与用户间的法律协议。
- 确保网络访问安全：因为可能存在一个移动设备被多个授权用户共享的情况，所以不仅要对用户进行认证，还要对设备进行认证。此外，还需要结合环境条件进行用户和设备的双重认证，包括时间、地点以及访问目标。
- 使用加密：必须确保数据在传输过程中以及本地存储中都进行了加密。此外，也应做好存储数据的分区，将公司文件和个人数据（比如员工的度假照片等）分开。

MAM 负责管理移动设备上的应用程序。MAM 软件控制内部移动应用的配置和分发，并在一定条件下通过企业应用商店对商业应用程序进行管理。通过 MAM，IT 部门能够对从中心应用商店下载的内部和商业应用进行验证和授权，这对于安全的应用程序管理系统的建立有重要的作用。

将 MAM 和 MDM 结合，通常能够实现用户认证、应用程序的配置及交付、应用程序修订管理、更新管理、生成性能和状态报告、用户及组的访问控制。而具备了上述技术，将能够实现以下目标。

- 人员授权：员工可以自由选择使用的设备，这将进一步提高协作能力、移动性以及作为最终目标的生产力。
- 敏感信息保护：能够对敏感信息的访问和下载进行限制。
- 避免设备及数据未经授权被访问：通过使用如密码锁、远程锁定、设备信息擦除等技术，即使在设备被盗的情况下也能够保证远端设备中的数据安全。

3. BYOD 带来的其他风险

虽然 BYOD 能够带来一定的益处，但是它提高了 IT 部门的成本，并降低了安全性。根据逻辑分析，由于智能设备的数量和种类繁多，在用的软件版本也不一而足，因此对远程移动设备的安全防护成本要高于台式计算机。此外，BYOD 以及 COPE 都存在一些固有的漏洞，亟待解决。

- 个人设备与企业设备的法律区分：IT 部门如何能在合理范围内要求用户在使用非公司所有的设备时遵守他们定义的“可接受的”政策。毕竟，IT 部门不能在非工作时间将其职业道德观强加给员工。但是 BYOD 的参与者必须遵守 BYOD 政策下可接受的使用条例。

- 公司数据泄露：数据安全领域出现的最大危险就是将信息下载至设备，严格来说是将不受公司控制的信息下载至设备。为了解决此问题，必须使用 MDM 应用程序对员工的设备进行控制管理，员工即使使用自己的设备也要遵守这项政策。此外，员工需要接受并签署 BYOD 政策，如果设备丢失或被盗，该政策允许公司对设备进行锁定或远程数据擦除。
- 政策落地与治理：在固定的桌面系统上进行政策落地和治理是很简单的，但同样的规则和政策，应用在远程且归属员工的设备上就不那么容易了。
- 丢失或被盗威胁：一旦落入未经授权的用户手中，安全措施就已经失效了一半。攻击者只需破解用户名和密码。目前为止，这一风险似乎还可以接受，但是用户可能在多个网站使用相同或相似的登录凭证，问题就没那么简单了。更麻烦的情况是，员工使用多种类型的移动设备，且能够访问多个不同层级的安全系统。

4.4.2　适用于中小型企业的 BYOD

对于无法负担 MDM 或 MAM 成本的中小型企业（Small-to-Medium Business, SMB），是否还有别的选择？在中小企业环境中应用 BYOD 或 COPE 的方法其实很简单，不同规模的企业都应该考虑和关注。它不仅安全，而且还非常具有成本效益。其中一种解决方案是桌面虚拟化。

桌面虚拟化其实就是将用户的桌面简单地复制到一台具备互联网访问能力的服务器上，它是用户公司设备的虚拟化替代，通过与这个服务器连接，能够避免很多与远程访问相关的安全问题。在这种情况下，所有的命令执行和读写操作都在公司服务器上进行。与在办公室一样，用户可以对文件进行执行、写入、读取和编辑等操作，只是文件会被保存在公司的服务器上。数据不会被下载到远程设备上，因为用户只能使用键盘和显示器进行上述操作，这避免了数据泄露。此外，通过使用虚拟桌面，远程用户可以共享桌面和应用程序，应用程序在家庭设备、个人设备和公司设备间的兼容性问题将不再存在。

对于这种方式有批评观点指出，许多虚拟化的应用程序在触摸屏设备上会有性能限制，导致生产力下降。需要重申的是，需要在安全性和用户满意度之间保持合理的平衡。

4.5　纵深防御

为了应对多种类型的攻击，安全专家们需要将不同的控制措施结合使用。

- 物理控制：指保护环境的物理安全措施，如门、锁、摄像机、安全门和栅栏。物理保护和环境保护被列为 NIST SP 800-53 的 18 个控制系列之一（详见 4.7.3 节）。
- 逻辑（技术）控制：用于保护网络的较为明显的硬件和软件设备，如防病毒软件、防火墙、主机入侵保护和网络入侵保护。如智能手机等无线移动设备默认情况下大多不具备这些功能。
- 管理控制：包括安全政策、流程和程序。

MDM 和 MAM 能够提供配置工具，并可用于执行公司政策、下载反恶意软件，以及在设备入网前对商业和个人数据进行沙箱处理（即隔离运行）。对于无线网络来说，MDM 和 MAM 是安全多层防御政策的重要组成部分，该政策以纵深防御为原则，是经过深思熟虑后对各组成部分的战略性协同应用。

在纵深防御模式中，安全控制被分层应用于网络和系统，其原理是，如果攻击者突破了边界防御，将有多层安全设备来保护位于网络深处的资产。如图 4-1 所示，通过从内到外的安全建设，可以有力保护内部的高价值资产，围绕在外面的每一层依次向边界辐射，访问控制水平逐渐降低。

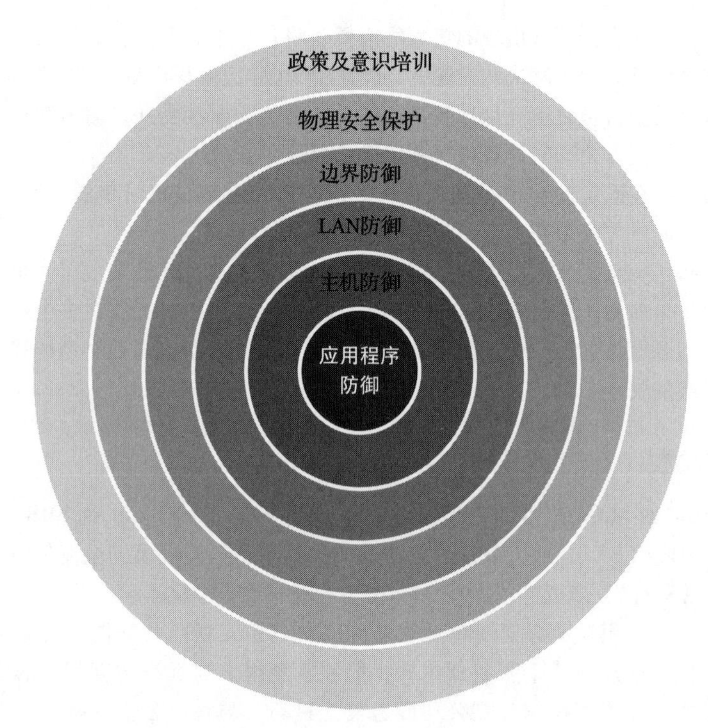

图 4-1　纵深防御是指将多种形式的安全措施进行联合部署，以减少未授权用户深度渗透的风险。未授权用户达到预期目标需要破解多种形式的安全措施

在纵深防御的模式下，允许在网络服务器和内网服务的周边地区降低安全要求。这比边界重防御模式要好，纵深防御有时被称为 M&M 安全，这源于一种著名糖果的广告宣传，广告商声称这种糖果外表松脆（硬）、中间有嚼劲（软）。而边界重防御模式只适用于不向公众或远程用户提供网络服务的情况，较为少见。此外，如果将所有防御措施部署在边界，这可能会将入侵者拒之门外，但一旦突破，就能轻易访问网络内部。

为了确保多访问方式（有线、无线、移动）网络的安全，需要使用多层防御，具体如下。

- 外部网络层：是网络服务器及服务暴露在互联网的边界。通常，通过使用分层防火墙能够设置一个安全的隔离区（Demilitarized Zone, DMZ），它位于不可信的互联网和可信（安全）的内部网络之间。DMZ 用于提供网络服务及面向远程用户的安全 VPN 访问能力。在外部网络层还设置了包括主机入侵检测、日志记录、漏洞及渗透测试等在内的控制措施。如果使用 Wi-Fi 访问互联网或内部互联网，那么接入点将会与一个安全性较低的外部防火墙接口相连。有了 DMZ 区的设置，访客设备能够通过防火墙访问互联网，但是无法访问公司内部网络。
- 边界网络层：该层使用内部防火墙将外部网络与内部资源隔离开。这一层通常承载了安全性更高、限制性更强的网络服务，比如电子邮件服务器的外部前端页面，员工、合作伙伴和供应商使用的内部网络服务器，还有互联网代理和能够将 IP 地址解析为 URL 的域名系统（Domain Name System, DNS）服务器。这一层的防御手段包括：能够阻止非授权访问的入侵防御系统（Intrusion Prevention Systems, IPSes）、能够在阻断网络流量的同时监测网络状态的状态包检测防火墙，以及通过查看有效载荷和头文件从而发现恶意流量迹象的深度包检测防火墙。这一层类似 DMZ，但并不用于外部匿名访问。相反，它要求通过登录进行安全访问，并不完全是一个内部系统。

- 内部网络：用户和主机位于这一层。安全管理员使用 IPS 设备和防火墙和（或）不同子网间的路由器访问列表对该层进行安全保护。
- 应用程序服务器网络：这是一个内部安全区域，通过叠加一层高度限制性防火墙规则进行保护。
- 数据库服务器网络：这是数据网络的核心。它通常具有非常严格的安全策略和多层次的访问限制，通过使用极高的安全配置和开放端口有限的防火墙来隔离。

4.6 授权和访问控制

无论网络规模大小，在网络中进行安全防护的关键都是确保用户不受阻碍地开展工作，同时阻止未授权用户访问网络资源。为了实现这个目标，必须建立网络访问控制机制。此外，还需要对用户身份进行认证，在此基础上执行授权规则，并对用户、数据，以及其他资产的访问进行控制。这称为 AAA，即认证（Authentication）、授权（Authorization）、和问责（Accountability）。

AAA

无论使用何种设备或技术访问网络，无论是固定台式机还是移动无线设备，都需要认证、授权和问责，这三者的定义如下。

- 认证：验证与声称的身份是否一致的过程，主体可能是用户、设备或应用程序。
- 授权：与认证协同工作的过程，用于向用户、组、系统或应用程序授予访问权限。
- 问责：是对系统活动的时序记录，可通过核查记录对系统事件进行重构。

强有力的 AAA 措施对于网络的整体安全至关重要。除了阻止入侵者未经授权访问网络之外，保护资产免受未经授权的访问也一样关键。这尤其适用于当前情况，因为用户访问已经不再是传统的网络内部，而是转变为大量来自网络外部及防火墙外的访问。此外，必须采取不同的安全和访问控制策略，以保证员工的远程访问。

仅在几年以前，远程访问用户使用 VPN 通过公司便携式计算机连接至网络还是足够安全的。从表面来看，VPN 使用用户名和密码进行保护，而实际上的安全防护层次要深得多，因为设备本身也需要进行认证。换句话说，认证措施包含两部分，一是用户，二是便携式计算机。这种程度的安全防护已经足够，因为未经授权的用户仅靠复制 VPN 客户端应用或者传输给另一台机器是无法通过认证的。用户可以从互联网上下载并安装客户端，但由于 VPN 服务器应用会创建并向 VPN 客户端发布安全密钥，所以认证无法成功。设备使用密钥来验证彼此的身份，并对设备间通信进行加密。因此，VPN 客户端-服务器模式是非常安全的。

如今，员工普遍使用自己的设备进行工作，包括便携式计算机、智能手机或家庭 PC 等，员工要求自己的设备与公司分配的台式 PC 具有相同的访问能力和权限。这种访问网络资源的新方式也给安全措施提出了新要求。安全不仅需要考虑用户及其设备的授权，还需要考虑访问环境。

环境感知安全设备是一种能够提高访问控制颗粒度的方法。安全策略决定了认证过程中的规则，这些规则不仅包含用户信息，还包括用户使用的设备信息，甚至还有使用位置及时间。通过这些额外因素，安全管理员可以针对不同环境设置不同的访问权限和授权资源。例如，环境感知安全设备可以识别用户（who）、访问的应用程序或网站（what）、访问时间（when）、请求的位置或来源（where），以及提出请求的设备（how）。

环境感知防火墙在 OSI 参考模型的第 7 层及以下层工作，是传统防火墙甚至第二代防火墙都无法实现的颗粒度，这源于环境感知防火墙灵活且基于应用的规则架构。非环境感知防火墙依赖 IP 地址和端口号确定访问规则，不能满足当今企业环境对灵活性的需求。例如，环境感知防火墙能够设置如“禁止或允许使用 Skype”“允许使用雅虎通但不允许共享文件”这样的规则。这是常见的安全需求，传统防火墙无法处理，但是环境感知防火墙可以做到。此外，环境感知防火墙可以根据要求识别用户、应用程序、位置、时间、设备等属性，并据此建立简单而有效的分层安全策略，以处理来自 BYOD 手机和便携式计算机的远程访问需求。

然而，访问和认证仅仅是安全设备的守门功能，在对用户进行认证和授权之后，还需要对活动进行监控以保护公司资产，包括防止信息泄露。移动设备和公司台式机之间的一大区别就是，当用户将文件下载至移动设备后，数据就会离开公司网络并驻留在设备上，这超出了公司的实际控制范围。这是一个潜在的重要问题，随着大量智能手机和便携式计算机成为网络访问设备，这个问题将成为众多安全挑战之一。

4.7　信息安全标准

IT 部门如何管理众多的无线设备并执行统一的政策？随着 IT 安全领域不断扩展，为了解决这个问题，信息安全标准应运而生。由国际标准化组织（International Organization for Standardization, ISO）和国际电工委员会（International Electrotechnical Commission, IEC）组成的联合小组委员会（被称为 ISO/IEC）制定了两项自发性标准：ISO/IEC 27001: 2013 和 ISO/IEC 27002: 2013，涉及 IT 安全领域的不同方面及相关方法。美国国家标准与技术研究院（National Institute of Standards and Technology, NIST）也推出了一项标准，即 NIST SP 800-53。NIST SP 800-53 是所有美国政府管理的公开网络的强制执行标准，也已成为许多外国政府以及全世界范围内私人组织和企业的实际使用标准。

4.7.1　ISO/IEC 27001：2013

ISO/IEC 27001: 2013 的目的是为“信息安全管理体系（Information Security Management System, ISMS）的建立、实施、维护和持续发展提出要求”。如图 4-2 所示，该模型的建立和发展很大程度上依赖于 PDCA 循环，其中 PDCA 分别代表计划（Plan）、执行（Do）、检查（Check）、处理（Act）。

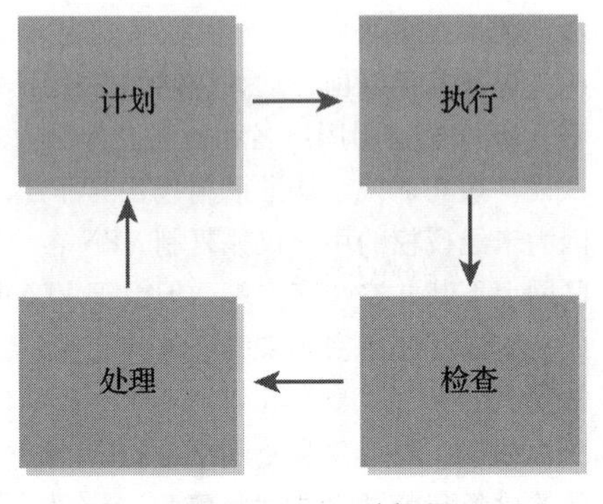

图 4-2　PDCA 循环

后来 ISO/IEC 27001: 2013 的修订重点转移到了评估和衡量 IT 安全管理效能。但目的没有变化，仍然是协助进行组织内安全系统的设计与实施。这样一来，ISO/IEC 27001: 2013 在聚焦 PCDA 的基础上，对信息安全管理系统及其内在流程进行了构建、审查及改进。

4.7.2　ISO/IEC 27002：2013

ISO/IEC 27002: 2013 标准涵盖了组织内部用于启动、实施、管理和改进的信息安全方针、技术和通用原则。ISO/IEC 27002: 2013 标准涉及 14 个目标不同的通用主题，同时提出了 114 项控制措施，是实现上述目标的最佳实践。14 个主题如下：

- 信息安全政策。
- 信息安全组织。

- 人力资源安全。
- 资产管理。
- 访问控制。
- 密码学。
- 物理与环境安全。
- 操作安全。
- 通信安全。
- 系统采购、开发及维护。
- 供应商关系。
- 信息安全事件管理。
- 业务连续性管理中的信息安全问题。
- 合规性。

（以上数据节选自国际标准化组织发布的 ISO/IEC 27002: 2013《信息技术-安全技术-信息安全控制规范》，查询时间为 2014 年 8 月 30 日。）

上述 14 个主题所关注的领域及相关责任都是企业中信息安全的考虑范畴，但实际并没有那么简单，因为这些安全标准并非强制执行的。相反，它们只是为解决上述问题提供了建议和最佳实践，是十分推荐的技术及做法，但标准本身仍然足够灵活，安全团队可以根据实际情况进行调整。ISO/IEC 在制定这些标准时力求考虑全面，即使最大规模的组织也可适用。

4.7.3　NIST SP 800-53

NIST SP 800-53 标准的全称为“Security and Privacy Controls for Federal Information Systems and Organizations”，即“用于联邦信息系统及组织的安全及隐私控制”，这个标准概述了美国联邦信息安全控制的风险管理框架，涵盖了 17 个方面，包括访问控制、事件响应、业务连续性及灾后恢复。

为了确保保障措施切实到位，NIST 要求美国联邦网络的供应商选择和实施必须经过认证和许可。这些控制措施包括管理、操作和技术保障，以及为确保系统和信息保密性、完整性和可用性的应对措施。

4.8　合规性

2002 年，在 WorldCom 和 Enron 等企业倒闭后，美国政府出台了新的法规，旨在防止公司有意或无意地丢失、掩盖或篡改与证券有关的信息。这些企业的倒闭也说明只有 ISO/IEC 还不足以确保投资者和员工的安全。公司的执行官们时常认为自己至高无上，安全人员也从不质疑执行官们，他们从未想过公司的财务数据也需要保护，需要防范执行官们的篡改。

自我监管的失败催生了新的、传播范围更广的法规，这些法规要求公司的审计师、执行官以及董事会成员对财务报告的完整性负责。公司随后又迎来了出台政府和行业法规的浪潮，其中无一例外都需遵守。IT 部门的语言中加入了合规性这个词汇，意为遵守安全和商业领域内所有的法律法规。

1. 《萨班斯-奥克斯利法案》

《萨班斯-奥克斯利法案》（SOX）也称为 SarbOx，它制定了上市公司的报告制度，以提高投资者信心并解决企业财务欺诈问题。该法案规定注册会计事务所对财务报告的问题负责。而有趣的是，SOX 虽然并没有直接解决信息安全问题，甚至并未提及信息安全，但它实际上关注的是公司治理与财务报告完整性问题。由于财务审计师是 SOX 的主要目标之一，而且他们在信息安全系统的实施和审计方面颇有经验，所以法案的重点放在了确保财务数据的完整性上，这实际上是信息安全领域的一个角色。

所有上市企业都受 SOX 约束，并由法律规定强制遵守。虽然还有领域内其他的审计和法规，且 SOX 的实际目标是对财务报告和公司治理进行规范，但 SOX 仍然对信息安全领域产生了极大的影响。具体来说，它要求"每份年度报告包含一份内部控制报告，该报告应包含对发行人内部控制结构和程序有效性的评估。"

这与财务数据的完整性有着直接且不可避免的关系，但对于高管和审计师来说，这也是一条有关信息安全的条款。某种意义上说，这是一件好事，因为安全问题由此成为企业战略中的重要问题，安全预算也随之增加。但不幸的是，信息安全工作的重点也转变为遵守 SOX 的规定，各公司据此确定了他们的信息安全举措。

2.《格拉姆-里奇-布莱利法案》

《格拉姆-里奇-布莱利法案》（GLBA）最初于 1999 年颁布，其目的是确保金融机构持有的个人身份信息的安全性。该法案明确规定，各机构必须确保其系统中存储的金融信息的保密性和完整性。GLBA 关注保密性、完整性和可用性，它要求"每家银行应实施全面且正式成文的信息安全计划（或政策），包括行政、技术和物理保障措施等各方面"。

3.《健康保险流通及责任法案》与《经济与临床健康信息技术法案》

尽管《健康保险流通及责任法案》（HIPAA）关注的是接受治疗的病人的隐私与安全，但在电子信息的存储和传输方面，该法案对 IT 行业有着直接的影响。HIPAA 关注 C-I-A 三元组，它要求"在遵循本部分内容的标准、实施规范及其他要求的前提下，执行合理适当的政策和程序"。

作为对 HIPAA 的补充，《经济与临床健康信息技术法案》（HITECH）以 2009 年《美国复苏和再投资法案》中的一部分被颁布。HITECH 法案关注的是电子健康信息传输过程中的隐私与安全问题，是 HIPAA 法规执行的补充与加强。

4. 支付卡行业数据安全标准

纵观各领域，支付卡行业数据安全标准（Payment Card Industry Data Security Standard, PCI DSS）可以说是使用最为普遍的行业法规。它是一个全面的行业标准，旨在确保支付全流程中信用卡持有人信息处理的安全可靠。这项法规起初只是各大信用卡公司内独立的一系列计划，而后在 2004 年被发展成为强制性行业法规。现在，它的适用范围涵盖了信用卡、借记卡、ATM 卡以及其他形式的电子支付。

PCI DSS 包含 12 项要求，可以划分成 6 个控制目标：

- 安全网络的建立和维护。
- 持卡人保护。
- 漏洞管理计划的维护。
- 强有力的访问控制措施的执行。
- 网络的定期监测及测试。
- 信息安全政策的维护。

检查、审计和年度评估贯穿支付过程的各环节，根据零售商（或处理公司）的规模，检查范围可能是自查报告列表，也可能是现场深入访问及审计师团队检查。

鉴于网络犯罪分子获取的巨大经济收益，以及信用卡信息泄露的深远影响，还有社会新闻头条和消费者的强烈反应，PCI 标准委员会已经成为世界上最强有力的非政府监管机构之一。

5. GDPR 与 CCPA

在欧盟（European Union, EU）的《通用数据保护条例》（GDPR）出台之前，数据安全和法规主要集中在数据的 C-I-A 三要素上。然而，在 2018 年 5 月欧盟出台的 GDPR 生效之后，IT 安全领域的重点转移到了隐私上，更具体地说，是用户的个人数据上。隐私保护条例的出台旨在推动个体隐私信息保护的法律更加现代化，条例赋予了个体对个人信息的控制权。尽管 GDPR 是一项欧盟法规，但是它具有域外效力。无论在任何地点，只要与 EU 公民有业务往来的人都适用此法规。

GDPR 有 7 条基本原则，具体如下。

- 保证合法性、公平性及透明度：用户数据的收集应以遵守法律为基础，保证公平、清晰、公开和实事求是，同时对数据的用途透明化，不能误导或隐瞒用户。
- 限制目的：用户的个人数据仅可用于明确且协商一致的目的。
- 数据最小化：用户数据应在满足经协商一致的目的前提下最小化收集。
- 数据准确性：用户数据需保证准确，且用户有权对个人数据进行查看和编辑。
- 限制储存：用户数据仅支持在已声明的明确时间范围内存储。
- 数据完整性及保密性（安全性）：用户数据需进行妥善保护。
- 数据问责制：企业需对处理用户个人数据的方式负责，且需确保遵守其他 6 条原则。

《加州消费者隐私法案》（CCPA）是 GDPR 的加利福尼亚州版本，该法案于 2020 年生效。CCPA 适用于任何与加州公民进行业务往来的人。与 GDPR 类似，CCPA 的目的是保护加州公民的个人数据隐私不被科技巨头们滥用和货币化。

在 GDPR 和 CCPA 颁布之前，移动应用程序开发者们无须经过任何许可或做出与产品相关的数据使用声明便可获得海量用户数据，因此，上述两项法规对移动应用程序的开发产生了深远影响。例如，2015 年左右，可穿戴健康监测器十分盛行，其收集的个人数据之多远超消费者想象，且这些数据还会被远程传输和存储。而随着相关法规的实施，涉及数据收集的企业变得十分谨慎，以避免因消费者个人数据的滥用而遭受监管机构制裁。

6. 法规的不利影响

尽管法规制定的初衷是好的，但其也有消极的一面，甚至有些人认为它们存在很大弊端。

其中一个就是很多法规（如 SOX 和 HIPAA）实际上并未提及安全标准、安全技术或安全实践。相反，它们提出了一些灵活度较低的商业要求。因此，在安全和商业领域内普遍存在关于安全和合规之间区别的争论。有些人没能认识到，合规性只是安全性的一部分，并不是凌驾其上的目标。

这一个值得明确说明的重要问题，那就是合规性不等同于安全性。实际上，过去几年间包括 Target、Neiman Marcus，以及 Michaels 等在内的零售商都出现过重大安全漏洞，在发生安全事件时都已被认定符合合规要求。这并不是说如 SOX、HIPAA、GLBA 和 PCI DSS 等法规对公司的安全性无益，也不能证明这些法规中概述的做法是无效的。这只能证明只遵守这些法规而无其他举措，达不到确保组织安全性所需的力度和深度。简而言之，用公式表达就是：安全领域最佳实践+合规性=企业安全。

法规的另一个弊端就是近年来出现的从众效应。出于被边缘化的担忧或受颁布新法规机会的驱使，几乎各行业、各国家、州，甚至城市都建立了自己的数据隐私法规，在其管理范围内的企业都被迫遵守上述法规。而大多数情况下，这些法规都是冗余的。虽然如此，企业仍承担着证明自身合规性的责任。问题就在这里，安全团队在合规性上花费了大量时间，更确切地说，在合规性文件上花费了大量时间，这使得他们无法真正保障网络安全。讽刺的是，由于安全人员工作聚焦在公司治理及合规性上，反而可能使得公司安全性得不到保障。

一方面，法规的支持者们认为立法是必须的，应该颁布更为具体的法规，从而使得各行业遵守最佳实践，原因在于只有利用法规的强制性才能确保公司对安全性的执行。而另一方面，反对者们认为法规扼杀了创新，不利于发挥企业的能动性和创造力，无法以更经济的方式减少安全威胁。他们认为衡量合规与否需要通过验证记录的做法、流程和工作指令来确定。然而，这就意味着公司如果想要通过审计，所有文件都需符合要求。而文件的制作和维护所需的时间和成本是高昂的，更不用说还需要对 IT 部门进行合规培训并使其具备监管组织内他人的能力，而且达成上述目标所需的文件规模也是需要考虑的问题。

这就是执行法规时的问题，实际上也存在于所有标准的执行过程中：审计员只能针对记录的内容进行审计，如果公司将流程和操作最小化，那么通过审计的可能性就更高。文件和流程越多，合规的难度就越高。毕竟，审计的目的就是检查公司员工是否与声称的一样，即通过合理且记录的程序、流程和做法来完成工作。因此，只要公司采取合理且有记录的措施来确保公司资产安全，那就不必担心审计问题。

本章小结

企业网络中无线和移动智能设备的出现给 IT 安全带来了前所未有的挑战。当这些设备归用户所有时，挑战会成倍增加。安全团队不仅要考虑到有线和移动技术的固有漏洞，还必须考虑用户行为，而用户行为是无法预知的。此外，与 PC 带来的风险相比，移动设备丢失或错放带来的风险要高得多。为解决此问题，IT 安全团队可以通过流程及其他控制措施对风险进行管控。

企业需要在遵守最佳实践前提下进行规划，并在其与满足业务合法访问的内在需求间取得平衡，遵守政府和行业法规能确保企业实现基本的最佳实践。然而，合规性只是安全实践体系的一个组成部分，它不应该成为一种手段。

在了解了针对 Wi-Fi 和移动设备的具体威胁之后，可以知道，使用 MDM 和 MAM 等工具是将风险降低到可接受水平的关键，同时不会影响业务或用户使用。

本章习题

1. 颁布 ISO/IEC 27002: 2013 的目的是？
   A. 制定无线安全领域内的规则及方法
   B. 制定跨供应商解决方案的兼容性标准
   C. 为信息安全管理体系的建立、实施、维护和持续发展提出要求
   D. 增加监管者的工作量
2. PDCA 分别代表？
   A. 计划（Plan）、记录（Document）、检查（Check）、审计（Audit）
   B. 计划（Plan）、执行（Do）、检查（Check）、处理（Act）
   C. 人员（People）、记录（Document）、计算机（Computers）、访问（Access）
   D. 以上均不对
3. ISO/IEC 27002: 2013 是强制性必须遵守的法规。
   A. 正确　　　　B. 错误
4. 遵守政府和行业法规是保证网络安全的最佳方式。
   A. 正确　　　　B. 错误

5. 关于最小权限做法，下列说法中正确的是?
   A. 它对贫富进行区分
   B. 它以最小许可实现对重要系统的访问
   C. 它限制每天只能访问一个系统
   D. 它默认禁止所有系统访问，按需赋予访问权限
6. 移动性和 Wi-Fi 使得基于 AAA 的访问更加容易。
   A. 正确
   B. 错误
7. 下列哪项是对实施多层安全措施的策略和做法的正确描述?
   A. 纵深防御
   B. 边界安全
   C. 最小权限
   D. 验证后信任
8. 移动设备和可使用 Wi-Fi 的设备中最常见的安全威胁是?
   A. 设备丢失及被盗
   B. 恶意应用程序
   C. 钓鱼
   D. 不安全无线接入点或流氓无线接入点
   E. 以上均是
9. 下列关于 MDM 的说法中正确的是?
   A. 是一项重要的安全认证
   B. 是一种网络技术
   C. 是一项适用于医疗行业的数据隐私法规
   D. 一种技术，网络安全管理员可以利用其管理移动设备上的应用程序
10. MDM 在以下哪方面发挥作用?
    A. 员工在工作时可以选择使用自己的智能设备
    B. 对敏感信息进行保护
    C. 保护设备数据不被未经授权访问
    D. 以上均是

第二部分　WLAN 安全措施和风险评估

第 5 章 |Chapter 5|

WLAN 的工作原理

在讨论局域网（WLAN）的漏洞及安全措施之前，了解 WLAN 的基本工作原理至关重要。本章对 WLAN 的设计以及无线网络的一般操作及性能进行了概述，其中特别介绍了 802.11 WLAN。本章不仅包含了 WLAN 拓扑以及电气与电子工程师协会（Institute of Electrical and Electronics Engineers, IEEE）标准，还包括射频（Radio Frequency, RF）性能、天线选择和场地勘察中需要考虑的因素等方面的基础知识。通过学习本章内容，信息安全专家们将能够更好地识别、减轻或避免针对无线网络以及无线网络产生的安全威胁。

5.1 WLAN 拓扑结构

在掌握 WLAN 系统的工作方式之前，首先要了解 WLAN 拓扑中的各基本组成部分。设备间进行无线通信的基本要求是要有共同的无线电工作频率。WLAN 技术也不例外，它要求网络中的每个设备都要调整到 ISM 免许可频段中的特定无线电频率。

5.2 ISM 免许可频段

ISM 是用于工业（Industrial）、科学（Scientific）、医疗（Medical）的免许可无线频段的简称。除上述用途之外，ISM 频段还可用于短距离无线通信技术，如个人局域网（Personal Area Networks, PAN）、WLAN 和无线广域网（Wireless Wide Area Networks, WWAN）。ISM 的一个重要目标就是，通过免许可 RF 频段为创业者和产品开发人员使用无线频谱提供便利。但是设备仍需遵守严格的法规，因此在开发需使用 ISM 频段的产品之前，首先要确保获得政府许可。目的是确保设备没有与当地法规、政府的区域政策或者国际电信联盟（International Telecommunication Union, ITU）的国际政策相悖。

ITU 制定的标准中明确要求了频段、频谱、传输功率的使用规定及其他特性。然而，并不是所有的 ISM 频段都可以在全世界范围内使用，有些频段只在部分地区内可用。表 5-1 展示了当前可用的 ISM 免许可频段及其对应的可用范围。

表 5-1 当前可用的 ISM 免许可频段及其对应的可用范围

中心频率/Hz	带宽/Hz	可用范围
6.78×10^6	30×10^3	部分地区
13.560×10^6	14×10^3	全世界

（续）

中心频率/Hz	带宽/Hz	可用范围
27.120×10^6	326×10^3	全世界
40.680×10^6	40×10^3	全世界
433.920×10^6	1.74×10^6	部分地区
915×10^6	26×10^6	部分地区
2.450×10^9	100×10^6	全世界
5.80×10^9	150×10^6	全世界
6.00×10^9	$1\,200\times10^6$	部分地区
24.125×10^9	250×10^6	全世界
61.250×10^9	500×10^6	部分地区
122.500×10^9	1×10^9	部分地区
245×10^9	2×10^9	部分地区

现在的大部分无线设备的工作频段都是 2.4GHz，由于 Wi-Fi、蓝牙、射频识别（RFID）、Zigbee、6LoWPAN 和近场通信（NFC）技术均工作在该频段，因而成为使用最广泛的频段。从无线电性能的角度看，2.4GHz 频率范围具有良好的信号传播特性，工作在此频率的信号可以穿透墙壁及其他固体，同时不会造成阴影衰落或功率水平变化。此外，100MHz 的带宽足够支撑多个用户同时进行宽带数据传输。

5GHz 频段也是全世界范围内使用广泛的免许可频段，其带宽大小为 150MHz，适于进行高速数据通信。还有其他的高频 ISM 频段，例如 244GHz 频段的带宽达到了 2GHz。但本章将重点关注最常见的无线协议中的 ISM 频段，例如 Wi-Fi（802.11）和蓝牙。由于 Wi-Fi 和蓝牙技术对智能手机、可穿戴设备的固有支持，且 Wi-Fi 技术能够将各种无线设备互连组网，因此上述两种技术广泛用于 PAN 及 WLAN。

2020 年 2 月，美国联邦通信委员会（Federal Communications Commission, FCC）批准了一个新频段 6GHz，同时在 2020 年底，它作为一个新的 ISM 频段被提交至欧盟等待许可。用于 Wi-Fi 的新免许可频段能够给无线通信技术带来巨大进步，路由器可以使用新免干扰带宽进行广播。这将在很大程度上缓解目前的许多 Wi-Fi 问题，如频谱拥堵，这是 Wi-Fi 通信中的一个主要问题。额外的可用带宽不仅能提高连接的可靠性、速度和减少干扰，还将提高频谱效率。因为 6GHz 频段具有 1 200MHz 带宽，最多可同时支持 7 个 Wi-Fi 6+信道，而且不存在带宽重叠或争用问题。通过引入 6GHz 频段，Wi-Fi 的可用频谱扩展了四倍之多，因此它也被认为是过去 20 年中 Wi-Fi 领域最重要的进步之一。

5.2.1　WLAN 组成

WLAN 的主要组成部分是无线网卡，802.11 标准中称其为站点（STA）。所有支持 802.11 的设备都可以作为 STA，比如便携式计算机、智能手机或插件卡。如果设备作为终端使用，则称为客户站。接入点也是一个 STA，它是与所有客户站进行通信的中央枢纽。通常接入点与作为网关的固网交换机相连，客户站通过网关访问以太网。此外，接入点也可以与其他接入点相连，之后再连接至交换机。

5.2.2　无线客户端设备

满足下述标准的设备即可作为无线客户端：

- 具有无线网卡或集成后的发送（TX）接收（RX）组件，该组件也称为 TX/RX。
- 具有天线（很多设备的天线位于设备内部）。

- 可在 802.11 协议标准下工作。

就无线通信能力而言，智能手机或便携式计算机与无线恒温器没有任何区别。只要可支持 802.11 标准，设备就可以作为客户站使用。这也意味着设备将受制于半双工的通信模式，必须与其他客户站争夺射频介质使用权。

客户站与接入点是通过 OSI 参考模型中第 2 层（即数据链路层）互连的，如果设备是移动的，则客户站还需要具备在适当情况下切换至更强信号的能力。大多数情况下，客户站的无线网卡将会与信号最强的接入点连接并通信。通过这种方式，客户站可以在具有多个接入点的范围内漫游并保持会话不中断。接入点通过服务集标识符（Service Set Identifier, SSID）来区分，SSID 是一个可配置的名称或字母数字代码。如果多个接入点被配置为相同的 SSID，并具备正确的安全证书（如果需要），那么客户站将无缝切换至信号最强的接入点，前提是接入点使用不同的频道以避免干扰。

客户站连接至接入点之前必须首先检测到接入点，客户站可以通过以下两种方式实现接入点检测。

- 被动扫描（Passive scanning）：在被动扫描的情况下，客户站对接入点持续发送的信标进行监听。如果客户站“听”到信标发布 SSID 已预配置完成，那么客户站将会选择该接入点进行连接；而如果多个信标同时存在，客户站将会选择信号最强的接入点。
- 主动扫描（Active scanning）：在主动扫描的情况下，客户站通过发送探测脉冲请求对网络进行主动扫描，请求中包含了特定的预配置网络的 SSID，但 SSID 字段也有可能为空，以便“发现”新网络。带有 SSID 的请求探测集称为定向探测，而 SSID 变量为空的请求探测称为空探测请求。当客户站发送定向探测请求时，所有配置了该 SSID 的接入点都会进行探测响应。探测响应的内容与信标中的信息相同，客户站可以根据此配置信息加入基本服务集（Basic Service Set, BSS），该内容将在下一节讨论。类似地，当客户站发送空探测请求时，所有可用的接入点也都会进行探测响应。

在被动扫描模式下，客户站监听接入点发出的信标，该信标中包含了 SSID 信息。而在主动扫描模式下，客户站发送探测请求后对响应进行监听。主动扫描有以下几项优势：

- 客户站设备能够发现并连接至无线电信号最强的接入点。
- 客户站设备可以构建可用接入点及其相对信号强度的分布图，这些信息有助于提高切换速度和效率。
- 客户站可以偶尔离开网络并检查其他无线电频道上是否存在更强的信号。这样一来，客户站能够积极主动地保持信号质量始终处于最好的状态。

但主动扫描也并不是完美无缺的，它也会带来一定的安全风险。例如，使用主动扫描的客户站有可能受到流氓接入点的控制，该接入点为用户或黑客安装，且具有强信号以吸引客户站连接。一旦有客户站连接，该接入点就能够访问经过它的所有流量，并对流量进行复制、捕获或者重定向。

5.2.3　802.11 服务集

802.11 标准定义了四种拓扑结构，称为服务集，它们描述了 Wi-Fi 设备如何进行互连，分别是：

- 基本服务集（Basic Service Set, BSS）。
- 扩展服务集（Extended Service Set, ESS）。
- 独立基本服务集（Independent Basic Service Set, IBSS）。
- 网格基本服务集（Mesh Basic Service Set, MBSS）。

无线网卡可以使用这些拓扑进行通信，而在了解设备间如何进行通信之前，首先要知道这些拓扑的优势和限制。802.11 无线电通信是半双工通信，也就是说两端设备都能进行信号的发送和接收，但是同一时间只有一个设备能进行信号的传输。这与无线电广播（FM）中使用的单工通信不同，在单工通信中，一个主站发送信号，而所有其他设备只接收信号。还有另外一种通信方式称为全双工通信，它用于以太网连接中。使用全双工通信的设备可以同时进行信号的发送和接收。802.11无线电通信如果要在全双工模式下工作，必须有两个独立的频道，一个用于发送、一个用于接收。因此，以太网性能要优于802.11无线电通信。

客户站可以在以下两种配置模式中选择一种进行工作。

- 基础设施模式（Infrastructure mode）：最常见的WLAN拓扑就是基础设施模式，该模式使用一个接入点作为中央连接点以及分发系统的门户，基础设施模式下客户站可使用BSS或ESS组网进行通信。
- ad hoc模式（ad hoc mode）：第二种模式为ad hoc模式，该模式下无线客户站可以直接进行通信。

1. 基本服务集（BSS）

BSS是无线网络的基石，它定义了一种常见的拓扑结构，其中接入点会与多个客户站互连通信。而在实际应用过程中，接入点通常也会与分发网络（如以太网LAN）互连，但这并不是必须的。在BSS中所有的通信都要经过接入点，即对于BSS来说，客户站之间无法直接通信，必须通过接入点。无线网络的覆盖范围决定了基本服务区域，而服务区域的大小及形状取决于多种因素，包括无线电功率、天线增益以及周围环境。环境的变化会对无线电条件产生影响，基本服务区域也会随之改变。

BSS常用于家庭或小型办公室/家庭办公室（Small Office/Home Office, SOHO），对于有较多客户站的大型区域，可以将多个BSS结合使用以提供所需的覆盖范围和支撑。

2. 扩展服务集（ESS）

大型网络中使用ESS将多个接入点与以太网LAN相连。ESS是将两个及以上的BSS通过分发系统媒介（如以太网）连接在一起。ESS的设计过程中需要考虑无缝漫游，客户站从某接入点的服务区域漫游至另一个接入点的服务区域时需保持连接不中断。为实现无缝漫游，不同接入点的覆盖区域需要有15%~20%的重叠。

ESS还可以采用游动漫游部署。该漫游方式下覆盖区域没有重叠，完全自治。客户站从一个接入点的覆盖区域漫游至其他接入点时，连接会中断，在进入其他接入点的覆盖范围时重新建立连接。

此外，还有一种部署方式是配置模型，该模型中接入点的服务范围完全重叠。覆盖范围的重叠主要用于解决客户站容量问题，对于客户站数量众多的大型部门或如会议室的区域，需要连接网络的客户站数量可能会出现激增，此时便可应用这种部署方式。

3. 独立基本服务集（IBSS）

IBSS的配置过程中无须接入点，客户站间组成了对等关系，且该对等关系以ad hoc模式按需组建。

4. 网格基本服务集（MBSS）

在MBSS中，客户站、接入点和网关以网格形式互连，客户站间、接入点间可以通信，但只有分配至网格网络中的STA才可以直接通信。与未网格化STA的通信需要通过网关路由实现。

5.3 802.11标准

IEEE 802.11标准概述了WLAN的搭建、操作，以及通信相关的协议、方法和控制措施。该标准于1997年起草并经过多次修订，每次修订版本都会以字母进行标记，如802.11a、802.11n等。部分修订版对频率、频道和调制技术进行了更新，这在IEEE标准中是常见的。由于Wi-Fi路由器已经成为大众市场的消费产品，很多制造商在进行产品营销和命名时会使用IEEE标准中的字母，以显示技术的差异性，同时消费者也可据此购买可兼容的设备。例如，很多便携式计算机和无线网卡与 802.11a 和 802.11b 兼容，但无法与 802.11n 兼容。Wi-Fi 接入点设备通过声明自身使用 802.11n 协议，可以避免消费者混淆。

新 Wi-Fi 联盟命名系统

Wi-Fi 联盟此前一直遵循 IEEE 基于 802.11 框架的命名系统。但由于用户在辨析众多字母及其含义时越来越困惑，Wi-Fi 联盟最终推出了自己的简化命名方案，取消了字母符号。Wi-Fi 联盟决定将每个标准归为一代，以数字代表不同标准。因此，最新版本的 802.11ax 被称为 Wi-Fi 6，其前身 802.11ac 被称为 Wi-Fi 5。

新 Wi-Fi 联盟命名系统将与现行 IEEE 802.11 命名系统并行使用。理论上来说，这将有助于购买合适且兼容、连接能力更强的新设备。

新命名系统与 IEEE 标准命名的对应关系如下：

- Wi-Fi 6——802.11ax（2019）。
- Wi-Fi 5——802.11ac（2013）。
- Wi-Fi 4——802.11n（2009）。
- Wi-Fi 3——802.11g（2003）。
- Wi-Fi 2——802.11a（1999）。
- Wi-Fi 1——802.11b（1999）。

接下来详细介绍一下 802.11 标准。

1. Wi-Fi 1（802.11b）

该标准使用未受管制的 2.4GHz 频段，该频段具有 11Mbit/s 的吞吐量。由于该频段也同时被其他未受管制的设备（如微波炉、无绳电话）使用，遵循 802.11b 的接入点容易受到干扰。但由于其具有成本低、覆盖范围大的优点，大多数家庭只使用一个接入点设备即可完成覆盖，因此尽管其吞吐量较小，但仍成为消费者青睐的产品。

2. Wi-Fi 2（802.11a）

该标准的工作频段为 5GHz，数据传输速率在 1.5~54Mbit/s 之间。起初，使用 802.11a 的接入点设备更多用于办公室和住宅区，但现已不再如此。虽然相比 802.11b，802.11a 的数据传输速率更高（两者为同时开发），但其使用的频率更高，覆盖范围因此更小。802.11a 更易受到墙壁、门和其他平面的影响导致信号衰减。虽然使用 802.11a 的接入点设备成本较高，但其较高的吞吐量有助于缩小有线以太网和无线网络之间的差距，因此，很多企业还是倾向于使用它。

3. Wi-Fi 3（802.11g）

802.11g 发布于 2003 年，它结合了 802.11a 和 802.11b 的优点，带宽最高可达 54Mbit/s，使用频段为 2.4GHz，覆盖范围比 802.11a 更广。且 802.11g 实现了对 802.11b 的向后兼容，它迅速占据了消费者市场，而使用 802.11b 的接入点设备不再具有吸引力。

4. Wi-Fi 4（802.11n）

802.11n 在 2009 年获得许可，它在数据速率方面实现了重大突破，速度可达 600Mbit/s。它工作在 2.4GHz 及 5GHz 频段，使用多输入多输出（Multiple Input/Multiple Output, MIMO）天线，覆盖范围进一步扩大，同时干扰更少。通过使用 MIMO 技术，使用 802.11n 标准的网络吞吐量得到了提升，由于使用多输入多输出天线进行数据接收和发送，802.11n 扩展了数据服务能力，能以更高的数据速率进行传输。此外，由于它同时支持 2.4GHz 和 5GHz 两个 ISM 频段，802.11n 也适合进行双频段操作。

5. Wi-Fi 5（802.11ac）

802.11ac 在 2013 年 12 月作为对 802.11n 的修订标准发布，重点关注以更高的传输速率来实现吞吐量的提升。Wi-Fi 5 的新功能中包含了对 5GHz 频段中更宽频道的支持，802.11n 的带宽为 40MHz，但 802.11ac 的带宽可达 80MHz 或 160MHz，从而使得数据传输速率得以提升。这是通过使用多用户 MIMO（Multi-User MIMO, MU-MIMO）技术和高密度调制实现的，在带宽为 160MHz 的条件下数据传输速率可以达到 866.7Mbit/s。

Wi-Fi 联盟于 2013 年 3 月发布了 802.11ad。它使用 60GHz 的 ISM 频段，由于高频率带来了更高带宽，进而获得了更高的数据传输速率，最高可达 7Gbit/s，相比 802.11n 提升了 10 倍左右。

为了实现对物联网（Internet of Things, IoT）技术及设备更好的支持，802.11ah 于 2016 年 12 月颁布。物联网设备通常不需要高吞吐量，有限带宽已足够，因此 802.11ah 工作在 900MHz 频段。但是物联网设备使用的协议中有一个重要的设计标准就是低功耗，比如唤醒和休眠期协议，以便设备在无须访问信道时节约能耗。在 $1km^2$ 范围内，使用 802.11ah 协议的单台接入点设备能够为数千个物联网设备提供连接。802.11ah 支持机器间（M2M）通信、智能计量和智能家居物联网设备。802.11ah 的数据传输速率最高可达 347Mbit/s，足够支持多个物联网应用的并发通信。

6. Wi-Fi 6（802.11ax）

尽管 Wi-Fi 5（802.11ac）理论上的数据传输速率最高可达 1.3Gbit/s，足够满足大多数的商用需要，但其在高网络集中度的条件下性能较差。为解决此问题，IEEE 发布了 802.11ax，即高效无线标准，该标准声称可将每个用户的吞吐量平均提高四倍。

IEEE 提出了 802.11ax（Wi-Fi 6）标准，它是专门为高连接密度的公共环境设计的，如体育场、购物中心和机场。它同时也可以用于物联网用例以及使用带宽密集型应用（如视频会议）的企业。

Wi-Fi 6（802.11ax）于 2019 年发布，是 802.11ac 的演进标准。理论上 802.11ax 标准可提供最高 10Gbit/s 的网络速度，在极短距离内可进一步提升至 12Gbit/s，这比 802.11ac 标准提高了约 30%～40%。802.11ax 标准的应用同时也意味着 MU-MIMO 能够用于所有的 Wi-Fi 路由器。这一点很重要，因为 MU-MIMO 提供了一种在上行链路和下行链路均可同时向多个用户提供持续数据流的方法，在以前该功能只有高端无线路由器才具备。此外，802.11ax 使用了正交频分多址（Orthogonal Frequency-Division Multiple Access, OFDMA）技术，这种技术通过将可用频段分割为多个较小的单元实现了数据速率的提升，更好地利用了 2.4GHz 和 5GHz 频段内的可用传输频率。

在 802.11ac 标准下，双频段路由器会在 2.4GHz 和 5GHz 两个频段进行广播。但为了更好地利用频谱效率，802.11ac 将两个频段划分为 64 个 20MHz 宽的信道，以形成 160MHz 的区块。而在 802.11ax 中，目前的 64 个 20MHz 信道被进一步细分为 256 个单独的子信道。这意味着 802.11ax 可以最多同时与每个信道的 9 个设备通话，或者在 160MHz 的区块内与 74 个设备通话。此外，与 Wi-Fi 5 相比，Wi-Fi 6 将正交振幅调制（Quadrature Amplitude Modulation, QAM）的数量由 256 个扩展为 1 024 个，最多允许同时广播 8 个数据流。

为了更好理解 802.11ax 出现的背景，首先要了解，移动运营商在回传大量数据过程中需要使用成本高昂的射频频谱，802.11ax 被设计用于更便利地进行蜂窝数据减负。在这种场景下，蜂窝网络将无线流量转移至 802.11ax Wi-Fi 网络，从而释放蜂窝网络中昂贵且有限的带宽资源。

包括 Wi-Fi 5 在内的旧版 Wi-Fi 技术中存在的基本问题在于，多个终端设备共享带宽，但每次只有一台设备可以通信。更麻烦的是，射频覆盖区域存在重叠，特别是在密集部署区域，终端用户可能会在不同接入点间漫游。

上述情况会造成什么问题呢？Wi-Fi 5 使用一种传统技术，称为载波监听多路访问/冲突避免（Carrier Sense Multiple Access with Collision Avoidance, CSMA/CA）技术，该技术要求设备在进行传输前需要得到许可。而在网络拥塞的情况下，设备会启动退避程序，等待得到传输许可之后再进行传输。对大多数 WLAN 来说，上述机制对用户是透明公开的，因为用户更关心阅读、更新、浏览功能的使用而不是数据传输的过程，所以原始数据传输速度很少成为问题。然而，问题不仅在于原始数据传输或者性能，因为大多数企业用户并不会从千兆的网络速度中受益，问题在于当拥挤的体育场、机场休息室或者商场内上千终端用户同时访问互联网时，网络容量难以支撑。传统的 Wi-Fi 标准下，系统一次只能支撑一个用户通信，性能较差。

Wi-Fi 6 的引入能够大幅度改善性能、覆盖面积和电池寿命。例如，由于 Wi-Fi 6 使用高阶 QAM 调制技术，纯吞吐量提升了近 40%，这使得单个数据包可以传输更多数据。此外，Wi-Fi 6 还提高了频谱利用效率，其中一种方式是它使用更宽的信道并将其分割为多个较窄的子信道。这增加了可用信道的总数，以便终端设备能更轻易地找到与接入点通信的路径。802.11ax 设备不仅能以 3.5Gbit/s 的速度传输单个数据流，而且借助 MU-MIMO 技术，支持 802.11ax 的设备还能向用户设备同时提供 8 个数据流。在 802.11ac 中，MU-MIMO 只能进行下行链路的传输，与此相比，802.11ax 创建的 MU-MIMO 连接是双向的。

不仅如此，MU-MIMO 的部署使用了一种称为波束聚焦的技术，这使得 MU-MIMO 能够针对特定接收设备进行数据传输，而不是在所有方向上进行广播。这意味着带有波束聚焦的 MU-MIMO 可以同时支持多个用户，而在早期 Wi-Fi 标准中每个接入点一次只能允许单个数据流传输，波束聚焦 MU-MIMO 的出现是对早期 Wi-Fi 标准的改进。重要的是，802.11ax 结合了 MU-MIMO 与长期演进（Long-Term Evolution, LTE）蜂窝基站技术 OFDMA。在 OFDMA 调制协议中，每个 MU-MIMO 数据流可以被分割成四个，从而将每个用户的有效带宽提高四倍。

802.11ac 和 802.11ax 间的差异还在于前者只能工作在 5GHz 频段，而 802.11ax 可工作在 2.4GHz 和 5GHz 两个频段。它具有 12 个信道，其中 8 个在 5GHz 频段、4 个在 2.4GHz 频段，从而提供了更广泛的带宽分布。

7. Wi-Fi 6E

如前所述，Wi-Fi 通过在 2.4GHz 和 5GHz 两个免许可射频频段进行广播实现通信。2020 年，FCC 批准 6GHz 成为第三个频段，传统 Wi-Fi 的总体可用空间提升了四倍。然而，为了利用这一新的频段，设备需要支持新的 Wi-Fi 6E（E 代表 enhanced，增强型）芯片组，Wi-Fi 6E 是对现有 Wi-Fi 6 标准的延伸，并不是一个新的 Wi-Fi 标准。Wi-Fi 6E 能够达到的理论速率与 Wi-Fi 6 相同，它们都工作在 5GHz 频段，不同的是 Wi-Fi 6E 在 6GHz 频段拥有更多带宽为 1 200MHz 的可用频谱，无须共享就能充分利用信道资源。这意味着在与开启了 6E 功能的智能手机进行通信时，Wi-Fi 6E 的设备性能接近移动运营商的 5G 毫米级速率。Wi-Fi 6E 的潜力巨大，但要求配备新的 Wi-Fi 路由器及设备，比如能够从这种技术中获益的智能手机和智能电视。

5.4 802.11 免许可频段

无线电波的使用（特别是无线电信号的传输）由 FCC 监管，FCC 通过颁布许可来控制其使用。大多数的射频频谱已经获得许可，不同的频段有各自的特定用途（比如用于广播、电视等）。如果频段获得使用许可，政府或企业在使用该频段时就可以无须担心干扰问题。

此外还有一些免许可频段，用户在使用这些频段时无须得到 FCC 的许可，但需要使用认证通过的无线电设备并遵守包括功率限制在内的特定技术要求。这些免许可频段无法独享，因此可能会受到干扰。

遵守 802.11 标准的 Wi-Fi 技术工作在多个免许可频段上，其中最常见的是 2.4GHz 频段。此外，5GHz 频段的使用也日渐普及，如今已有很多同时支持 2.4GHz 和 5GHz 的双频段无线电信号。

60GHz 频段作为第三个频段选择被提出，并纳入 802.11ad 修订草案中。高频段可以在短距离内提供高达 7Gbit/s 的极高吞吐量（Very High Throughput, VHT），但超高频率信号无法穿透如门或墙壁等障碍物，所以室内传播仅在视距范围内。同时，还有一些工作组正在进行 2.4GHz、5GHz、60GHz 三频段标准的定义和发布，以便支持用户在从使用 60GHz 频段的小覆盖范围移动到使用 2.4GHz 或 5GHz 频段的较为广阔的覆盖区域时的切换。

知识拓展

在对使用 2.4GHz 或 5GHz 频段的接入点进行配置时，需要确保客户站设备同样支持 5GHz 频段，很多手机和便携式计算机并不支持此频段。

5.4.1 窄带和扩频

在给定频段的情况下，可以使用两种无线电传输技术。

- 窄带：顾名思义，窄带技术使用很少的带宽、在一个狭窄的频率波束上进行信号传输。例如，以 80W 的功率在 2MHz 的带宽上进行信号传输。由于其频段十分集中，窄带容易受到频率干扰的影响。与窄带使用的频率范围相比，其功率要大得多，这样一来，如果两个窄带站在同一地点工作，确实有可能发生干扰。因此，窄带发送机需要经过许可使用并受到监管，以避免邻近基站通过提升发送功率进行资源抢占。
- 扩频：通过使用扩频技术，传输使用的频率可以扩展至整个可用频率空间，例如扩频技术在 22MHz 频段上发送功率可达 100MW，相比窄带技术，频道带宽扩大了 11 倍，但是功耗节约了近 1 000 倍。由于扩频技术的宽频带，拥塞问题很少存在。此外，传输扩频信号所需的功率为毫瓦级别，干扰的可能性并不高。因此，扩频发送机无须许可即可使用，也不受监管部门的控制。

5.4.2 多径传播

无线电波的一个固有问题是，它们会在某些材料和表面上进行反射。如图 5-1 所示，这导致一条无线电波有多个传播路径，也即多径传播。若无线电信号到达了目的天线，那么经过反射后的信号通常会因未能沿着最直接路径传播而产生时延和相移。某些情况下，根据时延和相移程度的不同，两个信号（即原始信号和经过反射后的信号）会造成相互衰减或抵消。

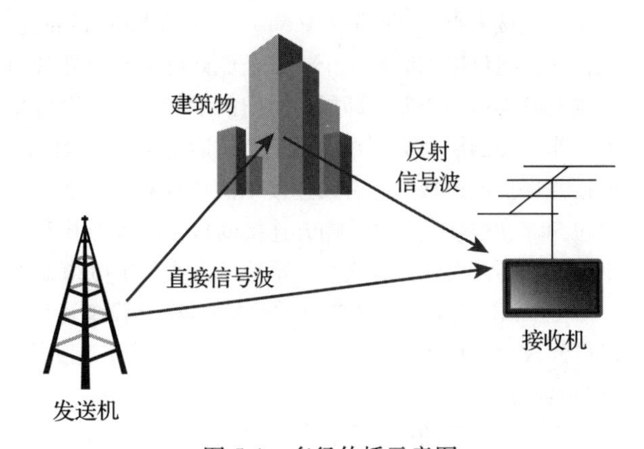

图 5-1 多径传播示意图
（当一条无线电波在某些材料或表面发生反射时，信号波会有多条传播路径，进而导致多径传播。）

扩频系统不太容易受到多径的影响，因为使用的宽频率范围减轻了在任何给定频率上的影响。MIMO 天线也有助于缓解多径传播的影响，它们通过利用多径传播来实现更高的吞吐量和数据传输速率。

5.4.3 跳频技术

跳频技术（Frequency Hopping Spread Spectrum, FHSS）的工作原理是利用一个小的载波空间进行短时数据传输，然后在传输过程中不断改变，或“跳”到另一个频率。其中发送机在某个给定频率停留的时长称为驻留时间，它是一个预设定的时长。跳频不是随机的，而是遵循一定规律，周而复始。

在 802.11 标准中，跳频的步长最大为 1MHz。通常一个序列中包含 75~79 次跳频，但这个数量也因地区而异。在 FHSS 中，发送机和接收机必须同频，因而它们的跳频序列必须一致，跳频同步所需的数据存储在信标管理帧中。

FHSS 中存在的一个显著问题是，只有在驻留时间段内，发送机和接收机才能通信。由于在跳频期间无法进行通信，因此吞吐量会降低。驻留时间越短则吞吐量越低，驻留时间越长则吞吐量越高，而就干扰产生的影响而言，情况恰恰相反。若驻留时间越短，则保护数据传输免受干扰和拥塞的能力越强。基于上述问题的权衡，尽管大多数蓝牙设备仍使用 FHSS，但 FHSS 很少用于 802.11（Wi-Fi）。

5.4.4 直接序列扩频

与 FHSS 类似，直接序列扩频（Direct Sequence Spread Spectrum, DSSS）也使用跳频，但与 FHSS 在不同频率间跳变不同，DSSS 是在一个固定信道形成的频率空间内跳变，这背后使用了一种称为数据编码的技术。

数据编码技术对数据的每一位进行编码，得到对应的多位数据后进行传输。数据编码的原理是将数据的每一位转换为位序列，该序列被称为码片。传输数据通过一个逻辑过程转换为看似噪声的二进制序列，接收处的设备再将码片序列还原为数据位。这正是 DSSS 的优势所在，若收到的码片存在错误或信号被破坏，接收卡可以根据正确接收的码片对错误码片进行纠正。这种方法十分健壮，即使传输的 11 个码片中有 9 个丢失，也不会影响通信质量。

5.5 无线接入点

无线接入点（Wireless Access Point, WAP）设备是一个包含一个无线网卡和一个天线的半双工交换机，该天线可以调频至一个或多个免许可无线电频段（特别是 2.4GHz 或 5GHz 频段）。无线网卡与客户站设备有类似的限制，即同一时间内不能有其他设备争抢传输资源。WAP 的功能比集线器更广，它实际上工作在控制层及数据功能层。换句话说，WAP 具有类似交换机的智能特性。例如，WAP 需要建立无线连接并保持该连接，与有线连接中的协议相比，无线协议需要支持的报文更多。无线协议（如 802.11）中包含建立连接、认证、断开连接的报文，因为并不存在可以被监测到的实际物理连接。而以太网与此不同，它不需要这些报文，简单地插入或拔出电缆即可。

但 WAP 还是十分简单的，不同的 WAP 设备可以在各自频率空间内的多个信道上工作。但免许可频段已经被大量设备使用，尤其是 2.4GHz 频段，因此相邻的 WAP 设备的无线电信号可能会冲突，从而降低信号质量。

有一个常见的误区是，如果将多个 WAP 设备调至相同的频率和信道（如频率为 2.4GHz 和信道 6），网络信号会增强。但事实相反，如果相邻的网络使用同样的频率或信道，无线电信号实际上会明显衰减。有趣的是，从安全的角度考虑，这是一种简单且低成本的干扰或拒绝 WAP 获取服务的方式。网络规划师们在对 WAP 配置时要确保信道不重叠，从而避免干扰。图 5-2 展示了 2. 4GHz 频段内的不重叠信道。

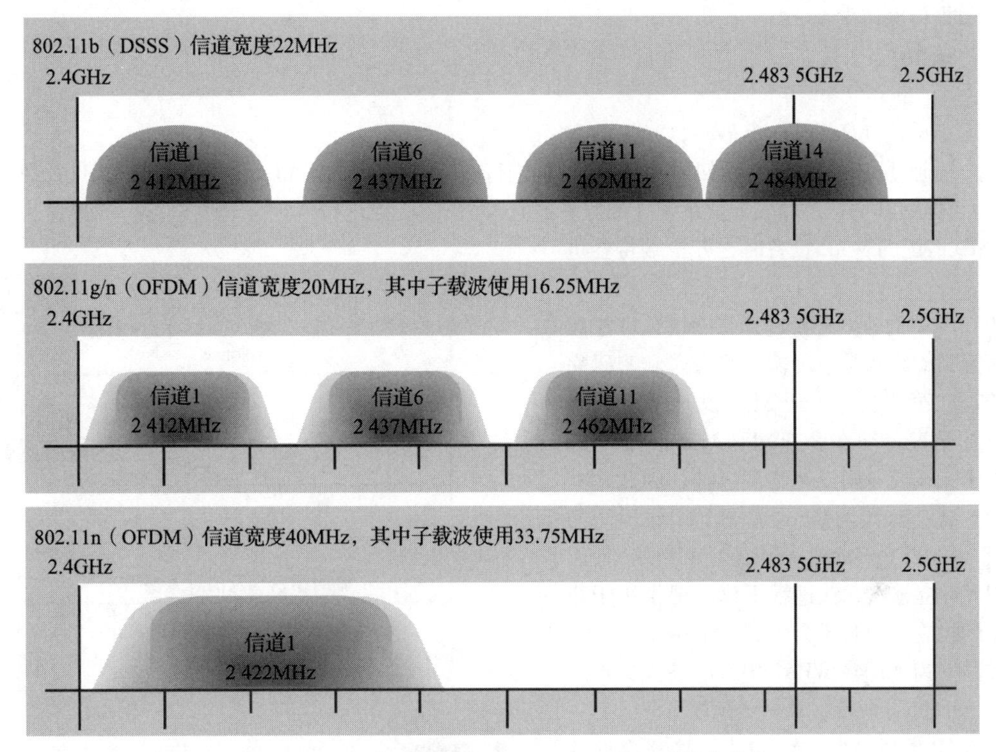

图 5-2 设计信道时要避免重叠，以防止同信道干扰

5.5.1 WAP 的工作原理

WAP 是其他网络的入口，这些网络通常使用与其不同的物理介质，比如有线以太网。WAP 连接无线客户端并将流量重定向到其他无线客户端，或者重定向到有线网络，后者更为常见。无线 802.11 可以作为接入网，也可以在回程网络中发挥作用。在大多数网络架构中，WAP 的主要作用是连接本地无线设备，并作为另一个物理网络的入口，WAP 组成的网络称为分发网络。

WAP 使用射频信号作为载波频段，分配给 802.11 的频率为 2.4GHz 和 5GHz 非许可频段。WAP 无线网卡被配置为工作在上述两频段之一，且可在多个信道工作。但出于避免重叠和干扰的考虑，可用信道间必须间隔 5 个信道的宽度，多信道 WAP 设备实际上只能工作在以下三个信道：信道 1、信道 6 和信道 11。如今的 WAP 设备通常可以同时支持 2.4GHz 和 5GHz，且具有多个无线网卡和天线。

WAP 在选定的射频频段和信道上连续发送信标，以向广播范围内的所有客户端宣告其存在及配置。信标以广播方式传输，目标媒体访问控制（Media Access Control, MAC）地址被设置为全 1（这是所有设备都会收到的广播报文使用的地址），源地址是 WAP 的 MAC 地址。处于监听状态的客户端设备接收并处理所在无线电信道内的所有广播报文。

WAP 发送的信标包含了建立连接所需的定时和同步信息。这些信标是无线网络的心跳信号，它极度依赖无线客户端和 WAP 间精确的定时。在 BSS 和 ESS 的配置中，只有 WAP 才会发送信标。而在 ad hoc 模式中，不存在 WAP，所有客户端都会发送各自的信标，信标中传输的信息包含以下内容：

- 用于同步定时的时间戳。

- 使用的信道。
- 数据传输速率。
- 扩频参数。
- SSID。
- 服务质量（Quality of Service, QoS）参数。

客户端通过被动扫描或主动扫描对 WAP 信标进行监听。为了加入 WLAN 并使用 WAP 进行数据传输（目的地可能是其他客户端或分发系统外的服务器），客户端必须进行认证并建立连接。因此，当客户端发现 SSID 匹配的 WAP 设备时，客户端将会进行认证。

802.11 中的建立连接过程与网络认证过程有明显区别，后者是通过输入用户名和密码完成。802.11 第 2 层的认证类似电缆连接到有线网络时的情况，即在客户端和网络间建立连接。由于无线设备间没有物理连接，因此建立连接的方式与有线网络不同。Wi-Fi 保护访问第 2 版（Wi-Fi Protected Access 2, WPA2）使用四次握手建立连接，该过程不仅会提供用于建立连接的机制，同时还会生成一个用于读取广播报文的密钥（即在 WPA2 中，广播报文是加密的）。如图 5-3 所示，具体步骤如下。

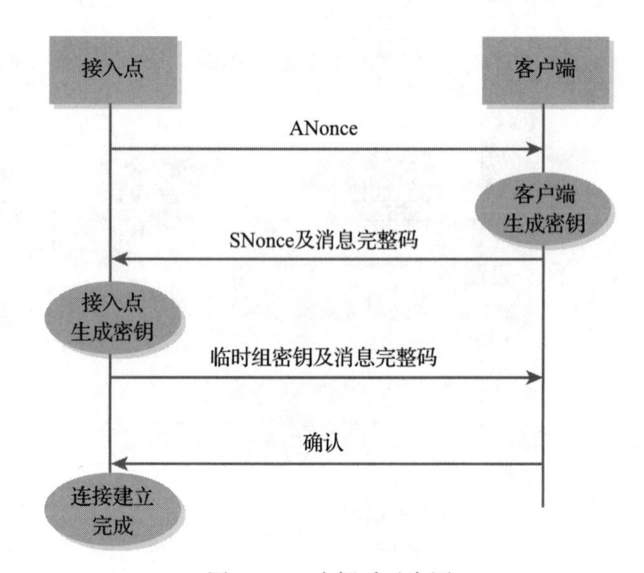

图 5-3　四次握手示意图

- WAP 发送一个 nonce（即一个一次性随机数字），该数字为图中的 ANonce，客户端使用它生成密钥。
- 客户端向 WAP 发送了自己的 nonce（即图中的 SNonce），以及一个用于验证完整性和认证的报文，该报文称为消息完整码（Message Integrity Code, MIC）。WAP 使用 SNonce 生成密钥，该密钥用于对客户端发送的报文进行解密。
- WAP 返回用于解密广播报文的密钥及 MIC，该密钥称为临时组密钥（Group Temporal Key, GTK）。
- 客户端向 WAP 发送确认，至此连接建立完成。

当建立连接的步骤完成后，客户站会发送动态主机配置协议（Dynamic Host Configuration Protocol, DHCP）请求，以获得互联网协议（Internet Protocol, IP）地址以及域名系统（Domain Name System, DNS）服务器设置。WAP 返回 IP 地址及其他网络配置信息，从而客户站能够与 WAP 之外的网络进行通信。

5.5.2　WAP 架构

WAP 分为两类。

- 自治接入点（Autonomous access points）：能够工作在控制层和数据层，自治接入点具有类似交换机的智能特性。
- 精简接入点（Thin access points）：在精简接入点中，类交换机的智能特性被剥离，并重新定位在 WLAN 控制器设备上。WLAN 控制器的作用相当于多个精简接入点的中央管理器和控制器。使用精简接入点设备极大地减轻了管理一个 WLAN 中众多 WAP 设备的负担。

为了更好地理解类交换机智能特性的概念及其原理，首先要了解在网络中部署 WAP 时的典型应用。

WAP 通常是网络的入口或者网关，通过 WAP，无线客户站能够访问不同网络媒介中的资源。该网络通常是以太网骨干网络。但其他情况下，WAP 不会连接到固定线路的以太网网络，而是连接到充当网桥或扩展器的另一个 WAP。不管连接方式如何，都会形成一个无线 8021.11 无线网络，在该网络中，WAP、客户端，以及回程骨干网络（可能是以太网 802.3 或者无线网桥）发送并接收数据。因此，WAP 需要具备在这两种接口或媒介之间识别、重构、寻址和传递数据包的能力。这种附加的智能被称为集成服务（Integration Service, IS）和分发服务（Distribution Service, DS）。

1. 集成服务

在有线网络中，交换机根据第 2 层帧头中包含的目标 MAC 地址将数据包重定向到正确的端口。与此类似，WAP 同样基于第 2 层帧头信息将数据包重定向至骨干网络或无线媒介中。大部分情况下，WAP 需要将数据包从 802.11 无线网络中发送至有线以太网骨干网络中。为了完成上述工作，WAP 会将数据包进行重构以符合以太网的帧结构。类似地，当数据包从以太网发送到客户站时，WAP 将数据包重构为 802.11 标准帧结构。这种类似交换机的智能特性被称为集成服务（IS）。可以把 IS 简单理解为在 802.11 和其他媒介（如以太网）之间进行帧翻译的方法。

2. 分发服务

从设计的角度来看，WAP 是一种入口设备，它通过无线网络或者 IS 将流量传递至与其相连的非 802.11 媒介中。上述工作是通过分发服务（DS）完成的，DS 包含以下两部分。

- 分发媒介：分发媒介是 WAP 端口连接的物理介质，通常为以太网 LAN。
- 分发系统服务：分发系统服务是一种用于控制类交换机智能特性、管理客户站设备建立和断开连接的内部软件。

不同媒介间的切换控制由 DSS 完成，但 DSS 并不限制 WAP 翻译及传输数据的目标媒介。大多数情况下，目标媒介是以太网，但有时也会将数据传输至其他无线媒介。因此，可以将 WAP 定义为“一种具有类似交换机智能特性的无线集线器，它同时也是在两种网络媒介间进行翻译的桥梁。”

5.6　无线网桥

前面我们提到了 DSS，它将 802.11 设备中的流量转换到作为回程网络的分发媒介中。有些情况下回程媒介也是无线的，此时 WAP 充当无线网桥的作用。802.11 标准中包含了一种称为无线分发系统（Wireless Distribution System, WDS）的机制，在该机制中帧格式能够处理 4 个 MAC 地址。实际情况下的 WDS 会被部署在网桥、中继器、网状网络中。

WDS 可以用于连接不同 WAP 以形成无线骨干网络。这在 WAP 需要同时提供网络覆盖和回程网络时尤其有用。为了实现上述功能，WAP 中的发送机信道和接收机信道需要分离。虽然也可以使用单个无线电设备，但由于 WAP 需要在与本地终端通信和回程设备通信之间持续切换，因此单个无线电设备性能会很差。通常，无线网桥采用一个工作在 2.4GHz 信道的无线电设备与 WLAN 客户端进行通信，使用另一个工作在 5GHz 信道上运行的设备为回程网络服务。

802.11 网桥不是回程网络的理想解决方案，但是在没有可用的以太网回程网络时，它能起到一定的作用。同样，在没有以太网接入的情况下，网桥和中继器通常会被网络设计者用于扩大无线网络覆盖范围。其中必须部署 WDS，这样一来需要用到四个 MAC 地址，即源 MAC 地址、目的 MAC 地址、发送机 MAC 地址、接收机 MAC 地址。尽管中继器能够扩展 WLAN 覆盖范围，但由于数据包需要发送两遍，因此它也存在吞吐量降低、延迟增加（传输速度减小）的缺点。

5.6.1　无线工作组网桥

当一个工作组或办公室内有几个非无线连接的设备时（比如使用以太网连接的 PC），可以使用无线工作组网桥进行网络的无线连接备份。在有线网络发生故障或路由器、交换机故障导致无法提供服务时，无线工作组网桥可用于恢复网络服务。在这种情况下，使用有线连接的 PC 可以继续使用原有线缆，只需交换机切换至工作组网桥。当工作组网桥与最近的 WAP 互联时，连接至网桥的有线 PC 就能够通过其使用无线网络通信。

在非无线连接的设备需要连接到无线网络时，工作组网桥十分有用。但它也存在一些缺点，由于工作组网桥本身就是一个无线客户端，所以它只能与 WAP 通信，无法与其他客户端通信。使用工作组网桥的有线以太网网络通常是半双工的，数据传输速率为 10Mbit/s，且多个客户端共用，因此其性能很差。另一方面，无线工作组网桥又是一些设备连接网络时的唯一选择。

5.6.2　住宅网关

无线住宅网关是一个家用无线路由器，它是使用 DSL 或有线宽带连接到互联网时的网关。无线住宅网关通常包含一个具有四个以太网口的内置集线器和一个用于创建 WLAN 的内置 WAP，所以它实际上就是将两种设备集成在一起，即 802.11 WAP 和以太网交换机。一些运营商（Internet Service Providers, ISP）推出了集成 WLAN 路由器、以太网交换机和无线 WAP 的设备。

住宅网关的作用是通过有线或者无线 WLAN 向各种与网关连接的设备提供访问互联网的能力。为了实现上述功能，住宅网关具有许多内置模块，比如通过 DHCP 实现的自动 IP 地址分配、网络地址转换（Network Address Translation, NAT），以及集成的防火墙和访问控制列表。

通常，住宅网关的管理可以通过内置的网络浏览器进行，这个浏览器可以通过默认地址访问。在此过程中，用户（或者房主）需要将网线插入物理 WAP 设备并根据指南进行配置。这是一个相对简单的操作，但是很多人希望从盒子中取出 WAP、插线后就能使用，制造商也满足了这一需求。这看起来对于消费者是件好事，但设置一个相对安全的基础无线网络并不难，从安全的角度来说上述便利其实很可怕。

通常来说，配置界面通常包含以下几个部分：

- 本地的二层网络设置（包括如 MAC 过滤和打印机等外围设备的选项）。
- 三层网络设置（包括用于连接至 WAN、互联网或使用 VPN 连接到公司网站的选项）。
- Wi-Fi 网络配置（包括基本的安全选项，比如加密和认证）。
- 作为可选配置项的防火墙和高级安全设置。

在上述配置中，最重要的是 Wi-Fi 网络配置，因为第 2 层网络和 Wi-Fi 网络是预先配置好的，这些功能开箱即用。但是这种便利性是以牺牲安全性为代价的，用户如果不对设备的设置进行任何更改，那么将会面临严重的安全漏洞风险。

在过去，这并不是企业 IT 安全专家所关心的问题，但随着越来越多的人至少有一部分时间居家办公，以及自带设备（BYOD）的日益普及，现在有大量企业资产暴露在家庭网络中。鉴于此，IT 安全负责人应坚持要求居家办公或拥有 BYOD 设备的员工采取一些简单但有效的措施，并将其作为 BYOD 政策的一部分。这些措施包括以下几点。

- 设置 WPA2 加密：这是十分重要的一点，因为 WPA2 能够保护数据，包括经常处于可见状态且能被轻易窥探到的个人登录和密码信息。WPA2 同样能够阻止未经授权的用户访问网络。

- 设置（限制）无线电功率：对于住在公寓的员工来说这一点尤为重要，普通住宅中的员工也应执行。外出情况下通常没有连接屋内网络的需求。
- 选择访问控制方式：例如，员工应该通过 MAC 地址指定可访问设备，虽然 MAC 地址也并非十分安全，但对于大多数家庭用户来说这是一种有效的安全措施。

对于大多数人来说，上述措施都很容易完成。但如果有些人完成上述措施有困难，与安全漏洞带来的高昂成本相比，IT 部门花费一些时间对其进行帮助还是值得的。

5.6.3　企业网关

住宅无线网关和企业无线网关的差别其实就在于功能不同。企业网关通常会有一个 WLAN 和 LAN 接口，从而使网关能够作为传统网桥连接两种媒介。通常情况下，企业网关被部署为访问互联网的访客站点，无法直接访问企业网络。企业网关内有一些已集成好的功能，例如以太网交换机、802.11 WLAN、DSL 路由器、防火墙、入侵防御设备，以及通过访问列表实现的逻辑过滤等。由于具有这些功能，即使只是承担类似工作，企业网关也具有比住宅网关更好的健壮性，同时成本也更高。

企业网关和住宅网关的主要区别就是处理大规模网络连接的能力以及可扩展的能力。比如，一般的住宅网关很难同时满足 10 个以上的连接需求，而企业网关能在同时支持超过 100 个设备的连接需求时仍保持性能没有明显下降。

5.7　无线天线

无线设备的性能核心在于天线。根据其工作模式的不同，天线主要有三类，分别用于解决不同情况下的特定覆盖问题。

- 全向天线：这类是 WAP 上默认安装的通用天线，它在所有方向上均匀地辐射无线电信号，理论上可以提供 360°覆盖。
- 半定向天线：这类天线用于对特定方向上有覆盖要求的场景，其发出的 RF 辐射范围不超过 180°，通常用于在单个方向上覆盖 RF 信号。
- 强定向天线：这类天线适用于特殊情况，类似一个光束十分集中的手电筒。它通常用于需要准确且高增益波束的点对点通信场景。

5.7.1　全向天线

无线电信号会在水平和垂直两个方向上传输。在天线被直立放置的情况下，全向天线在水平方向进行 360°信号辐射，在垂直方向上进行 7°~80°信号辐射。全向天线通常被用于点对多点的配置场景中。

如果增加全向天线的增益或者功率，会使得辐射范围变得更加扁平，即水平覆盖范围扩大，同时垂直覆盖范围减小。因此，天线的增益越高则垂直覆盖范围越有限。

了解上述特性对于场所覆盖范围的设计尤为重要，需要在更大的水平覆盖范围与更大的垂直覆盖范围之间进行权衡。例如，在某栋楼的一层安装一个接入点设备，该设备使用高增益的全向天线，那么这一层的覆盖效果会很好，但是二层的信号可能就会较差，因为垂直方向上的覆盖范围被压缩了。这可能恰好是你希望达到的，也可能不是。但重要的是，要理解增加天线增益对其在水平和垂直覆盖范围上带来的影响。

此外还需要知道的一点是，全向天线的覆盖范围经常会超过建筑物的边界。这种情况下，企图探测安全漏洞的黑客在停车场或相邻的大楼里就能轻易实现目标。谨记一点，更大的功率带来的并不总是优势。

5.7.2　半定向天线

半定向天线将辐射重点聚焦在某一方向上，从而限制其他方向的非必要辐射。它常用于中短距离点对点网络中，例如连接校内不同楼宇的校园网。半定向天线的另一种用途是在两侧有办公室的走廊中，它可以扩展射频信号覆盖范围。如果在走廊尽头安装一个使用半定向天线的 WAP，那么信号覆盖只能沿着一个方向，WAP 背面的覆盖范围很小。上述功能在填补覆盖范围空隙或提供回程链路时十分有用。在不同高度的建筑物间组网时，半定向天线十分有用，因为这种天线可以向下或者向上倾斜安装。

当前有不同类型的半定向天线，最常见的是八木天线或平面天线。如图 5-4 所示，八木天线的覆盖范围最高可达 2 英里（1 英里 = 1 609.344m），常用于户外点对点网络中。如图 5-5 所示，平面天线常用于仓库或者零售商店。

图 5-4　八木天线

图片来源：Malekas85/iStock/Getty Images，Plus/Getty Images。

图 5-5　平面天线

图片由 Circular Wireless 授权使用。

半定向天线非常灵活，可用于多种覆盖模式，是解决覆盖问题时最常使用的天线。

得益于半定向天线的灵活性和大容量，它能够用于大规模移动 802.11 网络，这种半定向天线就是分段天线。分段天线充分展示了半定向天线的灵活性及效率，它的辐射形状呈扇形。这使得分段天线在覆盖走廊和小路等区域时十分有效，因为射频信号的覆盖范围明确且边缘清晰。

将多个覆盖范围为扇形的分段天线组合在一起，能够覆盖 90°、180°，甚至 360°的区域。且由于没有反向传输，天线间也很少会有干扰。这些天线可以以环形安装在同一塔架上，每个天线覆盖 360°饼状区域中的特定部分。分段天线可以在垂直方向上倾斜从而达到改变覆盖区域的目的，且不同分段天线的覆盖区域间是相互独立的。在蜂窝塔上有一种常见的现象，就是安装具有独立倾斜度的四个天线从而覆盖 360°的区域范围。

由于不同分段天线是独立的，它们分别传输不同的无线电信号，与仅能传输单个无线电信号的全向天线相比，这种方式更为高效。

5.7.3　强定向天线

强定向天线是一种高度聚焦的天线，它的特点是高增益且波束较窄，可用于点对点通信中，例如回程链路。

强定向天线包含两种类型。

- 栅格天线：如图 5-6 所示，这种天线使用金属丝制成的栅格，栅格上导线的间距取决于天线设计时发送和接收的频率。
- 抛物面天线：如图 5-7 所示，抛物面天线类似一个小卫星天线。

图 5-6　栅格天线

图片来源：Luoman/iStock/Getty Images Plus/Getty Images。

图 5-7　抛物面天线

图片来源：Denyshutter/iStock/Getty Images Plus/Getty Images。

强定向天线适用于远距离点对点通信，距离最远可达 35 英里。然而远距离点对点链路在设计上存在诸多挑战，且会受到风和大气条件的影响，同时还需要较高的塔来实现视距通信。

5.7.4　MIMO 天线

MIMO 天线是一项较新的技术。从设计架构上看，这类天线支持多个天线同时进行信号的发送和接收。通过 MIMO 技术，复杂的信号处理技术在覆盖范围、吞吐量和可靠性上都有了明显提升。MIMO 天线是 3G 和 4G 手机的重要组件，也被纳入 802.11n 标准中。

在 MIMO 中，天线信号必须沿不同路径传输，以便接收机能够分辨出多径信号。因此，在安装 MIMO 设备时，不同组天线应使用不同的倾斜角度，从而在各天线传输的无线电信号间引入一定的延迟。MIMO 具有一定安全优势，因为它使用多个无线电频率和信道，所以很难被干扰。如图 5-8 所示，其中就包含了 MIMO 天线。

图 5-8 带有 MIMO 天线的 Wi-Fi 路由器（其中电信 CMD MIMO 天线由莱尔德公司设计）

由于对高吞吐量的需求日益增长，MIMO 天线已经成为机场、商场等人流密集区域部署通信设施时的规范。在使用 802.11n 室内 WAP 的情况下，MIMO 天线通常被集成安装在设备的机箱中，不需要也不会进行任何更改。一些供应商使用三个全向天线作为外部天线，这些天线可拆除，因此也可以被其他高增益天线代替。在室内场景中这个问题不存在，因为 802.11n 的覆盖范围是足够的。

1. SU-MIMO

在 3G 和 LTE 移动运营商网络中，最初将传输多个无线电信号的天线部署在网络中，旨在提高数据传输速率和吞吐量。MIMO 技术的创建是为了利用无线路由器上的多个天线，使它们既能接收信号也能发送信号，从而提高无线网络的整体容量。随后 MIMO 被广泛应用在移动网络中，并迅速被 Wi-Fi 802.11n 规范采用。MIMO 的形式包括 2×2 MIMO 或 4×4 MIMO，它们分别包含 2 根和 4 根天线，因而可同时支持 2 个或 4 个数据流传输。早期的 MIMO 通常是单用户 MIMO（Single-User MIMO, SU-MIMO）。也就是说在整个时间片内，接入点设备的全部带宽都被单个用户或设备占用。如果用户设备能够支持 SU-MIMO，那么接入点设备就能通过空间复用将大量且相互独立的数据流发送至每个天线。现在很多用户端设备支持同时处理 2~3 个数据流，且支持高速网络。SU-MIMO 是应用在 802.11n 和 802.11ac Wave 1 网络中的传统技术。

2. MU-MIMO

MU-MIMO 是一种为克服 SU-MIMO 的单用户限制而进行改进的无线技术，其设计初衷是为接入点设备同时支持多个 MIMO 设备提供支持。因此，MU-MIMO 可以被认为是 SU-MIMO 的下一代演进。当 802.11ac 标准发布的时候，还只有路由器和接入点设备支持该标准，但兼容该标准的设备很快涌现，到目前已经有很多 MU-MIMO 用户端设备。实际上，所有支持 802.11ac（Wi-Fi 5）标准的设备都能支持 MU-MIMO，但使用 802.11n 或更早标准的设备则无法兼容。

3. MU-MIMO 在无线设备中的应用

MU-MIMO 技术是无线通信领域的重要突破，因为它很好地解决了无线电通信中的固有问题，即在给定时间内仅有一个客户端能够使用带宽资源进行通信。这一优势在多个客户端设备需要同时使用同一台接入点设备访问无线网络时尤为凸显。802.11 协议通过先来后到的方式提供服务，但这会造成拥塞，最终限制有效使用基站资源的设备数量。MU-MIMO 提供了对多个用户访问接入点设备的支持，缓解了拥塞情况。MU-MIMO 的工作原理是将可用带宽分割为多个独立的空间，进而提供均等的共享资源。MU-MIMO 路由器可以有 2×2、3×3、4×4、8×8 等多种形式，接入点设备分别能够支持 2 路、3 路、4 路及 8 路数据访问。这样一来，接入点设备能够面向客户端设备提供额外的 2~8 个访问天线，排队时间大幅减少，拥塞情况得到缓解。

在 802.11ax 中，由于 MU-MIMO 能够提升网络容量，因此它被用于如机场、体育馆、商场等人流密集场所。

5.7.5　确定覆盖范围

在天线领域，供应商提供的天线覆盖图（通常称为平面图或辐射包络图）是很重要的。不同类型的天线具有各自的特点，这些特点通过两种视角的天线覆盖图展示：一种是俯视方位角或水平方向，另一种是侧视仰角或垂直方向。覆盖图很好地展示了射频信号的传播方式，阐明了在理想条件下射频信号的常见覆盖区域，如图 5-9 和图 5-10 所示，图中清晰地显示了不同类型的天线信号的覆盖区域。

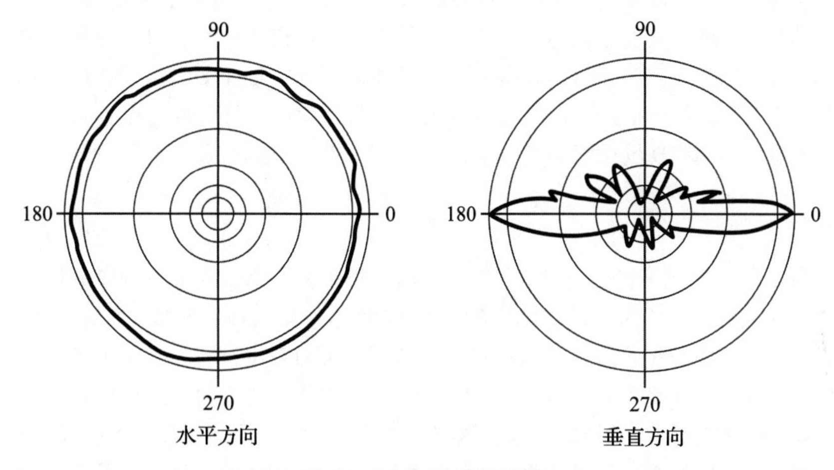

图 5-9　全向天线覆盖图

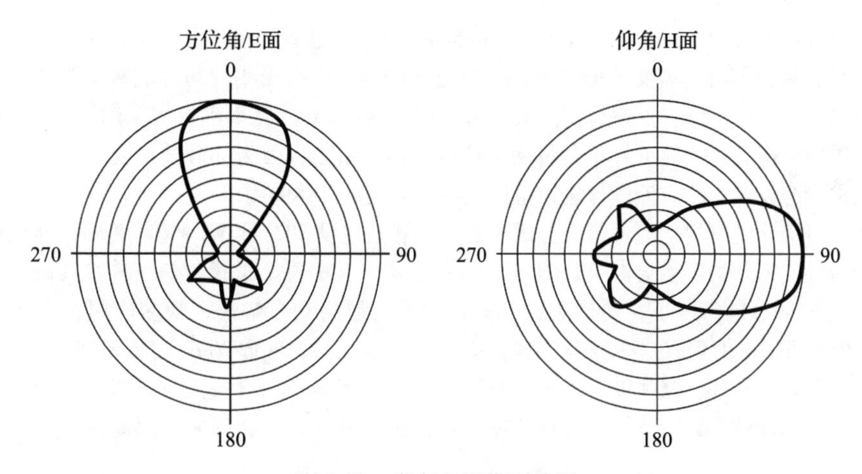

图 5-10　半定向天线覆盖图

参考信息

图 5-9 和图 5-10 中采用了对数而非线性的表达方式，因而部分读者刚开始接触时可能会觉得难以理解。简单来说，在线性图中不同刻度间值的增长幅度相同，但在对数图中，下一刻度代表的值是上一刻度的幂次方。例如，起始刻度为 10，在线性图中下一刻度的值为 20，而对数图中下一刻度的值是 100。

5.8 现场勘察

现场勘察用于确定某场所内射频信号的覆盖情况，在进行勘察时会考虑覆盖范围、干扰情况，以及不同天线放置方式和功率间的差异。现场勘察的复杂程度可能会有很大差异，可能是在 SOHO 中部署单个接入点设备，也可能是在大型企业中部署需要覆盖多栋建筑及楼层的网络。对于后者，现场勘察十分重要，且较为复杂和耗时。即使只是进行最简单的部署，现场勘察也是极为关键的。

现场勘察并不只是实地考察射频信号覆盖范围。如果在人流密集区域、对吞吐量的要求较高时，如在会议室等区域，现场勘察还需要包含容量规划。此外还需要确定可能会发生干扰的区域。在 10 年前，这个问题还没有那么凸显。但由于无线网络设备及其他设备的激增，避免相邻设备间的干扰变得越来越重要。基于此，所有射频网络现场勘察的第一步就是进行协议和频谱分析。

频谱和协议分析

在检测可能与 WLAN 形成干扰的射频信号时，频谱分析十分有用。在进行频谱分析时，需要使用一种称为频谱分析仪的工具，它是一种测量电磁信号（即无线电波）振幅和频率的装置。

一般来说，大多数现场勘察的预算中都不会包含频谱分析的费用，因为其成本高昂，即使租赁，其费用也很高。但近些年来，在 802.11 现场勘察中开始使用一些基于 PC 的频谱分析仪，这样一来就能够轻松实现对 2.4GHz 频谱和 5GHz 频谱的测量，这些频谱是 WLAN（及其他很多无线设备）的工作频谱。这种方法能够检测到场所内的所有无线电活动，包括基于 802.11 的无线电信号以及来自同一频段内的信号干扰（比如微波炉发出的信号）。

频谱分析能够帮助我们实现对 2.4GHz 频谱和 5GHz 频谱内已有射频信号的可视化和平面图绘制。如果背景噪声（即信道内所有不需要的信号辐射）超过 85dBm，那么无线网络性能将会劣化，因为上述信噪比将会导致信号质量的下降。上述分析过程也可以用于 Wi-Fi 中，从而确保将 Wi-Fi 信号限制在网络设计者的预期范围内。但有些情况下并不会将网络信号限制在室内，因为部分公司支持员工在室外休息区连接网络，因此网络设计团队应该确保覆盖范围能够精准满足具体的需求。

具有射频信号劣化的可视化能力是十分重要的。在规划建设 802.11 WLAN 时要确保能够获取所在场地射频信号的特性。嘈杂的环境会对 WLAN 产生不利影响，其中包括干扰、信号传输被破坏、可用性普遍缺失等问题。在 802.11 标准下，传输失败和高误码率问题得到了解决，很多应用程序在重传率高达 10%的情况下依然可用。但仍有一些服务的容错率并没有这么高，例如 VoIP 在重传率仅 2%的情况下就会有明显的性能下降。此外，高强度干扰和背景噪声还会使得客户站设备无法进行数据传输，因为总会检测到有信号处于活跃状态，因此它会等待传输窗口，而该窗口并不会到来。因此，背景噪声的识别迫在眉睫。

1. 噪声和干扰的来源

噪声和射频信号干扰的来源有很多，其中包括：

- 微波炉。
- 无绳电话。
- 日光灯。
- 升降马达。
- 蓝牙适配器。

- 其他 802. 11 无线网络。
- 干扰发送机（干扰器）。

在大多数办公环境中，噪声和干扰源重点关注微波炉和其他邻近的 802. 11 网络。如今，使用的大多数微波炉都具有良好的绝缘性，但如果发生泄漏，就算只是少量也会对 802. 11 标准下-40dBm 信号造成干扰。为了确保干扰已降至最低，最好通过现场调查确定是否存在干扰信号。如果使用 2. 4GHz 频段时附近存在噪声明显的发送机，可以转而选择 5. 0GHz 频段。但某些情况下，由于使用的设备存在限制，一些公司被迫使用双频段。

2. 覆盖范围分析

在进行射频信号现场勘察时，很多人首先会想到覆盖范围分析。覆盖范围分析的第一步是研究场所范围以及容量规划，这些信息收集过程的目的是根据该地区的人口密度确定容量和覆盖范围要求，这能进一步协助确定对小型蜂窝或大型蜂窝甚至是两者组合的需求。在进行勘察时不仅要考虑客户站的密度，还要确定使用的应用程序以及是否需要支持漫游功能。

在进行覆盖范围分析时仅需射频信号强度指示器即可，该指示器可安装在便携式计算机或者其他支持 802. 11 的设备中。值得一提的是，所有接入点设备的功率都需要调低，很多供应商会将接入点设备的默认功率设置为 100MW，对于大多数网络来说这个功率过高，可能会对附近的接入点设备产生干扰。

> **知识拓展**
> 并不是功率越高就越好，这一点的重要性怎么强调都不为过。事实上，从安全的角度看，过高的功率可能会导致性能上的问题，漏洞也会因此增加。

3. 接入点设备的放置

现场勘察决定了接入点设备的位置和边界，上述信息确定后需要检查每个接入点设备的位置。在使用 Cat 5 电缆的情况下，以太网的传输距离最大不超过 100m，因此需要确保配线柜布线距离可达接入点设备。

实际部署场景中，通常会将全向天线和半定向天线混合使用，因为仅使用全向天线难以满足覆盖范围需求。希望实现的目标是覆盖范围限定在规划场所内，并避免区域外的信号传输。半定向天线有助于实现上述清晰的边界划分，因为半定向天线的信号只沿单一方向传输。通过将半定向天线和全向天线巧妙结合，通常可以实现满足需求的射频信号覆盖，同时还能限制射频信号的不必要传播或污染。

4. 覆盖范围评估

在场所覆盖和容量规划研究工作完成，且接入点设备被妥善放置并开启后，需要进行覆盖范围评估。该评估可以手工完成也可以借助预测分析技术完成。

以手工方式进行的覆盖范围评估十分简单，可以采用下述两种模式之一。

- 被动模式：此模式会使用客户站卡收集射频信号指标，指标包括接收信号电平、信号噪声，以及信噪比。但是客户站卡与接入点设备无关，前者工作在 OSI 模型中的第 1 层和第 2 层。这个采集过程只负责收集一些原始数据，不会得到关于网络连接质量的判断结果。
- 主动模式：该模式下，客户站会对工作在第 1 层、第 2 层及第 3 层的不同接入点设备进行认证及关联。主动模式的优势在于能够获得上层性能指标，包括丢包、延时和抖动。除了原始数据之外，主动模式还能够获取体现网络质量的指标。

覆盖范围评估结果的预测需要依赖预测模拟应用程序和仿真软件，这两者能够建立射频信号蜂窝覆盖范围的可视化模型。有了模拟应用程序，无须再进行蜂窝指标的手工测量，因为所有的蜂窝大小都可以使用算法进行预测。对网络覆盖情况进行预测听起来似乎成本高昂，但事实却相反，特别是对于大型场所更是这样。工程师们会更频繁地使用预测软件，与手工现场调查相比它所需的成本和时间都更低。

5. 自组织 WLAN

新型的基于控制器的接入点设备或自组织 WLAN 能够根据射频信号的变化对轻量级精简接入点设备进行动态的重新配置。这种动态配置功能意味着网络能够自行调节信号、信道、功率水平以及模式，从而使得运行特性和网络性能保持最优。回顾之前的瘦终端设备，它们不具备类似交换机的智能特性，只是简单地对网络条件进行监控并将结果汇报给各自的控制器。而具备多个接入点设备控制能力的控制器可以反过来进行数据分析，并采取纠正措施。具体来说，控制器能够向精简接入点设备发送重新配置指令或对信道进行变更，从而保持最佳性能。

本章小结

对于处于 OSI 模型第 1 层的网络来说，管理无线网络的设计、安装和使用的 802.11 标准只是整体中的一小部分。而第 1 层又是整个 OSI 参考模型中很少讨论和涉及的一层。尽管它在网络中并不显眼，但 WLAN 以及 WLAN 中的射频网络却对组网、生产力和安全性产生了与其地位不成正比的重要影响。

这一点对于安全专家来说十分重要。因为有了无线网络，不管是否经过授权，对网络的访问都不再受到物理连线的限制。这使得安全问题更加复杂，其管理难度也进一步提升。了解这一具有高度影响力的媒介是 IT 安全专家成功履行职责的重要方面。

本章习题

1. 被动扫描模式下，客户站设备首次扫描即可发现无线网络。

   A. 正确　　B. 错误

2. 以下哪种设备可以作为 802.11 无线客户站？

   A. 能够连接无线网络的 PC　　B. 接入点设备

   C. 能够连接 Wi-Fi 的收集　　D. 无线温度计

   E. 以上均是

3. 基本服务集包括以下哪几部分？

   A. 能够作为一个网络运行的多个接入点设备　　B. 一个接入点设备和多个无线客户站

   C. 多个互联的客户站　　D. 一个 WLAN 以及后端的有线 LAN

   E. 以上均不是

4. 以下哪项是提高全向天线增益后的影响？

   A. 没有影响

   B. 会使得波束聚集

   C. 会增大水平覆盖范围的同时减少垂直覆盖范围

   D. 会增大垂直覆盖范围的同时减少水平覆盖范围

5. 精简接入点设备具备基本的交换能力。

   A. 正确　　B. 错误

6. 栅格天线和抛物面天线属于以下哪种天线？

A. MIMO 天线　　B. 全向天线

C. 定向天线　　D. 以上均是

7. 现场调查的作用仅限于协助确定射频信号覆盖情况。

A. 正确　　B. 错误

8. 被动调查能够自动收集和评估网络质量。

A. 正确　　B. 错误

9. 以下哪些可能是射频干扰的来源？

A. 微波炉　　B. 蓝牙无线电信号

C. 其他的无线网络　　D. 干扰发送机

10. 以下关于自组织 WLAN 的说法，正确的是？

A. 能够自动安置在建筑物中

B. 会投票选举领导者

C. 通过控制器调整功率水平及信道，以保证最优性能

D. 支持无缝漫游

第 6 章 |Chapter 6|

WLAN 和 IP 网络面临的威胁及漏洞分析

本章讨论了与 802.11 无线网络、其不同的拓扑结构及设备直接相关的威胁和漏洞，此外还探讨了使用互联网协议进行组网时的无线局域网漏洞，以及网络窃贼和黑客们如何利用 WLAN 作为企业网络攻击的“突破口”。

无线网络由一系列共同工作的无线网卡组成，它们通过各种各样的配置组成了对等 WLAN 基础设施、网桥、中继器、扩展器、回程网络和分发集成服务，这些服务用于连接到不同的媒介，比如以太网。无线网络中使用的无线电波是一种不受控制的媒介，与早已出现的有线媒介相比，它们更容易被干扰、破坏和窃听。无线网络的这一固有特征使其更容易受到数据拦截、篡改和盗窃的影响。

如果采用了糟糕的无线网络设计，再加上射频信号覆盖区域接入点设备的不合理部署，攻击的范围通常会被扩大。很多情况下，无线网络是由对射频技术或现场勘察最佳实践知之甚少的内部技术人员安装的，这导致的结果可想而知。虽然室内射频信号覆盖较好甚至理想地满足了容量和覆盖范围需求，但与此同时建筑物外却存在大量射频信号泄漏。通常情况下，这种泄漏在很大程度上会被忽视，但却会引来不速之客。射频信号泄漏不仅会对邻近网络造成不必要的信号干扰，更重要的是它会成为攻击企业网络的巨大安全后门。

能够认识到上述问题，并且了解粗心或安全意识薄弱的员工和恶意攻击者等行为，是成为信息安全专家的关键方面。本章在对技术漏洞的讨论中融入了相关人员的行为因素。

6.1 攻击者的种类

在对具体漏洞的细节进行介绍之前，先来了解不同类型攻击者间的差别，以及不同攻击者技术水平的差异，这对后面的学习很有帮助。在此过程中，可以清晰地看到大多数威胁就算无法彻底消除也能尽可能将影响降到最低。

6.1.1 娴熟攻击者与生疏攻击者

通常来说，攻击者的技术水平越高，攻击带来的风险就越高。但也有例外，打个比方，一个娴熟的飞贼与一个简单粗暴的抢劫犯是有区别的，后者可能只会用锤子砸碎珠宝店的玻璃柜台。但最终如果坏人带着珠宝潜逃，采用哪种方式就不再重要了。

之所以提出这种观点，是因为在搭建一个完备的 IT 安全体系时，很多方面仅仅因为过于显而易见而被忽视。很多时候，IT 安全团队把精力和资源集中在应对高度复杂的攻击上，却忘记采用简单的、久经考验的措施来阻止更原始的攻击行为。要清楚的是，IT 安全的准则是根据企业的需求和已有资源，尽可能减少风险。与建立数据中心纵深防御相比，对员工进行培训以及配备门锁可能看起来过于简单，但这些措施却能够阻止很多可能发生的（实际上，大概率会发生的）攻击。

此外，同样也要认识到，部分黑客具有的攻击能力能够让实现长期 100%安全的任务无法完成，更糟糕的是还有一些国家支持的黑客联盟。这些团队不仅技术精湛、资金充足，而且具有巨大的优势，因为其攻击目标必须百分之百正确，这样只需一次就可以成功。

这些黑客团体也称为高级持续性威胁（Advanced Persistent Threat, APT）。这些团体能够在避免被发现的前提下发起多阶段攻击，从而入侵网络并获取高价值信息。这些高度复杂的长期渗透攻击给金融机构和政府机构等组织带来了巨大风险。

6.1.2　内部人员与外部人员

对于 IT 安全团队来说，拥有内部访问权限的人员，特别是资深的人员，如果出现背叛行为是十分糟糕（有可能是最坏）的情况。内部人员无须批准即可进入大楼，仅这一点就可能造成重大危害。然而，危险并不仅来源于内部人员。如果无线网络设计或控制不当，攻击者无须进入大楼就可以访问网络。借助无线网络，黑客和网络犯罪分子可以克服曾经面临的最大障碍之一，即无法获得网络的物理连接。

图 6-1 从娴熟攻击者与生疏攻击者、内部人员和外部人员两个角度展示了大体的风险等级。需要注意的是，通过基本的安全最佳实践和员工培训，图 6-1 中下半部分的风险都能够避免。再次强调，安全最佳实践和员工培训虽然不是 IT 安全领域最引人注目的，但却在大多数情况下是最重要和有效的。在本章的后面部分，将会讲述一个低级且不熟练的员工如何实施一起十分重要且令人尴尬的数据盗窃案的故事，而这次盗窃本可以轻易避免。

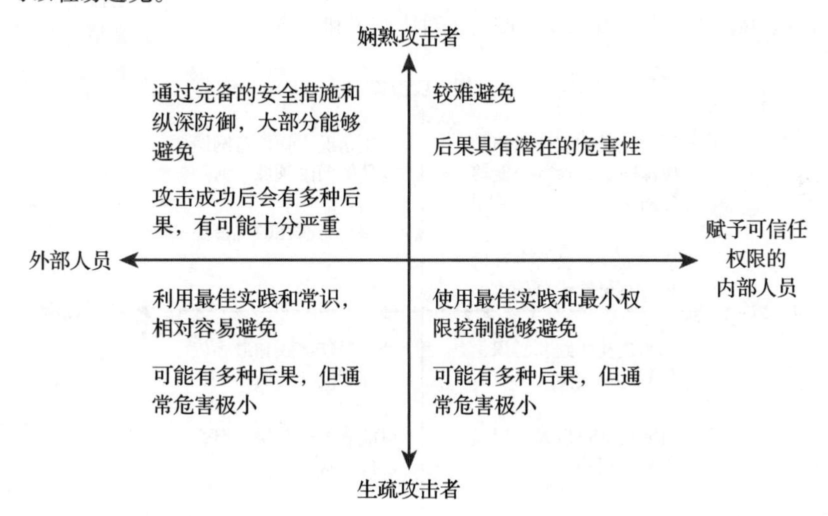

图 6-1　娴熟攻击者与生疏攻击者、内部人员与外部人员造成的攻击风险对比示意图

IT 安全专家在面对部分用户时通常会用“不要妄想阻止愚蠢的人”这句话回应，一些用户可能由于知识匮乏或意识欠缺，做出了提升漏洞等级或引发实际安全事件的行为。

虽然这句话很幽默，但它实际上是一种逃避责任的说辞。安全教育工作是 IT 安全团队的一项重要责任。如果员工不了解用户行为角度的基本安全最佳实践（更别提其他方面），那么责任应该归咎于安全团队。他们没有对员工进行培训，同时公司管理层也存在问题，他们缺乏对培训的安排和支持。安全专家认为显而易见的常识，而对人力资源、法律、或财务部门的人来说可能并不了解，反过来，一位安全专家可能也并不熟知会计业内公认的准则。事实上，教育可能是最好的安全工具。

6.2 机会目标与特定目标

一般来说，攻击目标分为两类。

- 机会目标：机会目标是指之前并没有被确认或考虑作为攻击目标，但由于黑客无法控制的环境因素而成为可攻击的目标。例如，如果有人将智能手机或便携式计算机遗忘在咖啡馆，那么这个设备就可能成为黑客的机会目标。此外，机会目标还有可能是：
  - 高管家中无安全防护的 Wi-Fi 网络。
  - 无安全防护的配线间。
  - 由员工安装的不安全的恶意接入点设备，或者公共场所内，员工为避免按需付费而连接的未经认证的免费 Wi-Fi。

  机会目标甚至包括黑客心中确定了某类公司但没有具体目标的情况。
- 特定目标：指黑客确定的具体目标。这个目标可能是进行商业破坏、盗窃客户财务数据，甚至是为了获得市场优势而进行的信息盗窃（即企业间谍活动）。

与图 6-1 类似，图 6-2 也展示了一个 2×2 矩阵，后者关注的是与机会目标及特定目标相关的风险。如图 6-2 所示，通过员工培训及行业最佳实践的应用，四个象限中三个象限内的威胁都能被大幅降低。在第四象限中，即当娴熟攻击者针对特定目标进行攻击时，风险等级是相对较高的。虽然这是一个值得关注的问题，但大多数可能成为这种攻击目标的组织（例如金融企业、零售公司、政府组织、政治团体等）通常会意识到自身的高风险状况，并大概率配备了对应政策和人员。

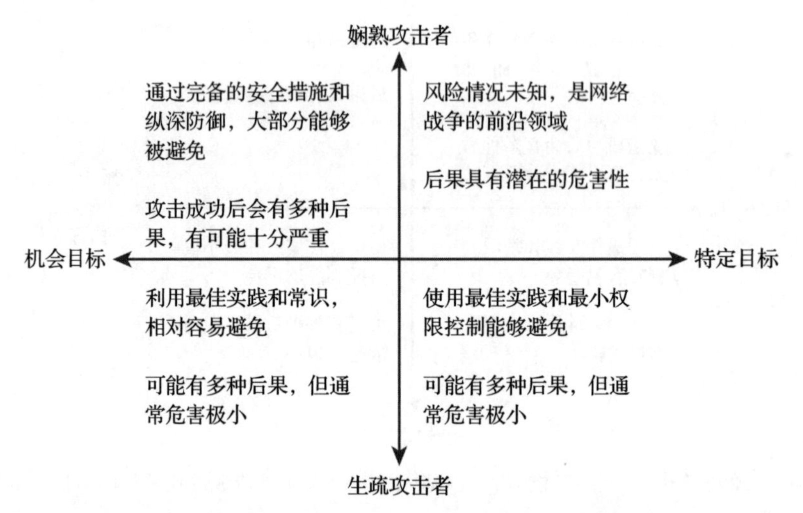

图 6-2　娴熟攻击者和生疏攻击者针对机会目标和特定目标时带来的风险对比示意图

6.3 对特定攻击目标的搜寻

在对网络攻击进行规划时，攻击者会花费大量时间对网络和组织进行剖析，以寻找网络中部署的系统和设备的线索。通常情况下攻击者会对所有的漏洞和后门进行搜索以获取访问权限，因为实施攻击的第一步就是找到一个立足点。

在对某个组织的网络进行评估时，很多攻击者会首先使用无线扫描软件检测是否存在部署不当的 802.11 无线网络。如果无线网络设计者能够将射频信号限制在公司的物理边界内，那么一般的攻击者很难对其产生威胁。然而，如果对射频信号覆盖范围的控制稍有不慎，情况则相反，攻击者很有可能在安全距离内检测到网络。事实上，如果使用廉价且易获取的定向天线，即使攻击者位于几百米之外，仍然能够渗透进入网络。

通过获取无线信号和无线网络发出的信标，攻击者可以捕获和分析使用空中接口传输的数据包。这样一来，攻击者就能够访问物理层中的 WLAN，在捕获数据包后得到网络的映射关系，并确定设备制造商和安装的操作系统。通过使用简单的二层网络分析工具（比如 AirShark，一种开源的、可免费下载安装的程序），攻击者能够在客户站或者接入点设备处对网络中的通信进行捕获或窃听。

攻击者在这一阶段的目标就是获取二层网络信息，其中包括：

- 媒体访问控制（Media Access Control, MAC）地址。
- 服务集标识符（Service Set Identifier, SSID）。
- 基本服务集标识符（Basic Service Set Identifier, BSSID）。
- 网络中部署的设备类型。
- 使用的认证方式和类型。
- 使用的加密方式和类型。
- 使用的信道。
- 默认配置信息。
- （多用户建筑物内）邻近 Wi-Fi 信号产生的无线电干扰。

利用上述信息，攻击者就可以规划具体的攻击策略，进而获取接入点设备的访问权限。

攻击者也有可能以单个员工为目标，侦察其住处以及在哪里度过业余时间。常见的做法是跟踪员工到他们的住所并测试家庭 Wi-Fi 网络的安全性。攻击者还有可能跟踪员工到公共场所，例如咖啡店，目的是查看他们是否连接到不安全的 Wi-Fi 网络中。攻击者甚至有可能对这些地点进行分析，进而组建恶意双胞胎网络，相关内容本章后面会详细叙述。

为什么攻击者要不厌其烦地进行上述侦察？原因在于除非计划的攻击是拒绝服务（Denial of Service, DoS）攻击，否则攻击者都需要获得网络的访问权限。在大多数情况下，攻击者很难直接进入被攻击组织的大门并获得开放端口的访问权限。攻击者可能采取的另外一种方式是找到一个不安全或者有漏洞的无线网络，或者获得员工已授权设备的访问权限。

这就再次回到了图 6-1 和图 6-2，即使是最高超的攻击者也需要一个攻击的立足点，而这个立足点通常与获取网络的访问权限有关。再次强调，采用安全行业最佳实践并对员工进行培训是安全防护的关键手段。尽管上述做法对于娴熟攻击者来说可能只是暂时的障碍，但仍是十分必要的。

知识拓展

即使功率设置没有变更，射频信号的覆盖范围也有可能发生明显改变，这种情况与外部因素有关。这些外部因素可能是一些看起来无关紧要的事情，比如家具位置的变更、对植物或盆栽的修建，甚至包括季节的变化。

6.4　物理安全和无线网络

防止随意窃听的最好方式是对边界外的射频信号辐射进行控制，这也是防范攻击者对无线网络中二层数据包进行分析的基础。然而，上述论断成立的前提是内部网络没有因为安全措施的缺失而受到影响。将基本的物理安全作为公司安全战略的基础是十分重要的，要确保制定了安全政策且落实执行。

这不仅包括要对建筑物或办公室的入口进行物理安全防护，还包括对内部的系统进行物理安全防护。具体来说，这意味着要在接入交换机所在的机房上锁，还要在数据中心或网络实验室安装具备审计日志的安全门。此外，安全团队应定期进行扫描，获取射频功率水平，以确保射频性能没有变化。

同时物理安全措施还包括关闭交换机上所有不在使用状态的端口，这能够防止未经授权的设备通过墙上的插座接入有线网络。这虽然是一个简单的措施，但却能有效防止攻击者或者内部人员安装恶意接入点设备。

6.5　社会工程

任何技术系统，包括服务器、有线网络、防火墙、虚拟专用网络（Virtual Private Network, VPN）等都有一个安全上的弱点，就是系统的终端用户。所有用户，即使是接受过良好训练且经验丰富的用户，都有可能成为社会工程的攻击对象。社会工程是指从人们身上套取本不应泄露的信息，并利用这些信息获取利益的做法。

钓鱼行为属于社会工程的一种。钓鱼实施过程中，攻击者会发送一封电子邮件，该邮件看起来是由收件人的银行或其他可信组织发送的，要求收件人点击一个伪装成合法样式的链接，但实际上该链接的目的是将收件人引向一个攻击者拥有的网站。这个网站会提示被攻击者输入账户名和密码，一旦输入，相关信息就会被攻击者获取。

有人认为随着人们对钓鱼行为的认识不断加深，被攻击现象会逐渐消失。但事实上，总会有人落入钓鱼的陷阱，而这正是攻击者希望看到的。与技术高超的黑客类似，能够使用社会工程操控人类的攻击者一样可怕。

社会工程利用了人类的一些特点实施攻击，具体如下：

- 人类通常很友善，且愿意帮助其他（看起来）友善的人。
- 知恩图报。
- 有好奇心。
- 倾向于对权威人士有所回应。
- 人们的行为往往是习惯的产物。

当然，上述内容并没有列举所有特点，但足以帮助理解社会工程背后的原理。此外还要注意的是，社会工程利用的特点总体上都是积极正向的。善于运用社会工程的黑客能够利用这些特点为自己谋取利益，而且其骗取被攻击者使用的理由也十分合理。正如一位著名黑客所说“与破解系统相比，骗取人们的密码比破解系统要容易得多。”（引自 Mitnick、Kevin 和 William L. Simon 所写的书籍 *The Art of Deception: Controlling the Human Element of Security*）。

为进一步帮助读者理解社会工程的工作原理，接下来介绍一些社会工程的其他案例。

- 聊天骗局：在该场景中，黑客会给某公司打电话，目的是找到一个健谈的人。例如，黑客会假装是公司内一位远程办公的员工，在与办公室中的某员工有过 3~4 次愉快的交谈之后，黑客会谎称忘记了 Wi-Fi 密码。通常情况下，由于黑客已经与内部员工建立了良好的关系，员工会直接提供黑客所需的信息。此外，黑客也有可能通过对话来收集关于公司或员工的其他信息。

- 服务台骗局：这是一种狡诈的骗局，在该骗局中，精通技术的黑客会给不同的员工打电话（员工可能是有选取的，也可能是随机的），声称自己是服务台工作人员，能够解决一些系统或计算机问题，但对问题描述得十分粗略模糊。随后黑客会与员工建立良好的关系，并与他们取得联系，请求他们“帮忙”，例如帮助进行一个与 Wi-Fi 密码有关的“测试”。或者反过来，黑客假装消息闭塞或伪装为权威人士，给服务台打电话获取无线网络的密码。
- 好奇心狩猎骗局：在该骗局中，黑客会故意在特定目标（通常是某公司）的停车场内扔下几个 U 盘，目的是使其看起来像是员工不小心掉落的。通常情况下，毫无戒心（或没有经过培训）的员工会捡起来，并且为了确认 U 盘的主人，可能会将捡到的一个或多个 U 盘插入公司电脑，此时通常会看到仅有一个文件夹。如果打开这个文件夹，文件夹中包含的程序就会被隐秘地安装，黑客从而获得了访问途径（作者身边就有一位对此技术推崇备至的灰帽黑客）。
- 权威人士骗局：在该骗局中，黑客会给某公司的低级别员工打电话，声称自己是高管或其他权威人士并要求提供信息，比如 Wi-Fi 密码。由于担心惹上麻烦，员工通常都会照办。这种情况尤其适用于大公司，因为那里并不是所有人都互相认识。
- 习惯骗局：这种骗局可行的原因在于，黑客了解人们的行为往往是习惯的产物，并且很多人在创建密码时会依据生活习惯。更糟糕的是，有些人会保留出厂的默认密码，而这种密码在网上很容易查到。有了这些信息，黑客很容易就能够猜到员工的密码。其中一个典型案例是，如果黑客了解到被攻击者是星际迷航的影迷，那么就可以猜到被攻击者使用的密码。黑客会尝试该影片中角色名字的不同组合以及影片中包含的其他元素，结果显示十分有效。虽然使用有关密码的行业最佳实践有助于防范这种骗局，但还是会有防范失败的情况。
- 尾随：这种情况通常发生在一个获得授权的人（使用门禁卡）打开安全门时，有人尾随进入。守门的人让“尾随者”通过时很少会要求其出示门禁卡，因为这在社交中显得有点尴尬。黑客正是利用这种心理从而在未获得授权的情况下进入大楼。黑客在此过程中会使用一种技巧，他们会帮助别人打开一扇外部的门（不需要门禁卡）便于别人进入，随后作为回报，这个人会在下一扇门（需要门禁卡）处帮助黑客进入。这种情况在寒冷、下雨的天气尤其有效。毕竟如果一个人刚刚帮你打开了远离寒风的门，你怎么好意思要求查看他的门禁卡呢？

参考信息

20 世纪 90 年代初，首次重大网络入侵事件之一发生在 Los Alamos 核实验室（Los Alamos Nuclear Lab），它来源于一场聊天骗局。一名黑客利用这种社会工程收集系统密码，随后在 2006 年，该实验室又发生了由社会工程引起的网络安全事件。如果黑客将社会工程用于多名员工，那么效果将十分明显。每位员工都会泄露一些看似不重要的信息，但当所有的信息拼凑在一起时，就能够很清楚地了解组织中正在发生的事情。曾有一句谚语警示人们防范社会工程，即“口风不严战舰沉”，这句话也适用于当今的网络安全领域。

6.6　接入点映射

接入点映射相当于 802.11 无线网络中的拨号攻击行为。拨号攻击是指电话黑客在海量的电话号码中寻找应答的调制解调器，通过这种方式，黑客们能够找到通过调制解调器连接到外部网络的计算机系统。类似地，接入点映射的攻击者使用未经授权的、秘密的侦察方式寻找无线接入点（Wireless Access Point, WAP）设备。

尽管使用高增益天线通常有助于成功实施接入点映射，但这项技术本身并不需要特殊的设备。一般情况下，接入点映射使用一种称为嗅探器的 WLAN 设备，通过拦截和捕获接入点设备发出的信标来探测接入点设备的存在及其 SSID。常见的嗅探器有 Kismet、Airshark，以及虽然出现得较早但仍被广泛使用的 NetStumbler。使用接入点映射的过程中还有可能使用全球定位系统（Global Positioning System, GPS）软件和地图应用程序（比如谷歌地图），从而对采集到的信息进行绘制及关联。

接入点映射是一种用于发现机会目标的工具，对于寻求区域内未加防护措施的无线网络的人来说，这是一种十分合适的工具。他们希望找到十分脆弱的网络，该网络中的用户尚未对使用的接入点设备进行安全防护，这类用户通常没有意识到安全防护的重要性。攻击者的理想目标是保持开箱时的默认设置的接入点设备，设备密码也是默认的（通常是“admin”）。虽然对于新用户来说，保持默认设置是设备最快捷的启用方式，很多家庭用户也因此采用这种做法，但实际上这是不安全的。

使用接入点映射的攻击者通常会寻找是否存在以下漏洞：

- 使用默认的用户名和密码。
- 采用较弱的 WLAN 加密算法，或无加密算法。
- 使用默认的 SSID。
- 使用默认密钥进行认证和加密。
- 使用默认的简单网络管理协议（Simple Network Management Protocol, SNMP）设置。
- 使用默认的信道。
- 开启动态主机配置协议（Dynamic Host Configuration Protocol, DHCP）。

如果存在上述漏洞，攻击者就能轻易获取 WLAN 的访问和控制权限。

接入点映射通常会持续使用被动攻击或窃听，这种攻击可能并不是恶意攻击，只是受好奇心驱使。使用接入点映射的攻击者也可能会将未加防护的网络绘制出来，另外一些攻击者会在发现的网络中发起主动攻击，这些攻击可能采用以下形式之一：

- 伪装：伪装是指攻击者冒充获得授权的用户，从而获得对应的权限。
- 重放：在重放攻击中，攻击者使用数据包分析仪来捕获不同主机间的网络流量。随后攻击者会将捕获到的网络流量以合法用户的身份重新传输。被传输的信息内容是正确的，但由于接收是“随机的”，很有可能造成网络中断或服务器故障。
- 内容篡改：内容篡改是指攻击者修改、删除、添加被传输的消息内容，或对内容的顺序进行重新排列，是一种破坏数据完整性的攻击。
- 拒绝服务：指由于在（OSI 参考模型的）第一层有信息持续进行传输，客户站设备会拒绝其他的网络访问请求。

接入点映射是一种从家庭或企业边界外部发起的攻击。可以通过降低接入点设备的功率和移动接入点来减少建筑物外的射频辐射，从而降低被攻击的风险。此外，使用与默认密码设置、认证以及加密相关的最佳实践也有助于防范大多数安全事件，比如修改默认密码、对 MAC 地址进行滤波、开启 Wi-Fi 保护访问第 2 版（WPA2）加密功能等。接入点映射本质上是一种机会主义的攻击，它主要针对家庭 WLAN 和小型企业。如果攻击者检测到了一个安全的 WLAN，那么大概率会放弃攻击并寻找下一个，因为周围很有可能存在大量未进行防护的 WLAN。

知识拓展

对于网络管理员来说，最为重要和迫切的就是修改接入点设备的默认设置，尤其是企业内的网络，同时也适用于家庭网络。此外，管理员还应该通过设置加密、重置、访问控制列表、共享密钥，以及防止无线电频率泄露等防范接入点映射攻击。

6.7　恶意接入点

对于中型或大型网络来说，更关注的威胁是恶意接入点。恶意接入点，也即恶意 AP，是指与有线网络相连未经授权的 AP。这些 AP 可能来自不怀好意的黑客，但也有可能是单纯希望访问网络更加便利的员工安装的，后者情况中的 AP 很容易被黑客利用。恶意 AP 不仅未经授权，还无人管理，这使得它们抵御攻击的能力很弱。恶意 AP 可能会被利用成为网络中的攻击媒介，作为一个被蓄意安装的恶意设备为攻击者提供网络中的便利后门。据估计，约有 20%的公司网络上都曾在某一阶段出现过恶意 AP。

知识拓展

随着 IT 资源的商品化以及无线设备应用于工作场合，恶意接入点变得越来越普遍。为了能在工作中使用自己的设备，接入点的需求应运而生，但 IT 部门安装接入点的速度赶不上人们耐心耗尽的速度。

恶意接入点漏洞

本质来讲，恶意 AP 带来的安全威胁包括两个方面：一方面，如果恶意 AP 是由希望获得更加便利的网络访问的员工安装的，那么这些 AP 在功耗和安全性上大概率都会很糟糕。这会导致建筑物中的射频信号泄漏，结果类似从大街上就能访问局域网（Local Area Network, LAN）中的交换机；另一方面，如果恶意 AP 是由黑客安装的，那么黑客就可以在一个安全的地方轻易访问公司网络，这个地点通常在公司的物理边界之外。

恶意 AP 为攻击者留下了十分明显的攻击证据，其潜在的漏洞包括：

- 对 WLAN 的扫描和映射。
- 中间人攻击。
- 对有线网络的攻击，比如地址解析协议欺骗、DHCP 攻击、生成树协议（Spanning Tree Protocol, STP）攻击、DoS 攻击等。
- 对互联网未经授权的免费访问，以及由此带来的问题。这些问题包括但不限于引发钓鱼、DoS 攻击以及访问非法网站等。
- 未经授权访问网络带来的数据泄露及数据盗窃。

恶意 AP 已成为一个令人困扰的问题。对于大型网络来说，特别是涉及多个地点和部门的网络，阻止恶意 AP 的安装并及时发现已安装的恶意 AP 是非常困难的。有一些自动工具有助于发现恶意 AP，例如一些安全设备插件能够对无线 AP 设备进行扫描，但扫描结果也很容易被人为意图操控，从而隐藏恶意 AP。

降低恶意 AP 带来的风险方法之一是使用带有双向认证功能的网络访问控制（Network Access Control, NAC）技术，它能够阻止未经授权的设备连接至网络。另一种方法是对接入交换机的以太网端口进行严格控制，确保所有不在使用状态的端口都默认关闭，这能够防止恶意 AP 接入在用以太网端口。但这种方法可行性较差，因为这意味着 IT 部门需要投入大量精力进行实际管理，员工也会疲惫不堪。此外，还可以部署无线入侵防御系统（Wireless Intrusion Prevention System, WIPS），该系统能够主动捕获并阻止恶意 AP 连接至企业局域网。然而，如果恶意 AP 以恶意双胞胎的形式存在，那么问题就变得复杂了。

6.8 恶意双胞胎

恶意双胞胎是一种带有险恶意图的恶意 AP。恶意双胞胎带来的威胁在于，攻击者伪装成网络服务提供商，但实际上是对网络中的活动进行窃听，并盗取信息和密码。恶意双胞胎是欺诈性钓鱼网站在无线网络中的等价物，用于诱骗人们泄露其个人信息。

恶意双胞胎之所以能发挥作用，是因为它看起来像一个合法的接入点。但当用户连接到恶意双胞胎并使用它访问网站和执行其他任务时，该接入点会窃听他们的一举一动，窃取证书、密码和其他任何希望获取的东西。大多数银行网站和电子邮件客户端都使用超文本传输安全协议（Hypertext Transfer Protocol Secure, HTTPS），因此不容易受到这种攻击，但是恶意双胞胎还是能收集到很多信息。恶意双胞胎很难发现，因为其搭建十分容易，还可以在便携式计算机中运行，这意味着恶意双胞胎能够被迅速关闭并迁移至其他地点。

通常情况下，恶意双胞胎接入点的 SSID 会与合法接入点配置为相同。实际情况中，恶意双胞胎甚至可能通过真正合法的接入点传输数据。由于 802.11 管理数据包很容易被伪造，而且接入点设备的身份验证环节缺失，用户很容易落入陷阱。更糟糕的是，许多便携式计算机、智能手机会设置为自动连接到最强信号的接入点。

客户站通过连接到接入点设备与网络建立关联，并在连接时使用信标广播其存在。在被动模式下，接入点设备对信标进行监听，此外它也可以使用主动模式发出探测请求。若探测请求中指定了扩展服务集标识符（Extended Service Set Identification, ESSID），那么具有此标识符的所有处于监听状态的接入点都会做出探测响应；而如果未指定 ESSID，那么所有的接入点都会进行探测响应。

接入点发送的信标和探测响应信息中包含了其支持的所有参数、特性和功能，其中包括基本服务集标识符（Basic Service Set Identifier, BSSID），BSSID 通常是接入点设备的 MAC 地址。对于信号最强且宣告具备客户站设备所需能力的接入点设备，客户站将对其发出的认证请求做出响应。如果该接入点被配置为 WPA2，那么就会存在共享密钥的问题。

在大多数的网络配置中，认证的响应信号直接由接入点发送。客户站设备和接入点设备随后会对相关的请求和响应进行交换，这建立了客户站设备和接入点设备间的关联，该关联会一直保持直到收到解除关联或取消认证的数据包。这种方式存在一个问题，那就是无论是不建议使用但仍广泛存在于众多家庭网络中的有线等效加密（Wired Equivalent Privacy, WEP），还是 WPA 或者 WPA2，都无法避免客户站设备与恶意双胞胎接入点设备的关联，原因在于加密算法只在关联完成后才会生效。这些安全防护措施也无法避免 ESSID、MAC 或管理数据包等欺骗行为的发生。如果客户站设备和接入点间存在关联，则这些欺骗行为会发生在关联建立之前。

在对恶意双胞胎接入点设备进行配置时，攻击者首先会对真正的接入点设备发出的 ESSID 进行监听，在此过程中可能会使用如 Hotspotter 等应用程序监听所在区域内其他客户站设备发出的探测请求。此外，也有可能使用 Airshark 或者 NetStumbler 对数据包进行捕获和分析，从而识别 WLAN 的 ESSID。一旦 ESSID 被攻击者获取，他们会部署一个与被攻击的目标客户站设备距离很近的假接入点设备。需要强调的是，攻击者不会部署硬件接入点设备，而是在他们的便携式计算机中运行基于软件的接入点程序。因为大多数客户站设备关联接入点设备时只需要 ESSID 相同即可，攻击者通常不需要伪造真正接入点设备的 MAC 地址。

恶意双胞胎攻击在概念上类似使用 ARP 欺骗的以太网 MITM 攻击，使用 MITM 攻击的黑客会将自己的系统部署在两个机器之间以进行窃听。在此类型的攻击中，攻击者用错误的 MAC 地址破坏受害者的 ARP 缓存，从而将被攻击设备的流量转移到他们自己的机器。实现 ARP 欺骗较为容易，因为只需对子网中的一台主机进行攻击，随后所有主机都会被影响，原因在于被攻击的主机会将自己的 IP 作为 DNS 解析器进行广播。

恶意双胞胎接入点设备通常被用于将流量转移至钓鱼网站，在钓鱼网站中会有一些窃取登录账户名和密码的虚假页面。但恶意双胞胎带来的风险也是可以被减轻的，其中最有效的方法之一是要对风险有基本的认识，让员工知道并不是所有的接入点设备都是可信的。

连接到恶意双胞胎接入点设备的常见迹象之一，就是用户无法使用 HTTPS 网络服务。银行或互联网服务提供商（Internet Service Provider, ISP）的安全证书一般不太可能过期或出现异常，如果 HTTPS 连接失败，很可能是由于接入点的问题；另外一个可能不太明显的标志是免费的互联网访问服务。确实有很多合法企业会提供免费 Wi-Fi，但在咖啡店、酒店或其他公共场所检测到接入点设备并尝试连接之前，最好先询问一下工作人员该接入点设备是否真的由公共场所提供。如果可以选择免费或收费连接互联网，大多数人都会选择免费的服务，黑客们自然也知道这一点。

在办公场所内，802.1x 基于端口的网络访问控制（Port-based Network Access Control, PNAC）等技术可用于实现健壮的双向认证。同样，也需要使用具备服务器认证证书的强认证协议，其中服务器认证证书需要由可信机构颁发。

地址解析协议（Address Resolution Protocol, ARP）

ARP 本质上是一种创建列表的服务，用于查看网络上有哪些设备，可以视为一种点名的方式。当一台设备需要对另一台进行定位时就会用到 ARP，ARP 实际上会发出询问“地址为 xxx.xxx.xxx.xxx 的设备在哪里?”不是该地址的设备不会进行响应，这有助于源客户站设备确定该地址对应的设备在网络中的位置。随后设备的位置信息会被保存在 ARP 表中，ARP 表是一个本地的地址集。ARP 也存在一定问题，就是它不会对响应进行验证，这意味着一旦网络被黑客攻入，黑客就可以对任意的 ARP 请求进行响应，从而“欺骗”发出请求的设备以及由此产生的 ARP 表。这样一来，原本希望发送至指定目标的流量会被送至错误的设备，黑客可以借此进行数据的查看、复制或修改。

6.9　蓝牙漏洞及威胁

蓝牙是一种短距离射频通信协议，它最初是作为串行接口 RS-232 的无线替代品而开发的，RS-232 是一种广泛用于计算机外围设备的短距离通信接口。蓝牙是一种工作在 2.4GHz 频段的低成本、低功率无线电接口，用于个人无线设备间的连接，如耳机、移动音乐播放器和智能手机。蓝牙技术的发展与无线个域网（Wireless Personal Area Network, WPAN）有很大关系，WPAN 能够实现可穿戴设备或移动设备间的配对，从而形成 ad hoc 无线网络。蓝牙可将外围设备连接至计算机，广泛应用在市场中针对企业和家庭消费者的电子设备上，通过蓝牙可以很方便地在无须线缆的情况下实现设备间互联。

在一个微微网（使用蓝牙连接形成的网络）中，连接的设备最多可达 8 个，而功耗仅需 1 000kW。低功耗的使用特性延长了电池寿命，但同时也将通信距离限制在 10m 左右。此外，蓝牙使用自适应跳频（Adaptive Frequency Hopping, AFH）的扩频技术来减轻干扰和频率阻塞的影响，而蓝牙中跳频技术（Frequency Hopping Spectrum Spread, FHSS）的实现过程中包含了 79 个随机选择的频率，且每秒钟变化 1 600 次。通过这种方式实现的跳频设备，能够共享相同的无线电频率。由于频率不断变化，所以即使出现冲突，其持续时间也很短。但由于蓝牙工作在 2.4GHz 频段，并不要求视距传输，蓝牙信号因此可能会越过房间边界，在多个房间内传输。

6.9.1　蓝牙的版本演进

经过近 20 年的发展，蓝牙已经从物理 RS-232 电缆的无线替代品发展成为一种无处不在的无线技术，从文件共享、设备配对，到无线配件甚至低功耗物联网设备，都在使用蓝牙技术。据估计，全球约有 100 亿台蓝牙设备，这些设备又被应用于无数的技术领域。

蓝牙获得成功的原因在于其普遍性、灵活性及便利性。蓝牙的不同版本中都保持了对旧版本的兼容性，因此在如可穿戴设备和智能手机的个域网（Personal Area Network, PAN）领域，也占据了主导地位。尽管如此，蓝牙技术并没有停滞不前，它不断演进以满足低功耗和长距离的需求。因此，蓝牙技术越来越多地被用于低功耗物联网设备，特别是在低功耗通信网络中。

6.9.2　版本演进比较

最近一段时期，蓝牙技术的创新集中在物联网技术方面，比如网状网络、低功耗配置和远距离无线电传输。但是，为了兼顾对旧版本的兼容与对规范的完善提升，尽管每次修订的版本中都对蓝牙技术规范进行了许多补充，但蓝牙技术的核心功能都得以保留。

各版本蓝牙技术规范中的显著性能提升分别是：2.0 版本中数据传输速率达到 3Mbit/s，3.0 版本中改进了通过 Wi-Fi 进行的高速数据交换，4.0 版本引入了低功耗模式。如表 6-1 所示。

表 6-1　不同版本蓝牙技术的连接速率及覆盖范围

蓝牙技术版本	最大连接速率/Mbit/s	最大覆盖范围/m
蓝牙 1.0（发布于 1999 年）	0.7	约为 10
蓝牙 2.0+EDR（Enhanced Data Rate，增强速率）（发布于 2004 年）	1，使用 EDR 情况下可达 3	约为 30
蓝牙 3.0+HS（发布于 2009 年）	使用 EDR 情况下可达 3（在 802.11 链路中可达 24）	约为 30
蓝牙 4.0+LE（发布于 2013 年）	使用 EDR 情况下可达 3，低功耗模式下为 1	约为 60
蓝牙 5（发布于 2017 年）	使用 EDR 情况下可达 3，低功耗模式下为 2	约为 240

从蓝牙 4.0 开始，蓝牙技术的演进分为两种，一种是追求低功耗，另一种是经典模式。如表 6-2 所示，前者面向短时低频的突发型通信，常见于物联网设备中；而后者致力于为持续保持连接状态的设备提供覆盖范围更大、吞吐量更高的通信。比如最新版本的蓝牙 5 规范重点关注低功耗远距离传输通信中覆盖范围和吞吐量的提升，与此同时保持了对智能手机使用的经典协议的低版本兼容。

表 6-2　低功耗蓝牙技术与经典蓝牙技术的对比

	低功耗蓝牙技术（Bluetooth Low Energy, BLE）	经典蓝牙技术（拥有基本速率及 EDR）
信道	以 2MHz 为间隔，共 40 个信道	以 1MHZ 为间隔，共 79 个信道
数据传输速率	BLE 5：2Mbit/s BLE 4.2：1Mbit/s 远距离 BLE 5（S52）：500Mbit/s 远距离 BLE 5（S58）：125Mbit/s	EDR（8DPSK）：3Mbit/s EDR（π/4 DQPSK）：2Mbit/s 基本数据传输速率：1Mbit/s

（续）

	低功耗蓝牙技术 （Bluetooth Low Energy, BLE）	经典蓝牙技术 （拥有基本速率及 EDR）
功耗	约为经典模式的 0.01~0.5 倍	取决于无线电信号水平
网络拓扑	点对点组网（包括微微网） 广播组网 网状组网	点对点组网（包括微微网）

6.9.3　蓝牙配对

蓝牙协议在进行潜在配对设备的发现时很有趣，每当一个支持蓝牙的设备靠近另一个蓝牙设备时（距离小于 10m），无须用户发起或干预，它们会自动开始通信。在沟通过程中，设备间会检查是否有信息可以共享，并协商建立主/从关系。通过组建 ad hoc 微微网，蓝牙设备可以同时进行同步及跳频。对于家庭内的即插即用的网络连接来说，这种自动配对十分便利；但如果在公共环境中，这会带来严重的安全问题。

蓝牙技术包含了以下三种层面的安全性。

- 认证（Authentication）：目的是验证蓝牙设备的地址是否正确。
- 保密（Confidentiality）：这种机制能够防止窃听。
- 授权（Authorization）：这确保了设备只有获得授权之后才能使用某项服务。

蓝牙技术包含了四种安全模式，它们定义或者发起对设备的安全防护，但并非所有的蓝牙设备都能够支持这四种安全模式的功能。

- 安全模式 1：使用这种模式的设备在设计和生产时不具备安全防护功能，因而抵御攻击的能力很差。
- 安全模式 2：这种模式能够设置设备使用某些资源之前是否需要授权。
- 安全模式 3：这种模式要求建立物理网络连接之前，蓝牙设备需要启动安全防护，使用安全模式 3 时，所有网络连接都必须使用认证和加密。
- 安全模式 4：蓝牙技术 2.1 版本引入了该模式，它是一种使用了安全简易配对（Secure Simple Pairing, SSP）的服务级安全模式，SSP 是一种用于蓝牙设备配对或连接的安全方案。

虽然安全模式有四种，但是服务安全只有两种类型。

- 可信（Trusted）：一台可信设备能够访问另一台可信设备上的所有服务。
- 不可信（Untrusted）：不可信设备无法建立稳定连接，只能访问有限的服务。

由于具有多种类型的安全模式，蓝牙设备能够在无须获得许可的情况下进行数据交换。如果使用蓝牙安全模式 1 或安全模式 3，则两种服务安全信任模型都不适用。在蓝牙安全模式 2 下，认证、加密、授权都需要具备。而在蓝牙安全模式 4 下，蓝牙规范中规定了四种独立的安全服务等级：

- 服务等级 3：该等级要求具备 MITM 攻击防护能力和加密，最好还要与用户进行交互。
- 服务等级 2：该等级仅要求使用加密。
- 服务等级 1：该等级不要求加密，也不要求与用户交互。
- 服务等级 0：该等级对 MITM 攻击的防护、加密，以及用户交互均无要求。

需要注意的是，并非所有的蓝牙设备都能支持上述不同的服务等级。部分设备设置是固定的，蓝牙设备的制造商会确定使用的安全服务等级。由于部分设备（比如耳机）并不会进行数据交换，不具有安全风险，使用固定设置也可以理解。但是，在早期的蓝牙设备设置中，默认会采用服务等级 0，这仅仅是出于便利性考虑。但蓝牙设备会因此十分容易受到攻击，比如蓝牙劫持、蓝牙漏洞攻击、蓝牙窃听。

6.9.4　蓝牙劫持

蓝牙劫持是由于滥用蓝牙功能而产生的，通过使用蓝牙技术，一部手机可以与附近的另一部手机交换“名片”或信息。但人们很快认识到，这种功能是进行干扰营销和宣传的绝佳机会。通常来说，商场内的商家会使用带有高增益天线的蓝牙设备，从而能够向经过的蓝牙设备发送营销信息。

为了实现上述功能，蓝牙设备间在进行通信之前需要先进行配对。这意味着市场营销实际上是一种基于许可的宣传活动，因为经过的行人（或者更准确地说是行人的设备）事先已经明确同意接受消息。其中的问题在于，行人并不知悉他们的设备和哪个设备进行了蓝牙配对。也就是说，所谓的“同意”是一种默认设置的结果，并且直到配对完成之后行人也并不清楚消息的内容。

最初这种方式还是可行的，因为并非所有人都觉得这些不请自来的信息带来了不便。首批具备蓝牙功能的手机在欧洲成功售出，蓝牙手机变成了一种潮流。年轻人使用蓝牙作为无线媒介进行交友，很多人在收到匿名的配对请求后甚至会很开心。但后来发生了蓝牙劫持，它被认为是一种入侵，这是因为垃圾信息发送者的首次消息被接受之后，发送者的蓝牙设备 ID 就会被添加至可信设备中。这样一来，只要在覆盖范围内，垃圾信息发送者就可以随时发送消息。这只是让人感到厌烦，但随着越来越多的商店采用这种形式发送广告，事情的严重性陡然增加。

6.9.5　蓝牙漏洞攻击

蓝牙劫持是攻击性相对较弱的一种攻击，实际上它甚至十分流行。但使用相同基本漏洞利用方式的另一种攻击就没有那么示弱了，这就是蓝牙漏洞攻击。蓝牙漏洞攻击是一种未经授权就能访问蓝牙设备信息的技术，攻击者利用该技术攻击如便携式计算机、手机等蓝牙设备。当攻击手机时，手机中的联系人、日历、电子邮件和短信都可能被泄露。如果说蓝牙劫持只是一种伤害有限的恼人攻击行为，那么蓝牙漏洞攻击就是一种切实的数据盗窃行为。

蓝牙漏洞攻击的实施有赖于被攻击者手机中蓝牙功能的开启，并且需要置于可发现模式。在该模式下，手机将会对自身的蓝牙 ID 进行广播，进而其他置于相同模式下的蓝牙设备就能够发现该手机。手机的可发现模式使其很容易遭受蓝牙劫持和蓝牙漏洞攻击。然而，仅仅将设备置于可发现模式并不意味着就会遭受攻击，因为蓝牙设备还需要进行配对，而（根据标准）配对需要用户干预。在大多数情况下，这意味着用户必须有明确同意的操作，才能允许他们的手机与另一个未知的设备配对。然而，用户安全意识的缺乏再加上对便利性的需求，以及设备制造商在手机出厂时将安全服务等级默认设置为 0，使得攻击者很容易实施蓝牙漏洞攻击。

一旦攻击者使用他们的便携式计算机发起蓝牙漏洞攻击，就可以轻松完成数据盗窃。蓝牙漏洞攻击与蓝牙劫持类似，都是利用蓝牙的名片交换功能。但它们有一个本质不同，蓝牙劫持使用一种名为 push 的软件将信息推送到配对设备上，而蓝牙漏洞攻击则使用 get 请求从设备上拉取信息。为了使用 get 命令，攻击者必须知道设备上的文件结构和目录名称。这原本增加了攻击的难度，但糟糕的是，移动电话行业通常都会使用标准命名法对文件和目录命名。例如，所有平台都会使用 telecom/pb. crf 命名电话簿文件，日历文件则被命名为 telecom/cal. crf。这使得盗窃变得非常容易。

除了电话簿、日历等功能相关的文件位置较为固定之外，手机易受蓝牙漏洞攻击的原因还在于手机无须进行认证。在早期的蓝牙及信息推送功能实现方案中，特别是在诺基亚和索尼爱立信手机上，人们对便利性的需求战胜了安全性，认证因此被省去。这可能是安全方面的一个重大失误。然而需要注意的是，移动电话和蓝牙都是新技术，所以方便和易于使用是这两种技术最重要的设计标准。

直到 2004 年之前，对于蓝牙协议是否安全仍存在很多争论，蓝牙劫持和蓝牙漏洞攻击几乎未对其声誉造成影响。许多专家将出现的安全问题归咎于滥用和用户意识的缺乏，而不是蓝牙协议和 802.15 标准中固有的安全缺陷。2004 年，蓝牙 2.0 发布，解决了数据交换速率低的问题，便携式计算机通过与手机配对从而使得互联网连接和数据交换成为可能。攻击者的目光进而更多地投向了蓝牙设备，与由此带来的危害相比，蓝牙劫持和蓝牙漏洞攻击只能算是小巫见大巫。

6.9.6 蓝牙窃听

与蓝牙劫持和蓝牙漏洞攻击相比，蓝牙窃听在攻击方法上有了质的飞跃，它不仅仅能推送或者获取数据，而且能够使得攻击者控制整个设备。蓝牙窃听首先会通过大家熟知的交换名片手段获得可信设备的状态，如果成功，下一阶段是让被攻击者的手机误认为攻击者的设备是一个蓝牙耳机或其他一些看起来没什么问题的外围设备，从而建立连接。一旦连接建立完成，攻击者就可以通过 AT 命令代码控制手机上的几乎所有功能。AT 命令代码是在设备上启用各种功能的特定命令，供开发人员和服务技术人员使用。

在获取了手机的完整控制权后，攻击者可以窃听对话（因此这种攻击也被称为蓝牙窃听）、对电话进行重定向，甚至可以在设备拥有者不知情的情况下拨打电话。幸运的是，在后来的固件升级过程中蓝牙窃听漏洞得到了解决，蓝牙窃听已经成为过时的攻击手段。

但由于并非所有设备都能够被升级，想要解决不同蓝牙版本及升级后版本中存在的漏洞仍然很困难。因此，许多设备在其整个生命周期中都会一直存在漏洞。此外，新版本引入了新的功能，但并不是所有的制造商都会按照标准进行蓝牙的配置部署，厂商们更多地是以软件功能为导向，这种做法也会进一步带来更多的漏洞。

- BlueBorne 漏洞：所有开启了蓝牙功能的设备都有可能被该漏洞攻击，但问题不在于蓝牙标准，而在于蓝牙功能的软件部署方式。在 BlueBorne 漏洞已知的风险中，其中一点是攻击者能够控制开启蓝牙功能的设备，这意味着攻击者能够窃听所有的通话、随意拨打电话，并且能够访问或者窃取所有数据。如果附近有其他开启了蓝牙功能的设备，这些设备也有可能被攻击。
- BleedingBit 漏洞：这种漏洞的危险在于攻击者设备无须与被攻击设备配对即可达到目标。只要蓝牙功能开启并且在要求范围内，BleedingBit 就可以实施攻击。但更糟糕的是，BleedingBit 还具有“传播性”，这意味着它将在整个网络中传播。
- KNOB（Key Negotiation of Bluetooth）漏洞：2019 年，经典蓝牙技术领域的一个漏洞出现了。该漏洞涉及密钥协商过程，并存在于设备的蓝牙芯片固件中，攻击者通过暴力攻击就能够利用该漏洞。由于 KNOB 漏洞的存在，设备容易受到通过数据包注入实施的 MITM 攻击。从本质上讲，KNOB 漏洞给用户带来了虚假的安全感，因为用户认为自己的设备与配对设备间拥有安全的连接。KNOB 漏洞能够被利用的原因在于蓝牙技术支持单字符长度的密钥，并且蓝牙不会在协商过程中对密钥熵的变化进行检查。此外，交换过程中没有使用加密，配对设备除了接受低熵（也即很容易被猜到的）密钥外别无选择。值得庆幸的是，在空中和野外成功发起 KNOB 攻击是非常困难的，需要使用昂贵的蓝牙协议分析器。
- SweynTooth 漏洞：2020 年，在使用蓝牙低功耗（BLE）功能的设备中发现了漏洞，这些设备包含了医疗设备和仪器。SweynTooth 涉及三种类型的攻击：第一种可以使设备崩溃；第二种可以重启设备或迫使它们进入死锁状态；第三种也是最严重的一种，它可以凌驾于设备的安全措施之上，使攻击者得以完全控制蓝牙低功耗设备。

6.9.7 蓝牙是否安全

2008年，美国国家标准与技术研究所（National Institute of Standards and Technology, NIST）发布了《蓝牙安全指南》。指南指出，蓝牙虽能带来便利，但容易受到DoS攻击、窃听、MITM攻击、信息修改和资源盗用的影响。

与Wi-Fi一样，蓝牙也在便利性和安全性之间进行了权衡。因此，它总是容易受到用户教育和终端用户的风险意识以及风险困境的限制。蓝牙的易攻击性可以归纳为以下几点。

- 配对过程中使用长度有限的PIN：如果没有特殊设备迫使设备断开连接然后再重新配对，攻击者捕捉配对过程中的密钥交换并不容易，甚至不可能。即便如此，仍应该使用较长的PIN码（PIN码就是连接建立前的访问代码），这能够增加破解PIN码的难度。因此，使用较长的PIN码是减少PIN码交换被窃听的一种有效方法。
- 用户在公共环境中进行设备配对：攻击者如果想达成目标则必须窃听正在配对的设备。如果用户只允许在家庭或办公室等安全和隐秘环境下进行配对，则被攻击风险可以被大大降低。但这种设置这需要人工干预。
- 用户对便利性的渴求：如果用户对便利性的渴求战胜了对安全性的要求，那么蓝牙就极易被攻击。

控制安全风险的最彻底方式是在公共场合禁用蓝牙功能，与之相比相对温和的措施是关闭蓝牙的发现模式，这样一来蓝牙设备能够正常运行，但其蓝牙ID对其他蓝牙设备不可见。缺少了蓝牙ID，攻击者就必须确定目标设备的MAC地址才能进行连接，即使利用数据包分析器，确定长度为48位的MAC地址也是一项耗时的工作。

6.10 数据包分析

数据包分析是一种对空口中传输的数据包进行捕捉和破译的方法。目前可免费下载的开源数据包分析器中，使用最广泛的是一种类似以太网中Wireshark的无线山寨版软件，称为Airshark（Airshark实际上与Wireshark工具没有关系）。

数据包分析仪适用于无线网络，这与有线网络中的工作方式略有不同。举例来说，在以太网交换机中，通常会使用一根与PC或便携式计算机中网卡相连的线缆作为探针，借此捕获所有目的地为该网卡MAC地址的数据包，以及网段中的广播数据包。数据包分析仪的这种特性作用不大，因为实际情况中网卡一定是可编码的，以便于工作在混杂模式下。这种模式下的网卡将会捕捉所有经过网线的数据包，并不会区分对待以不同MAC地址为目的的数据包。但糟糕的是，网络的安全性并不会因此提升，因为交换机是智能的，它只会向端口发送与该端口MAC地址相关的数据。

为了捕获整个网段内的所有流量，网络管理员需要启用端口镜像功能。通过端口镜像，指定端口上的所有流量都被会复制到开启了镜像功能的另一端口上。有了这个功能，管理员就能够在一个端口上看到想看的多个端口内经过的流量。使用这个功能有两个必要条件，一是要有到端口的物理连接，二是对交换机的配置命令行具有管理员权限。显然，如果黑客具有这种等级的权限，无线网络的安全已经不复存在了。

在无线网络中，所有流量都在同一频率和信道内可见，这样一来拦截和捕获就会十分容易，攻击者只要运行Airshark软件即可。如果无线网卡被设置为混杂模式，那么不管经过的数据包使用的协议以及目的地是什么，它都会进行捕获。因而相比有线网络，无线网络中的嗅探或窃听容易得多，这也是无线网络本质上不太安全的原因之一。

6.11 无线网络和信息窃取

无线网络容易遭到信息窃取，本质原因在于，信息请求方只需要一根天线和调频至正确频率的接收机，无线网络就会将信息传输给所有发出请求的人。客户站只需要在发送认证请求、建立连接前对接入点设备的信标进行监听即可。

然而信息窃取不止一种方式，攻击者也有可能安装一个恶意接入点设备或恶意双胞胎接入点设备，从而对用户的登录凭证进行窃取。此外，攻击者也可能使用社会工程的方式获取信息。简而言之，无线网络中的诸多天然漏洞都可能被攻击者利用，实现窃取信息的目的。

基于以上情况，无线网络从一开始就被认为是不安全的。业界普遍共识是无线网络只能作为网络边界处，以及防火墙内的网络访问方式，因而网络设计者仅在基于安全接口的区域内，以及互联网边界防火墙处部署无线网络。这种设计方式保证了公司的有线网络位于防火墙内，并且远离无线网络中的客户站设备。设计者认为这种方案安全且可行，并认为无线客户站设备应该被限制仅能访问互联网和内部网络，禁止访问网络中的深层安全区域。

但随着时间和企业要求的变化，在 20 世纪 90 年代末被认为合理的设计，到了 2005 年左右已不再能满足人们需求，便携式计算机、支持 Wi-Fi 的手机、电子记事本、黑莓设备等开始出现在工作场所内，且所有设备均能访问互联网。

与此同时，应用程序开始向基于网络服务的软件方向发展，人们将应用程序部署在服务器上，并使用后端数据库提供动态变化的内容。通过这种方式，客户端或者应用程序本身都无须在本地电脑上安装任何软件，只要使用 HTTP 和浏览器访问即可。当计算机固定在办公室使用时，这种方式的安全风险还不是很高。但有了智能手机后，这类设备极易丢失且网络连接一直在线，使得大量企业数据处于安全风险中。

到了 2010 年，便携式计算机、智能手机成为办公室内常见的办公工具，网络设计者必须考虑这些设备的需求，这就意味着无线网络将扩展到工作场所的所有区域。Wi-Fi 已经不仅仅是为访客服务，甚至能够渗透至网络的最深层区域，这给数据安全和信息泄露带来了重大影响。几乎所有员工都随身携带着被防护的企业数据在公司大楼外“走来走去”。

自从在网络的安全区域内出现移动设备，信息窃取的问题日益凸显。在公司之外，具有授权的员工在移动设备上下载并存储信息，这种授权用户在移动设备上下载信息的做法使得所有针对公司内网络进行的控制和安全防护措施都不再有效。而且更糟糕的是，有时这些设备还并非是得到授权的设备。

移动 IP 将 WPAN、WLAN 和无线广域网（Wireless Wide Area Network, WWAN）融合为有机统一的管理实体使得网内和网间的无缝漫游成为可能。然而，信息泄露导致的严重安全威胁也由此产生，原因在于这些自治的无线网络之间并没有边界检查。

为了说明这种安全威胁，请设想这样一个场景：一个以信息窃取为目的的授权用户（实际中更可能是某些人使用授权用户的登录凭证），访问公司数据库并将信息下载至本地磁盘，而应用程序很少会对发出下载请求的设备进行检查，它会直接将数据传输至请求设备，无论这个设备是 PC、便携式计算机还是智能手机。

用户将数据下载到本地后，将便携式计算机或智能手机连接到移动（蜂窝）网络就能够上传数据，这种方式能够规避所有内部安全措施，且没有边界检查。之后，就可以删除本地数据，因为此时用户需要的数据被妥善保管在 Dropbox 或者其他基于云的信息存储仓库中。无线网络最重要的底线就是保护网络免受入侵者攻击、保证信息私密和安全、防止信息窃取的发生。

著名的信息窃取案件

对于现代网络来说，信息窃取是一项严重的安全威胁。即使是最安全的网络，或者说理应最安全的网络，都会面临信息窃取的威胁。举例来说，美国国家安全局（National Security Agency, NSA）就曾因此吃过大亏。2013 年，一位名叫爱德华·斯诺登的 NSA 外包员工从 NSA 的数据档案中下载了数千份文件，并将其泄露给国际媒体。大量机密信息的丢失，不仅使得 NSA 官员十分痛苦和尴尬（毕竟他们是专业的窃听人员和数据窃贼），也让世界范围内的外国政府、主要的电信运营商、安全软件及设备的供应商十分困扰。NSA 面对如此低级的攻击居然毫无抵抗，在数千份机密文件全部被下载至某一实体设备时无任何警报或信号发出，这一情况令人难以置信。然而，陷入低级别外包人员或员工编织的信息窃取圈套的组织，NSA 并非第一个，也不会是最后一个。在某战争期间，陆军专家布拉德利·曼宁（现改名切尔西·曼宁）下载了数十万份美国驻全世界各国大使馆之间的秘密通信文件，这些文件通过卫星上传到维基解密后，随后在互联网上公布，使得美国政府，特别是国务院尴尬万分。讽刺的是，这些文件后来被发现可以用 BitTorrent 免费下载后，维基解密将责任归咎于这位媒体合作伙伴的漏洞和密钥的泄露。

由此可知，即使是最有安全意识的组织，恶意的内部人员也可以轻易攻破网络，因此问题又回到了技能娴熟的攻击者与生疏的攻击者的问题。通过使用策略及权限管理工具，这些破坏性极强的攻击本可以被避免，并不需要前沿技术也能完成。

6.12　无线网络中的恶意数据植入

对于所有网络来说，信息窃取都是一项显著威胁，这一点对于蓝牙设备来说也适用。与盗窃实物不同，盗窃数字信息并不会限制或阻止信息的合法所有者访问该信息。也就是说，数据窃贼并没有删除信息，他们只是进行复制，虽然同样属于犯罪，但原始资产却被完整地保留下来。

在某些情况下，攻击者会为了自己的利益以某种方式修改数据。例如，学生可能通过修改学校系统中的数据库字段来改变他们的成绩。或者，有犯罪记录的攻击者可能试图破坏或删除警方的文件。此时攻击者的目的不是偷窃，而是修改信息从而使攻击者受益。

无线网络尤其易受此类攻击的影响，这种修改信息的攻击也称为恶意数据注入。无线网络通过开放的空口传输 802.11 数据帧，攻击者使用如 Wireshark 的数据包分析器就可以对数据帧进行捕获和重放。这意味着攻击者可以拦截同一网段内其他客户站设备和网络服务器之间的数据包，并注入一个被破坏的有效载荷。这种攻击可以生效的原因在于，802.11 协议仅对有效载荷进行加密，而 MAC 地址和其他头文件则是明文传输。对于攻击者来说，使用数据包分析器捕获会话很容易，之后攻击者就可以对会话进行分析、修改，然后按照自己的意愿重放。在这个过程中，攻击者会将被破坏的有效载荷数据帧注入原始数据帧并传输至网络。

如果不对无线网络传输数据进行加密，那么插入恶意数据便可以轻松实现。使用数据包分析器，攻击者可以读取明文的有效载荷内容，并根据需要修改它们。例如，如果一个学生想修改他们的成绩，这个学生会对会话进行窃听，直到发现客户站与服务器间更新数据库字段的请求。通过捕获该会话，攻击者可以分析和修改请求，以确定结果数据库，以及他们的名字和成绩字段。随后，攻击者可以将自定义的数据帧注入被重放的会话中。

如果不进行加密，数据的插入和修改对于技能相当娴熟的黑客来说易如反掌。为了提高网络安全防护水平，需要对网络进行加密。随着 Wi-Fi 的出现，WEP 成为一种可选的加密方式，但如果使用合适的工具，WEP 很容易被破解。现在人们更多地选择使用 WPA3 作为更加健壮的加密方式。强大的加密措施几乎可以抵抗除了最顶尖攻击者之外的其他所有攻击。在没有密钥的情况下，攻击者就无法对有效载荷进行解密、对会话进行分析或修改。

有些攻击者会通过修改和注入控制信息来制造干扰，这些信息没有有效载荷，因此仍然是明文传输。尽管这种攻击方式与数据注入使用了相同方法，但它更像是 DoS 攻击。

6.13 拒绝服务攻击

无线网络很容易遭受拒绝服务（DoS）攻击，因为无线网络传输使用的介质是半双工的，且采用冲突检测机制。包含接入点设备在内，每次只能有一个无线客户站进行信息传输。设备在传输前会监听流量，如果信道被占用则会一直等待。因此，如果一个有问题的发送机在不断地发射信息，则其他客户站就无法进行通信。

如果 DoS 攻击并非有意为之，像 Wireshark 这样的数据包分析器能够快速识别源头并解决问题。识别自身网络中的故障发送机十分容易，但如果故障发送机位于邻近的网络上，发现可能很容易，但解决不太容易。频谱干扰也可能导致无意的 DoS 攻击。如果 DoS 攻击因相邻干扰源造成，问题就会十分棘手。因为无线网络使用的频谱是免许可的，每个人对频谱都有平等的使用权。

糟糕的是，并不是所有的 DoS 情况都是偶然的，有些是攻击者故意为之的结果。DoS 攻击是技术水平一般、想象力有限以及怀揣恶意的攻击者的首选武器。

在无线网络领域，DoS 攻击可以分为以下几类。

- 应用层攻击：这种攻击在有线网络和无线网络中都很常见。应用层攻击的核心思想就是用海量请求压垮应用程序服务器，从而使其无法处理正常请求。通常攻击者会向服务器每秒发送上千条请求，比如 HTTP 中的 get 请求。以 Mydoom 蠕虫病毒为例，它每秒钟会发出 64 个请求。当数以千计被感染的系统同时发出请求时，很快服务器和网络容量就会不堪重负。
- 传输层攻击：传输层攻击的目的是消耗联网设备中有限的传输控制协议（Transmission Control Protocol, TCP）套接字，这个设备可能是服务器或者防火墙。这种攻击会在 TCP 第一次握手时发送同步（SYN）数据包，但不会返回确认（ACK）数据包，因而连接会一直处于未完成状态，此种攻击称为 TCP SYN 泛洪攻击（TCP SYN flood attack）。
- 网络层攻击：在网络层攻击中，大量数据会被发送至无线网络，带宽迅速被数据淹没，目标设备不堪重负，因此它无法迅速做出反应，以减少流量的泛滥。互联网控制报文协议（Internet Control Message Protocol, ICMP）回应请求泛洪（echo request flood）攻击，就是典型的网络层攻击。ICMP 是一种网络设备用于发送差错报文的协议，如果多个主机共同使用 ICMP，那么服务器可能会瘫痪，带宽也会被耗尽，那么服务器就无法为其他主机提供服务。许多防火墙会将 ICMP 数据包阻挡在外，以避免这种类型的攻击。此外，许多入侵防御系统可以动态地改变防火墙规则，从而在检测到攻击时阻挡 ICMP 数据包通过。
- MAC 层攻击：无线网络中特有的 DoS 攻击是认证及关联请求泛洪。当一个客户站设备请求加入无线网络时，它会向接入点发送一个认证请求，然后再发送一个关联请求。对于大多数网络，这个过程十分常见。然而，如果攻击者伪造 MAC 地址并不断发送认证和关联请求，由于目标接入点无法判断这些请求是否合法，因此它会持续尝试处理这些请求。这与传输层攻击类似，消耗了接入点设备的所有存储空间，并耗尽了它的处理能力，因为进程始终处于开放状态无法终止。攻击者还有可能使用解除认证及解除关联的泛洪攻击，这种攻击会迫使客户站设备取消关联，然后再重新认证和关联。如果设备数量足够多，这也会耗尽接入点的资源及网络容量。

- 物理层攻击：这是一种针对无线网络的频谱攻击。攻击者使用高增益天线生成干扰信号，产生极高的背景噪声，信噪比由此受到影响，进而使得通信效果严重劣化。

6.14 ad hoc 网络中的点对点黑客攻击

采用 802.11 标准配置的无线网络一般会分为两种形式。

- 基础设施网络：需要一个中央接入点设备作为所有设备访问和通信的枢纽，客户站间的通信必须通过接入点，在接入点之外使用分发媒介进行通信时也是如此。
- ad hoc 网络：在这种组网方式中，客户站设备间形成直接的点对点连接，组成非正式网络。

ad hoc 网络通常用于外围设备的连接，比如将打印机连接至便携式计算机，也可用于演讲或者研讨过程中便携式计算机的临时连接。一些用户还使用移动设备建立热点，使其他移动设备能够直接连接到公司网络（这种情况下是 ad hoc 恶意接入点）。ad hoc 客户站设备与其他设备组网时使用的频率及信道与基础设施网络相同，因此避免因使用相同信道而与基础设施网络或主要的无线网络互相冲突或干扰十分重要。

ad hoc 网络也存在一些性能和安全上的问题。首先，它经常会对 ad hoc 网络及公司网络造成干扰和服务劣化；其次，由于缺乏对客户站设备的认证，所有配置为 ad hoc 模式的 802.11 设备都可以与其他 ad hoc 客户站相连，形成一个网络。

ad hoc 网络是便利性再次战胜安全性的范例，人们使用 ad hoc 网络为外围设备的连接提供了快捷简单的方式。术语 ad hoc 的意思是“为此”，标志着该网络是针对特定问题的解决方案，并不用于解决此目的之外的其他问题。因此，802.11 标准认为不需要进行认证。

一些 IT 部门曾试图禁用 ad hoc 网络，但管理层时常会使用 ad hoc 网络与合作伙伴或客户的设备进行连接，以分享文档和幻灯片。尽管 IT 部门费尽力气想要在工作场所内去除 ad hoc 网络，但其使用仍在继续。用户安全意识薄弱，认识不到潜在的未经授权访问和控制的安全风险。而即将到来的近场通信（Near-Field Communication, NFC）应用浪潮又给 IT 安全团队进一步增加了压力，因为许多设备在不久的将来都会使用这种技术（有些设备已经具备）。可以肯定的是，黑客将在普通民众意识到 NFC 所带来的安全风险之前学会利用这项技术。

6.15 攻击者未经许可控制网络的后果

如前所述，由于缺乏设备认证，攻击者很有可能未经许可便对 802.11 网络进行访问和控制。作为对接入点设备进行安全防护的手段，WEP 和 WPA 可以用于保护（非正式的“免费”）接入点设备免受未经许可的认证和关联，也可以使用更健壮的 WPA2。由于 WEP 和 WPA2 有现成的工具可以破解，所以如果能使用 WPA2 就不要使用前两者。但是，WPA2 不适用于旅馆或咖啡店中的无线网络热点设备，在这种场景下，设备的认证和关联发生在 OSI 参考模型的第 1 层和第 2 层，用户认证发生在随后的网络层或应用层，用户认证通过在网页浏览器中输入用户名和密码完成。

在公共场所，人们一般不希望自己的 WLAN 被发现。实现这一目的的方法之一是在信标中不公布 SSID，这种做法称为网络隐匿。虽然不是很有效，但可以抵抗大多数偶然的攻击。隐藏 SSID 可以有效地防止随意窥探者识别网络的 SSID。但并不能防范有目的的攻击，因为当经过配置的授权设备进入网络并主动探测接入点设备时，授权设备将发送包含 SSID 的探测请求。如果攻击者使用如 Kismet 这样的工具，这种工具会对所有客户站的请求和接入点的响应进行监听，进而将客户站发出的请求与接入点设备的响应关联起来，当客户站设备进入网络时，它无意中会向攻击者透露 SSID。此外，接入点的响应包含 SSID 和 BSID，后者通常是设备的 MAC 地址。

归根结底，网络隐匿并不能很好地保护网络安全，甚至也并不能很好地对网络信息进行隐藏，因为防止接入点在其信标中公布 SSID 会导致每个客户站设备都会发出探测请求。在一个由许多不同网络组成的繁忙网络中，例如公寓楼中的网络，隐藏还有可能实现。但有目的的娴熟攻击者最终还是能够将客户端的探测与接入点的响应相匹配，从而获取想要的信息。也就是说，网络隐匿和使用 WPA 或 WPA2 等加密密钥可能无法实现企业级的安全，但比毫无安全措施的开放网络也要好得多。

本章小结

本章讨论了无线网络的固有漏洞以及数据窃取者和黑客如何利用这些漏洞，这种基于无线电通信的本质使得无线网络这种通信媒介十分脆弱。因此，当攻击者的目标不只是简单的数据窃取或窃听时，无线网络通常是其进入深层网络的“敲门砖”。

此外，无线网络自身的漏洞并不足以带来巨大的安全威胁，使用无线网络的人的弱点也是因素之一。这些弱点包括缺乏培训和意识淡薄，这两点都可能被黑客利用。毕竟，别人递一把钥匙比自己撬开一把锁要容易得多。

通过合理的政策、行业最佳实践以及员工培训和教育的结合，即使不能消除这些漏洞，也可以减轻许多甚至是大多数漏洞带来的风险。

本章习题

1. 生疏攻击者不会带来威胁，可以被忽视。
   A. 正确　　B. 错误
2. 组织可以采取以下哪种措施显著降低安全风险？
   A. 员工培训　　B. 采用简单的最佳实践
   C. 使用最小权限策略　　D. 以上均是
3. 未经许可访问无线网络通常是复杂攻击的访问方式之一。
   A. 正确　　B. 错误
4. 社会工程能够生效的原因在于？
   A. 人们的愚蠢　　B. 黑客们掌握了意念控制技术
   C. 黑客知道如何利用人类的行为和倾向　　D. 安全防护的脆弱
5. 以下关于接入点映射的描述正确的是？
   A. 就是在汽车上安装一个撞锤　　B. 搜索未进行安全防护的无线网络
   C. 干扰他人的无线网络　　D. 抢占别人的蓝牙连接
6. 接入点映射利用的是以下哪项漏洞？
   A. 使用默认的管理员用户名和密码　　B. 缺乏加密或加密措施脆弱
   C. 使用默认的 SSID 设置　　D. 以上均是
7. 下列关于恶意双胞胎设备的描述正确的是？
   A. 一种恶意 AP 的形式，恶意双胞胎设备伪装为合法接入点设备
   B. 一种社会工程骗局

C. 一种会接管其他设备的蓝牙攻击

D. 一种点对点攻击

8. 大多数蓝牙漏洞来源于蓝牙设备间连接或配对的方式，如果在办公场所外禁用蓝牙连接，风险可被降低。

A. 正确　　　　B. 错误

9. 为什么数据包分析会给无线网络带来很大威胁？

A. 无须物理连接即可“监听”流量

B. 与有线网络不同，无须端口镜像来查看所有流量

C. 无须认证就可以对数据包进行修改和重新插入

D. 可用于发起本地 DoS 攻击

E. 以上均是

10. 无线网络中的 DoS 攻击只发生在 OSI 参考模型的第 1 层。

A. 正确　　　　B. 错误

|Chapter 7| 第7章

WLAN 基本安全措施

无线网络有多种形式，小至小型办公室内的单个接入点网络，大至由成百上千个接入点组成的庞大企业网络。然而，无论无线网络的规模和范围如何，无线安全遵循的基本原则仍然是相同的，那就是保护数据隐私、确保服务可用，并防止信息被盗用或被操纵。

也就是说，在考虑用于降低各种风险和漏洞的无线局域网安全措施时，必须确保要将实现的目标与组织面临的实际威胁结合起来。这些措施既包括安全方面的基本原则和企业能够承担的解决方案，也包括强大完备的高级安全计划。所有组织和家庭用户都应该采取一些基本的安全措施以确保无线网络安全。随着企业规模或风险的增加，可能需要考虑采取更先进的安全措施。但是，采用更先进的安全防护手段并不意味着可以放弃基本的安全措施。

本章重点介绍可以满足小型办公室/家庭办公室（SOHO）网络安全需求的基本措施。但同时也有例外情况，比如存在需要配备高级安全措施的小型贸易公司，以及几乎没有数据保护措施的大型制造业企业。本章讨论了典型的SOHO模式，其典型特征是使用单一的接入点设备即可支持若干手动管理的客户站设备。

7.1 基本安全措施的设计和实现

在讨论如认证和加密等更具技术性的话题之前，首先要确定用于实现基本安全性的设计原则。无论网络的规模、范围或风险如何，将对安全问题的考量融入网络设计环节至关重要，这将为所有其他安全工作提供基础。

7.1.1 射频设计

射频（Radio Frequency, RF）信号可以穿过墙壁和窗户，进入外部空间。忽视这种泄漏，如同将没有防护措施的以太网交换机放在公司范围外一样。从本质来说，无线广播能够向附近所有希望接收信号的人提供服务。因此，将射频覆盖范围限制在企业边界内是非常重要的。这不仅是为了安全性，也有助于塑造良好企业形象，因为超出领地范围的无线电污染广播是导致邻近无线网络性能劣化的主要因素。

参考信息

传统的家庭办公室的设置并不是企业IT专家所关注的。然而，随着自带设备（BYOD）的趋势成为常态，这个问题应引起IT专家的关注，用户会将他们的工作设备带回家，使用BYOD访问企业资源。如果员工的家庭网络不安全，这可能会给黑客提供进入企业网络的便捷途径。鉴于这种风险，IT 部门可能会发现为了企业利益，需要关注员工家庭网络的安全性。虽然这可能不需要通过投资主动提供支持，但值得制定一份简单易懂的安全设置指南，其中包括与 Wi-Fi 保护访问第 2 版（Wi-Fi Protected Access 2, WPA2）对应的安全配置的简单说明，将其作为 BYOD 政策或在家办公政策的一部分。

如果需要将射频信号控制在建筑物内，可以考虑使用半定向天线并降低功率。制造商通常将接入点的功率设置为最高，但是这种设置并不一定是最好的。因为有时会导致接入点的广播超出建筑物的范围，此外还可能成为附近使用相同频段的无线网络的干扰源（因为使用同一频率的无线电波不会放大信号，反而会削弱信号）。这是一个常见的错误，特别是在家庭办公室中更为常见，人们经常通过增加接入点试图提高信号覆盖范围，但其实使用无线中继器是一个更好的解决方案。

知识拓展

在安全措施部署前进行现场勘察的主要原因是为了确保有足够的信号强度，且信号能覆盖整个工作场所，还有一个原因是确保在工作场所边界以外不会产生信号泄漏。

7.1.2　设备的配置和摆放

当在 SOHO 环境中放置一个接入点时，必须考虑一个因素，那就是大多数制造商提供的接入点使用的都是全向天线。即天线会向所有方向发射信号，形成一个 360° 的覆盖区域。在大多数情况下，这是最好的解决方案，覆盖范围广。然而，由于大多数建筑物都有内墙和地板，这些会阻碍射频信号传播，因此通常无法实现理论上的覆盖。图 7-1 展示了无线天线水平和垂直信号的分布情况。

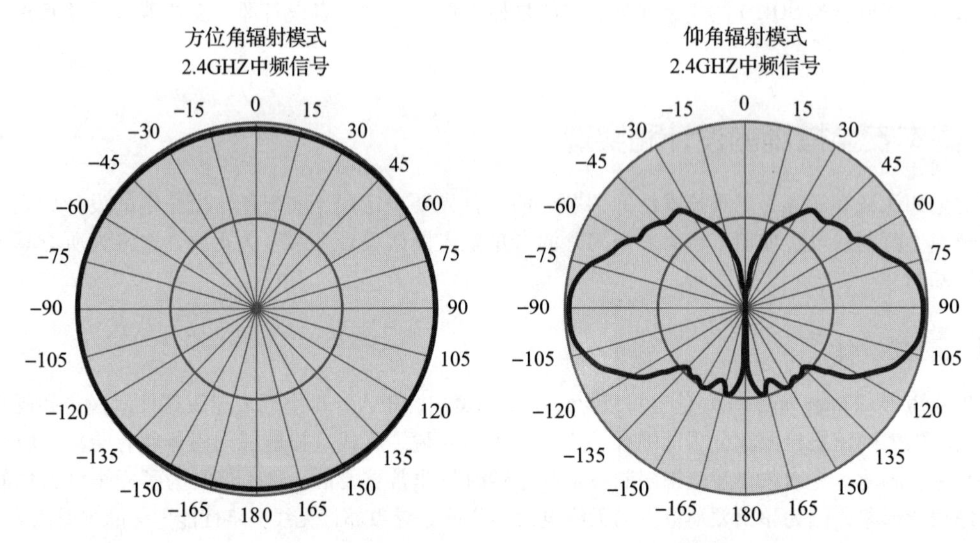

图 7-1　无线天线方位角（水平）和仰角（垂直）信号的分布示例

数据来自 Ruckus®/CommScope。

基于此，接入点的位置是一个需要考虑的关键因素。例如，如果接入点安装在向外的窗户附近，可以预见信号会穿过窗户。这样的话，在房子外数百米的范围内都可访问该无线网络，这不是一个安全做法。为了减少这种威胁，应该将接入点放在房子中心并调整功率，以确保获得足够的适合房子面积的覆盖范围，而且同时没有过多的对房子外部的辐射。

在 SOHO 无线网络设计方案中，尤其在家庭网络的设计中，接入点通常靠近 DSL（数字用户线路）路由器或墙上的线缆插座，一般情况下这个位置靠着外墙，并不是最佳位置。但因为不需要长的以太网电缆进行连接，所以这种方式可能是最方便的（要知道，射频信号能够穿过墙壁和窗户）。

除了为接入点找到中心位置外，还应该考虑天线类型和覆盖模式。这有助于确保在使用功率最低的前提下，满足覆盖范围的需求，同时使产生的信号泄漏或噪声最小。

7.1.3　互操作性与分层

即使建筑空间很小，也很难在整个建筑内都获得良好的射频信号覆盖。接下来讨论无线桥接、扩展和分层的使用。即使在更大和更复杂的网络中，这些基本原则也是通用的。

在建筑物内提供射频覆盖是一项艰巨的任务，容易出现不可预知的情况。墙壁、天花板、地板和走廊都是射频信号的障碍。如前所述，最好的方法是将接入点放置在建筑物的中心点。理想情况下，接入点的全向天线能够覆盖所在范围内水平和垂直方向的区域。最常见的检查方法是使用便携式计算机计算机走到屋内，测量接收到的信号强度。如果有死角，即信号无法到达的地方，那么可以通过提高功率设置或调整接入点的位置尝试覆盖死角。

有些情况下，即使提高了功率设置，建筑内的某些区域还是信号很差。或者虽然提高功率解决了覆盖问题，但高功率信号又引发了射频信号泄漏的情况。在这些情况下，可以考虑使用无线扩展器或无线中继器。无线扩展器或无线中继器与接入点设备使用相同频率和信道，使得原有的基本服务集覆盖区域重叠 50%，这样一来接入点的覆盖范围可以增加一半。与增加接入点设备的方式不同，无线扩展器可以使用与主接入点相同的频率和信道且不产生信号衰减。

当设备的覆盖范围能够满足需求，但吞吐量和容量不足时（常见于低端接入点设备连接了过多无线设备时），那么可能需要使用叠加技术。此时会使用一个与原接入点覆盖范围完全重合的接入点设备，两个接入点使用相同的服务集标识符。将两个接入点的信道设置为互不干扰的信道，然后将用户分散连接至两个独立的接入点上，这样可以有效地将无线连接的容量和吞吐量提高一倍。需要注意的是，同一时间内一个客户站设备只能连接到其中一个接入点。在早期的无线网络中，这是一种常见的设计方案，当时的总吞吐量还不到 10Mbit/s。随着高吞吐量（High Throughput, HT）协议 802. 11n 和最新的极高吞吐量（Very High Throughput, VHT）协议 802. 11ab 的出现，这种配置逐渐减少，但仍然可以在需要时发挥作用。

上述网络拓扑结构在 SOHO 环境中也是可行的，这些结构常被网络设计者用于解决覆盖范围不足或容量不足的问题。但与此同时，也要考虑到覆盖区域和攻击面之间的关系。也就是说，射频覆盖范围越小，攻击者窃听、拦截和操纵网络中无线数据的机会就越少，通过应用战略安全管理措施保护网络的效果就越好。

7.1.4　安全管理

从安全角度管理无线网络时，必须详细了解所有可用的安全工具及技术。2004 年，电气和电子工程师协会（Institute of Electrical and Electronics Engineers, IEEE）废除（公开反对）了一些之前认可的技术，例如有线等效加密（Wired Equivalent Privacy, WEP）。

然而，尽管有更新更好的技术，但是还是能经常看到这些已经过时的技术在继续使用，特别是在

SOHO 网络中。这虽然并不是理想情况，但总比没有任何安全防护要好。这些技术对于娴熟攻击者来说作用微乎其微，但能够阻止随意闯入者进入网络。尽管如此，最好还是升级使用较新的安全措施，这些措施中有许多都是免费而且易于配置的，甚至可能已经集成在接入点和无线网卡中。

SOHO 网络较为简单，通常由单一的 BSS 组成。然而，这些网络所支持的业务，特别是业务需求却可能非常多样化。因此，SOHO 网络的设计可能会有十分具体的要求和特点。例如，对于一个公共关系领域或互联网营销领域的机构来说，它们极度依赖无线网络实现的无线 IP 电话（Voice over WLAN, VoWLAN），从而向客户提供 Skype、微软以及便捷接入 Wi-Fi 的能力。对于这种企业来说，语音通话的可靠性、质量和可用性是关键的性能和设计指标。相比之下，其他 SOHO 公司（如手机经销商）可能不需要 VoWLAN 支持，但是对安全性有很高要求，特别是在认证和加密方面。对于这种类型的公司来说，拥有高水平的安全是首要目标，因为它可能会在其服务器上存储数十万美元的预付凭证码。基于这些案例，就能够对这两个 SOHO 网络有具象化的认识，其中每个网络都有独特的安全和性能设计标准。最重要的是要明白，虽然有一些最佳实践可以广泛借鉴，但是不会存在放之四海而皆准的设计方案。

7.1.5　基本安全措施的最佳实践

基本安全措施的最佳实践包括以下内容：

- 通过降低接入点的发射功率来防止射频信号泄漏。
- 隐藏 SSID。
- 用复杂密码进行 WPA2 加密。
- 认证。
- MAC 过滤。
- 将接入点置于已上锁空间。
- 定期检查并安装软件或硬件补丁。

当然，在对现有无线网络进行审查或在安装新设备前进行现状及要求调研时，应重点关注当前企业的要求。在一开始收集需求时，应了解设计标准以及相关的威胁和漏洞，这些内容应该在风险评估的过程中进行记录，详见后续章节。现在只需要了解好的设计应该能够对基本设计特征、内在风险、威胁、漏洞等进行识别和评估，找出与问题对应的解决方案和缓解风险的做法。风险评估的结果是官方安全政策的重要组成部分。

尽管每个网络在布局、覆盖范围、性能和安全方面都有潜在的不同，但仍然存在一些行业最佳实践可以参考，能够给网络设计带来一些帮助。一般的 SOHO 网络的最佳安全实践就可以满足大多数小型企业和家庭的需要。这些最佳实践涵盖了基本的安全要点，如认证、加密和访问控制等。在基本安全实践方面，接下来需要研究 SOHO 网络中安全性的常见实现方式，并分析哪些应视为传统做法，哪些是最佳实践。

7.2　认证与访问限制

在完成以安全为中心的网络设计后，接下来系统能够控制对网络的访问。这可以通过多种方式实现，其中许多都是相辅相成的，这与纵深防御的方式基本相同。第一步是简单地隐藏网络。如果网络被发现，认证机制在阻止未经授权的用户访问网络方面将起到关键作用。然而，对访问的限制并不仅限于外部人员，通常也需要对内部用户进行划分。将不同技术结合使用后，无论攻击来源是什么，都会大大减少未经授权的访问机会。

提示
将SSID与基于身份的访问技术（如RADIUS认证）相结合是一种好方法。

7.2.1 SSID模糊化

强健安全网络（Robust Security Network, RSN）是IEEE 802.11i安全标准，SSID分段通常用于老式的、RSN出现之前的网络，以提供IEEE 802.11-2007标准中定义的安全性。为了实现这一点，管理员会为不同类型的用户、协议、功能或部门创建并分配不同的SSID。通过将SSID分配至虚拟局域网（Virtual LAN, VLAN），管理员能够按SSID或VLAN划分用户。因此，连接到同一接入点但属于不同部门的用户，可以通过SSID-VLAN进行逻辑划分，这保证了必要的安全性。此外，每个SSID可以配置不同的安全参数，从而使安全模型具备可扩展性。

在使用数字用户线路（Digital Subscriber Line, DSL）路由器实现设备在不同VLAN间切换的SOHO网络中，DSL路由器会为接入点提供中继回程路由，SSID分段仍用于此场景中。通常情况下会创建三对SSID-VLAN，分别用于语音、数据和访客服务。访客SSID没有认证，只能访问互联网。语音SSID将语音流量分流，且能够支持服务质量（Quality of Service, QoS），QoS是一个优先考虑时间敏感流量的协议，如语音或实时视频。此外，数据将通过传输SSID来实现更好的安全性，以及更完善的认证和加密措施。

使用SSID-VLAN对是一种常见的策略。然而，这种方式有一个缺点：对每个接入点进行配置所需的工作量很大。幸运的是，在SOHO的场景中，这并不是一个无法解决的问题。即使在中小型企业中可能有20或30个接入点，这仍然是可以管理的。另一个可能的问题是管理帧的数量，因为每个SSID都会作为一个虚拟接入点与实际接入点一样产生相同数量的管理帧。显然，使用过多的SSID后产生的媒体访问控制（Media Access Control, MAC）层过载将影响吞吐量。出于这个原因，最好避免过度使用该技术。尽管一些接入点可以支持多达16个SSID，但这样做可能会在一定程度上使性能明显下降。

另一种与SSID有关的技术是SSID伪装，即在配置过程中禁用广播SSID选项。这种技术之所以有效，是因为客户站设备必须在接入网络并交换流量之前找到另一个接入点，对其进行认证并与其关联。为了完成认证，客户站必须首先确定接入点的SSID或MAC地址，如果不知道这两个地址，认证就无法完成。通常情况下，接入点会在信标中广播其SSID，信标会在空中被频繁发送至所有监听的客户站。

SSID伪装技术通过禁止SSID的广播，使得WLAN对未经授权的客户站设备不可见。通过在信标帧中传输空值来代替SSID，网络能够保持不可见状态。当客户站设备进行网络被动扫描时，SSID无法被发现；而当进行网络主动扫描时，客户站设备会发送内容为空的字段集的搜索探测请求，这样一来所有的接入点都需要对客户站进行响应。然而，当伪装的接入点响应客户站时，其SSID也会为空。因此，即使是主动扫描也不会发现网络中伪装的SSID。

SSID伪装使用了经过修改的主动扫描过程，这足以使被动或主动扫描，甚至包括inSSIDer在内的工具失效。然而，这种技术也并不是无懈可击的，可以用协议分析器或Kismet等工具进行破解。已授权客户站有一个内在缺陷是它必须能够连接到接入点，为此必须预先配置好SSID。当已授权的客户站发出探测请求时，其中包含了特定的SSID，接入点需要进行响应。这种情况下如果攻击者进行窃听，他们可以很容易地读取到探测响应帧中包含的MAC地址、SSID和基本服务集ID信息。此外，管理员或用户需要在客户站的无线配置中输入SSID，因此非常容易受到社会工程攻击的影响。

尽管SSID伪装并不完美（事实上完美也只能趋近而无法实现），但它仍是避免攻击者随意或投机取巧地访问网络的最佳做法，其缺点是人们需要获取SSID才能访问网络。诸如此类的基本安全防护层措施对于防止技能生疏的攻击者或闯入者攻击网络十分重要，且绝大多数偶然的攻击也来源于这类攻击者。然而，应该注意的是，上述做法只对简单的网络攻击有效，如果黑客具备了哪怕只是一般的技术水平，上述措施是无法阻止其访问网络的。

7.2.2 MAC 过滤器

MAC 过滤是一种重要的基本安全措施。如前所述，每个 MAC 地址都是一个唯一的 6 字节数字，它通过硬编码绑定到网络接口中。在 OSI 参考模型的第 2 层中，MAC 地址用于识别终端客户站主机，在第 2 层数据帧中能够标识源地址和目的地址。802.11 WLAN 网络是一种 2 层网络，它十分依赖 MAC 地址。与互联网协议（Internet Protocol, IP）地址不同的是，IP 地址是一种从逻辑上区分设备的方式，而 MAC 地址代表一台机器或设备的物理地址。

MAC 寻址是一种设备在 OSI 参考模型的第 2 层使用数据帧进行通信的基本方式，而 IP 寻址只与第 3 层有关。在交换网络和无线网络中（均为 2 层网络），MAC 寻址占据主导地位，因而根据 MAC 地址这个设备唯一标识符进行过滤变得更加重要。

理论上来说，MAC 过滤器会被配置为“默认情况下拒绝，特殊情况下允许”的白名单方式，其中只有存在于允许列表中的 MAC 地址才允许访问网络。但对于规模巨大的公共网络来说，这种方式会有不适用的情况。在相对稳定的中小企业和 SOHO 网络中，由于用户或设备的数量相对较少（通常在几百个以内，而非几千个），而且访客也很少，MAC 地址过滤方式是可行的。

MAC 过滤的反对者指出，MAC 地址可能会被伪造，对于技术高超的攻击者来说，这种方法不再有效。虽然这是事实，但 MAC 过滤与 SSID 伪装类似，仍然能够阻止随机的攻击。

7.2.3 认证和关联

客户站在进入网络时需要经过初始的强制认证和关联过程。在 802.11 中有许多标准机制，其中两个机制如下。

- 开放系统认证：开放系统认证（Open System Authentication, OSA）是一种设备连接至无线网络的方式。只要知道 SSID，客户站就可以访问网络并获取非加密信息。
- 共享密钥认证：共享密钥认证（Shared Key Authentication, SKA）是 WEP 加密的一部分。通过使用 SKA，当客户站的密钥与接入点上的密钥匹配成功后，客户站设备就可以访问无线网络，并发送和接收加密的数据。

当前 OSA 已获得许可并正在使用，但 SKA（以及 WEP）已被弃用，不推荐使用后者。然而，一些制造商仍然在 802.11 产品中使用 SKA 或 WEP，以便向后兼容。802.11-2012 标准中对 RSN 进行了定义，旨在替换传统的技术。然而在实践中，SOHO 网络还是会使用已被弃用的技术。

在认证和关联领域最常见的工具是 OSA，这种方式下客户站和认证接入点之间所需的数据交换量最小。设备在使用 OSA 进行认证和关联时，只需要简单地确认双方都是 802.11 设备，且可以使用并理解 802.11 数据帧。使用 OSA 的接入点能够对所有 802.11 客户站进行认证。OSA 不仅在 SOHO 环境中很常见，而且常用于大规模网络中，因为在大规模网络中，访客占据大多数，而对访客的无线客户站进行预配置既不方便也不可行。因此，OSA 可视为传统认证方式以及 RSN 的前身，但它并没有被弃用。它仍然是一个十分有效且可接受（但并不安全）的 2 层网络认证方法。

SKA 被认为是对 OSA 的一种改进，因为它包含了交换已匹配成功的共享密钥这个额外步骤。然而，并不能因此认为 SKA 更加安全，因为加密是在认证和关联完成之后才进行的。这意味着接入点发出的预共享密钥在认证响应帧中以明文形式存在，这也是 WEP 四次握手认证的一部分。如果攻击者窃听了这个握手过程，他们可以捕获接入点的明文信息和客户站随后的加密响应信息。然后，攻击者可以使用响应进行重放攻击，或确定静态共享密钥以打破认证机制。

更糟糕的是，在进行认证和对有效载荷进行加密时使用的是相同的静态共享密钥。因此，如果攻击者获得了密钥，有效载荷也很容易被破解。静态共享密钥只适用于 SOHO 网络，因为在大型网络中，对所有客户站进行预配置并对静态共享密钥进行保密几乎是不可能的。

请注意，WEP 是一种传统的认证和加密方法。由于很容易被破解，WEP 已经被更强大的加密协议所取代，如 WPA2。尽管 WEP 已经过时，但使用它仍然比毫无防护措施要好得多。

知识拓展

不同认证方案中会使用不同的四次握手。例如，WPA2 会使用一种较为安全的四次握手进行认证。

7.2.4　无线网络中的 VPN

在 802.11-2007 标准发布之前，无线虚拟专用网络（Virtual Private Network, VPN）是一种常用的技术，它用于确保用户连接的安全性。在配置楼宇间网桥和安全的点对点连接时，VPN 十分有用。在对安全较为敏感的环境中，VPN 也被用于客户站访问网络，但由于存在开销大且性能较差的问题，已经不建议使用这种方式。

在 802.11-2007 标准发布之后，已经出现了明确定义的 2 层网络安全解决方案，这使得 WLAN 中 VPN 的作用被削减。为保证接入点间的安全传输，第 3 层网络中的 VPN 仍被用于远程点对点桥接和连接场景中，但网络设计者很少将其用于客户站设备到接入点间的安全通信。当用户需要从公共网络或家庭办公室访问公司防火墙后面的企业资源时，VPN 被用于提供安全的远程连接。

使用 VPN 进行安全 Wi-Fi 访问的一个缺点是，由于 VPN 工作在 OSI 参考模型第 3 层，攻击者可以在 VPN 隧道建立之前同时访问 2 层和 3 层网络，这是一个相当大的缺陷。为了防止攻击者进行此类操作，一些管理员在第 2 层使用 WEP 加密来保护第 3 层的信息。这种双重加密产生了进一步的开销，并对性能和吞吐量产生了重大影响。此外，WEP 很容易被破解，因此需要在额外保护带来的安全性与对性能产生的潜在影响间取得平衡。

在使用公共（也即不安全）的 Wi-Fi 时，使用 VPN 是一种较为安全的做法。现在许多咖啡馆、商场和餐馆的热点都提供免费 Wi-Fi，但这些网络并不安全。在这种情况下，建立 VPN 连接是一种最佳选择。

提示

在登录之前核实提供 Wi-Fi 连接的机构是一直以来的推荐做法。否则，用户可能会发现自己使用的是黑客的“免费” Wi-Fi。虽然免费是好事，但使用的前提是它是合法的！

7.2.5　虚拟局域网

在有线第 2 层交换网络中，网络管理员使用虚拟局域网（Virtual Local Area Networks, VLAN）来划分 2 层广播域，2 层广播域用来提高可扩展性和性能。VLAN 是一种逻辑上的网络分段方式。在逻辑上，同一 VLAN 内的所有成员都可以被视为连接的是同一台交换机，即使它们实际连接的是不同的交换机或位于不同的地点。在基于协议、MAC 地址、功能或应用进行网络的逻辑分段时，VLAN 十分有用。VLAN 指定了广播域、定义了通过共享信道接收相同广播信息的子网。通过创建 VLAN，管理员能够将广播限制在单个 VLAN 内，并能够与其他 VLAN 隔离。这给每个独立的 VLAN 都带来了安全性和性能方面的提升。如果一个 VLAN 中的主机要与另一个 VLAN 中的主机通信，需要使用路由器对不同 VLAN 进行桥接。如图 7-2 所示，在网络示意图中，一个 VLAN 被表示为一个交换机端口上的单个线缆，但实际上不同 VLAN 会共享相同的物理线缆和传输介质。

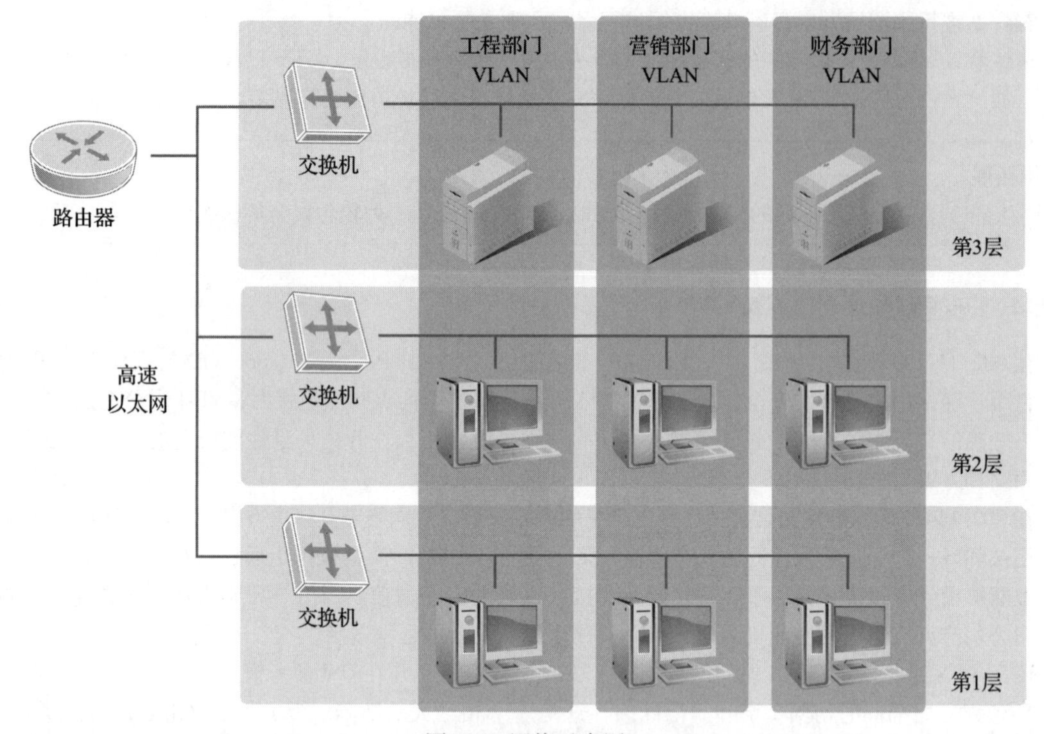

图 7-2　网络示意图

（VLAN 是对网络的逻辑分区，主机组的划分依据是逻辑关联而不是与交换机的物理连接。同一 VLAN 的成员即使连接不同的交换机也能收到相同的广播信息。）

VLAN 也适用于无线网络。通过将不同的客户站从逻辑上划分到共同的 VLAN 组并与其他 VLAN 进行隔离，管理员可以控制广播域，网络的安全性和性能也能进一步增强。在有线和无线的情况下，可以通过在数据包头部插入一个带有 VLAN 标识符的标签来识别单个数据包是否在特定的 VLAN 中。这种 VLAN ID 标识方法在无线领域被称为 802.1Q 标记。

在无线网络中，管理员将用户的流量分配到特定的 VLAN 中以对流量进行分流和隔离。服务质量（QoS）也可以基于 VLAN 进行定义，从而为某些类别的用户或流量（例如语音或视频）提供优先权。当将 VLAN 与 SSID 组合在一起时，VLAN 也有助于提升安全性。通过组合 SSID 和 VLAN，管理员可以安全地对无线网络进行划分。

7.3　数据保护

防止未经授权的网络访问是所有用户面临的关键问题。然而，如前所述，在客户站设备可以发送和传输无线电信号的整个范围内，任何人都可以获取无线流量。因此，安全专业人员还必须关注有效载荷信息（即传输的数据）和认证凭证的保护，这可以通过使用加密算法来实现。

经过多年发展，已经出现了许多不同的加密算法和实现方法。其中一些方法由于被发现存在漏洞，随后被 IEEE 和其他标准制定机构废弃。然而，也必须承认，许多已废弃方法仍在使用。虽然这些被废弃的加密方案已被证明存在漏洞，但如果攻击者想要破解，仍需具备一定的技术条件和攻击动机。因此，这些方法足以阻止随意访问。

本节展示了从较早的（也是最不可取的）数据保护方法到现在获得许可和推荐的安全 Wi-Fi 接入方法的演进过程。

7.3.1　有线等效加密

WEP 的主要目标是为无线网络提供保密性、完整性和访问控制。1997 年，在最初的 IEEE 802.11 标准中，WEP 是一种通过加密保护数据隐私、通过静态密钥认证提供访问控制、通过校验确保数据未被修改从而保证数据完整性的机制。在早期的部署中，静态 WEP 密钥被用作认证密钥，接入点和客户站设备的密钥必须匹配。如果不匹配，那么接入点就会拒绝客户站的连接请求。如果静态 WEP 密钥匹配，那么接入点会许可连接请求，并进行认证和关联。静态 WEP 密钥也被用作 2 层网络加密机制，用于对 3 层网络中的有效载荷进行加密。所以它既是认证密钥，也是数据保护密钥。然而，鉴于认证密钥是以明文共享的，从本质上来看该解决方案是存在缺陷的。

WEP 是一种诞生于 RSN 之前的 2 层网络加密方法，可以保护第 3 至第 7 层有效载荷中的信息。802.11 帧中的有效载荷是一种 IP 数据包，其中包括了第 2 层（数据链路层）中的控制数据包，称为 MAC 业务数据单元（MAC Service Data Unit, MSDU）。有效载荷的加密是通过 WEP 实现的，可能是第 2 层的 64 位 WEP，它使用 40 位的静态密钥；也可能是 128 位 WEP，这种 WEP 支持 104 位静态密钥。64 位 WEP 和 128 位 WEP 都使用本地生成的 24 位随机数添加至静态密钥中进行数据补全，这 24 位随机数称为初始化向量（Initialization Vector, IV）。将 IV 与静态密钥结合后的有效密钥强度分别是 64 位（40+24）加密和 128 位（104+24）加密。近年来，WEP 一直是认证和加密有效载荷的标准方式，直到后来其机制中出现故障而停用。

可以使用十六进制或 ASCII 字符在每个设备的配置中输入静态 WEP 密钥。对于 WEP 来说，存在一个非技术性问题就是住宅环境中的许多人并不了解十六进制数字。因此，他们不会开启安全功能。与此同时，制造商在出厂时将设备设置为开箱即用，默认情况下没有安全保障，这种情况并不鲜见。如果用户认为进行安全设置很困难，那么很多人就会直接跳过这一步。幸运的是，现行的标准加密方法（后续将会讨论的 WPA2）会使用密码来生成密钥，更便于用户使用。

静态 WEP 密钥的另一个问题是在选择密钥方面的不清晰。例如，通常接入点允许输入四个静态密钥，但是只有一个可以是传输密钥，即对设备发出的流量进行加密的密钥。但是，密钥在传输的两端都需要匹配成功。也就是说，发送机和接收机必须使用相同的密钥来加密和解密。对数据进行加密的密钥、对数据进行解密的密钥的相关信息存在于 24 位 IV 中，以明文形式发送。

WEP 也很容易受到所谓的 IV 碰撞攻击。从本质上讲，当Ⅳ被重复使用时，就会发生Ⅳ碰撞，这会产生一条完整的被使用过的密钥数据流。通过分析相同密钥的数据包，攻击者可以在 5 分钟内破解 WEP 加密的密钥。在攻击者破译并获取了静态密钥后，就可以对所有想要的数据帧进行解密。

出于以上原因，WEP 不再被认为是一种可行的认证、加密或保持数据完整性的方法。然而，与大多数传统的安全措施一样，如果 WEP 是唯一的加密措施（可能是旧设备），那么仍然比毫无加密手段更好得多。WPA2 是一种比较好的加密方法，在条件具备的情况下应该毫不犹豫地选择使用此方法。

知识拓展

可扩展身份验证协议（Extensible Authentication Protocol, EAP）是一种身份验证框架，规定了40多种用于WLAN和点对点网络的身份验证方法。其中五种方法已被许可用于WPA和WPA2。

7.3.2 Wi-Fi保护访问

Wi-Fi联盟在2003年推出了WPA认证，WPA能够支持临时密钥完整性协议（Temporal Key Integrity Protocol, TKIP），以及Rivest Cipher 4（RC4）动态密钥生成。在更安全的WPA2问世前，WPA（802.11i）被认为是解决WEP严重缺陷的中间解决方案。在SOHO网络中，WPA使用基于密码的认证方式，在企业网络中，WPA支持使用更强大的802.1X/EAP认证方式。

作为临时WPA解决方案的一部分，Wi-Fi联盟同意将TKIP作为解决WEP缺陷的权宜之计。TKIP（现已废弃）是一种使用与WEP相同加密算法的流密码技术，支持对传统硬件进行升级。鉴于已经在（使用WEP的）Wi-Fi上投入的成本，是否能在原有基础上进行升级是一个重要的考虑因素。与WEP相比，TKIP及与其相关的WPA在三个方面进行了改进：

- TKIP在RC4初始化之前，使用密钥与IV相结合的方式进行加密。而WEP只是将IV添加到根密钥的末尾，并将此值传递给RC4程序（该密码也称为ARC4，一种广泛使用的软件流密码技术）。大多数WEP攻击都利用了这一漏洞，黑客进而能够获得破解密码所需的信息。
- WPA使用序列计数器来防止重放攻击，其中重放攻击指黑客捕获加密信息后进行重新发送。由于数据包中包含了所有原始的正确信息（也即没有被改变的信息），接收端将对其进行处理并执行所包含的所有命令。最理想的情况下重放攻击可能是破坏性的，如果在最坏的情况下，可能产生灾难性的影响。
- TKIP算法实现了一个64位的信息完整性检查，以确保信息在传输中没有被修改。因为用于确保信息完整性的密钥没有被加密，所以可以进行完整性检查。但是信息完整性可能会被攻击者破坏，这一点稍后讨论。

尽管作为WPA基础的TKIP加密技术实现了一定改进，但不久之后TKIP的安全漏洞就开始暴露出来。这些漏洞迅速被公开，攻击接踵而至，如Beck-Tews攻击的目标是有效载荷的完整性。Ohagi/Morii攻击则建立在Beck-Tews攻击的基础上，使用了中间人（MITM）策略，这些攻击的重点是破坏数据的完整性，而不是获取密钥。改变WLAN控制器或接入点上的TKIP设置可以抵御这些攻击。

7.3.3 Wi-Fi保护访问第2版

从一开始，WPA就被认为是解决WEP缺陷的临时解决方案，同时工程师们正在努力进行Wi-Fi保护访问第2版（Wi-Fi Protected Access 2, WPA2）的研究，这是一个更安全的解决方案，在具备条件的情况下应该毫不犹豫选择使用WPA2。目前，WPA2已是Wi-Fi联盟许可的数据保护方法，也是802.11安全的现行标准。

在计数器模式密码块链消息完整码协议（Counter Mode Cipher Block Chaining Message Authentication Code Protocol, CCMP）中包含了高级加密标准（Advanced Encryption Standar, AES）算法，WPA2则建立在AES的基础上。它支持使用预共享密钥（PSK）的802.1X/EAP认证技术（AES和CCMP将在本章后面解释）。定义了高吞吐量（High Throughput, HT）的802.11n修正案指出，"当客户站设备与其他能够支持更健壮的密码保护技术的客户站通信时，不应继续使用WEP或TKIP。" Wi-Fi联盟在2009年发布802.11n证书时开始对此声明要求坚决执行。

在SOHO部署中，WPA2使用了PSK，其长度为64位十六进制数字。当使用了PSK时，WPA2被称为 WPA2-PSK，以区别于使用 802.1X/EAP 认证的具有更高要求的企业版本。PSK 是一串最多包含 133 个字符的明文英文密码。这个密码随后被用于为每个无线客户站生成唯一的加密密钥。

WPA2-PSK 有时也被称为 WPA2-Personal，这种技术也存在一些缺点，但这些是操作上的问题，而不是安全机制上的缺陷。WPA2-PSK 使用更先进的 AES 算法，但它需要额外的处理能力来保持网络的速度。旧的硬件即使可以支持 WPA2-PSK，也可能会出现吞吐量下降和速度损伤，传统的硬件可能需要固件升级才能支持 WPA2。只要稍微了解 SOHO 网络，就应该看到过 WEP、WPA 和 WPA2-PSK。如果允许，建议在 SOHO 环境中使用 WPA2-PSK，而在企业环境中使用更强大的 WPA2-EAP。当涉及安全问题时，不管用哪种措施都比没有要好。

知识拓展

WEP 和 TKIP 已被证明是有缺陷的，而且很容易被下载的软件破解。即便如此，它们也比毫无加密措施要好。

7.3.4 带有 AES 的 WPA2

AES 是一种块密码算法，可用于许多安全产品中。AES 加密是美国政府采用的标准，它也被用作互联网协议安全（Internet Protocol Security, IPSec）VPN 的加密算法。IPSec 是一套协议，通过认证和加密 IP 数据包来保证 IP 通信的安全。

块密码与流密码的比较

流密码能够持续对任意长度的数据进行加密，而块密码使用确定的数据块。流密码往往开销较小，且具有更好的吞吐量性能。然而，当噪音（或不合理的加密数据）被注入流中时，流数据容易受到干扰，并可能导致同步问题。块密码开销较大，但加密和解密数据块是相互独立的。因此，它们抵御噪声的能力更强。

AES 支持三种密钥大小，即 128 位、192 位和 256 位，但它使用的是 128 位的固定块。像 AES 这样的块密码算法会输入一个固定的 128 位明文数据片，称为块（block），并对块进行处理以产生一个 128 位的密码文本块。对数据块重复执行的轮次取决于密钥大小，也就是说，AES-128 加密需要 10 轮、AES-192 需要 12 轮、AES-256 需要 14 轮。轮数越多，加密能力就越强，但解密所需的资源也越多。AES-128 和 AES-256 在理论上是可以破解的，但解密所需的资源和时间（以万亿年计）使得这个任务在现实世界中无法实现。据估计，它需要 20 亿台高端电脑运行 13 689 万亿兆年的时间，考虑到宇宙估计只有 150 亿年的历史，由此可知这是一个非常漫长的时间。

7.3.5 带有 CCMP 的 WPA2

CCMP 是由 802.11i WPA2 定义的安全加密协议。CCMP 通过下列方式确保安全性：

- 通过加密实现数据的保密性。
- 认证。
- 通过分层管理进行访问控制。

CCMP 使用 128 位的固定数据块和 128 位的固定密钥。AES 也可以支持其他的密钥大小，但当部署在 CCMP 内时，位数是固定的。CCMP 是一个 2 层协议，确保第 3 层到第 7 层的信息在 802.11 数据帧中被加密。第 3 层的有效载荷使用 AES 加密，并通过消息完整码（Message Integrity Code, MIC）保护其不受操纵和篡改。帧的数据头是不加密的，但额外认证数据（Additional Authentication Data, AAD）的技术能够提供防篡改保护。

CCMP 802.11i 协议取代了 ARC4 流密码、WEP 和 TKIP。CCMP 被认为是符合 RSN 要求的强制性协议。然而，由于底层的 AES 加密算法对处理器要求很高，许多旧的接入点和客户站网卡都无法支持它。由于需要对客户站和接入点进行大规模的硬件升级以符合 RSN 标准（这是许多企业无法负担的），因此在正常的硬件更新周期（5~7 年）结束之前，必须采用其他解决方案。尽管 PSK 难以进行大规模管理（并保持安全），但当前 WPA-AES 运行良好且仍在使用，PSK 也是如此。

7.3.6 Wi-Fi 数据保护的优先顺序

当有多种 Wi-Fi 数据保护技术可用时，可以按照按以下顺序优先选择：

- WPA2+CCMP。
- WPA2+AES。
- WPA1+AES。
- WPA+TKIP。
- WEP。
- 开放式网络（无安全防护措施）。

随着 2020 年后 Wi-Fi 保护访问第 3 版（Wi-Fi Protected Access 3, WPA3）的采用，这一顺序将发生改变。

7.3.7 WPA3

多年来，WPA2 协议在无线社区网络中获得了广泛应用，但该协议已经有点陈旧，需要进行更新。因此在 2018 年，Wi-Fi 联盟推出了 WPA3 安全标准，增加了四项新的功能，是对原有 WPA2 规范的补充优化。

WPA3 协议为个人和企业提供了一些新的或增强的安全功能。其中增加了用于加密的 256 位伽罗瓦/计数器模式协议（256-bit Galois/Counter Mode Protocol, GCMP-256）、384 位哈希消息认证模式（384-bit Hashed Message Authentication Code, HMAC）和 256 位广播/多播完整性协议（256-bit Broadcast/Multicast Integrity Protocol, BIP-GMAC-256）。此外，WPA3 协议还支持先进的安全控制技术，如完全前向保密。

WPA3 功能不会自动添加到每个设备中，但所有新的 WPA3 设备都应该能够向后兼容使用 WPA2 协议的设备。重要的是，Wi-Fi 联盟特别强调了四项关键的新功能。如果制造商想把其产品作为符合 WPA 标准的产品进行销售，那么必须完全实现以下四项功能。

1. 公共网络上的数据隐私保护

为使 WPA 协议更加现代化而引入的四项额外功能中，第一项就是关于数据隐私的。WPA3 通过引入“个性化的数据加密”增加了额外的数据隐私保护能力。这意味着，当用户连接到一个开放的 Wi-Fi 网络时，用户设备和 Wi-Fi 接入点之间的流量将被加密。这项功能是为了解决在公共、开放的 Wi-Fi 网络上使用 Wi-Fi 时出现的隐私问题。通过在公共开放网络（如酒店或商场）上引入个性化的数据加密，攻击者在没有实际破解加密的情况下无法进行窥探。

2. 防范暴力攻击

第二项功能关注的是 WPA2 中存在的关于密码握手的固有漏洞，该漏洞在 2017 年的 KRACK 攻击中得以凸显。虽然 WPA2 有软件补丁来缓解这一漏洞，但新的 WPA3 协议特别定义了一个新的握手方式，“即使用户选择的密码没有满足典型的复杂密码要求，也会提供强大的保护”（Wi-Fi 联盟，2009）。这意味着，即使你使用弱密码，WPA3 标准也会保护你免受暴力攻击。

3. 无显示器设备的简化连接流程

如今有大量的物联网设备具有无线功能，但没有配备显示器或任何输入数据的方法。例如，亚马逊Echo和所有物联网智能插座和灯泡，它们可以连接到Wi-Fi网络，但在使用这些设备时经常需要使用第二个设备，如智能手机应用程序，以便能够与物联网设备通信。这往往是烦琐的，所以许多物联网设备仍保持默认设置。为了缓解这一安全问题，WPA3协议使用了“简化显示页面有限或无显示界面的设备的安全配置过程”（Wi-Fi联盟，2009）。

4. 为政府、国防和工业应用提供更高的安全性

Wi-Fi联盟还宣布，WPA3将引入功能更强大、更长的会话密钥，最高可达192位，这是“与国家安全系统委员会的商业国家安全算法（Commercial National Security Algorithm, CNSA）相一致的192位安全套件”（Wi-Fi联盟，2009）。这一功能旨在满足政府、国防和工业应用的需求。它满足了美国政府对关键Wi-Fi网络中使用更强加密功能的要求。

7.4 持续管理的安全原则

虽然网络访问和数据保护十分关键，但良好且传统的网络和设备管理及维护是基本网络安全的关键领域，认识到这一点很重要。对网络中任一方面积极监测和管理的缺失，都可能成为一个潜在的漏洞。以组织为攻击目标的攻击者会试图通过所有载体来实现他们的目标，包括（且更倾向于使用）简单的载体。毕竟，当可以从一扇打开的窗户爬进去时，为什么还要费力地推倒一堵墙呢？

7.4.1 固件升级

升级固件是无线安全的一个重要方面。尽管供应商在设计、测试和证实其产品的安全性方面付出了巨大的努力，但现代网络设备的复杂性导致了几乎所有网络都存在缺陷。这些缺陷被发现后，安全团队迅速进行修复并提供新的固件。如果这些漏洞尚未在黑客社区中公开，它们也会迅速暴露和传播。黑客的最佳做法是寻找未打补丁的设备，当这些设备被发现时，他们通常会采用一种类似“食谱式”的方法来利用这些未修复的漏洞。

可以对接入点和无线网卡进行无线802.11固件升级，使其能够应用最新的错误修复和增强功能。事实上，许多供应商都提供了固件升级，以使其硬件能够支持WPA，这使客户能够放弃WEP而不更换硬件。升级传统接入点或适配器的典型方法是使用文件传输协议（File Transfer Protocol, FTP）服务器，通过使用网络浏览器或基于图形用户界面（Graphic User Interface, GUI）的程序从供应商的网站下载固件升级文件（FTP是一种传输文件的不安全应用）。此外也可以使用Telnet，它是一种支持远程非安全访问另一设备的网络协议。FTP和Telnet最初都需要使用一个命令行界面（Command Line Interface, CLI）窗口（CLI是一个基于文本的用户界面，在一行中输入命令，会收到回复，然后再输入另一个命令，如此反复）。在某些情况下，如果有互联网连接，安装在设备上的网络浏览器可以自动实现固件升级，这种是升级无线设备最简单和最不容易出错的方法，尽管有些人仍然喜欢使用CLI。

虽然固件修订已成为无线设备管理的重要方面，但在大型网络中确保每个接入点和适配器的版本均合规是一项艰难的任务。WLAN控制器在这方面提供了帮助，因为只有一个设备需要进行升级。这是中央设备管理的一个很好的例子，它是大型网络管理的一个必要且重要组成部分。在SOHO环境中，管理通常是通过接入点上的本地浏览器登录设备管理器或管理门户实现的。管理员应定期检查供应商网站上的固件更新和漏洞修复情况。有些组织会将此作为定期维护清单上的一个复选框。

7.4.2 物理安全

物理安全是无线安全政策中经常被忽视的一个方面。便携式计算机、智能手机确实可能会丢失或被盗。且如果这些设备已经预先配置了无线安全措施，那么拥有无线设备的人就能够访问网络。

在企业环境中，认证措施中常常将丢失或被盗的设备列入黑名单以防止未经授权访问 WLAN。然而，在 SOHO 环境中，不太可能实施这种级别的设备管理。因此，如果设备丢失或被盗，管理员应该更改所有的密码和 PSK。如果有人离开公司，也应该这样做（假设 BYOD 已经到位）。当一个员工离开时，不再是简单地收回他们的便携式计算机的问题了，还必须尝试访问他们的个人便携式计算机、智能手机，以删除 Wi-Fi 安全配置。在 SOHO 环境中，一个更安全的方法是简单地更改接入点上的密码和 PSK。在员工流动性大的环境中，每月更改 PSK 和密码是一个很好的做法。

7.4.3 定期盘点

保持对所有被授权连接到无线局域网的设备的最新清单始终是一个好的做法。幸运的是，使用 MAC 过滤即可便捷完成此任务。也就是说，必须了解所有的设备和它们各自的 MAC 地址才能管理访问列表。

即使没有实施 MAC 过滤，列出所有已授权和已配置的设备和客户站仍然是明智的。设备变动是非常普遍的现象，特别是在 SOHO 环境中，网络的安全程度可能没有企业中那么高。这通常是因为授权用户会将配置从他们的授权设备上原样复制到他们的个人设备上，因此匿名设备使用 WLAN 服务（通常是互联网）的情况并不少见。这就是创建一个只允许访问互联网的访客 VLAN 的原因之一，可以严格控制对具备更多限制的员工 VLAN 的访问，而不会打扰到员工和访客。

通过进行定期的盘点检查，SOHO 中的网络管理员可以审核跨 WLAN 访问的 MAC 地址，并确认它们是已知设备还是未知设备。识别陌生 MAC 地址的一种有效方法是进行“尖叫测试”，即管理员过滤接入点中的 MAC 地址以拒绝访问，然后等待观察“尖叫”的设备。在较大的组织中，执行临时检查并重点关注陌生或未知的接入点，仍然是一个很好的基本安全措施。

7.4.4 识别恶意 WLAN 或恶意无线接入点

对恶意接入点最好的预防措施是对 WLAN 中所有接入点进行定期且频繁的审查。很明显，在 SOHO 的部署中，恶意接入点会很明显。然而，在中小企业或企业环境中，它们并不那么容易被识别，想要检测出它们需要高级软件和管理员的尽职调查。

针对这种威胁，一种策略是管理以太网交换机端口和墙面插座，以确保未使用的端口在默认情况下被禁用，这将防止恶意接入点获得以太网回程连接。在过去，这并不是一个实用的解决方案，因为员工往往会四处走动并从不同的地方连接。然而，鉴于现在大多数环境都是无线的（大型工作站、服务器和打印机除外），锁定未使用的端口已成为一种可行的办法。

此外，确保射频覆盖范围限制在场所的边界范围内，可以限制攻击者在建筑物外安装接入点以窃听内部无线局域网的行为。如果 WLAN 中继续出现恶意接入点，可以考虑将其中一个较新的接入点配置为远程认证拨号用户服务（Remote Authentication Dial-In User Service, RADIUS）。这种强大的企业技术通常超出了 SOHO 环境甚至中小企业的可接受范围，但如果能廉价部署在已经存在的无线设备上，将很有价值。

本章小结

在大多数工作中，即使（或者说特别是）将更高级的追求作为目标，扎实掌握基础知识也还是至关重要的。安全领域也不例外。虽然本章讨论的话题都是基本问题，而且主要集中在 SOHO 环境，但在大型企业中这些问题也是全面安全计划的重要方面。在今天的世界里尤其如此，由于 Wi-Fi 无处不在，小型办公室、员工的家和热点区域实际上已经成为企业网络的延伸。

在办公室里，良好的基本安全防护能力通常源于良好的设计。在设计实施后，控制对公司网络的访问是下一个关键步骤。通常，不同级别的用户会需要不同的访问权限。

在任何时候数据保护都应该是首要考虑因素，只要具备条件就应该重点使用 WPA2 或 WPA3。在公共网络上，通过 VPN 建立安全连接是一种稳妥的做法。除了控制访问和保护数据外，通过补丁和升级维护网络，并进行定期审计和射频信号调查，将有助于确保后门（无论是实际存在的还是虚拟的）不被打开。

本章习题

1. 接入点放在住宅或建筑物内的哪个位置并不重要，因为可以增加功率以获得所需的覆盖范围。
   A. 正确　B. 错误
2. 以下哪项是增加无线信号范围的最佳方法？
   A. 在同一频率和信道上增加另一个接入点　B. 告诉员工靠近点
   C. 使用一个无线扩展器　D. 调高功率
3. 以下哪项最能说明 SSID 分段？
   A. 它在 SOHO 环境中很实用　B. 它是将不同的政策应用于不同组的好方法
   C. 它可以向某些用户或群组提供更大的吞吐量　D. 以上都是
4. 以下哪项是对 MAC 过滤的正确描述？
   A. 它工作在第 3 层　B. 它是无缺陷的，因为 MAC 地址是唯一的
   C. 它是一种被认可的数据保护方法　D. 以上都不是
5. 同一 VLAN 中的客户站设备不管实际位置在哪里，都能够像在一个共同的交换机上一样。
   A. 正确　B. 错误
6. WPA 已被废弃，不应使用。
   A. 正确　B. 错误
7. 下列关于 AES 加密的说法，正确的是？
   A. 它是一个块加密器
   B. 它理论上是可以破解的，但由于所需的时间和资源，破解并不容易
   C. 它与 IPSec、WPA 和 WPA2 一起使用
   D. 以上都是
8. 所有 40 种可扩展认证协议（EAP）的认证方法都被批准用于 WPA 和 WPA2。
   A. 正确　B. 错误
9. 改变口令是一个很好淘汰或识别 WLAN 中的未知客户站的方法。
   A. 正确　B. 错误
10. 以下哪项是防止恶意接入点攻击的好方法？
    A. 辞退所有安装接入点的人　B. 干扰接入点所使用的共同频率
    C. 锁定（关闭）未使用的以太网端口　D. 在大厅里张贴一个措辞严厉的标志

第 8 章 |Chapter 8|

WLAN 高级安全措施

大型组织或具有高风险特征的小型组织的网络复杂性和维护安全难度都与小型办公室/家庭办公室有所不同。一般来说，确保无线基础设施安全的最佳方式是采用与小型组织中类似的分层方法，区别在于前者范围更广更全面。在本章中，我们将探讨无线安全中更高级的概念，其中有些是针对网络需求而提出的，而有些则是安全基本概念和技术的延伸。

8.1 全面安全策略的建立与执行

中小型企业（Small and Medium Enterprise, SME）组织与 SOHO 组织的不同之处在于，前者会设置网络管理员以及一个或多个网络的设计与安全负责人。在实施任何安全技术或执行任何安全机制之前，管理员的任务是分析网络安全要求并确定安全策略。

企业的安全策略涉及该组织信息资产的各个方面。无线网络访问只是安全策略文件的一个组成部分，但由于它与此相关，所以将在初步的高级概述中进行研究。策略的广度和详细程度应该与公司的总体目标、可用资源和内部安全要求，以及所有外部或监管要求保持一致，下面将介绍几个比较常见的策略要点。

8.1.1 集中式与分布式的设计和管理

在设计一个新的无线网络时，或者由于出现了新的技术而要求对现有的无线网络进行重新设计时，首先要考虑采用集中式还是分布式安全架构。

在分布式架构下，出于性能和安全的考虑，每个接入点都必须单独配置，接入点还将与其他网络设备协同工作，以确保端到端的安全服务。例如，接入点负责提供加密措施、集中式远程认证拨号用户服务（Remote Authentication Dial-In User Service, RADIUS）服务器负责进行身份认证。一台防火墙就可以实现多个接入点设备的安全访问控制。

而集中式架构将使用认证、加密和访问控制服务器来进行安全管理。在集中式解决方案中，会部署瘦接入点设备（这种接入点由无线电设备以及与无线交换机相连的天线组成）和一个或多个集中式控制器。对于大型网络或校园环境来说，集中式控制往往效果更好，因为可以节省维护时间。此外，集中式架构也可以大大简化设计和控制。

这种简单性是一个关键的考虑因素，因为网络过于复杂往往会导致实施、可见性和控制方面的错误，而“坏人”则会寻找这些错误并加以利用。在许多情况下，特别是有针对性的攻击，犯罪分子会使用机器人（bots）或执行自动化程序，来寻找网络防御的漏洞。一般来说，在其他所有条件相同的情况下，能满足任务目标的最简单的设计是最佳选择。

知识拓展

企业有时会采用混合模式，在某些区域（例如主要的内部员工区）使用集中控制的瘦接入点设备，而在访客访问区或其他区域使用单独控制的接入点设备。

8.1.2　远程访问策略

互联网协议（Internet Protocol, IP）移动性是无线网络设计的一个重要考虑因素。用户需要不受地点限制访问网络资源，包括在不同地方旅行时。通过大范围增加无线设备，IP 移动性改变了用户访问网络的方式。网络设计者和管理者面临的挑战是确保整个网络的安全性和统一性。

要满足上述要求，第一步要确保有一套贯穿整个网络的统一集中认证系统。除非设备通过认证，否则设备访问应被限制在企业防火墙外的访客 Wi-Fi 区域。网络中的所有应用程序都需要登录凭证，如电子邮件或客户关系管理（Customer Relationship Managemen, CRM）应用程序等，从而保证设备在不影响网络安全的情况下访问网络。

第二步是考虑是否允许资源密集型的应用程序使用网络，如网络电话（Voice over IP, VoIP）或无线网络电话（Voice over WLAN, VoWLAN）。这些应用对性能、吞吐量，以及丢包、时延（即网络延迟）、抖动（一种衡量时延变化的指标）和可用性等关键性能指标（Key Performance Indicators, KPI）提出了特定的要求。如果无法为这些应用提供支持，应告知用户。虽然无法阻止用户提出问题，但至少可以给支持人员提供一个他们可以参考的策略。如果资源密集型的应用程序出现问题，例如影响了已获得许可的应用程序的性能，可以使用协议整形滤波器对资源密集型应用进行屏蔽。

第三步是确保远程办公人员和出差的员工能够通过安全的虚拟专用网络（Virtual Private Network, VPN）获得网络访问能力。当员工使用酒店和商场内的热点以及其他不安全的无线网络访问企业资源时，这一条是必要的需求。

8.1.3　访客策略

较大的组织往往需要接待访客，可能是制造商、客户或者供货商。没有所谓“正确”的访客访问策略，无论执行哪种策略，都必须对其进行明确说明并使其理解，最好提供明确的策略制定依据，特别对于较为极端的策略（提供完全访问权限或禁止访问，尽管这两种情况在实践中都是罕见的）。

处理访客访问网络行为的一种方法是建立访客认证和策略控制规则。具体任务是允许真正的访客访问互联网和一些内部网络服务，但限制他们访问公司局域网（Local Area Network, LAN）。

一些机构可能不提供任何 Wi-Fi 访问服务，随着时间变迁策略也在不断发生变化。起初，极少有公司为访客提供 Wi-Fi 访问。然而，随着无线接入成为常态，这种情况开始发生变化，极少有公司不向访客提供无线访问。然而，随着移动设备的日益普及，不提供无线网络访问服务不再是一个影响便利性的问题；许多人可以用智能手机或便携式计算机查看电子邮件或连接到互联网。因此需要再次说明的是，策略是什么并不一定重要，重要的是要能够被人们理解，好的策略应该有相应的目的和理由作为依据。

8.1.4　隔离

隔离是指将设备从网络中隔离出来，直到能够在一定程度上保证设备获得授权连接至网络，并且没有恶意软件威胁。当设备试图连接到无线网络时需要与无线网络策略保持一致，包括基本的认证凭证、对配置的检查以确保补丁的安装，甚至是恶意软件的扫描。如果设备符合连接标准，它就会连接到一个受限的 IP 子网，并且只能访问某些服务，例如防病毒软件更新服务器。

另一种隔离形式是使用围墙花园，它限制可疑设备访问内部网络，但允许访问操作说明，以及为了解决明显合规问题而提供的服务。围墙花园策略也可以允许设备访问互联网。此外还可以选择强制登录门户，在获得互联网访问权之前，HTTP 会话被强制跳转至登录页面。这是热点服务中常用的技术，要么用于支付，要么用于确认用户协议，但也可以作为身份验证或检查凭据的一种方式。

8.1.5　合规性考虑

合规性考虑本身就可以作为独立的话题进行讨论。全面讨论这个话题及其对无线访问的影响超出了本书范围。尽管如此，考虑到法规对安全团队的深远影响，本书还是需要从宏观角度进行总结。

与内部策略不同，数据隐私法规的制定是由外部驱动的。无论法律法规的本意如何，这些要求从本质上来说是强加给组织的。在许多情况下，这并不一定是一件坏事。通常，法规规定了许多公司必须遵守的最佳实践（尽管事实情况并非总是如此）。许多人在合规性方面遇到的问题并不在于合规性本身，而在于各种管理机构要求提供的合规性证明，这往往会消耗大量资源。

还有一种情况是，内部策略或某些安全解决方案的实施或流程往往比规定的策略或解决方案更有效（至少在组织看来是在这样）。不幸的是，很少有自制的解决方案能取代法规要求。

但并不是说政府和行业制定的安全法规不好，不得不承认这些法规确实对政策和资源产生了影响，因此在整体安全战略的确立和执行过程中需要考虑其影响。

8.1.6　员工培训和教育

如果公司安全策略中不包含员工培训，则应该认为其是不完整和存在不足的。一直以来对员工进行安全培训都是应该提倡的做法，即使是在 10 年前，工作和生活之间的界限还是非常清晰的。那时，通常只有少数员工有远程访问或无线访问权（比如高管、知识型劳动者、全职的远程劳动者等）。当然，今天的环境是完全不同的，几乎每个员工都会有一个具有无线网络访问功能的设备，要么是他们自己的，要么是公司提供的。

人们很容易认为，由于无线连接已经在生活中十分普遍，因此安全问题的教育也许并不重要。但实际上这与事实相去甚远，事实上可以说是完全相反。因为网络连接非常便捷，大多数人都没有意识到其中的危险。由于可以（通过许多来源）轻松地下载应用程序，以及可以获得易于遵循的定制教程和用户黑客教程，安全问题因而变得更加复杂。（在这种情况下，黑客指的是用户为了便利进行配置修改，或在某些方面使用捷径）。

鉴于此，企业亟须建立安全方面的用户教育政策并对用户提供支持。应该向员工介绍无线安全的风险，并为他们提供保护自己和企业免受网络罪犯侵害的培训。这是一个成本可控却非常有效的综合性无线安全策略。

8.2　实施认证和访问控制

电气和电子工程师学会（Institute of Electrical and Electronics Engineers, IEEE）802.1X 标准规定了局域网（LAN）和无线局域网（WLAN）内基于端口的网络访问控制（Network Access Control, NAC）标准。

802.1X 是一个独立的认证规范（而不是其他规范的修正案），因此根据 IEEE 的命名标准，用大写的 X 来表示。这个 IEEE 规范解决了需要强大安全和访问控制的环境内应采用的认证机制问题。

802.1X 规范的核心是建立在每个用户和每个设备基础上的认证机制，其中涉及三个实体。

- 申请方：希望连接到网络的客户端设备。
- 认证方：网络设备，如交换机或接入点设备。
- 认证服务器：能够支持认证协议的服务器，如可扩展认证协议（Extensible Authentication Protocol, EAP）或 RADIUS。

在这个系统中，认证方充当了守门员的角色，禁止任何设备进入网络，除非该设备已通过认证。要进行认证，客户端设备必须提供特定类型的凭证。根据认证协议的不同，可能是用户名和密码的组合或数字证书。这些凭证被封装在一个基于局域网的可扩展认证协议（EAP over LAN, EAPoL）帧中。

如图 8-1 所示，认证方将这些凭证传递给认证服务器，并确定是否认证通过。然后，认证服务器通知认证方是否允许访问。如果允许，客户端设备可以连接并与网络通信。如果不允许，则访问被阻止。

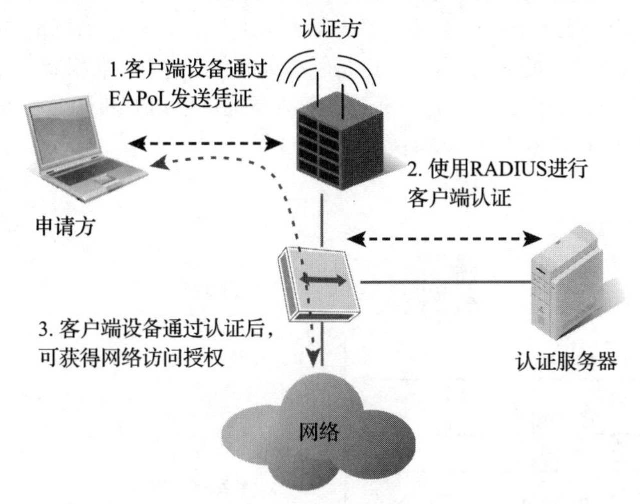

图 8-1 802.1X 标准规定了客户端设备（也即申请方）如何通过认证方向认证服务器传递凭证，认证方根据认证结果阻止或允许设备访问网络

8.2.1 可扩展认证协议

EAP 是一种封装方法，用于在无线网络和点对点协议（Point-to-Point Protocol, PPP）网络中安全地传输加密密钥材料。EAP 也会在认证方和认证服务器组成的局域网中使用，称为基于局域网的可扩展认证协议（EAPoL）。

EAP 本身是一种通用的认证机制，能够在网络中传输认证请求、挑战、通知等。EAP 的工作原理是使用传输层安全（Transport Layer Security, TLS）创建安全隧道，凭证通过安全隧道传递给认证服务器，EAP 不需要知道认证的方法。因此，它可以支持多种凭证，如用户名和密码、证书、令牌、生物识别技术等。然而，由于它与 PPP 和 VPN 的长期关联，EAP 与 RADIUS 紧密相关。出于这个原因，许多接入点都内置了 RADIUS 客户端。

在 802.11i 标准（Wi-Fi 保护访问第 2 版，WPA2）获得批准之前，思科公司开发了轻量级可扩展认证协议（Lightweight Extensible Authentication Protocol, LEAP）。LEAP 是作为一种临时解决办法而创建的，它无法为凭证提供安全保护，因此并不推荐使用它。但是鉴于业界广泛采用 LEAP，还是会有支持 LEAP 的接入点。

8.2.2 远程认证拨号用户服务

远程认证拨号用户服务（RADIUS）是一种网络协议，为连接到网络的设备或用户提供认证、授权和记账（AAA）服务。RADIUS 开发于拨号上网的时代，是用户拨号上网的一种认证形式。到现在，RADIUS 已经能够支持所有现代形式的网络访问。其工作原理一直保持不变，当客户端试图连接到网络时，设备（或用户）会受到网络访问服务器（Network Access Server, NAS）的挑战，要求提供某种类型的凭证。NAS 将用户的凭证传递给 RADIUS 服务器。如果凭证通过验证（例如，找到了用户名并且密码正确），RADIUS 服务器会返回一个访问接受响应，此响应还指定了用户的访问属性。

具有内置 RADIUS 客户端的接入点可以直接与客户端设备和 RADIUS 服务器通信。因此，接入点不需要知道用户名、密码或证书，它只需要根据收到的 802.1X 帧创建一个 RADIUS 数据包并将认证请求传递给 RADIUS 服务器。RADIUS 服务器的工作是处理认证请求并发出认证成功通知。RADIUS 服务器随后会连接到一个认证数据库（如微软的活动目录）。这是所有认证数据的中心数据库，可以发出认证成功或失败的通知。这样，接入点不作为认证过程的一部分，而只是提供申请方和认证服务器之间传递认证信息的渠道。图 8-2 展示了使用 EAP 和 RADIUS 进行认证的过程。

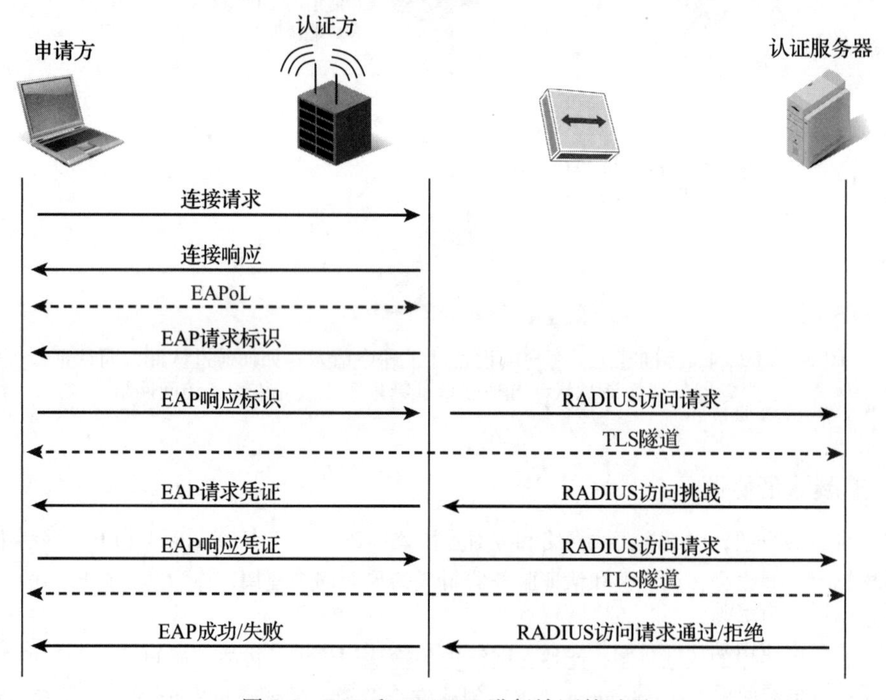

图 8-2 EAP 和 RADIUS 进行认证的过程

认证请求发出后会收到认证响应，随后会建立一个 EAPoL 隧道。一旦隧道建立，EAP 身份标识请求和响应就可以被安全共享，响应接着作为访问请求被转发给 RADIUS 服务器。该请求会启动建立安全的 TLS 隧道，RADIUS 挑战和响应通过该隧道传输，之后隧道会销毁，相应的接受或拒绝消息被发送到请求设备上。

8.2.3　入侵检测系统和入侵防御系统

入侵检测系统（Intrusion Detection Systems, IDS）和入侵防御系统（Intrusion Prevention Systems, IPS）是当今有线和无线网络的重要组成部分。这两个系统都使用深度数据包检测对经网络传输的数据包内部进行检查。IDS 是一个纯粹的检测系统，如果它检测到有线网络或无线网络的可疑活动，就会发出警报。而 IPS 会主动检测并阻止发现的可疑流量。有线 IPS 和无线 IPS 都使用现有威胁的已知特征来识别攻击。它们还会监测数据流，以确定通信模式和通信流与所用协议相匹配，例如，HTTP 请求。

无线 IDS 或 IPS 通常被称为 WIPS，WIPS 可以分为两种。

- 基于网络的 WIPS：基于网络的 WIPS 由传感器组成，这些传感器要么在线，要么配置为混杂模式，因而可以对流经网络的所有流量进行采样和分析，对采样数据的分析和结果呈现由集中的服务器和控制台完成。
- 基于主机的 WIPS：基于主机的 WIPS 是一个安装在服务器、客户端计算机或特定设备上的应用程序，用于监测应用程序、操作系统和文件中的威胁，以及已知的可疑行为。

WIPS 是无线环境中的一个重要元素，因为它可以检测并阻止攻击者的可疑活动。WIPS 在减少中间人攻击、恶意接入点或邪恶双胞胎、未经授权的网络访问、MAC 欺骗、ad hoc 网络、拒绝服务攻击和协议滥用方面特别有用。

8.2.4　协议过滤

大多数接入点都支持对媒体访问控制地址、各种以太网帧和 IP 进行过滤。为了实现上述目标，管理员要创建过滤器，并在接入点接口处从出和入两个方向进行过滤。MAC 过滤通常用于访问控制以及防止未知客户端对接入点的认证和关联。然而，它很难抵抗 MAC 欺骗攻击。而 IP 过滤则可用于防止在 WLAN 上使用某些协议，这有助于减轻安全威胁。

协议过滤可以分为两类。

- EtherType 协议过滤：EtherType 协议过滤使用一个协议标识符来识别要被屏蔽的协议。例如，要阻止 EtherType IPX 802.2，就要指定 ISO 代号 0x00E0。在早期的网络中经常会发现过时的 EtherType 协议，这些协议通常是由联网打印机或其他传统设备传输的，应该在接入点处过滤掉，以减少潜在的安全足迹。
- IP 过滤：管理员还可以使用 IP 过滤器，通过指定特定协议的常见端口号在接入点上进行相应配置。通过配置过滤器阻止设备使用特定的 IP 通信，管理员可以锁定无线网段，仅支持所需的 IP。通过这样做，管理员限制了攻击者可利用的潜在漏洞范围。

管理员可以通过指定源 IP 地址、目标地址或两者均指定的方式来细化 IP 过滤器的创建和分配。因此，管理员可以允许使用 Telnet 进行远程登录，但只允许使用特定的主机地址访问指定的部分目标主机地址。例如，可以指定简单网络管理协议（Simple Network Management Protocol, SNMP）只有在网络管理系统（Network Management System, NMS）服务器使用其作为源协议时允许通过，其他使用该协议的无线客户端均无法通过。

协议过滤可以对无线网段上允许或拒绝的网络协议进行低级别的细化控制，并且可以直接应用于无线电或以太网端口的两个方向。管理员通常会过滤 SNMP，因为 SNMP 常会与各种发现协议一起作为攻击者进行网络枚举和映射的主要工具。

8.2.5 经认证的动态主机配置协议

经认证的动态主机配置协议（Dynamic Host Configuration Protocol, DHCP）的目标是向已经完成认证的客户提供 IP 地址和网络配置。要实现这个目标，一种方法是通过强制登录门户。在这个设计方案中，第一次加入网络的用户会尝试将自己的设备连接到无线网络。一旦完成与接入点的连接，用户设备将通过 2 层连接广播寻找 DHCP 服务器。DHCP 服务器可以收到该请求，但并不知道该请求来自哪个 MAC 地址。因此，它将向该设备发出一个强制登录隔离门户的 IP 地址。

然后，被隔离的设备会自动被定向至强制登录门户，该门户会要求输入用户名和密码（通常是通过 RADIUS 或活动目录服务器进行验证，但也有其他选择）。一旦通过认证，用户设备的 MAC 地址就会被记录在设备或用户的认证列表中，并重新分配一个已认证的 IP 地址和完整的网络配置。

另一种在大型组织中常用的方法是 802.1X 端口控制。使用此方法时，除了 EAPoL 封装认证信息之外，802.1X 协议会屏蔽所有用于连接用户设备和无线网络的逻辑端口流出的流量。这样，协议能够阻止除了设备发送给接入点和 RADIUS 服务器的认证信息之外的所有流量。当用户或设备由 RADIUS 服务器认证通过时，802.1X 协议会重新打开逻辑端口，以允许不受限制的 DHCP 广播等流量的流动。

8.3 数据保护

数据保护对无线安全至关重要，必须正确实施，以防止对系统未经授权的访问和对宝贵数据的复制或盗窃。IEEE802.11i 标准安全修正案于 2004 年 6 月批准通过，其颁布是由于此前使用的数据保护方案均存在固有弱点。它指出，对于所有关注网络和信息安全的组织来说，均需配备使用 WPA2。此外，与 SOHO 办公室不同的是，SOHO 环境中使用预共享密钥模式的 Wi-Fi 保护访问第 2 版（Wi-Fi Protected Access 2-Preshared Key, WPA2-PSK）已经足够，但较大的组织（或对安全性较为敏感的小型组织）应使用 WPA2 企业版。

对于企业和大型组织，802.11i 标准要求使用 802.1X 的企业版作为认证机制，并使用基于高级加密标准的计数器模式密码块链消息完整码协议（Advanced Encryption Standard-Counter Mode Cipher Block Chaining Message Authentication Code Protocol, AES-CCMP）作为保密算法。CCMP 有内置的完整性机制，所以它不需要其他提供完整性保证的机制。因此，802.11i 要求使用 802.1X 进行认证，并使用 AES-CCMP 确保保密性和完整性。

8.3.1 WPA2 的个人版与企业版

对于小型办公室和家庭用户来说，使用 WPA2-PSK 是一个不错的解决方案。使用 WPA2-PSK 的主要好处是，它易于设置和使用。此外，鉴于用户数量相对较少，管理也较为方便。即使必须不时地改变口令，由于用户数量少，这项任务也不会太繁重。然而，需要注意的是，使用 WPA2-PSK 时如需要进行变更配置，客户端和接入点需要同步进行更新。

在较大的组织中，由于员工人数众多，人员进出频繁，PSK 的使用变得难以管理。如果每次有人员变动都要更改 PSK，将会使 IT 支持团队不堪重负。更糟糕的是，如果不更改 PSK，就会产生安全漏洞，因为有一些不再是企业员工的人（其中一些人可能在被解雇后心怀不满）仍然具有有效的通行密钥。

为了解决这个问题，WPA2 企业版使用了基于 RADIUS 的认证，该认证由网络策略服务器（Network Policy Server, NPS）支撑下的 802.1X 设备完成。在使用 RADIUS 进行认证的过程中，无论用户使用什么样的设备访问网络，每个用户都会通过单独一台服务器进行身份验证。这样做的好处之一是当员工离职时，在 RADIUS 服务器上更新该用户的凭证较为容易。此外，RADIUS 认证是通过安全隧道连接实现的。因此，在客户端通过验证后，会话密钥可以安全地通过认证过程中建立的隧道传递。

8.3.2 WPA3

作为 WPA2 协议的更新，WPA3 于 2018 年首次发布。在此之前，WPA2 是推荐使用的无线保护访问协议，WPA3 的推出带来了一些关键安全能力的提升。例如，WPA3 解决了长期以来未能解决的不安全密码的问题。

WPA3 主要在四个方面实现了安全能力提升：

- 实现了用于建立连接的安全握手。
- 推出了一种新设备安全入网的简单方法。
- 提供了使用开放热点时的基本防护能力。
- 增加了密钥长度。

然而，在这些新功能中，只有新的握手方式是强制性的，其他功能是可以自行选择的，但大多数供应商会把它们作为可选（非默认）项设置。

WPA3 包含两种不同的模式，个人模式（128 位加密）和企业模式（192 位加密）。除了具备前向保密性之外，WPA3 还用一种名为“等值同时验证”的更安全的新交换机制取代了 PSK。

8.3.3 互联网安全协议

互联网安全协议（Internet Protocol Security, IPSec）是一套开放标准的协议，旨在保护成对端点之间通过网络传输的 IP 流中所有数据包的安全性。使用 IPSec 确保流量安全的前提是启动和建立安全会话。因此，它主要用于点对点网络或客户端-服务器模式的网络配置中。

IPSec 由多个安全协议组成。

- 认证头（Authentication Header, AH）：认证头（AH）为数据来源和完整性提供认证，同时还提供对重放攻击的保护。
- 封装安全载荷（Encapsulation Security Payload, ESP）：封装安全载荷（ESP）提供保密性以及对数据来源和完整性的认证。
- 安全关联（Security Associations, SA）：安全关联（SA）由提供安全参数的算法组成，这些参数确保 AH 和 ESP 正常运行，安全关联（SA）提供用于交换安全密钥的框架。

IPSec 会使用以下两者之一作为工作模式：

- 传输模式：在传输模式下，只对有效载荷进行加密和认证。如果使用 AH，IP 地址必须保持固定，否则报头的哈希值就会失效。
- 隧道模式：在隧道模式下，包括报头在内的整个数据包都是加密的。隧道模式常用于配置回程接入点链路之间、点对点链路的路由器之间，以及校园建筑之间的固定链路 VPN。

IPSec 是一个非常安全、使用共享密钥即可实现的协议集。它被内置在互联网通信协议第 6 版（Internet Protocol version 6, IPv6）中。但由于 IPsec 的复杂性和单个组件的适用范围问题，在大型的互联网通信协议第 4 版（Internet Protocol version 4, IPv4）网络中配置 IPsec 可能很复杂。IPSec 通常用于固定链路 VPN 和客户端或服务器 VPN 的安全远程访问。当网络中有 n 个要连接的地址时，要配置 $n\times(n-2)$ 条隧道，这样一来 IPSec 的复杂性会呈指数级增长。由于许多企业协议需要建立任意两点间的连接（例如

VoIP），这时使用 IPSec 就意味着要在安全和性能之间进行权衡。此外，由于 IPSec 内置于 IPv6 中，实现起来难度稍有降低。

8.3.4　虚拟专用网络

虚拟专用网络（VPN）是所有无线网络的重要组成部分，尤其是在客户端设备需要通过不安全的网络进行远程访问时。VPN 实现了在不安全的互联网中对企业专用网络的延伸。VPN 本质上是一种通过使用虚拟隧道协议和安全私钥交换来建立安全的虚拟点对点连接的技术。

VPN 可按其连接方式进行分类。一些 VPN 允许员工在旅行或在远程客户端点工作时与工作网络进行远程通信（远程访问 VPN）。其他 VPN 则是将卫星办公室连接到公司总部网络（固定点的地址间 VPN）。在这两种情况下，VPN 都能为用户提供保密性、数据完整性和源认证的安全保障。

有多种技术可用于构建 VPN，包括 IPSec、2 层隧道协议（L2TP）、安全套接字层/传输层安全性（SSL/TLS）、安全外壳协议（SSH）、各供应商专有的技术，以及数据传输层安全性（DTLS）。DTLS 是一个非常重要的新成员，因为它可以使用用户数据报协议（UDP）建立隧道，这使得应用程序可以在不建立连接的情况下发送数据。

8.3.5　恶意软件和应用程序安全

在无线安全策略中，解决恶意软件和应用安全问题也是重要组成部分。这不是无线网络特有的问题，而是与 IP 移动性相关。通过 IP 移动性，用户可以从任何地方访问网络，包括不安全的热点和网络。因此，用户有可能携带着带有各种恶意软件的设备回到企业网络。在传统方式下，恶意软件和病毒的控制是通过网络内严格的边界控制实现的，如防火墙、代理和防病毒服务器。但现在，用户移动性打破了这些静态边界保护，因此需要其他方法来减轻恶意软件的风险。

为了减轻移动性带来的风险，在连接到企业网络的过程中需要进行各种“健康检查”。当移动客户端在连接了未知且不可信的外部网络后，再访问企业网络边界内部资源时，这一点尤其重要。相关的安全策略示例如下：

- 客户端完整性控制：这是一个客户端设备应用程序，用于检查其是否符合网络策略，例如，检查设备是否安装了有效的防病毒软件、更新和扫描日期。
- 基于网络的服务：这是一个通过防病毒服务器和入侵检测或保护系统发送流量的网络组件。当客户端设备不支持完整性控制时，NAC 的这一组成部分特别有用。面向的设备包括手机、打印机、扫描仪，甚至包括访客的无线便携式计算机和电话。
- 移动设备管理（Mobile Device Management, MDM）：这是网络管理员用于管理个人设备的控制系统。它同时满足了个人设备和企业设备的需求，并支持设置企业安全策略。
- 移动应用管理（Mobile Application Management, MAM）：它侧重于应用，而不是对设备的控制。MAM 对于可能存在漏洞的操作系统和软件版本，以及防病毒应用和应用程序的封装管理特别有用。

8.4　用户划分

不是所有的用户都是平等的，也不是所有的用户都有相同的访问权限级别。事实上，最佳的用户访问策略是“如果存疑则拒绝访问”。这可能看起来很苛刻，但是要知道将访问权限授予真正需要的用户其实很简单，而且所有的不满都会在用户获得授权后瞬间消散。此外，一个拥有过多访问权限的人造成的问题可能会带来长期的影响，不管有意还是无意，这就是用户划分的意义所在。

一般来说，有两种划分方式：

- 内部用户划分：这通常是通过虚拟局域网（VLAN）完成的。
- 外部用户划分：通常有两种实现方式，一种是位于企业防火墙外能够访问互联网的无线网络，另一种是能够访问互联网的 VLAN。

8.4.1 虚拟局域网

VLAN 是隔离访客流量的一种方式，并能将其限制在外部的不可信区域。VLAN 是一种 2 层技术，网络设计者使用标识符将流量分配到特定的 VLAN 中，据此对流量进行逻辑隔离。使用 VLAN 的一个典型场景是多个部门员工同时在一个开放式的办公室里，但只有一台接入点设备同时为如销售、财务和工程等部门的员工以及访客提供服务。在有线的以太网网络中，网络设计很简单。设计者只需将给销售人员提供服务的所有端口分配到销售 VLAN，给工程人员提供服务的所有端口分配到工程 VLAN，以此类推。但是在无线网络中不存在端口，但可以通过为他们分配不同的服务集标识符（SSID）来识别员工。通过为每个部门（如销售部、工程部和财务部等）创建一个 SSID，然后将该 SSID 与 VLAN 配对，设计者可以将流量隔离到不同的 VLAN 中，也就是一个 2 层广播域内。

在使用 VLAN 作为安全机制时，关键是利用访问控制列表（Access Control Lists, ACL）。当将一个 VLAN 分配至某客户端设备时，客户端发出的所有数据包都会被标记为该 VLAN 号码（称为 802.1Q 标记或 VLAN 标记）。ACL 是一个简单的查询列表，且允许访问某些服务。在此基础上，就可以通过 ACL 来控制对限制区域的访问。从可扩展性的角度来看，这在大型网络中非常有效，因为 VLAN 关联跨越了物理交换机的限制。

在使用 VLAN 进行用户划分时，用户通过 RADIUS 进行认证。作为认证过程的一部分，根据认证时使用的凭证，会给每个客户端设备分配特定的 VLAN。VLAN 分配完成后，该客户端发送的所有数据包都会被打上相应的 VLAN ID 标签。每当客户试图访问网络的某个区域或使用某些网络服务或协议时，VLAN 标签就会与该特定区域（通常是交换机的一个端口）或服务的 ACL 进行匹配。如果该 VLAN 属于允许访问范围内，则会授予设备对该服务的访问权限；反之则拒绝访问。

8.4.2 访客访问和密码

在大型组织中，通常需要（且希望）为访客提供无线网络访问权限。有多种方式可用于授予访客访问权限。

- 开放式访问：这种模式下，任何能够接收无线信号的人都可以以访客身份访问网络。开放式访问是最常见的方式，一旦设置好，它基本上不需要管理或配置。通过这种方法，访客 Wi-Fi 能够直接访问互联网。如果需要使用安全连接的方式，用户需通过 VPN 确保其连接安全。
- 通用访客密码：这是低安全性的方法，所有访客通过共享密码进行用户认证。通用访客密码是一个很好的折中方案，它可以为客人提供安全的无线连接，该密码可能会也可能不会定期改变。从管理的角度来看，使用通用访客密码的关键是经常更改它，调整周期甚至可以为 1 天，以控制密码获知范围。如果密码被大范围获取，那么这种方式与开放式访问相比几乎没有差异。这种方法需要进行持续的管理，但一般不会给支撑团队造成很大的负担。

- 配置访客访问：这种方法要求给每个访客分配一个独特的、有时间限制的密码。这种方法提供的安全性最高，但在设置和管理上也是最不方便的。因为这种方式是资源密集型的，因此很少用于日常有大量临时访客的企业环境。然而，对于“长期访客”，如现场承包商或合作伙伴，或在特别安全的环境中，所有活动都必须被监控，配置访客访问是一个很好的选择。酒店也很好地利用了这一功能，使用客人的名字和房间号码进行认证，这种方式便于追踪且能与住宿时间相关联。

各种方式都存在优点和缺点。一般来说，只要能满足组织和访客的需要，没有所谓正确或错误的访客访问配置方法。

8.4.3　隔离区划分

确保访客访问安全的另一种常用方式是将访客置于各自的隔离区（DMZ）网段或 VLAN 中。在本书中，DMZ 是指互联网和企业网络之间的一个区域，它使互联网用户能够访问企业的公共服务，如网络服务器、外部电子邮件和域名系统（Domain Name System, DNS）服务器等。通过将这些面向公众的服务器放置在一个指定的安全区域，用户能够从互联网访问这些暴露的网络服务器和服务。为了实现上述目标，设计者允许经外部互联网防火墙传入的超文本传输协议（Hypertext Transfer Protocol, HTTP）、超文本传输安全协议（Hypertext Transfer Protocol Secure, HTTPS）、简单邮件传输协议（Simple Mail Transfer Protocol, SMTP）和 DNS 外部请求，这些请求指向网络服务器，与此同时拒绝所有其他传入流量通过。设计者将企业内部网络置于另一个更安全的防火墙接口之后，这样一来能够实现外部用户与面向公众的服务器之间的通信，但阻止所有其他传入流量，从而将源自互联网的流量限制在 DMZ 区域。

源自访客无线网络的流量在通过以太网分发介质进入企业网络之前，应通过防火墙。因此，将访客接入点设备放置在 DMZ 内是合理的。访客设备可以连接到位于 DMZ 子网的接入点，通过这种方式他们可以很容易地访问公司网站，不受限制地访问互联网，但同时也不会进入企业内部 LAN。

根据防火墙的架构，另一种常用方法是将访客 Wi-Fi 网络放置在自己的 Wi-Fi DMZ 子网中。如果访客 DMZ 使用公共 IP 寻址或有严格的出站流量规则限制，这种方式尤其具有吸引力。通过将访客无线网络置于 DMZ 中，设计者可以确保访客仍然可以不受限制地访问公司网站以及之外的互联网。

8.5　管理网络和用户设备

除了控制网络访问和保护数据外，大型组织还必须负责网络（或基础设施）和客户端（或用户）设备的管理问题。小型组织与此不同，在小型企业中 IT 员工（或 IT 人员）可能知道公司中每个人的名字，但在大型组织往往不是这样的，大多数用户是未知的。此外，用户的数量庞大，加上许多人拥有多种设备用于网络连接，这给 IT 和安全团队带来了额外的压力。本节重点讨论在大型或复杂组织中网络和用户设备的管理。

8.5.1　简单网络管理协议第 3 版

简单网络管理协议（SNMP）是一个应用层协议，用于提供网络管理系统（NMS）和主机代理之间交换信息的报文格式。单台接入点设备就可以实现对 SNMP 告警的支持。此外，如果安装并启用了代理报文信息库（Message Information Base, MIB），就能够将有关网络状态的信息发送给 NMS。这些告警或陷阱中包含了如接口状态、认证错误、邻居丢失以及所有其他应立即提醒 NMS 的重大网络事件。NMS 还通过定期轮询 MIB 来询问代理 MIB 的情况。MIB 是一个分层数据库，用于存储各种网络信息，如接口吞吐量、丢包、延迟和抖动等运行数据。

SNMP 第 3 版（SNMPv3）是唯一支持强大安全性的 SNMP 版本。SNMPv3 的安全功能如下：

- 报文完整性：SNMPv3 使用哈希码来确保数据包没有被篡改。
- 认证：SNMP 确定消息来自有效的设备。
- 加密：SNMP 在报文中增加噪声来实现加密，以使其不被潜在窃听者发现。

SNMPv3 使用 SNMP 服务器组而不是社区。管理员必须配置服务器组，以便对命名访问列表中指定的成员进行身份验证。虽然 SNMPv3 是安全的，但 SNMPv2 在较旧的接入点上很常见，并且仍可在混合环境中工作。理想情况下，所有设备都应通过固件升级配置为支持更安全的 SNMPv3。

8.5.2 发现协议

一些发现协议对于无线网络的高效工作至关重要，特别是在部署轻量级的接入点/控制器，或考虑部署 VoWLAN 的场景中。不幸的是，发现协议在安全方面可能存在问题，这是因为对管理员或授权技术人员有用的信息，同样也是未经授权的攻击者想要获取的。

思科发现协议（Cisco Discovery Protocol, CDP）和链路层发现协议（Link Layer Discovery Protocol, LLDP）是 2 层网络中启用的两个主要发现协议。这两个协议都提供了一种发现相邻设备和映射网络的方法，设备之间交换的信息对技术人员排除网络故障是非常宝贵的。同样，它对攻击者绘制网络拓扑图并寻找漏洞和通往服务器的路径也有很大价值。此外，其他网络和服务发现协议也被认为存在安全风险。通用即插即用（Universal Plug and Play, UPnP）就属于其中一种，IPv6 邻居发现协议（Neighbor Discovery Protocol, NDP）和网络代理自动发现协议（Web Proxy Autodiscovery Protocol, WPAD）也是如此。

提示

一个好的基本安全加固策略应该包括禁用或删除所有不需要或不经常使用的协议和服务。

8.5.3 IP 服务

现有的自主接入点配备了一整套 IP 服务，例如用于访问内部网络配置和管理门户的 HTTP 服务。其他常见的 IP 服务如下所示：

- DHCP 服务器：DHCP 能够实现 IP 地址、DNS 服务器地址和默认网关地址的自动配置。
- SSL 证书管理服务：这提供了对可扩展认证协议-传输层安全（Extensible Authentication Protocol-Transport Layer Security, EAP-TLS）中用于认证的 SSL 可信任证书的支持。
- 网络时间协议（Network Time Protocol, NTP）：NTP 用于自动将时间调整为与参考 NTP 服务器时钟相同。
- 服务质量（Quality of Service, QoS）：QoS 设置提供了一种对流量进行优先排序的技术，且可以为每个协议分配一个 QoS 值。它通常用于语音和视频应用的相关场景。
- VPN：IPSec 类型的 VPN 用于保障远程访问或点对点配置中的桥间连接。

上述服务中的大多数对于网络管理员来说都是有价值的工具，但有些服务如果实施不当会造成安全问题。NTP、DNS 和 DHCP 对于管理员和潜在的攻击者来说都是非常有用的工具。NTP 和 DNS 都会从外部 NTP 或 DNS 服务器请求或接收更新。攻击者可以轻易地伪造接入点的 IP 地址，并发送大量 NTP 或 DNS 更新请求。互联网服务器会向伪造地址发送比请求大得多的响应数据包来响应这些请求，从而放大攻击，这将导致拒绝服务的发生。

DHCP 是一个非常有效和方便的工具，用于动态分配和管理客户的 IP 地址和默认网络配置。然而，如果在接入点上启用基本的默认设置，它将向所有想要获得 2 层网络连接的客户端设备发送有效的 IP 地址和网络配置信息，并发出寻求 DHCP 服务器的广播包。接入点内置的 DHCP 服务器将简单地使用 3 层网络凭证作为对请求的响应，而客户端设备将获得完整的网络连接。这就是建议最好使用经过认证的 DHCP 的原因。

8.5.4　覆盖区域和 Wi-Fi 漫游

除了需要更强大的认证和加密方法外，大型网络在其他方面也与小型网络不同，这些问题必须加以解决。其中最明显的是基本架构。例如，在大型组织中，网络拓扑结构是基于扩展服务集（Extended Service Set, ESS），而不是单一的接入点。ESS 可以将多个基本服务区域整合至组织的一部分，或整个组织中。这个扩展的网络区域可以共享一个 SSID，也可能有不同的 SSID，它可能支持也可能不支持用户在组织内的无缝漫游。因此，考虑高级无线安全时，一个合乎逻辑的起点是网络架构的物理设计和布局。

大规模的无线网络设计包括一个外部服务集，它是由共享分发介质（如 802.3 以太网）的接入点集合组成。最常见的设计是将部分覆盖区域重叠，这样网络可以支持无缝漫游。为了支持漫游，设计者必须规定重叠的接入点覆盖范围至少为 15%~25%。因此，接入点覆盖区域（与射频信号强度直接相关）是一个关键考虑因素。

然而，并非所有的网络都需要无缝漫游。事实上，在一些安全应用中，它可能是不可取的。在这些情况下，覆盖范围将由确保隔离和覆盖范围重叠最小化的需求所驱动。这种模式下的无线漫游称为游动漫游，因为用户的连接会丢失，然后在跨越接入点的边界时重新建立。游动漫游的一个常见部署场景是不同的安全策略被应用到不同的网络区域，隔离的、不重叠的覆盖迫使用户断开连接，然后在进入一个新的区域时尝试使用新的安全标准重新连接。

第三种拓扑结构是使用多个接入点的组合，通过完全重叠的接入点实现容量增加。需要再次说明，必须考虑覆盖区域问题，以最大限度地发挥其优势。

随着 802.11s-2011 修正案被引入，出现了一种新的拓扑结构标准，这种标准定义了网格基本服务集（MBSS）。在网状模式下，接入点作为桥接中继，与其他网状模式的接入点连接，将流量从网络回传到分发介质门户或网关，而网关通常会直接与以太网交换机连接。MBSS 是大型网络中的一种常见设计，这些网络中的一些区域无法进行有线连接。例如，对于一个有多栋大楼的校园，这些大楼通过无线桥接中继线连接在一起，并将数据回传到主楼的以太网网络。

无论部署哪种无线拓扑结构，都必须认真做好接入点的覆盖工作，并确保存在重叠，以满足无缝漫游或游动漫游的需求。控制接入点的覆盖范围不仅仅是一个性能因素，它也是必不可少的安全措施，因为这能够限制网络足迹和入侵者的潜在访问区域。与 SOHO 设计一样，应通过采取以下步骤以确保有足够的覆盖范围、信号强度和容量，并确保无线电信号不会泄漏到组织的边界之外：

- 功率应调低。
- 接入点应放置在射频信号覆盖的最佳位置。
- 应使用正确的天线类型。

接入点覆盖区域、漫游、射频功率、干扰和泄漏应该是所有初始现场调查的一部分。此外，所有未来的扩展项目应纳入进一步限制的射频信号调查，以确保设计正确合理。

8.5.5　边界之外的客户端安全

确保用户无线设备的安全是一个重要的步骤，无论是便携式计算机还是智能手机，特别是当今的网络基础设施与传统的网络相比已经发生了根本性的改变。以前，一个大型网络的设计通常使用硬边界来防御外部威胁，但几乎没有内部防御，允许内部人员轻松访问。其理由是，网络的硬防护抵御了来自外部的真正威胁，而在内部，用户构成的风险要低得多。这个概念通常称为 M&M 设计，指的是一个古老的广告宣传，声称 M&M 糖果的外表是“脆”（或者说硬）的，中间是“可以嚼”（软）的。

根据安全专家的经验，这种方法是有问题的，内部和外部的威胁都应该被平等地考虑。不过，M&M 设计中有一个方面做得很好，就是保护 PC 和服务器等静态设备免受病毒污染。它通过强大的反病毒（AV）和入侵保护系统（IPS），主动监测进入网络的流量，成功地保护了内部网络免受污染。通过使用深度数据包检查和攻击签名识别，AV 和 IPS 应用程序就像守门员一样，对可疑文件和电子邮件附件进行消毒和隔离。所有进出网络外围网关的流量都要经过防病毒、IDS/IPS、内容 URL 过滤器、网络代理，以及应用和网络防火墙。这样，流量就不会受到病毒、蠕虫、木马、rootkit 和互联网上各种令人讨厌的恶意软件的影响。任何通过外部硬盘或 USB 驱动器进入网络的传染病毒，都能被客户端主机的 AV 和 IPS 轻松控制和清除。

形似 M&M 的边界安全设计多年来运作良好，因为个人计算机和服务器都处于防火墙防御设施的后面，流量流经预先确定的链接和网络中的出入口。不幸的是，这种传统的设计已经不再可行了，设备不再隐藏在坚固的网络防火墙后面，而是每天自由穿越边界。在这样的过程中，设备会暴露在来自外部世界的威胁之下，就像 U 盘在再次被带入企业网络之前会携带各种恶意软件。但是，被污染的 U 盘一旦被插入客户端网络设备，就会被扫描和清理。相比之下，被污染的移动电话、便携式计算机或其他设备会通过自己的接口连接到网络。此外，如果设备不是公司所有，它可能不符合公司的安全策略，可能没有安装 AV 软件，更不用说批准的供应商和版本要求。

因此，无线网络中的客户端安全是整个网络安全和纵深防御的一个重要方面（尽管在移动性和 Wi-Fi 成为主要考虑因素之前，纵深防御已经在许多网络中得到了发展和实践）。制定用于支持用户设备访问网络的策略是必要的，但同时，这些设备必须符合最佳安全实践。因此，安全策略必须解决这些问题，并制定监督合规性的方法，这一点至关重要。通常来说，执行策略的机制是 MDM 和 MAM，这已成为当今现代 IP 移动网络的标准实践。为公司便携式计算机制定的安全措施，应该与为用户的无线便携式设备（无论是智能手机还是便携式计算机）制定的措施在严格程度上相当。

如前所述，因为在大型组织或风险敏感的组织内网络架构不断变化，所以客户端设备的安全非常重要。无线网络不再仅仅是企业有线网络的延伸，也不再是考虑访客便利性的附加配置，它们现在是网络的一个组成部分。事实上，无线局域网和支持的客户端设备已经在企业网络中无处不在。更重要的是，这些设备正在被配置为无缝漫游和 IP 移动性。曾经对立的无线网络和有线移动设备的结合，产生了一种颠覆性的技术，改变了中小企业网络的设计。

知识拓展

射频（RF）泄漏不仅是一个主要的安全风险，同时也会抑制性能和吞吐量，因为它很可能干扰邻近的网络，造成双方信号劣化。

8.5.6 设备管理和用户登录

在一个复杂的组织中，一定会有许多用户，每个用户对不同的系统和网络区域都有不同程度的访问，所有访问前都需要出示凭证。除此之外，每个员工都拥有不同设备（当然，他们也希望能够使用这些设备进行网络连接），这样一来就会产生一个大问题，这个问题通常被描述为身份和访问管理（Identity and

Access Management, IAM)。

解决这个问题的答案是使用单点登录（Single Sign-On, SSO)。使用SSO，用户只需输入一次他们的凭证，就可以访问他们被授权连接的所有网络服务和地点，而不必逐一登录。更重要的是，这种SSO功能适用于用户的所有设备，包括便携式计算机和智能手机。这也意味着同样的无线凭证，如SSID、用户名和密码，能够在用户可能访问的所有地点（包括他们的家）获取。通过SSO，安全团队通过挑战用户而不是仅仅挑战设备来控制对敏感数据或系统的访问。在自带设备（Bring Your Own Device, BYOD）的时代，这大大减少了跟踪不断变化的便携式计算机和智能手机带来的管理负担，能够支持基于用户凭证的访问。

从安全的角度来看，SSO常常被认为是一种好的做法，因为从理论上讲，只要一个操作就可以将一个人从所有的访问列表中移除。然而，情况并非总是如此。如果保持高的安全标准（比如用户教育和对复杂密码的要求），那么SSO可以增强安全性。然而，如果标准不高，那么SSO可能会损害安全性，因为一个受损的设备或破解的密码会产生更大的访问权限。在这种情况下，因为任何管理不善的流程或工具都可能被利用，所以SSO像许多其他工具一样，将反映公司的整体安全态势。

当实施或批准使用SSO时，安全团队也应该建立一个最佳实践，核实所有被删除的用户账户是否已关闭，而不是仅仅删除SSO功能。如果不能实现，可能会导致仍然可以直接访问单个账户。

总之，从方便的角度来看，SSO是一个很好的解决方案，有些人将其视为一种安全措施。一个更好的方法是将SSO视为内部安全能力的放大器。如果内部安全是强大的，SSO可以加强它；如果内部安全不完善，SSO实际上会增加组织面临的风险。

知识拓展

使用SSO的一个好处是，降低用户记录密码的可能性。当用户被要求使用多个密码时，有时会出现记录密码的情况，这可能是一个很大的安全风险。

8.5.7 硬盘加密

对客户端设备上的数据进行加密增加了另一层安全性。然而，这种操作应谨慎对待，因为丢失数据的最常见原因之一是用户忘记了硬件加密设备的密码。由于加密的设计是不可逆的，这实质上会将设备变成一个昂贵的废铁。

对于移动的数据，HTTPS和SSL等协议将保护基于网络的应用程序，VPN在保护不基于网络的移动数据方面效果很好。然而，如果移动设备丢失或被盗，驻留在设备上的数据将是脆弱的。在这种情况下，有几种方法来保护数据。一种是设置一个主访问密码，用户必须输入该密码才能访问设备。这可以防止在没有加密的情况下对数据的访问。另一种方法是硬盘加密（通常与主密码一起使用)。然而，还有一个选择是将所有文件存储在受保护的服务器上，并远程访问它们。这方面有几个不错的商业软件，如Dropbox和Box。一些公司也创建了这些服务的内部版本。

关于硬件加密的一个案例是黑客控制了一个设备并对硬盘进行了加密，然后敲诈设备的所有者，试图让受害者用现金来换取解锁数据的加密密钥。与这相关的另一个案例是一个名为CryptoLocker的骗局，它在一定程度上取得了成功，虽然胜利不是永久性的，但仍然让许多人感到苦恼。这就更有理由要确保用户接受安全事项的培训，让用户明白一定要通过安全的方法连接，不要从不可信的网站下载应用程序。

8.5.8 隔离

大多数设备管理和访问控制系统的一个重要功能是能够隔离不符合要求的设备，并限制它们对网络的访问。隔离是 NAC 的一种形式，如果不满足某些参数条件（如防病毒补丁），用户只能进行限定程度下的网络访问（通常是访客权限）。通过对设备配置文件进行设置，管理员可以确保每台设备在获得网络的完整访问权限之前，必须符合一组最低标准（例如，确保所有补丁是最新的）。所有未能通过合规性检查的设备将被归入网络的一个隔离区。

8.5.9　Wi-Fi 即服务

近年来，基于云的 Wi-Fi 管理系统已经取得了长足的进步，这些系统从一开始就为公共热点、咖啡馆和中小企业市场服务。今天，Wi-Fi 即服务（Wi-Fi as a Service, WaaS）和 Wi-Fi 管理云服务迎合了企业和大型组织部署和管理庞大无线网络的需求。因为无线网络现在是建立网络的首要方式，但安全地部署和管理大型无线网络是一项复杂的任务。因此，许多组织正在寻求将其无线网络管理外包给云服务提供商，这些服务提供商拥有远程管理其无线资产的技能、资源和工具。

当前，无线网络即服务通常包括三个部分。

- 硬件即服务（Hardware as a Service）：供应商将提供、配置和部署所有无线资产。
- 软件即服务（Software as a Service）：供应商将提供所有软件和工具，并更新固件和安全补丁。
- 管理即服务（Management as a Service）：供应商将从其基于云的网络运营中心远程管理和支持网络。

接下来将讨论将无线网络管理外包给 WaaS 供应商的几个主要好处。

1. 简化网络管理

使用云管理的无线和组网解决方案为安装、配置、网络管理和诊断提供了一个单一的管理入口。通过中央界面和一键式自助服务，云网络解决方案简化了处理企业动态网络需求的任务。

此外，在出现任何问题时，使用最少的帮助和支持就可以容易地进行快速诊断和排除故障。大多数问题都可以通过中央无线接入点管理仪表盘来解决。这不仅使企业对其网络有更大的控制权，而且还降低了网络管理成本。

2. 提升成本效率

使用云管理的服务通常以订阅为基础，按需提供。这种模式与其他“即服务”的模式一样，为企业提供了对费用的更大控制权，并减少了资本支出。通过基于云的无线管理解决方案，企业可以节省资本投资，因为接入点和交换机等硬件可以由服务提供商提供。这也减少了企业内部无线资产的维护成本。

3. 按需扩展

云管理的无线网络可扩展性很好，因为它们处于统一和集中的管理之下。部署云架构的最大好处之一就在于无线网络可以随着组织的发展而安全地扩展。

4. 增强安全性

基于云的无线服务能够开发和销售自身复杂的安全框架，该框架建立在丰富的经验和专业知识之上，可以减少安全漏洞。企业可以利用这些知识来创建自己的安全框架，以符合他们的安全策略和要求。

5. 不用动手维护

有了基于云的管理服务，维护工作对企业来说是透明的，无线接入点会自动更新最新的系统固件和最新的安全补丁，这些都是在部署前经过验证和测试的。因此，网络能够及时更新，更加安全。

6. 更深入的分析和报告

云解决方案配备了分析和报告功能，帮助企业监测其网络，以获得安全事件的实时更新，收集网络使用情况的分析，以及提供深入的规范性分析，协助做出明智和主动的决策。

7. 轻松备份和实时警报

易于管理和维护负担的降低是决定外包给云管理服务的关键因素。这是因为无线接入点是由云中的工具监控的，而且由于接入点实际上会将其网络配置存储在云中，这就减少了对本地网络管理系统的需求。此外，有了云管理的无线管理服务，一旦出现警报或网络行为异常，用户就会自动收到通知。

云管理的无线服务可能不适合每个人，因为许多组织确实喜欢保留对其网络和资产的控制。然而，对于那些确实想以最少的资本支出和运营负担来优化和保护他们的无线网络的人来说，外包给一个 WaaS 供应商可以通过先进的分析和报告来丰富现有的业务运营情况，以保护和充分利用你的无线网络。

本章小结

虽然控制访问、保护数据和管理设备的基本思想在所有组织中都是相同的，但规模更大、对风险更敏感的组织需要一种既能满足对安全的高度需求，又能满足对可扩展性和管理的日益增长的需求的方法。这不仅是因为更大的组织顾名思义有更多的人，而且这些人往往拥有更多的设备，访问更多的服务，并会进行更多的操作。较大的组织也有较高的流失率（加入和离开公司的员工），这就需要制定程序和策略，以确保"匿名"员工无法继续使用自己的设备（没有双关的意思）。

所有这些都促使人们开发出更先进的安全方法，特别是无线安全。通过使用 RADIUS 认证服务进行访问控制是大多数企业采取的方法，这是有原因的。结合 EAP，这种访问方法可以确保认证过程中的保密性，并提供一个安全可靠的方法来保护数据，同时控制对加密凭证的访问（包括访问过程和对密钥进行防护的手段）。SSO 也可以是一个很好的工具，能够帮助创造一个安全的环境，而不会给员工带来不必要的负担。

设备管理一直是一个主要的考虑因素，在一个大型组织中，这个考虑因素被放大了，因为设备丢失或受损的概率增加。因此，许多企业正在寻求将他们的 Wi-Fi 运营外包给能够为他们管理网络的云服务提供商。随着管理设备和无线网络的复杂性增加，WaaS 的盛行将越来越明显。

本章习题

1. 对于较大的网络或校园，集中控制大大简化了设计，而且由于在维护方面节省了时间，往往效果更好。
   A. 正确　　B. 错误
2. 以下哪项关键绩效指标不受 VoIP 或 VoWLAN 的影响？
   A. 数据包丢失　　B. 时延
   C. 抖动　　D. 安全性
   E. 可用性
3. Wi-Fi 访客访问包括以下哪种类型？
   A. 开放式访问　　B. 通用密码
   C. 配置密码　　D. 不允许访客访问
   E. 以上都是
4. 可扩展认证协议的作用是什么？
   A. 保护认证凭据　　B. 可以通过局域网安全地连接到 RADIUS 服务器

C. 与使用的认证方法无关　　D. 以上都是

5. 发现协议对 IT 人员来说是很好的，但对黑客来说也是很有用的。为此，应该对其进行限制并仔细控制。
   A. 正确　　B. 错误
6. RADIUS 服务器是所有认证数据的中央存储库，可以发出成功或失败的通知。然而，接入点仍然需要知道客户端的认证凭证。
   A. 正确　　B. 错误
7. 以下哪个版本的 SNMP 提供加密形式的保护？
   A. SNMPv2　　B. SNMPv3
   C. SNMPv2 和 SNMPv3 都有　　D. 既不是 SNMPv2 也不是 SNMPv3
8. IPSec 是一个非常安全的协议套件，用共享密钥就可以轻松实现。
   A. 正确　　B. 错误
9. 加入网络时，可以通过认证过程确定 VLAN 分配情况。
   A. 正确　　B. 错误
10. 关于 SSO，下列哪项说法是正确的（选择所有满足条件的）？
   A. 用户只需要记住一个密码
   B. 它使网络更安全
   C. 它使网络的安全性降低
   D. 它减少了 IT 的管理负担
   E. 它可以增强运行良好的网络的安全性，也可以使运行不良的网络的安全性降低

第9章 |Chapter 9|

WLAN 审计工具

Wi-Fi 网络需要进行持续审计。事实上，审计是必不可少的，网络管理员可以据此随时获取网络的精确状态。Wi-Fi 网络的审计尤其重要，因为 Wi-Fi 作为一种广播媒介存在固有漏洞，可以向所有能接收信号的人传输信息。

近年来，Wi-Fi 在工作场所和家庭中都已十分普遍，这很大程度上是由于其价格低廉和易于安装。这对安装人员和管理员来说是件好事，但也有一个缺点，由于它们便宜且易于安装，Wi-Fi 网络不断受到未经授权访问的威胁。这种未经授权的访问可能是由于配置错误，也可能是由于缺乏基本的安全控制，或者是无线局域网（WLAN）中新增了恶意接入点或 ad hoc 网络。为了应对这些漏洞，必须对无线局域网进行持续的审计和监控。

网络审计不是一项容易的任务，因为有许多潜在的攻击载体。然而，有许多工具可以帮助完成这项有些困难的任务。WLAN 审计需要各种通用的和高度专业化的工具。从基本的 WLAN 发现工具到无线协议分析器和网络管理应用程序，都可以用于进行 WLAN 审计。

Wi-Fi 网络审计工具可以分为几个类别，其中一些付费的工具功能可能较为强大，可以覆盖多个类别。Wi-Fi 工具通常分为以下几类，其中部分功能可能会有重叠。

- Wi-Fi 分析仪：这类工具通常具备扫描仪、现场调查、跟踪、频谱分析和热图绘制等功能。
- 审计和安全：除了 Wi-Fi 分析仪中的功能外，这类工具还具备流量分析、数据包嗅探和渗透测试等功能。
- 监控和管理：这类工具往往是全面工具包，涵盖了 Wi-Fi 监控、维护和管理的各个方面，因此会具备扫描仪、清单编制、现场调查、跟踪、频谱分析、热图绘制、流量分析和数据包嗅探等功能。

不幸的是，攻击者也同样可以利用这些工具来寻找安全漏洞并进入网络。因此了解这些工具如何为网络管理员提供帮助，以及如何被犯罪分子用于对付管理员们，是 WLAN 安全领域的重要问题。本章将重点介绍这些工具，对如何使用这些工具和如何保护网络免受侵害进行了初步介绍。

9.1 WLAN 发现工具

有许多 Wi-Fi 网络发现工具既可以作为免费的开源工具，也可以内置于专业的工具套件中承担 Wi-Fi 监控和管理功能。然而，这些开源工具中的许多都是基于传统的 802.11a/b/g 等 Wi-Fi 标准设计的。如果要监控的 WLAN 是按照这些标准之一建立的，那么上述工具完全适用。当 Wi-Fi 网络开始演进到 802.11n 时，问题就出现了，特别是在管理 802.11ac（Wi-Fi 5）和 802.11ax（Wi-Fi 6）WLAN 时，问题尤其明显，因为这些标准与传统的适配器或工具不兼容。例如，当捕获 802.11n 数据包时，需要管理设备具备 802.11n 或 802.11ac 适配器。同样，捕获和解码 802.11ac 数据包需要使用 802.11ac 适配器，不能使用 802.11a/b/g 适配器来捕获 802.11n 数据包，也不能使用 802.11a/b/g 或 802.11n 适配器来捕获和解码 802.11ac 数据包。此外，不仅仅是适配器需要兼容，Wi-Fi 监控和管理软件也需要兼容。

不兼容问题出现的原因是 802.11n 和 802.11ac 网络中引入了多输入/多输出（Multiple Input/Multiple Output, MIMO）技术和发射波束赋形技术。这些技术给无线分析仪带来了严重的挑战。虽然当执行设备发现、现场调查或测量信号强度等简单任务时，不兼容问题并不突出，但在进行流量分析和报告时，该问题就显现出来了。

因此，本章在讨论 Wi-Fi 审计工具时，一般只讨论能够兼容所有 Wi-Fi 标准（至少到 802.11ac）的工具。

9.1.1 企业 Wi-Fi 审计工具

对于负责监控和管理企业无线网络的专业 Wi-Fi 网络管理员来说，在预算允许的情况下，可能会选择一套能够满足其所有要求的综合性工具。因此，他们可能会选择具备 Wi-Fi 流量分析和现场调查等功能的一套综合性工具。许多供应商用一套全面的审计管理工具实现对网络产品的支撑，例如思科 AWS 和 Aruba Airwave。然而，对于多厂商环境中的管理员来说，有许多与厂商无关的工具可供选择。

NetAlly 公司的 AirMagnet WiFi Analyzer 就是这样一个专业的工具套件，它是一个综合性无线网络分析仪，也涵盖了监控和管理企业 Wi-Fi 网络的所有必要功能。例如，AirMagnet WiFi Analyzer 能够实时分析 802.11a/b/g/n/ac/ax 无线流量。这套工具还提供了无线网络连接情况、容量、覆盖范围、性能、吞吐量、网络漏洞和已知安全问题的概览。此外，AirMagnet WiFi Analyzer 还可以生成完整的报告，以确保被管理的网络符合 PCI、SOX 和 ISO 的监管标准。

AirMagnet WiFi Analyzer 具有许多解决 Wi-Fi 问题的内置功能，是一套全面的 Wi-Fi 监控和管理工具。它具备的以下几个基本功能都可以作为专业工具使用：

- Wi-Fi 流量分析仪。
- 自动故障排除工具。
- Wi-Fi 干扰检测和 Wi-Fi 分析。
- WLAN 客户端漫游分析。

然而，AirMagnet WiFi Analyzer 的价格并不便宜，而且是面向专业 Wi-Fi 网络管理员的。不过，市场上还有许多其他专业工具，价格比较便宜，如 Acrylic Wi-Fi。

1. Acrylic Wi-Fi

这套专业工具用于在 Windows 系统中进行高级 Wi-Fi 扫描和现场调查，具有扫描 802.11/a/b/g/n/ac/ax 网络、显示 2.4GHz 和 5GHz 频段内信道、对信号强度进行可视化和显示 Wi-Fi 图表的功能。

Acrylic Wi-Fi 的图形用户界面（Graphical User Interface, GUI）较为友好，提供了一个直观的可视面板，能够实时显示所有相关的 Wi-Fi 信息。这些信息对于优化 Wi-Fi 性能、排除无线网络中的异常情况非常有用。

除了基本的网络发现功能之外，Acrylic Wi-Fi 还能够根据用户需要优化接入点的覆盖范围，并提示信道干扰问题。

Acrylic Wi-Fi 的工作原理是扫描本地无线电环境并显示附近的 Wi-Fi 接入点情况，不仅能够发现现有的接入点及恶意接入点，而且还能获得有关信号强度水平、服务集标识符（Service Set Identifiers, SSID）、信道和 WLAN 安全加密的信息。

然而，如果预算难以承担 AirMagnet Wi-Fi Analyzer 或 Acrylic Wi-Fi 的专业版本，那么有几个开源或免费使用的替代品可以考虑。

2. Wi-Fi Inspector

Wi-Fi Inspector 是一个 Wi-Fi 扫描仪和现场调查工具，具有实时更新和易用的 GUI，能够作为 802.11ac 及与其兼容的网络中的免费无线网络监控软件，用于对流量、状态和客户端设备进行分析。

Xirrus Wi-Fi Inspector 可轻松获取本地射频（Radio Frequency, RF）频谱信息，该软件可在 Windows 和 macOS 的设备上运行，对使用范围最广的 Wi-Fi 标准进行监控，如 802.11ac Wave 1 和 Wave 2 技术。

Xirrus Wi-Fi Inspector 是免费使用的，因此，家庭或中小型企业（SMB）可以使用，但同时它也能很好地支持：

- 对 Wi-Fi 网络进行实时监控。
- 显示 Wi-Fi 信号强度和覆盖范围。
- 扫描 Wi-Fi 网络，检测包括恶意接入点在内的设备。
- 限制设备的 Wi-Fi 连接。

此外还有其他免费使用的 Wi-Fi 发现和现场调查工具，即 SZ 开发团队的 Homedale。Homedale 可以扫描 Wi-Fi 网络及所有本地可访问的接入点，监测各自的信号强度，并使用图表显示结果。

Homedale 软件适用于 802.11a/b/g/n/ac 无线网络中的两个常用频段（2.4GHz 和 5GHz）。此外，通过内置的接入点和连接器，可以将 Homedale 与其他第三方服务融合，如谷歌定位服务（Google Geolocation）、Mozilla 定位服务和 Open WLAN 地图服务。

9.1.2　热图绘制工具

在进行 Wi-Fi 现场调查期间，热图绘制功能可以根据默认网格或导入的平面图定位并绘制出每个已发现的接入点的射频覆盖范围。（通过走动）进行现场调查后，Ekahau 公司的 HeatMapper（热图绘制工具）能够将射频信号覆盖范围叠加显示在平面图上，并提示存在的射频死角区域和射频重叠覆盖区域。大多数 Wi-Fi 调查工具都会有某种形式的热图绘制功能，尽管不一定会图形化显示。当前市面上最好的工具，如 Ekahau Site Survey，能够展示易于理解的射频传播示意图。

Ekahau Site Survey 企业版工具除了能够进行热图绘制之外还具备其他的功能。例如，Ekahau Pro 作为 Ekahau Connect 产品套件的一个组成部分，具有以下功能：

- 同时进行 2.4GHz 和 5GHz 频段的监测。
- 支持 802.11a/b/g/n/ac/ax。
- 同时进行被动监测、主动监测和频谱监测。

此外，作为热图绘制工具，Ekahau Analyze 使用 15 个热图之一收集数据，以确定 Wi-Fi 网络的性能。在进行热图绘制时，Ekahau 能够对如下指标进行测量和可视化：

- 信号强度覆盖率。
- 信噪比。
- 数据传输速率。
- 吞吐量。
- 丢包情况。
- 抖动。

- 往返时间。
- 最大信道带宽。
- 接入点的数量（包括重叠的接入点）。
- 网络容量问题。
- 频谱信道功率。
- 频谱利用率及 Wi-Fi 信道宽度。
- 同信道及相邻信道干扰。
- 容量问题，如单个无线电信道内网络电话呼叫过多和接入点过载。

对于中小企业或预算有限的人来说，如果预算难以支持使用专业工具，还有其他选择。NetSpot 是一个功能可与前述工具相媲美的专业工具，可作为 Windows 和 macOS 中免费使用版的 Wi-Fi 调查和分析软件工具。NetSpot 能够扫描 802.11 Wi-Fi 覆盖区域，进行高级现场调查，并在一个面板内可视化所有结果。该软件还可以创建可视化的 Wi-Fi 热图，从而可以确定信号泄漏区域或覆盖死角。

NetSpot 可以免费下载，同时也有专业的授权版本，其中有许多内置的功能，如：

- 显示单个信道负载。
- 识别所有恶意接入点。
- 创建 Wi-Fi 热图并提供调整 Wi-Fi 无线信号的建议。

这些网络发现工具可以而且当前正在被管理员用于授权审计，攻击者也会使用这些工具绘制和识别潜在目标。如前所述，Kismet 甚至可以发现隐匿的 SSID，所以攻击者可以轻松找到隐藏的网络。为了降低攻击者发现和访问网络的风险，管理员可以使用一些技术来降低发现工具的有效性，这需要应用先进的安全措施，如使用 802.1X、可扩展认证协议（Extensible Authentication Protocol, EAP），或虚拟专用网络（VPN）等较为安全的方式对数据包进行加密和隧道传输。除此之外，管理员还可以使用假的接入点来生成伪造的信标，通过迷惑 NetStumbler 和 Kismet 等工具来掩盖真正接入点的存在。管理员还必须进行定期调查，以确保本无恶意的员工没有安装非法接入点，因为这类恶意接入点常被使用接入点映射的攻击者所利用。

9.2 渗透测试工具

与其他所有会受到攻击的受保护网络环境一样，Wi-Fi 网络基础设施也需要进行安全加固，如使用隔离区（DMZ）网络服务器。有许多工具和技术可供选择，但只是简单地安装并认为已经起到作用是十分错误的，已有历史证明这对于许多组织来说是灾难性的。更好的做法是使用渗透测试来测试自身防御能力。渗透测试是搜索网络中存在的漏洞并尝试使用攻击者可能利用的手段进行攻击。从本质上讲，渗透测试是在得到允许的情况下对网络进行攻击。渗透测试的工作原理是，自己首先寻找存在的漏洞，而不是被动地让攻击者发现（更糟糕的是，存在多年来没有被注意到的漏洞，在被攻击者不知情的情况下一直被利用）。

可以通过手动方式进行渗透测试，但也有自动工具和专门的软件框架可用。最受欢迎的渗透测试框架之一是 Metasploit。

> **知识拓展**
> 未经明确许可进行渗透测试是黑客行为，即使是出于好意也会被认为是非法的。从专业性和合规性方面考虑，最好的办法是以书面形式签订测试协议。

9.2.1 Metasploit

如Metasploit这样的渗透测试工具被用于进行较为成熟网络的防护能力评估。渗透测试通常以目标为导向，这是它与漏洞评估不同的地方，而Metasploit既可以进行防护能力评估也能进行漏洞评估，也就是说它可以作为渗透测试工具来寻找特定的漏洞，也可以作为一般的漏洞扫描仪使用。

通过漏洞扫描或评估，管理员希望找到所有已知的常见漏洞，并将其排除。如果管理员认为即使没能覆盖所有漏洞，但大部分高风险漏洞都已经得到排除，他们将重新进行漏洞评估，直到获得高分（因为低分意味着还存在一些问题）。在确信网络安全之后，管理员可以通过对特定目标和攻击媒介的渗透测试对网络防护能力进行验证。

Metasploit框架是开源软件，用于协助管理员“攻击”自己的网络。这是一个很棒的工具，但它是一把典型的双刃剑，因为攻击者也可以而且确实在使用它。一般来说，Metasploit等工具会迫使管理员采用渗透测试来防止攻击者获取网络的不对称信息（换句话说，也就是防止攻击者比网络所有者更了解网络中的各方面）。

知识拓展

漏洞扫描和渗透测试之间的一个重要区别是，漏洞扫描是非侵入性的，不会造成损害，而渗透测试则可能导致故障。

9.2.2 SARA

除了Metasploit之外，Security Auditor's Research Assistant（SARA）也可以同时承担渗透测试工具和漏洞扫描仪两项功能。SARA集成在国家漏洞数据库（National Vulnerabilities Database, NVD）中，可以执行许多渗透测试，包括SQL注入和跨站脚本攻击（XSS）测试（XSS是一种流行的黑客技术，利用了基于网络的应用程序代码中的漏洞。通过利用该漏洞，黑客能够让客户端传输终端用户的信息和数据，这些信息和数据随后会被黑客出售或以其他方式使用）。SARA的一个特别好的特点是它能够与Nmap集成，Nmap是一个使用了传输控制协议/互联网协议（Transmission Control Protocol/Internet Protocol, TCP/IP）的网络工具，能对操作系统（Operating System, OS）进行指纹识别，并对开放的TCP端口、用户数据报协议（User Datagram Protocol, UDP）端口，以及应用程序进行远程网络端口扫描。

9.3 密码捕获和解密工具

在进行任何Wi-Fi网络审计操作时最好对弱口令进行检查。除了未加密的会话外，弱口令往往是网络中最常见和最严重的安全威胁。如果使用容易破解的密码，窃听者可能利用弱口令入侵网络内部（这取决于被窃取密码的人的安全防护能力）。在处理网络设备上的默认管理员密码时，这个问题尤为突出。

有几种进行密码审计和恢复的工具，其中Nessus和Aircrack-ng是最常用的两种。Nessus特别擅长发现网络应用的默认管理员密码，Aircrack-ng除此之外还能够破解有线等效加密（Wired Equivalent Privacy, WEP）、Wi-Fi保护访问（Wi-Fi Protected Access, WPA）和使用预共享密钥的Wi-Fi保护访问第2版（WPA2-PSK）的密码、捕获数据包，以及强制取消认证和重新认证。能够强制进行重新认证握手是捕获客户端和接入点设备间认证和关联过程的一个重要步骤。

WEP和WPA并不安全，为了降低攻击者窃听并窃取网络密码的风险，必须配备强大的安全措施，如WPA2-PSK或WPA2企业版，这些工具使用了高级加密标准（Advanced Encryption Standard, AES）的加密方法和远程认证拨号用户服务（Remote Authentication Dial-In User Service, RADIUS）认证。如果有足够多的数据包样本和足够的时间，Aircrack-ng也可以破解WPA2-PSK，但破解难度较大。

WPA2也并不完美，它也存在一些安全问题，在它面对暴力破解密码攻击时的脆弱性就可以看出。此外，WPA2也没有提供加密等保护，这使设备在开放的公共Wi-Fi网络上极易受到攻击。WPA3引入了一些安全功能，以降低暴力破解密码攻击的风险，还在开放的公共Wi-Fi网络上强制执行流量加密。然而，在WPA3普遍部署之前，与WPA2相关的漏洞可能会持续存在，因此执行强密码的策略仍应作为关键的安全标准。

更重要的是，攻击者的关注点并不总是在获取接入点或客户端的认证密码上，在大多数情况下攻击者会关注操作系统中应用程序的密码。像Win Sniffer和Ettercap这样的工具可以随意抓取子网中的所有数据包，随后可以对文件传输协议（File Transfer Protocol, FTP）、第3版邮局协议（Post Office Protocol 3, POP3）、超文本传输协议（Hypertext Transfer Protocol, HTTP）、简单邮件传输协议（Simple Mail Transfer Protocol, SMTP）和Telnet密码进行破解。Win Sniffer和Ettercap都可以连续运行多日，期间收集数据包并获取密码。这凸显了攻击者的优势，那就是能够自动完成收集信息和探测漏洞的任务。

除操作系统中的密码之外，其他常见的攻击目标还包括客户端设备上的开放共享，攻击者借此能够在网络中获得一个立足点。开放共享（Open share）是一种通过空中接口在客户端之间直接共享文件的方法。L0phtCrack是一种Windows客户端中常见工具，用于破解文件共享和网络登录过程中的网络密码哈希值（哈希值是一种根据加密算法将文本字符串通过公式计算生成的数字）。

对密码进行破解的攻击者经常使用字典式攻击。在这种场景下，攻击者会使用免费提供的在线密码字典进行大量尝试，其中一些字典包含了数百万种可能的密码，这些密码既包括真实的字词，也包括从网站上窃取的密码数据库中积累的组合，这种密码破解器被称为字典密码破解器。在字典攻击中，字典或字词列表中的每一项都会使用与密码相同的加密方法依次进行加密，然后将得到的哈希值与原始密码的哈希值进行比较。如果两者不同，软件会尝试下一条；如果匹配成功，就会显示密码。

使用这种方法的攻击者的优势在于许多密码实际上是非常简单的（因为人类很难记住复杂的密码）。因此，密码通常可以通过一个大型字典快速破解。当使用窃取的密码数据库时，密码破解者每秒可以根据数据库运行数千甚至数百万次的排列组合。

与字典列表相关的是彩虹表，它是一定范围内的密码组合及其对应的哈希值的列表。一个彩虹表可能包含数以千计的已知或前期发现的密码及它们的哈希值，这使破解密码的效率大大增加。这些由黑客整理并在网络上传播的表格，通常用于破解长度有限、字符组成有限的明文密码。在获取了哈希值之后，攻击者就可以将哈希值的密码与表格进行比较。当发现匹配时，攻击者就可以确定该密码。

Aircrack-ng、Cain & Abel和John the Ripper等字典密码破解器也会使用暴力攻击来试图恢复密码。字典攻击和暴力攻击方法的区别在于，字典攻击是对密码进行解密，而暴力攻击是针对给定长度的密码通过比较所有可能的字符组合来破解密码。

对于复杂的密码来说，暴力攻击通常是低效的，因为需要处理所有可能的字符组合。例如，如果一个密码同时使用包括大写和小写在内的从A到Z的字母、从0到9的数字，以及10个特殊字符，那么密码中的每个字符都有72种可能。这意味着一个长度为五个字符的密码将有19.34亿种可能的组合。这似乎是一个非常大的组合数量，但对于一台高端计算机来说，处理所有组合并不需要那么久。此外，一个八位数的密码有令人难以置信的7 222 000亿种组合，这就是为什么大多数安全网站要求密码至少有八位数。

更为复杂的是，攻击者并不知道密码长度，再加上计算所有可能的排列组合所涉及的纯数学问题，通常足以挫败大多数暴力密码攻击，除非密码的长度少于五个字符。

为了提升攻击有效性，字典式攻击和暴力式攻击都需要捕获哈希密码样本来进行比较，通过使用 Airodumpng 等工具很容易实现该目标，Airodumpng 是 Aircrack-ng 工具套件的一部分，可以通过无线网络以监控模式捕获数据包。如果不采取这种方式，那么可以在脚本中使用捕获的哈希密码样本，对实时网站密码进行尝试。然而，现在大多数网站不允许多次登录失败，如果出现多次登录失败，会将用户注销或通过全自动区分计算机和人类的图灵测试（Completely Automated Public Turing Test to Tell Computers and Humans Apart, CAPTCHA）来挑战用户。这使得在实时模式下使用这些工具的效率非常低，这时候需要采用慢速攻击模式，即每小时只尝试两到三次排列组合，以避免触发注销或 CAPTCHA。

技术提示

有一种创建不易被破解且易于记忆的密码的好方法，就是编写一个对你有意义的句子，写下句子中每个词的第一个字母，并尽可能用符号代替字母，从而将其转换为“代码”。例如，以“我的大女儿萨曼莎出生于 2002 年（My oldest daughter Samantha was born in 2002）”这句话为例。通过使用美元符号（$）代替字母 S，使用感叹号（!）代替字母 i，就得到了 Mod$wb! 2002，这是一个 11 位数的密码，看起来很随机、复杂，而且很容易记住。

如果想要缓解密码被攻击者破解的威胁，唯一的方法是确保用户创建复杂密码，且需要针对不同的应用程序使用不同的密码。然而，实际情况通常不是这样的。许多用户将同一个密码用于所有场景，这显然不是一个安全的方法，但却是符合人性的做法。因为密码是很难记住的，尤其当密码十分复杂的时候。根据塔吉特、家得宝等公司和其他公司出现的漏洞，整个数据库的用户名和密码均被盗，可以知道反复使用相同的密码十分危险。黑客的一个常规做法是建立一个自动作业计划，用相同的字符组合尝试登录信用卡、银行和其他零售网站账户。

用户需要能够记住每个应用程序的密码。解决这个问题的其中一个办法是使用密码管理系统（Password Management System, PMS）。PMS 将安全地存储访问过的所有网站的密码，并能够自动使用适当的密码登录。这意味着可以创建非常难记但又非常安全的密码，并将它们存储在 PMS 中。用户不需要记住这些密码，因为用户使用 PMS 登录即可。访问 PMS 的密码数据库和存储库需要一个主密码，这个主密码应该既复杂又容易记住，以防 PMS 中的密码因各种原因需要修改。

记住，密码对黑客来说就像黄金一样具有吸引力，有了密码之后黑客就可以登录并获得被攻击者的所有数据和服务的访问权。

网络枚举器

网络枚举器是对网络中活跃主机进行扫描的软件程序。它们通常会列出一个子网中的所有 IP 地址，然后对每个 IP 进行指纹识别。常用的网络枚举器包括 Nessus 和 Nmap，它们提供了有关网络基础设施的信息，如开放的端口和支持的服务。在 Windows 共享的检测方面，类似 Rhino9 的 Legion 这样的程序会快速扫描整个子网，并返回一个带有其开放文件共享信息的设备列表。

通常情况下，攻击者会检查发现的所有客户端设备的操作系统和开放端口的可用性，这种技术称为操作系统指纹识别，或端口扫描。管理员和攻击者常用的工具是 LanGuard。LanGuard 可以快速对整个网络进行指纹识别，并在其有效载荷中返回信息，如已安装的服务包、已安装的安全补丁、正在使用的服务、开放的端口、用户和群组，以及已知的漏洞情况。

为了阻止设备运行 LanGuard、Nessus 或 Legion（或至少能够检测到这些工具的存在），可以使用无线入侵防御系统（Wireless Intrusion Prevention System, WIPS）。这些程序很容易被发现，因为它们在网络中的存在十分明显，也就是说这些工具在对端口和服务进行扫描和探测时，会向其他设备请求大量的信息。正因为如此，用网络协议分析仪进行定期扫描（即使是短暂的扫描），就能够发现网络中存在的恶意扫描设备。

知识拓展

与网络枚举器类似的是共享枚举器。共享枚举器扫描 Windows 子网中存在的开放文件共享程序，它们会寻找用户名以及与用户组、共享和可用服务相关的信息。

9.4　网络管理和控制工具

网络管理员和 IT 安全专家可以利用一系列工具和解决方案来进行网络的监控、故障排除和管理。其中最常见的是协议分析仪和网络管理工具。这些工具不仅有助于优化网络，而且能在发生可疑或异常活动时发出警报。

然而，如前所述，同样的工具可以而且正在被黑客用来深入了解网络或寻找安全漏洞，黑客可以基于此实施攻击。一般来说，工具没有好坏之分（尽管有一些工具是专门为黑客而设计的），工具的好坏取决于使用它们的人的动机。本节涵盖了一些比较常见的工具，并指出它们如何被攻击者利用。

9.4.1　无线协议分析仪

网络管理员需要识别和处理深层次的网络故障，他们经常使用网络协议分析仪来帮助他们。协议分析仪主要用于显示和定位那些行为违反网络规则和协议的设备。例如，使用协议分析仪，可以快速识别正在扫描子网中的端口和地址的客户端设备，如果证实确实存在问题，可以及时进行补救。

过度的探测和扫描行为通常是病毒感染的迹象，因为这就是蠕虫病毒在整个网络中进行复制的方式。然而也有例外情况，这种现象也可能是攻击者运行 Nmap、Nessus 或其他一些网络发现工具的结果。

因为网络协议扫描能够很好地指示当前网络状态，所以应将其作为网络管理员每周任务列表中的一个常规组成部分。在大多数情况下，异常流量最后都会发现是合法的，但有时“奇怪的”流量现象可能表明存在攻击或威胁，应该对此进行细致监听和调查。

知识拓展

虽然 Airshark 和 Wireshark 名字相似，但这两者并不相干。

9.4.2　Aircrack-ng

一些无线网络工具有内置的协议分析仪，Aircrack-ng 就是这样一个工具，它可以在 Windows 和 Linux 上运行。Aircrack-ng 是一套软件包，由网络检测器、数据包嗅探器/收集器/注入器和基于字典的密码破解器组成。该软件包包括以下工具：

- Aircrack-ng：这是一个字典式的攻击工具，用来破解使用 WEP 和 WPA 进行防护的网络中的密码。
- Airmon-ng：这是一个能将网卡配置为监控模式的工具，而网卡使用监控模式是发现网络的前提条件。

- Airdeauth-ng：这是一个强制取消认证的工具，会使客户端重新尝试进行认证，随后设备就会被攻击者劫持（这将在本章后续进一步讨论）。
- Aireplay-ng：这是一个用于实施数据包注入的工具。
- Airodump-ng：这是一个数据包嗅探器，它能够捕捉数据包并将其放入文件中进行分析。Airodump-ng可作为协议分析器使用，此外还可以显示详细的网络信息，因此作为发现工具是很有用的。
- Packetforge-ng：该工具用于创建加密数据包，便于后续将其注入网络。
- Airbase-ng：该工具用于攻击客户端设备，而非接入点。

9.4.3 Airshark

Airshark是一种常用且有效的协议分析仪，它是广受欢迎的、用于有线以太网网络的Wireshark协议分析仪的无线版本。Airshark是免费的，功能非常强大，这使其成为发现恶意接入点、其他恶意设备、病毒和无线网络上异常活动的有效工具。

Airshark的工作原理是在混杂模式下运行网络接口，以捕获网络上的所有流量（这里的网络指WLAN）。这样一来，Airshark就可以确定TCP对话和线程的位置，并以彩色编码显示。Airshark能够很容易实现对所有特定对话中设备间互动情况的跟踪。此外，该软件会查看数据包内部，不仅能显示报头和端口，而且还能深入TCP数据流中获取每个数据包的有效载荷。这是一种非常快速的加密检查方法，因为很容易就能看出有效载荷数据是否被加密。此外，通过检查对话数据流，很快就能清楚地获取主机是否正在扫描网络或对网关、DNS服务器或开放共享进行探测。

与所有其他的工具一样，无线协议分析仪既可以用来做好事，也可以用来做坏事。重要的是要认识到，协议分析仪与发现工具不同，前者在其操作模式上是被动的。因此，它们不会在网络上产生噪音，管理员可以使用它们来确定网络的状态，并检测和显示恶意设备或未加密的无线流量。协议分析仪对于确定射频单元是否过大或设备配置是否有误也很有用，例如，协议分析仪可以通过对失败的认证和关联数据进行记录和报告来完成前述任务。

由于协议分析仪能够显示未加密系统中的重要内容，如第2层和第3层的信息和数据包有效载荷，因此它们被窃听者和攻击者广泛使用。使用Airshark，数据包可能被捕获、操纵，并通过中间人攻击重新注入。这使得Airshark成为一个非常有用的攻击工具，新手和专家都可以使用，只不过前者使用时工具发挥的能力可能有限，而后者使用时效果可能更显著。

Airshark等工具没有网络签名，因此工具存在的消息不会被泄露，这使得这些工具很难被发现。然而，可以通过检查使用混杂模式的网络客户端设备来检测Airshark及类似工具的存在。为了减轻攻击者使用无线协议分析仪带来的影响，可以使用的安全措施包括使用互联网安全协议（Internet Protocol Security, IPSec）、通用路由封装（Generic Routing Encapsulation, GRE）隧道或安全外壳（Secure Shell, SSH）/安全套接字层（Secure Sockets Layer, SSL）对第2层和第3层数据进行加密。

9.4.4 网络管理系统

网络安全的基础是网络管理系统（Network Management System, NMS），无论企业网络规模如何，都要求配备NMS。NMS提供了一个单一的视角，管理员可以据此查看、规划和配置网络。无线协议分析仪等NMS应用的大小、价格和功能各异。此外，NMS应用中有开源免费的，如OpenNMS、Nagios和Zenoss；也有商业应用的，如WhatsUp Gold和SolarWinds，它们的价格都在大多数小型企业可接受的范围内。但企业级的NMS应用，如IBM Tivoli，可能要花费几十万美元，并需要几年时间才能完全完成部署。

除了提供网络视图和单点配置能力外，NMS还能使用简单网络管理协议（Simple Network Management Protocol, SNMP），这是用于发出网络设备告警的网络协议。NMS通常会提供一张网络布局图，并突出显示每个设备及其接口和网络的连接情况。如果任何设备出现故障，图上的设备图标将改变颜色和（或）系统将发出警报。当与网络运营中心的大屏监视器结合使用时，NMS可以成为标记网络问题并发出警报的有效手段。

SNMP系统中的警报是由SNMP陷入报文触发的。当满足了设备或软件程序中的SNMP代理预定义的一些条件时，就会产生这些陷入报文。制造商对可能的条件进行编码，而系统管理员则为警报设定阈值。如果满足了规定的阈值或条件，陷入报文就会触发警报，并发送到SNMP工作台中。该系统还支持对网络的自定义监控。根据网络的活动和风险状况，不同的警报会触发不同安全团队的调查。即使在简单的网络中，NMS也很重要；而在大型复杂的网络中，它是一个关键的安全工具。

9.5 WLAN硬件审计工具和天线

针对网络审计有专门的工具可供使用，在无线网络中，这些工具用于空中信号审计。本节将介绍基于硬件的审计工具和天线，这些组件可以对空中信号进行监控和审计。

知识拓展

请记住，所有的审计工具和技术都能够支持潜在的攻击者使用相同的方式进行网络审计。

9.5.1 硬件审计工具

对于大多数无线审计工作来说，网络管理员只需要一台带有无线网络适配器的便携式计算机即可，不需要专业的无线硬件和天线，即使在大型企业中也是如此。尽管这些组织可能有专门的设备，但对于不太复杂的任务，简单使用带有无线适配器的便携式计算机就可以。

然而，有些任务需要更专业的设备，即专门为无线网络审计和渗透测试而设计和配置的设备，Pineapple就是一种常见的这类设备。作为一个用于进行渗透测试和网络审计的工具箱，Pineapple实际上是一台微型计算机，它在处理器上快速运行应用脚本，同时配备有足够大的随机存取存储器（Random-Access Memory, RAM）用于数据存储。Pineapple内置了预配置的攻击软件，如Aircrack-ng套件、dsniff、Kismet、Karma、Nmap和TCPdump等。

当在交流电（Alternating Current, AC）有限的偏远地区进行审计时，使用特殊工具而非便携式计算机的优势就很明显。因为审计是处理器密集型工作，执行一次审计可以迅速消耗便携式计算机的电池电量，而像Pineapple这样的设备是用电池供电的，可以在偏远独立的地方运行较长时间。此外，这些工具是为渗透测试而配置的，可以发起多种已预配置的攻击。

这些工具中的大多数都没有预先配置天线，因为所使用的天线类型和功率会随着审计方法和目标的不同而变化。这些工具通常会配备高质量、低损耗的接口，用于连接合适的天线。

9.5.2 天线

在进行渗透测试时，使用的天线类型会对测试产生影响。无线接入点和网卡具备了多种无线天线的功能，包括以下几种无线天线：

- 全向天线（Omnidirectional Antennas）：全向性天线在所有方向上均匀地广播射频信号，并有 360°的覆盖。这种类型的天线默认安装在接入点和网卡上。在大多数情况下，全向天线是一般办公室或家庭的选择。
- 定向或半定向天线（Directional or Semi-directional Antennas）：这类天线的广播波束较窄，通常在室内和室外都是 180°左右。一般情况下，45°~90°的较窄的广播波束会被聚集起来，安装在同一个桅杆上，形成覆盖 360°区域的高容量区域。这是移动电信网络中常见的拓扑结构。具有高度聚焦能力的定向天线也被用来创建短程、中程和长途的点对点无线链路。这类天线在使用了微波无线电链路的移动电信回程网络中也很受欢迎。

天线的功率或增益，是另一个重要的考虑因素。这将决定覆盖区域或射频足迹。增益越高，射频足迹就越远。通常情况下，为了防止射频足迹扩散到家庭或工作场所的边界之外，会减少射频信号足迹的产生。然而，在进行渗透测试时，可能希望从企业外部测试网络安全，因此，需要一个高增益定向天线来在远处接收信号和窃听。此外，为了测量射频信号，还需要一个射频信号测量表，可能只是便携式计算机网络接口上的一个示意图，或者是一个集成到硬件设备中的专门工具，如 Pineapple 渗透测试工具。

天线是射频传输的一个非常重要的部分，它们决定了射频信号的覆盖区域和传播距离。选择正确的天线类型对于无线网络设计的合理性和安全性至关重要。此外天线网络审计也很关键。在选择用于网络审计的天线时，通常可以选择以下两种类型：

- 16dB 的八木式定向天线，用于长距离的窃听。
- 用于室内的通用直立式 10dB 全向汽车天线式天线。

有了这两根天线，审计程序就能在大多数渗透测试和网络审计的情况下检测和接收射频信号。

高于噪声基底的射频信号决定了无线网络的质量，无线网络的质量是由信噪比（SNR）决定的。如果天线不能接收高于信噪比的清晰信号，那么它将无法从噪声中区分出信号，因此也就无法对传输的信号进行处理。这就是干扰和背景噪声对无线网络的不利影响。此外，噪声还提供了一种简单粗暴的网络攻击方式。

9.6　攻击工具及技术

攻击者会使用各种各样的手段和技术来攻击网络。这些攻击的性质主要由黑客的目标（如破坏服务、盗窃数据或控制客户）和攻击机会（也即安全漏洞）决定。本节探讨了一些比较常见的攻击方法。

9.6.1　射频阻塞

虽然干扰和阻塞都会导致信噪比下降，并破坏发送机和接收机之间的通信，但两者之间是有区别的。干扰是无意的，常见的干扰源是共享相同频率和信道的邻近 802.11 网络。因为双方都有权使用免许可频谱，所以是一种无意的传输干扰。相比之下，阻塞是对传输的故意破坏。射频阻塞可用于封锁或审查无线电广播，这种方法通常用于边境地区。

无线 802.11 网络非常容易受到干扰和阻塞，因此对无线网络发起拒绝服务（DoS）攻击十分容易。以最简单的攻击形式为例，所需要的只是一个在特定信道上连续发射信号的设备。由于 Wi-Fi 是一种半双工技术，这意味着网络上的每个设备只有在无人传输时才能传输信号，这就阻止了其他人进行传输。在半双工系统中，每个设备都必须进行监听以确保可以进行传输。如果某客户端给传输信道带来了过大流量压力，那么其他客户端就无法传输，从而造成 DoS。

对免许可无线电频谱中的 2.4GHz 频段和 5GHz 频段的阻塞是无线网络中的重要漏洞。随着企业转向使用无线基础设施，这一问题令人担忧。毕竟，干扰已经足够令人困扰，此外还要面对恶意劫持无线电波的问题。为了解决上述问题，网卡供应商需要确保他们的产品不被配置为连续发射。这可以防止无线电发送机因故障而成为干扰源，或通过故意的错误配置而造成射频阻塞。

但是，也有专门的产品用于信道攻击。虽然这些工具在市场上专门用于无线审计和测试，但如果攻击者愿意，他们可以很容易地将其用作频率阻塞器。此外，用旧的无绳电话电路板就可以制作一个简易但有效的2.4GHz免许可频段的射频阻塞器，它可以被设置为连续发射。制作一个可以阻断四个主要信道的频率干扰器很简单，只需按照互联网上的说明就可以实现。

知识拓展

实施取消认证攻击时唯一需要注意的就是芯片组和软件必须支持数据包注入。

9.6.2 拒绝服务

对射频频谱进行泛洪攻击并不是阻塞无线802.11网络的唯一方法。一个更优雅的方法是发送认证解除数据包，迫使接入点解除认证并放弃连接。不断向接入点发送带有伪造MAC地址的取消认证数据包，将导致它们不断地对客户端进行认证解除。

Aircrack-ng支持数据包注入，此外还包含Airdeauth-ng工具，它使网卡在不同信道之间跳跃，从而找到不同频率的所有接入点。然后，它针对每个信道上的接入点构建一个认证解除数据包流，迫使它们放弃与现有客户端的认证会话。值得庆幸的是，企业网络中的认证解除攻击现在可以通过WIPS轻松识别和阻止。然而，在没有预算安装WIPS的网络中，它们是一个实际存在的威胁。网络协议分析仪能够很快地识别认证解除攻击，因为它可以很容易地识别不断出现的认证解除数据包流，将很少或没有其他合法的网络流量。

虽然认证解除从技术上来看不是DoS，因为攻击者所做的只是要求接入点取消与客户端的会话认证，但攻击脚本在不断注入认证解除的请求数据流，这意味着接入点实际上在不断地进行认证，然后解除与客户端的连接，这实际上是一种DoS。

9.6.3 设备劫持

如前所述，引入干扰或故意阻塞无线网络使用的频率很常见。这是由于无线电通信采用了半双工，而这个漏洞是很难缓解的。前面也介绍了如何通过使用认证解除管理帧来操纵无线接入点，从而使得连接不再有效。然而，这些并不是唯一的弱点。

还存在另一种攻击，这种攻击首先使用认证解除数据包，然后利用客户端设备试图重新连接。在大多数Windows客户端中，设备将自动尝试连接到之前连接过的网络。更重要的是，它将倾向于连接信号功率最高的接入点。黑客利用这一点，创建了一个具有高信号强度的恶意接入点（称为恶意双胞胎），然后将原接入点强制进行认证解除。作为响应，客户端会连接到黑客的恶意双胞胎接入点，看起来像是一个具有高强度信号的已知接入点。

Aircrack-ng提供了一个名为Airbase-ng的工具，攻击者可以用它来将标准的无线网卡转换为接入点。Airbase-ng对于执行客户端侧的黑客攻击非常有用，可以实现MITM攻击或破坏客户端的隐私和保密性。其目的是通过伪造客户的一个已知（也即可信）无线网络的SSID和MAC地址来模仿接入点。客户端设备在试图建立网络连接时，会轮询这些信息。然后，攻击目标就会向真正的接入点发送一个认证解除数据包，指示接入点对每个客户端进行认证解除。当客户端被解除认证时（也即当连接失效时），客户端被强制进入认证和关联握手过程。当这种情况发生时，客户端将默认尝试连接到具有最高功率的接入点。

当客户端连接到一个具有隐匿 SSID 的网络时，可以更容易地使用此相同功能。当使用了已禁用广播（也即 SSID 隐匿）的接入点时，无论客户端在哪里，都会持续轮询该接入点，即使它已连接到另一个接入点。黑客可以监听这些轮询尝试，然后迅速使用相同 SSID 配置他们自己的大功率接入点。这是为了引诱客户端自动切换到认定的已知接入点，但实际上是一个恶意双胞胎接入点。

在进行攻击时攻击者要确保恶意双胞胎接入点的功率更高，他们通过将网卡的功率输出提高到允许的最大值来实现这一目的。在美国和欧洲通常设定为 27dB/MW 或 500GW，但并没有实际限制，一些国家允许使用更高的功率。例如，如果在配置网卡时，指定地区为玻利维亚，那么该卡将允许以 30dB/MW 的速度传输，功率为 1 000MW。这应该足以压倒附近的大多数接入点，对所有希望加入网络的客户端设备来说，高功率信号有极大的吸引力。

在客户端进行认证或与恶意双胞胎连接后，它可能会发现自己是 MITM 攻击的受害者，Ettercap 工具被用来拦截和分析所有的数据。或者数据可能只是被丢在一边，没有互联网或公司网络连接，没有办法通过恶意双胞胎传递数据。

9.6.4　会话劫持

另一种形式的 MITM 攻击称为会话劫持。它的作用正如其名称那样。这种形式的用户劫持的要求是，攻击者在传输层（第 4 层）有可见性。第 2 层或第 3 层的数据加密将减轻这种攻击，使其在企业网络上不太可能有效。然而，加密技术很少用于访客区和热点地区，所以这可能是对企业访客区的一种有效攻击。当然在咖啡馆和酒店，也需要提高警惕。

这个攻击所利用的漏洞是 HTTP 和网络应用程序处理 HTTP 请求方式中存在的固有漏洞。具体来说，HTTP 不是面向会话的，它无法在用户发出不同命令时对用户进行标识。因此，每个请求或命令都是独立的，因为 HTTP 没有用户会话的概念。虽然缺乏会话连续性看起来是一个缺陷，但这实际上是为了提高吞吐量的设计。毕竟，如果每次交易都要求发送用户凭证，那将浪费带宽并损害性能。

解决这个问题的方法是，在每次交易中发送一个会话 ID 而不是用户凭证。会话 ID 是在用户登录应用程序时创建的。为了保证交易的安全，网络服务器需要通过 HTTPS 或 SSL 进行加密，以确保用户凭证的保密性。这可以防止所有在无线网络上进行窃听的人获得用户名和密码。当登录过程完成后，用户通过网络服务器或应用程序进行认证，会话 ID 此时被创建。会话 ID 在所有后续的 HTTP 交易中作为用户或会话标识符使用，以便应用程序能够跟踪用户的活动，并确保用户是他们声称的身份。

但该方法也存在问题，就是尽管 HTTPS 或 SSL 被用来执行登录程序，但为了有效加载页面内容和其他非机密数据，应用程序往往会退回到 HTTP。随后无线网络上的窃听者就可以看到会话 ID，接着伪造所捕获的会话 ID，并在发给同一服务器的 HTTP 请求中用攻击者的会话 ID 替代，这是一个很容易实现的任务。Tamper Data 正是一种可用于实现该目的的工具。这个免费的 Firefox 扩展程序使攻击者能够停止并修改 HTTP 请求（GET/POST）而不需要使 JavaScript 注入数据或重新发布网页。通过在自己的 HTTP 请求中进行会话 ID 伪造，攻击者欺骗应用程序将他们视为正在登录的用户。换句话说，攻击者已经劫持了会话，并将拥有与会话的合法主人相同的权利和访问权。

传输层安全（Transport Layer Security, TLS）是一个加密协议，它有助于缓解会话劫持攻击。TLS 能够确保数据完成认证，且具备保密性和完整性。然而，会话劫持仍然无法完全消除，因为 TLS 或加密算法只在登录时使用，而不是在整个网站使用。

在执行审计时，管理员应检查公司网站和服务器是否在整个网站上持续使用 HTTPS，还应该检查如下常见的网站漏洞是否已经被移除或缓解。

- 回车换行漏洞：回车换行（Carriage Return Line Feed, CRLF）漏洞是一种常见的 HTTP 漏洞，一个 HTTP 数据包可以用回车后的换行来分割，该漏洞得名于此。一个数据包被一分为二，其中一个数据包包含合法的头和协议信息，攻击者可以将恶意的有效载荷装入第二个数据包。这种行为也称为 HTTP 响应拆分。HTTP 响应拆分可能导致客户端会话、网络浏览器和网络服务器被劫持，以及代理缓存中毒。
- SQL 注入：这种攻击在有数据库的动态网站上非常常见。当输入没有被验证时就会发生 SQL 注入攻击。
- 跨站脚本（Cross-Site Scripting, XSS）攻击：动态网站容易受到 XSS 漏洞的影响。攻击者会嵌入恶意代码，该代码在用户执行特定动作时生效。例如，在 2014 年 6 月，攻击者在 TweetDeck 的一条推文中嵌入了恶意的 XSS 代码。当 TweetDeck 用户登录 Twitter 时，它自动从用户的 Twitter 账户转发恶意代码。2010 年又发生了对 Twitter 的一次类似攻击，当用户将鼠标悬停在推文上时，会打开一个弹出式窗口，显示一个日本色情网站。虽然这些攻击并不具有破坏性，但其他 XSS 攻击会窃取用户的 cookie，使攻击者能够在一些安全措施薄弱的网站上冒充用户。针对 XSS 攻击的最好保护措施是输入验证。
- JavaScript 注入：通过使用 JavaScript，攻击者可以修改网络表格和输入标签中的现有信息，以及重写当前在浏览器中设置的 cookie。通过 JavaScript，攻击者可以改变 cookie 中的任意参数，例如将已认证设置从否改为是，这将允许攻击者绕过所有认证测试，在不需要认证的情况下获得访问权。JavaScript 也是发起 XSS 攻击和注入恶意有效载荷的一种有效方式。

这些只是网站审计应该测试的一些最常见的网站漏洞，除此此外还有很多。与此相关的一点是，在无线网络上的攻击总是更容易，因为使用协议分析仪嗅探网络更容易。但与此同时，也有许多有线和无线网络工具可用于事件和问题中的故障排除。

知识拓展

输入验证意味着一个空白字段只接受填写某些特定类型的信息或字符。例如，如果网站要求提供电话号码，只有电话号码字符数正确才能通过，而且这些字符应该是数字和可能的下划线。

9.7 网络实用程序

网络实用程序是旨在分析或配置计算机网络各方面参数的软件程序和脚本，其中许多程序是基于 Unix 的，通过命令行界面（Command Line Interface, CLI）运行，但也有许多面向常用的操作系统，打包一个或多个商业程序。最常用的网络实用程序有以下几种。

- Ping：用于检查网络连接性，并通过网络确定主机是否可达。Ping 也可以用来测量有线或无线网络上主机之间的往返延迟。
- Traceroute 和 tracert：这些 Unix/Linux 和 Windows 的实用程序，分别用于追踪不同子网或不同网络内主机之间的路径。它们列出了发送方和接收方之间路径上的每个路由器，以及各阶段之间和整个路径的往返延迟。
- Netstat：这个命令行实用程序用于显示主机上的网络连接、路由表和网络接口信息，例如协议性能。
- ifconfig 和 ipconfig：分别是 Linux 和 Windows 的命令行实用程序，用于配置和查看网络接口配置。

- InSSIDer：它能找到当前范围内的所有 Wi-Fi 网络，并提供每个网络的详细信息。它提供了 SSID、供应商的品牌和型号、信道、当前和过去的信号强度、网络的公共名称，以及所采用的安全措施。InSSIDer 在检测其他邻近网络的干扰以及发现射频覆盖的死角方面具有审计能力。
- Hotspot Shield：它提供了一个轻量级但安全的 VPN 连接。它使用 HTTPS 对通过安全隧道传输的所有数据进行加密。如果没有安装 VPN 客户端，并且经常使用公共热点，那么这个工具是必不可少的。

IT 专业人员在其职业生涯中可能会使用以上所有工具。关于如何使用上述指令已经有很多翔实的资料。在列出的所有工具中，与本书最相关的是 Hotspot Shield。在大多数情况下，企业在保护网络方面都做得很好。随着无处不在的 Wi-Fi、IP 移动性和自带设备（Bring Your Own Device, BYOD）的出现，移动用户往往是链条中最薄弱的环节。今天的用户希望获得网络连接，但有太多人过于信任网络的安全性。对此最好的防御是持续培训和使用如 Hotspot Shield 等工具。这些都是针对持续威胁成本较低但却有效的措施。如同谚语所说，预防为主、治疗为辅。

本章小结

有许多开源和商业工具可以帮助管理员进行无线审计。如 AirMagnet、Acrylic 或 Xirrus Wi-Fi Inspector 等发现工具有助于验证实际内容（而不是仅仅停留在图表上），从而显示网络的真实状态。在此基础上，下一步是通过使用 Nessus 等漏洞扫描器检查网络中的已知漏洞。这种软件可以根据美国数据库中数千个已知的操作系统和应用程序漏洞来检查网络客户端设备中存在的问题。

漏洞被识别和清除后，就可以使用更厉害的工具，即渗透测试。渗透测试使用的是开发成熟的工具框架，使审核人员不仅能够验证漏洞，还能确保客户端对已知的漏洞进行加固。如 Aircrack-ng 和 Metasploit 等渗透测试工具提供了在网络上发起高级攻击的手段，以证明网络的健壮性。要注意的是，在进行渗透测试之前，一定要获得网络所有者的书面许可。

审计不仅仅与漏洞有关，它还有助于确保网络得到良好的管理和控制。实现这一目的的工具根据网络规模和预算的不同而不同，有多种选择可以满足需求。管理功能的一部分是使用现有的工具来查看和分析流经网络的协议和流量。Airshark 等工具提供了数据可视化、数据捕获和数据操作，以及深度数据包检查等功能。这使审计人员能够在数据包层面上直观地看到网络中的对话。在无线电信号层面，专门的硬件设备和天线可以监测射频频谱和信号水平，可以看到频率干扰和频率阻塞如何扰乱网络并导致 DoS。

网络分析仪使管理员能够发现更高级的攻击，如针对接入点的网络认证解除攻击。同样，网络分析仪也可以用来发现和跟踪恶意接入点或恶意双胞胎设备。然而，需要审计的不仅仅是无线漏洞，所有的常见漏洞都必须被发现和清除，其中包括常见的网络服务器和应用程序漏洞，如 XSS 和 JavaScript 注入。网络实用程序和免费工具软件可以帮助管理员测试常见的网络连接情况和性能。例如，ping 和 traceroute 等实用程序可以揭示并帮助解决网络数据包层面的问题。这些都能很好地体现连接性和性能，特别是当需要检查时延、丢包和抖动等网络关键性能指标（KPI）时。

使用这些工具的坏处是，在一个熟练的攻击者手中，同样的工具可以被用来侵入网络、窃取数据甚至劫持会话。需要反复申明的是，这些工具本身并无好坏之分，其好与坏取决于使用者的意图。

本章习题

1. 网络发现工具是一套专门为黑客制作的工具。

   A. 正确　　　　B. 错误

2. 类似于 Kismet 这样的程序可以承担以下哪种功能？

A. 发现 WLAN　　B. 检测恶意接入点

C. 低成本的入侵检测系统　　D. 显示 SSID

E. 以上都是

3. 以下关于渗透测试的说法正确的是？

A. 为了真正衡量安全能力，渗透测试应该在不通知网络管理员的情况下进行

B. 渗透测试是非法和不道德的

C. 渗透测试是识别漏洞和安全加固的一个重要方面

D. 渗透测试有助于发现 Wi-Fi 覆盖的死角

4. 以下关于暴力攻击的说法正确的是？

A. 使用酷刑迫使人们吐露密码　　B. 借助强大的现代计算机，这是破解密码的有效方法。

C. 是相当低效的　　D. 它们在大多数在线门户上都很有效

E. 以上都是

5. 以下关于字典攻击的说法正确的是？

A. 他们了利用人们使用实际存在的字词作为密码的倾向

B. 可以在离线状态下进行，并针对捕获的数据包进行攻击而不被发现

C. 它们可以每秒检查数以百万计的密码

D. 以上都是

6. 密码管理系统是建立复杂密码的好方法，且用户不需要记住所有的密码。

A. 正确　　B. 错误

7. 用协议分析仪进行定期审计的作用是？

A. 防止恶意接入点的创建

B. 消除潜在的病毒

C. 帮助发现和隔离配置错误的客户端和恶意接入点

D. 以上都是

8. SNMP 陷入报文是黑客用来愚弄用户的一种常见攻击方式。

A. 正确　　B. 错误

9. 会话劫持之所以有效，是因为客户端设备倾向于连接到具有最高信号强度的已知 SSID。

A. 正确　　B. 错误

10. 以下哪项不是 HTTP 回车换行（CRLF）或 HTTP 响应分割存在的漏洞？

A. 它允许攻击者将恶意的有效载荷放入第二个数据包

B. 它允许攻击者在第二个数据包中破解加密算法

C. 它可能导致针对客户站设备的会话劫持的产生

D. 它可能导致代理缓存中毒

第 10 章 |Chapter 10|

WLAN 和 IP 网络风险评估

近年来，无线局域网（WLAN）技术和移动设备已广泛应用于工作场所。直到自带设备（BYOD）出现之前，安全专家们都一直认为在工作场所内引入新技术和新设备存在风险。但企业内对新技术及其带来的便利性的渴望超越了对安全性的顾虑，这使得安全部门承担了降低安全风险的责任。

可以肯定的是，在企业员工能够降低新技术或新技术相关策略带来的风险之前，必须首先对当前特定情况下的风险有充分的了解。本章重点介绍应用于 WLAN 和移动互联网协议（Internet Protocol, IP）情况下的风险评估程序。

10.1 风险评估

2012 年，美国国家技术标准研究所（The National Institute of Technology Standards, NIST）将风险评估定义为“识别、估计和优先处理因信息系统的运作而对组织运作（包括任务、功能、形象、声誉）、组织资产、个人、其他组织和国家造成风险的过程。风险管理包含了威胁及漏洞分析，以及使用规划的或者已经具备的安全控制措施来缓解安全风险。”

此外 NIST 还指出，风险评估的目的在于为决策者提供信息，并通过风险识别为风险应对提供支撑，风险识别包含以下内容：

- 对组织的相关威胁，以及该威胁对其他组织的影响。
- 组织内部及外部的安全漏洞。
- 因漏洞被利用导致的威胁给组织带来的影响（比如危害）。
- 危害产生的可能性。

风险评估的操作频率比安全审计要低，后者相关内容将在本书后续部分介绍。风险评估用于确定自上一次风险评估以来（假设前期已进行过风险评估），在要求、技术及威胁方面的变更。实际的评估过程包含对以下内容的识别和分析：

- 系统或网络相关的所有资产。
- 对系统安全或网络安全可能造成影响的已知威胁。
- 系统或网络中的漏洞。
- 安全威胁相关的影响及风险等级。
- 缓解漏洞和威胁带来的风险所需的必要措施。

在确定风险之前，首先要了解系统或网络的漏洞。这些漏洞大致可以分为三类。

- 拦截漏洞：这适用于通过网络传输的数据，这些数据有时会在公司无法控制的网络或媒体上传输，比如互联网。这种情况下，数据可能被拦截、窃取或修改，影响数据的保密性和完整性。
- 可用性漏洞：所有的系统、服务器及应用程序都必须在提供服务的同时遵守服务等级约定（Service Level Agreements, SLA），SLA 是一个对服务预期水平的说明文档。如今，随着移动 IP 和远程移动访问的广泛使用，越来越多的人开始不在办公室内办公，人们也更加关注 SLA 可用性目标。
- 接入点漏洞：指的是远程用户访问网络的接入点，以及内部用户通过电子邮件、即时消息（Instant Messaging, IM），或互联网上其他服务与外界沟通时使用的接入点。这些接入点是网络中最脆弱的地方。

识别网络中存在的漏洞只是风险评估的一部分，除此之外还必须确定合适的控制措施。幸运的是，大多数网络漏洞都能找到较为推荐的且经过测试的控制措施，以确保大多数被发现的漏洞都能得到有效的缓解。针对前述的拦截漏洞、可用性漏洞、接入点漏洞三类漏洞，对应的控制手段如下。

- 拦截漏洞：对抗拦截的最有效控制是对数据进行加密。加密的目的是使得被截获的数据贬值，因为对数据的解密和利用需要攻击者投入足够多的时间和精力。
- 可用性漏洞：解决可用性问题的最重要手段是使用容错和高可用性设计，以消除单点故障隐患。这意味着单个故障发生不会破坏网络的正常运行，总会有一个备用路径、服务器或应用程序来提供不间断的服务。
- 接入点漏洞：可以通过安全设备对访问行为进行控制，如防火墙、入侵防御系统、安全套接字层/虚拟专用网络（Secure Sockets Layer/Virtual Private Network, SSL/VPN）集中器等。管理员通过在隔离区（Demilitarized Zone, DMZ）或者虚拟专用网络的接入网络中进行设计和配置来实施控制。由于接入点实际上是进入和离开网络时的网关，因此需要一个健壮的安全策略来对远程用户验证和授权，此外还应该有严格的规则来过滤入网的网络协议和活动。

知识拓展

可靠性与可用性密切相关。对于企业级服务器和基础设施设备来说，衡量标准是能否达到“五个九”（99.999%）。

为了识别和解决所有的网络漏洞，首先应准备网络列表、网络示意图和网络设计文档。在实际情况中，网络应用和网络服务器向互联网开放，因此会存在更多网络漏洞，所以必须了解网络应用和网络服务器的需求和使用的协议。

在此过程中，需要与应用程序开发者以及服务器管理员协作并收集信息。与关键方进行访谈是收集信息的标准方式，此外还需对供应商网站进行研究。使用漏洞扫描仪也很关键。像 Nessus 这样的漏洞扫描仪可以检查成千上万个已知的操作系统漏洞，以及主机、基础设施设备和服务器的漏洞。在确定好所有资产及其存在的漏洞后，就可以准备对应的安全措施了。

安全风险评估应至少每 3 年进行一次，频率更高则更佳，因为风险评估的结果只展示了当下评估的情况。应注意的是，上述频率是行业最佳实践的推荐做法，除此之外每当系统或网络内使用了新技术或发生重大变化时，都应进行安全风险评估，且最好根据具体情况进行新的安全风险评估。这方面相关的例子如近年来出现的 BYOD 和自带应用（Bring Your Own Application, BYOA），BYOA 包含了基于云的应用程序，如 Dropbox 和 Google Docs。这些新技术和趋势带来了之前的风险评估中未能发现的新漏洞和风险。这种情况下，需要进行一次全新的、全面的评估，评估中需要重新定义安全策略和资产管理的范围，并识别与移动设备相关的新漏洞，如不同的操作系统、应用程序、恶意软件和连接方法等。在完成了全面的网络风险评估之后，通常后续会进行安全审计。

知识拓展

Nessus 是非侵入性的，它只检查是否存在已知漏洞，并不进行测试，但它仍然可以产生大量的流量。这可能会给应用程序或网络服务器带来负担，因此在使用时最好与服务器和网络的管理员进行沟通。

10.1.1　WLAN 风险评估

在无线网络风险评估领域，关键是要确定 WLAN 的风险评估与传统有线网络的风险评估有什么不同，这意味着要特别关注移动设备相关的风险。企业网络中的 WLAN 最常见的风险如下：

- 重要信息暴露给无线嗅探器和窃听器。
- 在不安全的设备上将重要信息泄露到网络边界之外。
- 数据盗窃。
- 移动设备的丢失、被盗或被劫持。
- 数据干扰、窃听和复制数据导致的欺诈。
- 病毒、蠕虫和木马。

虽然有线及固定网络中也面临上述大部分风险，但移动和无线网络的特性大大增加了前四项风险的概率，因为前四项风险是相互关联的。即便如此，缓解 WLAN 和移动设备有关的风险所需的关键要素与有线网络相比并无差别。这些要素包括以下内容：

- 访问控制。
- 用户认证。
- 数据加密。
- 入侵防御。
- 防病毒及防范恶意的软件。
- 安全标准、方针及政策。
- 网络边界和互联网安全。
- 数据传输安全。
- 应用程序和网络服务。

无线网络或便携式移动设备（便携式计算机、手机等）的单个网段的风险评估步骤与传统网络风险评估步骤一致。在此过程中，应使用一个全方位的风险评估程序。为此，本章展示了一个 IT 安全管理框架，该框架包括对整个网络基础设施的风险评估和安全审计模型，既适用于固定网络也适用于移动网络。

10.1.2　其他类型的风险评估

并非所有风险评估模型都能在评估范围和规模上做到完整全面，有些模型的评估范围或深度存在局限性。

- 生产前评估：这种类型的评估是全面的，但其评估范围仅限于信息系统正式推出前的生产阶段。它关注的是生产系统将具备的主要功能和将产生的变化。

- 高等级评估：这类评估涉及整个网络的高等级风险分析，但不会进行深入或特别详细的技术审查。高等级评估通常在网络或系统开发的设计过程开始前的规划阶段进行。

10.2 IT 安全管理

IT 安全管理包含多个相互关联的活动，根据组织的规模和复杂程度，这些活动可以作为安全流程的一部分周期性执行。安全管理相关实践和策略应该与网络及其资产的规模和价值相适应，实践和策略应该具有成本效益，并与被保护对象的价值相称。因此从逻辑上讲，首先需要确定需要保护的资产，以及这些资产对公司的相对价值和重要性。在此之后需要确定资产受到的威胁以及威胁可能产生的后果。

10.2.1 风险评估方法

进行风险评估时有两种方法。

- 定量评估：这种评估方法中资产被赋予货币价值，评估的结果是对风险及其影响成本的定量描述。
- 定性评估：这种方法是对风险更加主观的计算，通过为风险分配不同等级（低级、中级、高级）和一个概率乘数来确定风险和影响程度。

其中定性评估是最常用的方法，因为它适用于所有类型的风险和项目。而定量评估需要具体数据来支持特定风险和项目，因此用途较为局限。

知识拓展

因为风险存在不确定性，既可能带来消极影响也可能带来积极影响。因此，风险评估的过程中可能会发现带来积极作用的案例，这可能会带来有益影响。

10.2.2 风险评估的法律要求

法律法规要求各企业都应进行定期风险评估。以美国为例，《萨班斯-奥克斯利法案》(Sarbanes-Oxley Act, SOX）和《健康保险携带和责任法案》(Health Insurance Portability and Accountability Act, HIPAA）都要求企业建立提供安全和控制功能的基础设施。尽管法案并不要求使用某种具体的方法或技术实现合规，但要求公司能够向独立审计师证明其具备有效合理的安全保障措施。

10.2.3 风险评估的其他原因

进行安全风险评估还有其他原因，如证明安全成本的合理性。一个有效的风险评估可以识别公司内高价值资产受到的威胁，并提高管理层对保护系统和服务所需成本的认识。安全风险评估还可以促进沟通，提高生产力，并打破部门间的障碍，因为 IT 部门及其商业伙伴需要部门间进行沟通协作。此外，这种部门间的合作提高了人们对安全及其要求的认识，非技术部门也能够为该过程提供支持。这样一来，企业内的部门在意识到面临风险后能够及时对工作实践或流程进行调整，从而降低风险。这是安全审计的一种形式。

评估安全风险通常是安全管理的第一步。评估网络资产（如服务器、主机、基础设施和应用程序）面临的风险时，主要目标是识别漏洞，确定优先次序，并对可能的影响或后果应用定量或定性评估。在此基础上，网络审计人员可以依据评估结果建立一个具有成本效益的安全计划，并将其提交给公司管理层。

风险评估的范围与公司网络和公司资产的复杂性有关，例如，对于只有一个 WLAN 和互联网访问接口的小公司，其企业风险评估的架构可能与其他公司相同，但在评估范围、审查范围和严谨程度上会有所欠缺。为了表述清晰和完整，接下来讨论的框架对于所有规模的公司都适用。

10.3　安全风险评估的步骤

在进行安全风险评估时会进行如下活动：

- 规划。
- 信息收集。
- 风险分析。
- 确定并实施控制措施。
- 监控。

在具体讨论风险评估的各个步骤之前，首先需要明确以下概念：

- 一切有价值的都可以称为资产，如人、财产、知识产权或信息。从本质上讲，资产就是被保护的对象。
- 一切可能损害或破坏资产的东西都可以称为威胁。换句话说，威胁即竭力避免和防范的对象。
- 使得威胁有可能或极有可能发生的弱点称为漏洞。在防范风险的保护措施中，漏洞是其中的薄弱点。
- 风险是以上三者的结合，它们之间的关系如下：

资产×威胁×漏洞＝风险

风险是威胁利用漏洞实现资产破坏的一种方式。因此，如果没有漏洞，风险就不会存在。同样，如果没有威胁，风险也荡然无存（但是这种想法存在一定危险性，如果存在已知且确定的漏洞，那么在排除威胁时必须足够谨慎）。

上述概念都至关重要，了解资产、威胁、漏洞和风险之间的关系是准确评估风险并最终确保资产安全的关键步骤。

参考信息

通过对评估范围、约束条件、角色、责任和潜在风险进行记录，风险评估的正当性或合法性得以保证。这一点很重要，因为在进行漏洞评估和网络发现时使用的某些方法与黑客使用的技术相似或相同。提前获得许可也是至关重要的，如果使用漏洞扫描仪时禁用了关键任务服务器，但事先没有得到相关者的书面批准，那么后果可能会十分严重。对拟定的测试和活动进行记录，以及与这些测试和活动相关的所有潜在风险，并在开始之前获得批准，这些都是十分必要的。此外，从政治的角度来看，在即使只是偶然发生的业务故障事件中，实施所有可能被视为黑客攻击的进程或活动之前，寻求相关方（如服务器和网络管理员）的协助往往很关键。

10.3.1　规划

安全风险评估中的规划是一个重要步骤，它发生在所有安全风险评估开始之前。即使是范围有限的小型安全审计，也应保证规划的完整性。规划阶段会确定利益相关方、角色和责任。更重要的是，这一步会进行许可申请和授权，并对许可进行记录。

10.3.2　信息收集

信息收集阶段的目标并不仅限于收集信息，还包括了解现有系统、网络和环境。通过访谈、小组讨论和其他研究收集到的知识，是下一步确定风险以及针对风险制订控制措施的基础。

信息收集的内容通常包括：

- 安全政策和目标。
- 系统与网络架构。
- 竣工设计和图纸。
- 实物资产清单。
- 网络协议及服务。
- 访问控制措施。
- 防火墙部署情况及防火墙策略。
- 身份识别与授权机制或系统。
- 记录在案的政策和准则。

信息收集一般有两种类型：一般控制审查（GCR）和系统审查。

1. 一般控制审查

一般控制审查（GCR）能够识别一般安全工作流程中存在的威胁。GCR 关注的是现有系统的高级安全问题。审查过程中会收集数据，以检查物理安全措施是否与政策和记录相符。此外还会关注物理访问控制，并通过小组会议或多级访谈检查政策和流程的合规性和高效性。

审计师通过文件审查、数据中心和计算机机房的现场调研以及与不同操作层面的员工进行相关者访谈来进行 GCR。这些多层次的访谈对于反映未能在实际操作层面执行安全政策以及缺乏安全意识方面特别有效。

一般控制审查关注的是高级功能，比如：

- 物理安全。
- 变更管理控制。
- 访问控制、认证与授权。
- 宣传计划与培训。
- 角色和职责。
- 安全政策、指导方针、标准、工作实践和程序。

GCR 用于检查这些功能是否落实，而不仅仅是在政策和指导方针的纸质文件上纸上谈兵。如果计算机资源和应用程序的访问权仅限于具有特定权限的角色和授权人员，那么理应能够提供证明。

2. 系统审查

系统审查与 GCR 不同，系统审查的目的在于识别网络和应用层面的漏洞。这种类型的审查关注不同平台的管理员所使用的操作系统、管理和监控工具。通常情况下，系统审查会从服务器日志和系统文件中寻找基线漏洞，但也会考虑其他信息来源，比如：

- 访问控制文件。
- 运行中的服务和进程。
- 配置文件。
- 安全补丁级别。

- 加密与认证工具。
- 网络管理工具。
- 日志或入侵检测工具。
- 漏洞扫描仪。

审查团队会仔细检查异常行为，比如针对管理员或 root 等安全账户的多次登录失败情况。此外，还会针对系统配置文件和网络配置文件进行检查，以确认是否与文件记录一致。如果出现不一致的情况，那么可能是在变更控制流程、授权配置变更或紧急配置变更方面存在问题。

在系统审查过程中，通常会使用专门的工具或脚本来收集网络中各系统的数据，这些工具和脚本实现了自动化，极大降低了手动收集配置文件所需的时间。在完成系统数据审查后，下一步是进行风险分析。

10.3.3　风险分析

在风险分析这一步，安全团队会使用风险分析技术来确认资产价值及所有相关风险。风险分析是风险评估中的一部分，它是一个独立流程，但包含多个子流程，分别为：

- 资产确认及估值。
- 威胁分析。
- 漏洞分析。
- 资产、威胁和漏洞映射。
- 影响及概率评估。
- 风险结果分析。

1. 资产确认及估值

风险评估人员需要对评估范围内的所有资产情况进行确认，这些资产可能是物理实体，比如服务器、硬件或网络设备，也可能是无形资产，如信息、服务或者声誉。

分类是资产确认工作中重要的一环。不同资产应按照类别进行区分，如流程、应用程序、服务器、路由器或信息（具体类别依据被评估的系统或网络的类型不同而有所不同）。

进行资产确认的目的在于说明资产对被评估系统的重要性和相关性。在此基础上，评估人员可以根据资产的重要性对其进行估值。估值时应列出资产清单，并从以下角度对资产价值进行评估：

- 有形价值，如更换物理设备的费用。
- 无形价值，如声誉或数据丢失。
- 信息价值。
- 信息的名称及类型。
- 信息流，包括流入和流出的信息。
- 实体资产的位置。
- 服务器中安装的软件。
- 表明资产重要性或价值的指标。
- 资产提供的服务指标。
- 单个资产的价值。

2. 威胁分析

列出资产清单后，就可以进行威胁分析了，在进行威胁分析时需要对每一项资产进行分析，以确认当前存在的威胁。一切能够对漏洞进行利用的都可以称为威胁，威胁可能是无意的也有可能是恶意的，且会损坏或摧毁资产。威胁来源包括人为错误、黑客攻击、工业间谍、心怀不满的员工、盗窃、恶意行为、环境等。

威胁可分为以下三类：

- 社会威胁：这种威胁与人类活动有关，这些活动可能是恶意的也有可能是无意的。
- 技术威胁：这类威胁来自技术问题或者故障。
- 环境威胁：这些威胁由环境造成，如风暴、洪水、火灾和停电。

威胁分析的目的是确定和记录每项资产的威胁，但是仅罗列各项威胁是不够的，还需要指出威胁发生的可能性，以及威胁对资产造成的潜在伤害或破坏。

可以利用所在地理区域的气候历史知识来识别和评估环境威胁。同样，可以从历史记录中评估重大停电事件发生的可能性。此外还能够根据培训或人为疏忽等评估社会威胁。了解历史情况是对威胁进行定性评估的一种方式。相比之下，技术性威胁可以通过漏洞扫描仪来实现更加准确地识别，因为没有漏洞就不可能存在风险。

3. 漏洞评估

漏洞是存在于资产防护措施中的弱点或者疏漏，因为有了漏洞，威胁得以利用漏洞使得资产成为潜在攻击对象。漏洞有多种形式，比如它可以是一个缺失的安全补丁，资产会因此受到威胁；此外漏洞也有可能源自员工或者管理层薄弱的安全意识；或者是环境原因，比如某地区或某国电力供应不足。漏洞分析就是对可能存在的资产漏洞进行识别、评估和记录。

系统漏洞或网络漏洞是通过可用性以及授权用户数量来衡量的。因此，与一个严格限制授权用户数量且无外部网络出口的系统或封闭网络相比，一个向公共互联网开放且每小时有上万用户访问的网络服务器所在的隔离区具有更多的内在漏洞。鉴于以上原因，如果扩展威胁场景、增加威胁源及介质的数量和种类，系统或网络就很容易受到威胁。

应该针对每个漏洞的重要性进行评估，比如一般、重要、极其重要等。在进行评估时，应该首先确认关键资产及其漏洞。对于技术漏洞，可以使用漏洞扫描仪等工具来识别系统或网络中缺少的补丁以及存在的漏洞。漏洞扫描仪使用包含数千个已知漏洞的数据库来检查服务器或路由器的现有问题。如 OpenVAS 7.0（源自 Nessus 的一个开源项目）这样的扫描仪会每天更新，并能够对 35 000 多个漏洞进行测试。

海量的系统扫描请求会给服务器及主机带来巨大压力，随着资源消耗，其性能也会明显下降，因此在进行资产风险评估时，服务器管理员最好也一同在场，这样他们就可以在测试期间监控服务器的健康状况。

> **提示**
> 在检查资产时，让服务器管理员在场是一个很好的预防策略。尽管漏洞测试是非侵入性的操作，但为了确保稳妥，最好让资产相关方参与进来。

Nessus、Saint 或 OpenVAS 等漏洞扫描仪能够检测操作系统、应用程序、网络服务器及部署的服务中的许多漏洞，包括开放的端口、缺失的操作系统补丁和安全补丁。然而，并非所有检测到的漏洞都是真的，有些可能是误报。例如，有时候扫描仪提示存在一个已知漏洞，但实际上该漏洞与被扫描的设备并不适配。误报类型有多种，一般来说，原因可能有：

- 响应报文的报头被隐藏或者压缩。

- 报头被防火墙重写。
- 版本更新已完成加载但未激活（版本更新通常在服务器重启时激活）。
- 版本更新失败或提前终止。

对这些误报现象进行研究和评估需要花费大量时间成本。更糟糕的是，测试人员还有可能因此漏掉其他漏洞，而这些漏洞可能并非误报。

技术提示

在进行评估时建议根据被测试的环境调整漏洞扫描仪，并对结果进行详细分析。为了对所有发现的漏洞进行分析，最好使用辅助工具，如 Nmap 或类似工具。

除了误报之外，还有可能出现漏报现象。扫描仪并未提示存在漏洞，从而使安全缺陷一直未被发现，这种漏报可能是非常危险的。一般来说，为了尽可能减少漏报的发生，应及时处理误报，这是有价值的，因为漏报是网络中的定时炸弹。总之，漏洞扫描仪的准确性是极为关键的。

漏洞扫描器通常会使用版本分析技术，即扫描仪向目标系统发出请求，并在收到响应后，分析报头中的版本详细信息。在扫描仪确定了硬件版本或操作系统版本后，扫描仪会假定与该硬件或操作系统版本相关的漏洞存在于目标系统中，并将漏洞列出。这样一来我们将会快速得到一张实际上并不存在的漏洞清单，与此同时也会漏掉真正存在的漏洞。

漏洞扫描仪还会使用行为分析技术。行为分析不依赖版本数据，而是关注系统对请求的响应方式，目的是找到针对查询请求的非常规响应。漏洞扫描仪能够根据非常规响应准确地识别漏洞。行为分析耗费时间较长，但却更加彻底和准确。

大多数已发现的漏洞都能被迅速处理，但在进行系统变更时应注意通过适当的变更控制渠道获得变更许可。即使系统受到严重威胁，也决不能在没有获取授权的情况下进行变更操作。获得许可是必要的，此外也要遵循相关的变更控制程序。

4. 资产、威胁和漏洞映射

资产、威胁和漏洞映射就是对资产漏洞进行记录、并将漏洞与所有使得漏洞暴露的潜在威胁进行关联的过程。根据之前提到的资产、漏洞、威胁和风险之间的关系（资产×威胁×漏洞＝风险），便能明白资产、威胁和漏洞映射的目的。从这个公式中可知，只有威胁和漏洞同时存在的情况下，风险才会存在。通过进行这种映射，可以大大减少需要进行风险结果分析的潜在风险清单，从而节省大量的时间和不必要的精力消耗。

2012 年，NIST 针对资产、威胁和漏洞映射提供了如下指导：“在任务/业务功能层面进行风险评估时，组建威胁-漏洞对（即在威胁和漏洞之间建立一对一的关系）可能不可取，而且在许多情况下，由于威胁和漏洞的数量可能很大，在信息系统层面也会出现问题。威胁-漏洞对使得威胁事件和漏洞的识别注重细节，而不是在合理的粒度上促进组织有效利用威胁信息以及识别威胁。”

换句话说，有些时候过于详细的映射可能会耗费大量资源，特别是那种阻碍漏洞或威胁处理的映射工作。要谨记，进行映射的目标是减少风险，而不是为了提供文件而提供文件。

知识拓展

当风险评估员对影响及概率进行评估时，要对风险进行总体的评估，得出评估结果的过程应明确定义并记录在案。

5. 影响及概率评估

顾名思义，影响及概率评估包含影响评估和概率评估两部分。

- 影响评估：影响评估的目的在于确定漏洞被威胁利用后对资产造成的影响（包括危害程度）。但由于预算、技术或时间的限制，可能无法解决所有威胁的影响。因此，应该重点保护最重要的资产，解决潜在影响最严重的威胁和漏洞。影响可能是多方面的，如服务的可用性、声誉的损失、利润的损失、成本的增加或性能的下降。潜在的影响越严重，风险越大，相应的问题应首先解决。
- 概率评估：概率评估也称为可能性评估，它基于分数来判断威胁严重与否，而不是数学概率。根据威胁源的能力或动机、漏洞的性质以及安全控制的有效性，用高、中、低来表示概率评估的结果。

6. 风险结果分析

风险结果分析首先会对风险的结果进行分析，并使用以下方法进行呈现：

- 定性及定量方法。
- 风险图。
- 矩阵法。

定性方法依赖评估人员的主观假设，这些假设来自经验、研究、历史和判断。它们是使用文字和严重程度排名来表达的描述性结果，以便进行比较。定性方法依赖风险分类和主观排名系统，该系统有可能使用“低”“中”“高”这样的术语，也有可能使用数字排名（例如，1 到 10）来表达重要程度。在进入规划阶段前，评估人员通常会使用定性方法进行高级评估。在重复性的企业风险评估中，定性方法也被广泛使用，因为在这种场景下无法提供完整定量方法所需的时间和预算。

定量方法通过财务价值来表达分析结果，这种结果通常用以下三个术语表示：

- 单次损失期望（Single Loss Expectancy, SLE）：单次损失期望（SLE）是资产发生风险的预期货币成本。
- 年发生率（Annual Rate of Occurrence, ARO）：年发生率（ARO）是指某一风险在某一年发生的概率。ARO 会考虑在不采取任何行动的情况下，一年中风险发生的次数。
- 年度损失期望（Annualized Loss Expectancy, ALE）：年度损失期望（ALE）是 ARO 和 SLE 的乘积。

定量方法需要花费评估人员更多的时间和精力，因为许多详细信息并不是现成的。要么经过推测，要么受到严格控制。此外，收集这些信息会花费相当大的维护成本。正因为如此，本书中大部分内容都采用了定性方法，对于关键系统或需要大量财政投资来缓解风险的情况，则采用了一些定量方法。

风险图是一种以图形方式显示资产及其风险水平的方法，y 轴为影响，x 轴为可能性。两条轴都是从低到高变化，这意味着位于图左下角的资产是一个低影响-低概率的风险。与此相反，右上角是高影响-高概率风险。风险图是可视化评估范围内风险间关系和严重程度的良好工具。

矩阵法是一种显示定性评估结果的方法。这种方法会为每个风险绘制一个表格或网格，列出影响、可能性和风险等级（即影响×可能性的结果）。如图 10-1 所示，表格中的行分别是保密性、完整性、可用性三类风险，最后一行是总体的评估结果。

风险类别	影响	可能性	风险等级
保密性受损	4	3	12
完整性受损	3	2	6
可用性受损	2	2	4
总体风险评估	3	2	6

图 10-1　针对 WLAN 数据未加密的风险分析

10.3.4　确定并实施控制措施

在完成风险分析后，就可以选择并实施适当的控制措施或保障措施，以减轻每项资产、威胁和漏洞带来的风险。当然，不是所有的风险都能被消除。这意味着有些时候必须从避免风险、将风险降低到可容忍的水平、在可能的情况下转移风险或接受风险中做出选择。而具体选择哪个取决于资产价值和组织内的风险文化。有些公司是厌恶风险的，而另一些公司能够容忍高风险。最终目的是找到与管理层至少能够容忍的风险水平相匹配的控制措施。

一般来说，控制措施可以分为三类。

- 技术控制措施：包括访问控制、防病毒软件、防火墙等。
- 管理控制措施：包括安全规划及实施规定。
- 维护控制措施：包括安全人员、数据备份、应急计划及系统维护。

选择合适的风险控制措施需要具备技术知识和相关技能。同时，管理风险的成本必须与风险暴露的影响及概率相适应。

10.3.5　监控

风险评估是一个重复的过程，每次评估都是当时的一份快照。因此，应妥善记录评估结果，因为这些结果将是后续对环境进行重新评估的基准。

企业中的技术可能会快速变化，正如前面描述的无线网络技术和移动 IP 技术。新的设备和技术已经迅速在网络环境中普及。为了应对新技术，重新评估是十分必要的。因此，可靠的风险评估基线至关重要，它可以作为引入新协议和硬件的基础。但变更的引入要做到无缝衔接，不需要进行全面的、彻底的评估。此外，通过风险评估对现有组织的系统和基础设施进行记录和监控，也有利于进行安全审计。

10.4　安全审计

安全审计的很多步骤与风险评估相同，两者的区别在于安全审计偏向检查是否遵循了最佳实践和程序。在很多情况下，安全审计是内部审计，但执行风险评估和执行安全审计的成员或团队不应重合。

对 WLAN 安全漏洞进行安全审计的审计人员应该关注以下几点（除了有线网络的检查项）：

- 未经授权访问 WLAN 的可能性。
- 物理边界外的射频（RF）信号泄漏。
- 使用弱加密协议，如 WEP 或 WPA。
- 是否存在恶意接入点。
- 如果使用预共享密钥，那么掌握该密钥的知晓范围（或通过何种方法共享）。
- 安全人员和工作人员的知识水平、培训情况和安全意识。
- 无线网络是否符合公司的安全政策。

安全风险评估和安全审计发生在安全管理周期内的不同时期。安全风险评估是在周期的开始阶段进行的。它是确定被保护资产和资产中可能存在的漏洞的手段，这将决定所需的安全工具或措施。而安全审计是在整个周期内重复进行的检查过程。在安全审计期间，可以检查风险评估中建议的安全措施是否有效，以及是否符合安全政策。

一般来说，安全审计的目的是确保组织与自身安全政策的一致性。但如果审计人员只把关注点放在检查条条框框上，那么一个政策欠妥、安全政策局限的公司也可以有良好的合规记录。这种情况可能会持续多年，直到违规行为发生时才会暴露弱点。违规后的法庭评估不仅会揭示违规的根本原因，还会指出风险分析和风险缓解过程中的严重缺陷。

本章小结

鉴于网络和组织的复杂性、外部威胁的数量持续增加，以及违规的高成本，执行全面的风险评估是所有组织的必选措施。

无论组织的规模如何，都应该仔细且据实地检查漏洞和潜在威胁。指出自己的团队可能留下漏洞的地方可能会得罪人，但这总比让一个坏人找到这个漏洞要好得多。

风险评估完成后应该定期进行安全审计来跟进，以确保风险缓解和控制措施已经到位且落实。

网络基础设施和威胁时刻在变化，因此，风险评估和审计的有效期都十分有限。这两者都应该是标准动作中持续进行的部分。古人云：骄兵必败，要时刻保持警惕。

本章习题

1. 针对无线网络的风险评估与有线网络有很大不同。
   A. 正确　　B. 错误
2. 漏洞可被分为以下哪三类？
   A. 数据、客户、人员　　B. 拦截、可用性、访问能力
   C. 合规、评估、审计　　D. 加密、认证、射频功率
3. 公司的 WLAN 中常见的风险有哪些？
   A. 重要信息泄漏给无线嗅探器及窃听者　　B. 重要信息的数据泄漏
   C. 数据盗窃　　D. 移动设备丢失、被盗、被劫持
   E. 由干扰、窃听或复制数据造成的欺诈行为　　F. 以上均是
4. 以下生产前漏洞评估的说法正确的是？
   A. 有制造商负责进行，无须其他人参与
   B. 网络部署完毕后唯一需要进行的评估
   C. 在新的解决方案/设备被添加到生产网络之前进行的评估
   D. 是一种时间浪费
5. 以下哪项是风险的正确计算公式？
   A. 资产+威胁+漏洞　　B. 资产×威胁×漏洞
   C. 资产×威胁-漏洞　　D. （资产+漏洞）/威胁
6. 漏洞分析是对资产中可能存在的漏洞进行识别、评估和记录。
   A. 正确　　B. 错误
7. 风险分析结果可以采用定量和定性两种方法计算得到。
   A. 正确　　B. 错误
8. 以下哪项可能会采用障碍物、加固、监控等措施？
   A. 安全控制　　B. 协议
   C. 安全法规　　D. 评估技术

E. 以上均有可能

9. 在对无线网络的安全进行审计时，以下哪项不是重点？

A. 物理边界外的射频信号泄漏
B. 使用弱加密协议，如 WEP 或 WPA
C. 现有安全政策的完整性
D. 无线网络是否符合公司的安全政策

10. 以下关于年度损失期望（ALE）的说法正确的是？

A. 是 ARO 和 SLE 的和，通过将安全事件的概率与安全事件的平均成本相结合，说明了损失的实际价值
B. 是 ARO 和 SLE 的和，说明了特定年份的可能损失
C. 是 ARO 和 SLE 的积，说明了特定年份的可能损失
D. 是 ARO 和 SLE 的积，通过将安全事件的概率与安全事件的平均成本相结合，说明了损失的实际价值

第三部分　移动通信和移动设备安全及防御

第 11 章 |Chapter 11|

移动通信的安全挑战

2004 年首次出现了公认的专门针对手机的恶意软件，该软件称为 Cabir，它没有向公众发布，而是在防病毒软件开发商范围内发布。起初这款软件主要是为了证明手机操作系统（如塞班）并非对困扰个人计算机的恶意软件无能为力。

尽管在恶意软件的解决上防病毒软件开发商获得了先发优势，但进展缓慢。到 2012 年，恶意软件已经成为一个重大问题。在过去几年中，以特定智能手机操作系统（OS）为攻击对象的恶意软件数量随智能手机和便携式计算机的急速增长而一同增加。尽管恶意软件开发者重点关注安卓操作系统设备市场份额的增长，但这并不意味着其他智能手机制造商的操作系统和手机是安全的，也就是说苹果的 iOS 和 Windows Phone 也是攻击目标，它们也会受到恶意软件的影响和其他针对手机的威胁，这些威胁已经遍布移动环境。本章探讨了主要移动操作系统中的漏洞，以及其他增加风险的问题。

11.1 手机中的威胁与漏洞

早在 2012 年，当智能手机市场蓬勃发展时，人们认为这项新生的技术正面临恶意软件的严重威胁。当时，这个威胁看似确实存在，因为操作系统供应商不仅要应对识别和缓解新出现的恶意软件威胁的挑战，他们还需要负责提高用户群体的安全意识。首先，供应商需要为不同设备和不同版本的操作系统提供补丁并进行修复；其次，他们不得不解决终端用户缺乏安全意识的问题。由于没有意识到所涉及的风险，或者根本不知道需要接受软件更新，大量的终端用户没有定期下载和安装可用的安全补丁。此外，网络犯罪分子已经发现攻击手机是一个有利可图且极具吸引力的方向。

随着网络犯罪分子将注意力从个人计算机转移到移动设备，手机受到的攻击每月都在增长。例如，2013 年，安全公司 Sophos 发现每天都有 1 000 个针对安卓设备的恶意软件。到 2014 年，这一数字已经上升到每天 2 000 个。其他操作系统的情况也相差无几。针对安卓操作系统的恶意软件快速增长且种类繁多，人们普遍认为它的漏洞无法接受，因此不适合在企业使用。然而，后来人们才了解到，之前恶意软件的威胁过于夸大了，因为恶意软件被检测到和实际产生危害之间存在着巨大的差异。因此，尽管软件安全公司发出了许多警示，但实际成功入侵安卓系统设备的情况却极为罕见。原因可以归结为几个方面，但最重要的是，安卓操作系统在设计上高度安全，其中应用程序会运行在各自的虚拟沙箱中，并与其他应用程序隔离。这意味着，即使用户下载了恶意软件，该应用程序也会在与其他应用程序或系统资源完全隔离的情况下运行。实际上，只有获得用户确认后，恶意软件应用程序才会访问资源，所以问题不在于技术，而在于用户安全意识。

这在 IT 安全领域经常出现，因为反观过去几年，随着智能手机和无线等 IT 技术的不断发展成熟，重点已经不再是识别和缓解技术上的威胁和漏洞，而是展现和纠正用户程序中的问题。

举例来说，在 2014 年，人们面临的安全挑战并不只有恶意软件。网络犯罪分子还会攻击手机的其他载体，如操作系统攻击、搭载的移动应用程序（从未经授权的第三方网站下载的应用程序）和通信攻击。但如今我们能够发现，最严重的安全问题往往是与用户相关的。实际上，很多安全专业人员认为最重要的漏洞是数据泄露、老旧设备、社会工程等。而这些问题并非移动或无线技术领域专有，而是 IT 安全领域普遍存在的问题。

移动 OS 在设计上是天然安全的，目前出现的安全问题主要来自获取安卓系统根权限或 iOS 越狱等用户行为。一方面，由于终端用户缺乏安全意识，系统更新经常未能正常安装，设备因此暴露出来而被漏洞利用。此外，还存在移动设备浏览漏洞，以及数据存储方式不安全等问题。另一方面，通过 USB 或蓝牙将移动设备与其他可信设备（如 PC）连接也会带来额外的威胁，例如 USB 漏洞利用和 USB 劫持。即使是新的操作系统功能也可能带来更多的攻击媒介，例如，用近场通信（Near-Field Communication, NFC）标签轻轻一刷就能显示存储在设备上的财务信息。

除当前大量用户都在使用智能手机之外，用户导致的移动设备的内在漏洞也是网络犯罪分子实施攻击的原因。漏洞产生的原因多种多样，如糟糕的技术控制措施、用户安全意识薄弱、不合理的行业实践等。所有支持 Wi-Fi 的设备都存在数据通信的明显漏洞，但同时搭载的应用程序也可能由于未获得 OS 供应商的许可、批准或验证而出现重要的安全问题。此外，并非只有不安全的应用软件才会成为漏洞。

除了操作系统和应用程序漏洞之外，终端用户的登录和身份验证也可能存在问题。虽然手机通常都会具备安全措施，可以使用密码、个人识别号码（Personal Identification Numbers, PIN），以及生物识别工具（如指纹识别器），但用户通常不使用这些功能，或者只启用最基本的形式，如四位 PIN。与复杂的 PIN 相比，使用简单的密码提高了手机使用的便利性，但如果手机丢失或被盗，手机的安全性也会因此降低，找到手机的人可以访问存储在设备上的数据。因此，机密数据的不安全存储是另一个潜在的漏洞。

另外需要考虑的是智能手机的尺寸。尽管屏幕尺寸的增加在一定程度上缓解了手机尺寸过小的问题，但相对于 PC 和便携式计算机来说，智能手机仍然很小。黑客经常利用这个特点进行网络钓鱼，原因在于网站的 URL 通常无法完整显示在手机屏幕上，这使得手机特别容易受到网络钓鱼攻击。

知识拓展

有人可能会说，只有极少数极具安全意识的用户才会在点击链接之前将链接的 URL 与电子邮件文本中显示的名称进行比对，比如通过使用鼠标的悬停显示功能或右键单击链接。从这个角度来看，智能手机上的网络钓鱼风险与 PC 和便携式计算机同等严重。

在安装了各种各样 OS 的移动智能手机和便携式计算机上都会存在上述漏洞。随着手机在个人和企业中的普遍使用（一些国家的渗透率甚至达到 90%以上），用户的安全意识已经成为一个重要问题。因此，近几年来，对于智能手机如何合理满足工作和娱乐需求一直存在着许多争论。而对安全团队来说不幸的是，人们对生产力和员工满意度提高的需求日益增长，而忽视了这些设备及其固有的漏洞中增加的风险。因此，网络犯罪分子为了利用用户并寻机进入极具吸引力的企业网络，发起了针对智能手机（特别是安卓手机）的大规模攻击。

11.2　漏洞利用、工具及技术

即使只是面对基础形式的网络攻击，手机的防御能力都很弱，安装了早期较为安全的塞班操作系统的手机也不例外。在之前，通过通信信道产生的威胁和漏洞一直是一个问题，通信信道包括短信业务

(Short Message Service, SMS)、多媒体消息业务(Multimedia Message Service, MMS)、Wi-Fi 和蓝牙等。随着智能手机的出现，风险的范围已经扩展至所有形式的互联网威胁，包括浏览器攻击、远程越狱（一种规避供应商安全措施的方法）、远程访问木马(Remote Access Trojans, RAT)、rootkits 等操作系统攻击，以及已经出现的多种针对个人计算机的恶意软件。

表 11-1 展示了手机存在的漏洞及其被利用的方式。

表 11-1　手机漏洞及其被利用的方式

漏洞类别	漏洞利用举例	漏洞利用描述
监视漏洞	音频攻击	这种攻击会打开麦克风来监听对话
	摄像攻击	这种攻击会劫持摄像头来监视用户或用户周围的环境
	位置窥探	这种攻击会激活互联网协议（Internet Protocol, IP）或浏览器跟踪功能，从而监测位置。这是一种常见的实现广告盈利的恶意软件方法
	通信记录获取	这种攻击会记录最近的电话和信息，之后这些信息可能被阅读和窃取
	全球定位系统（Global Positioning System, GPS）跟踪	这种攻击使用设备不同的位置及跟踪端口实现位置监测，精确度很高
金融漏洞	窃取交易密码	这种技术通常用于针对网上银行网站的中间人攻击
	窃取账号	当手机被用作数据存储库或使用包含了不安全数据存储的移动钱包时，可能发生此种攻击
	拨打昂贵电话	这种攻击会避开安全措施拨打电话，电话的费用从用户的账户中扣除
	发送昂贵短信	这种攻击会使用手机来支付服务和产品，是网络犯罪分子利用攻击变现的一种常见方式
	通过勒索软件进行敲诈	这是一种通过在手机中安装恶意软件实现敲诈勒索的攻击方式，在犯罪分子收到赎金之前手机都无法使用，是一种常见的利用网络技术恶意变现的方式
僵尸网络活动	参与分布式拒绝服务（Distributed Denial of Service, DDoS）攻击	这种攻击会劫持手机使其参与对第三方网络的大规模攻击，例如，迫使手机发送域名系统（Domain Name System, DNS）或网络时间协议（Network Time Protocol, NTP）请求
	发送昂贵短信	如前所述，是一种被攻击者承担花费、攻击者获利的攻击方式
数据窃取	窃取通信数据	电子邮件和短信都有可能被窃取
	窃取国际移动设备识别码（International Mobile Station Equipment Identity number, IMEI）	IMEI 号码是手机的唯一标识，该号码有多种用途，比如可在运营商网络中屏蔽该手机
	窃取银行业务数据	犯罪分子捕获未加密或保护不力的用户银行数据，以实施用户在线账户的欺诈访问
	窃取信用卡数据	攻击者从手机中提取信用卡信息，在手机没有加密或使用不安全的 NFC 时尤为容易
	利用联系人和电话簿进行延伸攻击	联系人和电话簿中的对象是网络犯罪分子的另一常用攻击对象，这进一步扩大了他们对潜在受害者的影响
	窃取图片和视频	攻击者通过窃取用户的图片和视频侵犯用户的隐私
	窃取通话记录	追踪通话活动是网络攻击者侵犯用户隐私的另一种方式

（续）

漏洞类别	漏洞利用举例	漏洞利用描述
冒名顶替	发送短信	犯罪分子通过给联系人发送虚假短信以收集信息，或从事其他违法活动（包括骚扰用户）
	在社交媒体网站上发布信息	这通常是为了骚扰用户或使用户处于尴尬境地
	短信重定向	这种方式被犯罪分子用于窃听和进行潜在敲诈

虽然 Wi-Fi 和蓝牙存在实际的漏洞，但这些漏洞并不是专门针对智能手机或便携式计算机的。也就是说，这些漏洞可能存在于所有移动设备或支持 Wi-Fi 的 PC 或路由器中，不同的是网络犯罪分子开发的针对特定智能手机操作系统中恶意软件的方式。

2012~2014 年开发的绝大多数恶意软件攻击都是针对安卓操作系统的。这不仅是由于安卓系统的普及，也是由于其开放的安全模式。这种开放的方式与 iOS 和 Windows Mobile 形成了鲜明的对比，后两者限制用户只能从各自的应用商店下载和使用经过许可的应用程序。谷歌使用的这种开放的安全模式使安卓系统更容易受到恶意软件的影响。然而，除了恶意软件之外，安卓系统中呈现爆炸性增长的还有其他威胁，即潜在恶意应用程序（Potentially Unwanted Applications, PUA）。

为了通过应用程序盈利，开发者们将应用程序连接至包含进攻性宣传的第三方广告网络，这种应用有时也称为移动广告软件。移动广告软件能够为第三方广告商收集设备的位置信息并跟踪设备，甚至可能收集浏览器历史记录和联系人。虽然 PUA 还不是严格意义上的恶意软件，但它目前处于灰色地带，因为它们会引入安全风险，此外也会带来人们不想要的第三方广告。安卓系统中的 AirPush、Adwo、Dowgin、Kuguo、Wapsx 等均属于 PUA。2014 年，安卓领域内的 PUA 呈指数式增长。然而，随着法规的不断完善以及用户对隐私和个人数据价值认识的不断提高，这个曾经有利可图的市场发展得到了控制。在此之后，PUA 仍然很普遍，但远没有像以前那样具有侵入性，而且与海量专门针对安卓系统的恶意软件相比，PUA 只占据了一小部分。

11.3　安卓系统面临的安全挑战

2007 年苹果公司发布了 iPhone，同年，另一家技术巨头谷歌公司也通过收购一家名为安卓的创业公司宣布向手机市场进军。谷歌对安卓的收购以及致力于提供一个开源的、基于 Linux 的手机操作系统引起了许多人的注意，技术专家认为，谷歌此举旨在抢占市场份额，也是对苹果和微软的直接挑战。

安卓系统最初是作为数码相机界面开发的，用于与智能手机等触摸屏移动设备协同工作，但谷歌对其进行了进一步开发，并迅速促使安卓成为最受欢迎的操作系统，且适用的设备不限于手机，还包括游戏机。第一款商业化的安卓手机是 HTC Dream，它发布于 2008 年。

安卓系统的流行受益于其开放源码的模式，这种模式吸引了大量的社区程序员和开发人员，他们能够不断地补充公众所需要的特性和功能。这种模式与封闭式系统相比具有巨大的优势，以苹果 iOS 和 Windows Phone 的系统开发为例，它们只有在财务可行的情况下才会进行升级和添加新功能，开发团队单一，且需要在公司内部争夺资源和优先权。开源模式支持以客户需求为驱动的快速、多线程开发，基于此种模式，短时间内可以开发大量应用程序，而且受欢迎的应用程序能够吸引更多的开发者，从而实现快速的创新和更新。

出于上述原因，尽管苹果公司的 iPhone 很受欢迎，但安卓系统驱动的手机已成为市场主流（尽管安卓系统在刚推出时受到冷遇，诺基亚和微软等公司对其发展嗤之以鼻）。由于三星、HTC 以及许多其他供应商均采用安卓操作系统，安卓系统得以成为手机市场的主流操作系统。尽管大多数软件供应商提供的是开源软件和专用软件的复合产品，但安卓系统的主导地位很大程度上会持续下去。

尽管安卓系统致力于构建一个安全的架构，但它并非没有漏洞和威胁，且与此目标相去甚远的是，根据防病毒公司进行的研究，安卓设备上的安全威胁正以指数级的速度增长。谷歌对此进行了否认，声称能够带来实际影响的恶意软件威胁极少。但在 2013 年 9 月，一个令人担忧的安全问题出现了，当时美国国家安全局（National Security Agency, NSA）和英国情报机构政府通信总部（Government Communications Head Quarters, GCHQ）都表示，他们已经获得了 iPhone、黑莓和安卓设备上的用户数据。根源在于许多流行的应用程序都会收集个人数据并使用不安全的方式在互联网上传输。当然，所有 IT 设备都存在这个漏洞，并不仅限于智能手机。但由于智能手机缺乏强制的安全套接字层（Secure Sockets Layer, SSL）或传输安全层（Transport Security Layer, TLS）控制，以及智能手机中高度个性化的数据使用，智能手机更容易受到这种窃听威胁。通常情况下，这些个人数据被用于广告和营销目的，但这并不意味着它不能（或没有被）用于其他恶意用途。

> **参考信息**
>
> 尽管所有安卓操作系统的内核都相同且由谷歌管理，但不同的手机供应商会使用不同版本的安卓操作系统，这是所有开源模式的固有风险。从安全的角度来看，管理多个版本的操作系统比管理单一版本的操作系统更加困难，但多版本管理仍然是可以实现的。

11.3.1　对安卓系统的质疑

谷歌的安卓系统在发布时曾受到安全专家的诸多质疑和批评，原因在于其面对攻击时的脆弱性以及使用的广泛性。也就是说，尽管安卓系统本质上是开源的，但如果终端用户对获取设备根权限后带来的潜在安全漏洞有一定了解就会知道，与闭源的智能手机操作系统相比，由知名制造商（根据自身需要对代码修改、测试、封装后）提供的安卓操作系统在面对恶意软件攻击时一样脆弱。获取安卓设备的根权限可以让用户拥有设备的最高控制权，能够下载和上传任何他们想要的软件，包括安全更新，甚至来自第三方的软件。这种权限对于熟悉安全知识的技术爱好者来说是一件好事，但同时也为犯罪分子攻击不了解安全知识的人提供了一条绝佳路径。

对网络犯罪分子来说，攻击的主要目标是那些单纯、易受骗的人，或者贪图便宜不想花钱购买正版应用程序、选择下载所谓的“免费应用程序”的人。此外，网络犯罪分子以安卓系统为目标，开发了恶意软件并通过木马程序安装在用户设备中。这已被证明是一种有效的恶意软件传递机制。通常情况下，恶意软件的有效载荷被绑定到一个现有的正版应用程序中，然后该软件通过在盗版网站或点对点（Peer-to-Peer, P2P）软件共享网站上免费提供，从而实现恶意软件的分发。毫无戒心的终端用户下载“免费”软件的同时，木马程序也被一起安装。最后，如果黑客成功地利用恶意软件获得用户的银行账户或信用卡号码，那么下载盗版软件所节省的 1.99 美元可能会使用户损失数千美元，更不用说在此过程中耗费的大量时间和精力了。

> **提示**
>
> 如果按照系统设计的方法使用安卓设备，并且只从谷歌应用商店（Google Play）中下载应用程序，那么设备基本不会被合法应用程序网站中的恶意软件感染。

11.3.2　安卓系统漏洞利用工具

安卓系统是基于广泛使用的 Linux 系统的一种开源操作系统。正因为如此，有许多工具可供开发人员和程序员用来反编译、分析和研究安卓操作系统代码和应用程序。使用这些工具的人可能并无恶意，他们可能只是使用工具进行恶意代码或其他问题代码的识别。但与此同时，这些工具也可能被网络犯罪分子用于制造威胁、开发恶意软件。

> **参考信息**
> 开源软件的优势之一在于由于很多人在对代码进行研究，代码漏洞长时间存在而不被发现的概率会极大降低。但这一优势已经被最近的心脏出血漏洞所推翻，该漏洞存在于热门的开源应用程序的安全代码中。这个漏洞存在了十多年，直到 2014 年公开披露后才被广泛了解。

用于安卓系统的安全问题评估及漏洞利用的工具包括：

- AndroRAT：这个工具与其他应用程序结合使用时，可以读取信息和联系人、窃取数据、查看视频、记录通话等。这个开源工具的完整框架是免费提供的，并且在不断地更新。
- 安卓软件开发工具包（Android SDK）：安卓软件开发工具包（Software Development Kit, SDK）是官方的安卓开发工具。开发人员能够基于此工具对安卓系统中的应用程序进行编译和反编译。这是安卓系统中重要的开发或研究工具包。
- DroidBox：这是一个用于分析安卓应用程序的工具，DroidBox 可以检查密码哈希值、读写的文件数据，并记录输入和输出的通信信息（如短信和电话）等。
- 安卓开发框架：这个工具可以对网络进行扫描，从而发现安卓设备中存在的安全问题及漏洞。
- RiskInDroid：这个工具可以根据安卓应用程序要求的权限便捷地计算应用程序固有的风险。

除上述工具之外，还有许多开源工具可用于进行安卓设备的保护及开发。安卓系统基于开放源代码搭建，这既是它的优势，也是它的弱点。使用安卓架构搭建的应用程序易于查看、分析、验证或修改。只需要下载 Android SDK 并对代码进行反编译，就可以轻松实现对代码的修改或使用 AndroRAT 等工具来创建“测试”代码。“测试”代码是与合法的应用程序绑定的，因此这些代码无须进行反恶意软件检测。

11.3.3　安卓系统安全架构

安卓是一个基于强大安全架构的开源移动平台。这个架构的设计目的是通过提供一个安全的开发环境来实现对用户、数据、应用程序和设备的保护。安卓系统为开源的架构提供了多层安全防护，同时也确保了平台用户的灵活性和安全性。同时，安卓系统也考虑到了开发者利益，通过引入多种可植入软件中的安全控制措施来为应用程序开发者减轻负担。

安卓安全平台采用的控制措施及其功能如下：

- Linux 操作系统内核安全：这确保了本地代码会受到应用程序沙箱的限制。
- 强制应用程序沙箱运行：这可以避免应用程序间相互干扰，以及限制应用程序访问操作系统。
- 进程间安全通信：这一措施为应用程序访问文件系统及其他资源提供了标准且安全的方式。
- 使用应用程序数字签名：这一措施可以确认应用程序的归属，避免恶意软件攻击。
- 用户授予应用程序许可：要求应用程序在访问如相机、电话簿或 GPS 等资源之前，必须获得用户的明确许可。

安卓软件层包含了确保应用程序安全所需的安全措施，其中每一层都会假设下层组件足够安全。顶层是应用层，它承载着基于设备的应用，如电话、短信或彩信、浏览器、相机等。应用层下面是应用框架，也即提供的服务，应用框架包括活动管理器及数据包管理器等。在应用框架的下层是库文件及安卓系统运行所需的虚拟机。这一层建立在 Linux 内核之上，它能够对进程间的通信进行控制，并确保即使是本地代码也会受到应用程序沙盒的限制。

11.3.4　安卓系统应用程序架构

安卓是一个开源平台，适用于安卓设备的所有应用程序都由基本的代码块组成。因此，每个应用程序都可以作为源代码块进行反编译和审查。由于安卓系统由各种软件组件构成，这些软件组件又组合成为应用程序，因此反编译和审查的难度大大降低。安卓系统中包含的软件组件有：

- 活动：这是一个用户界面，用户通过此界面输入数据或通过其他方式与应用程序交互。
- 服务：服务会在后台执行操作，比如播放音乐。
- 内容提供者：负责向第三方应用程序提供信息。可以将内容提供者视为在某一进程中处理数据的接口，随后将数据传递给另一独立进程。
- 广播接收机：广播接收机会对系统级通知进行响应，如“电池电量低”或“麦克风已拔出”。通常，这种通知由操作系统发起，但受信任的应用程序也可以发起广播。

11.3.5　谷歌应用商店

谷歌应用商店（Google Play）是安卓系统应用程序的数字分发平台，它在 2012 年安卓市场和谷歌音乐融合后诞生。因此，它不仅仅是一个应用程序商店，还能提供很多其他产品，如音乐、书籍、杂志、游戏、电影和电视节目。

谷歌应用商店为用户提供了一个能够在安卓设备中浏览谷歌及第三方应用程序的平台，但谷歌应用商店不负责应用程序的安装，它只是将应用程序下载为数据包，随后设备上的数据包管理服务启动，并将应用程序安装在设备的内部存储中。

谷歌会对应用程序进行审批。因此，安卓系统会限制一些第三方应用程序。谷歌还使用自身的机器学习算法支持的高级应用安全技术，例如，作为审查过程的一部分，安卓系统针对所有上传的应用程序都会运行一个名为 Google Play Protect 的自动防病毒及恶意软件检测程序，发现问题后会及时删除恶意应用程序。Google Play Protect 也可以用于检查非谷歌应用商店下载的应用。此外，谷歌应用商店还能够在应用程序安装之前显示该应用所需的权限。理想情况下，应用商店应该向用户提示应用程序的潜在意图。用户可以对应用申请的权限进行检查，并确认所需权限是否与该类应用程序相匹配，最后决定是否要安装该应用。

谷歌应用商店并不会约束用户行为。也就是说，安卓设备用户可以随意访问其他来源的应用程序，因此用户可以从第三方下载应用至安卓设备，甚至可以直接通过开发者个人网站或企业网站下载应用。安卓系统中这种不限制用户行为与苹果和微软的“围墙花园”形成了鲜明对比（围墙花园是指对用户访问网络内容和服务的行为进行限制的环境。在苹果和 Windows 的操作系统中，指的是用户仅能访问经过授权的企业门户网站，也即苹果 iOS 和 Windows Phone 设备下载应用程序的唯一来源）。根权限获取就是指规避这些限制的过程，也称为越狱。

知识拓展

根权限还可以用于切换运营商网络，进而手机可以连接至不同于初始连接的网络。为了增强用户黏性，运营商通常会在手机销售时提供补贴。

11.4　iOS 面临的安全挑战

2007 年，iPhone 的推出深刻影响了手机市场。最初的 iPhone，与其说是手机，不如说是带有大触摸屏的掌上计算机，它的到来引发了移动通信、计算、摄影和独立软件开发等领域的变革。iPhone 的操作系统称为 iOS，使用 Safari 作为网络浏览器，除了传统的移动通信外，还提供了内置 Wi-Fi 和蓝牙功能。

iPhone 是 21 世纪最具颠覆性的设备之一。它无疑改变了我们对手机的评价方式，甚至改变了我们工作和娱乐的方式。从安全方面来看，它同样开辟了一种全新的思维方式。iPhone 以及随后推出的其他智能手机，不仅仅是一部移动电话，而是一台小型的复杂计算机，它所携带的用户信息的价值是任何其他设备所无法比拟的。

随着 2007 年 iPhone 的推出，以及一年后 iPhone 3G 的出现，我们可以清晰地看到人们与技术交互的方式已经发生重大变化。突然间，移动数据、互联网，以及通过手机访问网络变得极为流行。事实上，这种变革十分成功，仅几年时间用户的数据使用量就急剧上升，移动设备访问互联网成为一种常态。

究竟是 iPhone 的出现带来了智能设备使用的浪潮，还是 iPhone（以及后来的 iPad）只是碰巧出现在了合适的时间，这一问题的答案还存在争议。但可以确定的是，由于缺乏应用程序和网络连接能力，在 iPhone 之前对智能手机的尝试均宣告失败。也许问题的关键在于苹果应用商店（App Store）的诞生，用户可以通过 App Store 下载数以千计的经过苹果许可的第三方应用程序。这与诺基亚、黑莓、Windows 甚至苹果等公司之前所采取的战略有很大不同，它激发了大量用户的兴趣和需求。

在 iPhone 推出以前，所谓的智能手机制造商对于独立小型软件公司开发的第三方程序都持反对态度。而苹果公司与之不同，苹果积极鼓励独立公司为其产品开发应用程序，苹果应用商店因而拥有了一个巨大的应用程序库。苹果公司不再需要猜测哪一款应用程序会带来巨大收益。这种模式也开启了现代版的“淘金热”，热门程序的开发者得以一夜成名。

苹果的 iOS 与安卓系统不同，前者是闭源的，且采用了围墙花园的理念。也就是说，用户只能下载经过苹果应用商店审查的应用程序。从发展的角度来看，这种模式在一定程度上减少了网络犯罪分子对 iOS 的攻击。实际上，如果要下载未经授权的应用程序，用户必须对设备进行越狱，基于此，苹果公司对于所有由攻击造成的损失都可以免责。因此站在苹果公司的角度来说，围墙花园是更安全的选择，对于这一点许多安全专家也同意。

与安卓设备相比，苹果设备还有一个安全优势，那就是每年通常只会发布一款新手机。而使用开放源码软件的安卓设备的发布量达到了数百部。苹果在企业竞争中成功战胜了黑莓以及安卓设备三星 Galaxy（至少现在是这样）。

参考信息

使用苹果应用商店是一把双刃剑。一方面，它有助于保护应用程序并避免未经授权的第三方下载行为，苹果手机面对恶意软件的防护能力增强。另一方面，有些人认为这种方式限制过多，特别是苹果支持运营商将手机与网络绑定（能够实现的原因在于运营商针对具有服务协议的手机提供了很大折扣），使得限制性进一步增强。基于此种情况，用户开始寻求打破 iOS 安全特性的越狱方法，这使得手机处于易被攻击的状态。糟糕的是，这种做法已经十分普遍。对于只能通过苹果应用商店下载经过验证的应用程序这种规定，一些用户认为限制过多，希望能够自行选择下载安装，甚至构建自己的应用程序。

与安卓操作系统类似，苹果公司的 iOS 也使用组件分层模型，具体包括：

- 系统架构：这包含了用于保护 iOS 设备的操作系统平台及硬件，以及所需的沙箱测试及应用程序隔离。此外还有安全启动链、系统软件授权、安全飞地、指纹识别。
- 数据加密与保护：这是用于避免数据被盗窃的一系列技术，包括文件数据保护、密码、钥匙链数据保护等技术。
- 网络安全：这是数据通过互联网公开传输时的数据保护技术，包括安全套接字层协议（SSL）及传输层安全（TLS）保护技术。
- 应用程序安全：包括数字认证和验证、运行时进程安全、应用程序内的数据保护、沙箱、服务隔离。
- 互联网服务：包括即时通信软件 iMessage、视频聊天软件 FaceTime、苹果智能语音助手 Siri、云端服务 iCloud。
- 设备访问安全：包括基本的安全工具，比如密码、PIN、远程擦除、移动设备管理（MDM），以及远程访问工具。

对于 iPhone 来说，确保设备不会被盗或丢失是一个重要的问题。因为移动设备上存储着用户的私密数据，比如账号信息及密码。因此，需要对设备进行访问控制，在这方面 iPhone 使用了密码锁。此外，iPhone 还使用了许多其他的访问控制技术，如应用程序权限请求，这与安卓系统中的进程级权限控制类似。

11.4.1　iOS 漏洞

尽管本章重点介绍了安卓系统的漏洞，但苹果 iOS 和 Windows Phone 同样也面临安全问题。例如，在 2014 年，网络犯罪分子利用了应用程序“查找我的 iPhone”中的漏洞，对苹果 iCloud 中公众人物的账户密码进行了暴力攻击。攻击者得以盗取公众人物存储的个人数据及照片。幸好后来苹果公司发布了对应的补丁，多次输入密码错误后会对账户进行锁定，以防止犯罪分子窃取用户的个人信息。

下面列举了部分在苹果 iOS 中发现的漏洞，这些漏洞都不是致命的，也没有造成极大风险，但它们能够说明 iOS 确实存在漏洞。

- 由于 802.1X 协议存在漏洞，网络犯罪分子可以伪造 Wi-Fi 接入点设备。
- iOS 中存在漏洞能够使得犯罪分子获得包括沙箱应用程序在内的访问权，从而获取 iCloud 账户中的数据。
- iOS 中存在能够阻止锁屏的逻辑漏洞。
- 由于加密不力，iOS 中使用的地址簿存在漏洞。
- 网络犯罪分子能够在/tmp 目录下写入数据，并安装未经验证过的应用程序。
- 网络犯罪分子可以对更新验证以及开发者证明进行伪造。对于后者，通过伪造证书或在黑市上获取证书，网络犯罪分子能够绕行所有苹果应用商店的验证步骤。有了这些伪造的数字证书，网络犯罪分子就能够开发一个无须获取任何权限就能访问受信任功能的应用程序，而且用户也不会收到权限申请的提示。
- 蓝牙功能默认开启，进而导致一系列的安全问题。
- 图形引擎中存在漏洞，恶意 PDF 文件可能会导致应用程序崩溃。
- 在 iMessage 中，附件即使被删除后也可能一直存在，用户认为已经被删除的敏感信息因而有暴露的风险。在 iOS 后来的版本中增加了额外检查以确保附件被删除。

知识拓展

虽然苹果公司会定期发布补丁进行漏洞修复，但每当发布一个新的操作系统版本，又会出现许多新的漏洞。并且，只有用户更新软件时补丁才有意义，但许多用户并没有及时更新。

此外，苹果还为设备驱动程序和应用程序开发者创建了应用程序，如 IOKit。这些工具为广大开发者带来了福音，但不幸的是，它们同样也给网络犯罪分子带来了良机。

另一个安全问题是 iOS 支持网页浏览。虽然网页浏览十分常见，但它在移动设备中的危险和漏洞并不比 PC 端少。iOS 4 中对安全和管理功能有了极大增强，允许对设备进行细粒度的策略控制，这是 iOS 得以被企业广泛使用的一个先决条件。尽管如此，网络浏览器攻击仍未停止发展，且已经从简单的电子邮件钓鱼发展到对网络浏览器进行虚假渲染以执行自己的脚本，比如 JailbreakMe 工具利用 Safari 网络浏览器的缺陷对 iOS 设备进行越狱。

对于 iOS 设备来说，还有一个重要威胁是 iOS 监控的风险，更具体地说，是移动远程访问木马（mobile Remote Access Trojans, mRATs）。这种攻击主要针对已被移除所有安全机制的越狱设备。没有了安全防护能力后，网络犯罪分子很容易获得设备的控制权。一旦获取之后，他们就可以使用手机上的所有功能和数据，包括删除数据、拍照和录像等。

与安卓系统类似，苹果公司使用一种许可模型来确保功能和机制的安全，这个模型通过 iOS 配置文件实现。如果网络犯罪分子能够伪造该配置文件，就可以控制手机的所有功能。犯罪分子所需的就是让用户下载一个假的配置文件，进而在设备中加载恶意配置，使手机被远程控制。

11.4.2 iOS 架构

iOS 架构是一个分层模型。从最高层来看，iOS 可以视为底层硬件与设备上运行的应用程序之间的一个媒介。应用程序并不会直接与硬件交互，而是通过 iOS 及设备驱动。因此，iOS 使用多层堆叠的架构，层级越高功能越复杂。iOS 架构自上而下分别是：

- 触摸 UI 层：这一层为下层抽象进行封装，应用程序开发就在这一层。这一层的存在使得编写代码更加容易，因为它减少了代码的数量和复杂度。
- 媒体层：该层包含了用于在应用程序中实现多媒体功能的图形、音频和视频技术。
- 核心服务层：这一层为应用程序所需的系统服务提供基础。它还支持 iCloud、社交媒体和网络等技术。
- 核心 OS 层：这一层提供所有上层功能的基础低级特性。

为了向应用程序开发者提供帮助，苹果公司提供了一个开发者资料库。它包含应用程序编程接口（API）参考、编程指南和许多示例代码块。终端用户也认识到为了保证安全，应该使用苹果应用商店下载应用。苹果公司为开发者们创建了可以上传和销售经过验证的应用程序市场，终端用户可以放心使用其中的应用程序。

11.4.3 苹果应用商店

苹果应用商店于 2008 年 7 月推出，当时包含了 500 个应用程序，其中既有商业应用也有游戏，25% 的应用程序声称是免费的。在本书撰写期间，应用程序的数量已经超过 200 万，自苹果应用商店推出以来已有超 750 亿次的下载。

苹果应用商店是由苹果公司开发的移动应用分发平台，该平台提供了一个使用苹果公司 SDK 开发的应用程序库。用户可以浏览并下载应用程序到自己的 iOS 设备上。苹果应用商店是 iPhone、iPod 和 iPad 安装第三方应用程序时的唯一授权来源，苹果公司负责维护苹果应用商店，并监督开发者上传的应用程序的质量。这些应用程序可以免费提供，也可以有偿提供。如果是收费应用，苹果收取收入的 30%，而开发者则获得剩余的 70%。许多所谓的“免费”应用程序都有应用内收入来源，或从其他供应商处获得广告收入。

通过苹果应用商店，苹果公司为可信赖的第三方应用程序创建了一个巨大的市场。这使他们的设备与微软和黑莓等同行的设备相比具有明显优势。苹果公司通过基本的可靠性测试和代码分析，在应用程序上传到应用商店之前对其进行审查。此外，苹果公司会根据内容对应用程序进行评级，并确定目标对象的年龄和分类。

由于苹果应用商店面向的是消费者，企业用户无法上传内部应用程序至应用商店，员工也无法通过应用商店下载该应用。因此，苹果公司扩展了企业应用商店（Enterprise App Store），企业用户能够通过苹果 iOS 开发者企业计划（Apple iOS Developer Enterprise Program）进行内部应用的发布。但是这些应用程序仍然受到苹果公司的控制，苹果公司可以通过撤销应用程序的证书来终止用户设备上应用程序的正常使用，这称为苹果公司的“禁用开关”。

尽管苹果公司最初的愿景是为 iOS 应用程序提供一个全球市场，但由于不同国家的法律和法规要求，苹果相继推出了许多不同版本的应用商店。此外，还存在一些限制用户使用应用商店的情况，即用户只能使用与其注册国家相匹配的应用商店。

11.5 Windows Phone 系统面临的安全挑战

Windows Phone 操作系统是 Windows Mobile 6.5 操作系统的替代品。虽然后者没有取得巨大的市场份额，但它是专门面向企业的操作系统。事实上，Windows Mobile 6.5 最初就是为此而设计开发的，Mobile 6.5 操作系统具有非常强大和细化的权限和功能，且权限和功能可以由用户或管理员控制。不幸的是，后来的 Windows Phone 7 中并没有企业网络管理员所需的安全和管理功能，这在 Windows Phone 8 中得到了补充。到现在，Windows 中安全和管理功能已经基本与 iPhone iOS 相当。

11.5.1 Windows Phone 系统漏洞

众所周知，微软的安全防护能力十分强大，Windows Phone 操作系统也不例外。它使用与所有其他 Windows 产品相同的更新及补丁方法。此外，由于 Windows Phone 所在设备的多样性，Windows Phone 操作系统被越狱攻击的可能性比 iOS 更低。因此，Windows Phone 操作系统上的漏洞通常是由于信任而被破坏，而不是内部安全问题。在 Windows Phone 操作系统中，应用程序在启动以及使用手机功能时都必须获得许可。所以，用户随时可以选择拒绝该请求。

Windows Phone 的市场份额很低而且编程复杂度高，这意味着与安卓系统相比，它对犯罪分子的吸引力较低。因此，微软可以自豪地声称，对于旗下的操作系统，几乎没有成功的恶意软件攻击。而 Windows 和苹果计算机中的安全情况恰恰相反。

11.5.2 Windows Phone 系统安全架构

Windows Phone 8 使用大量安全控制措施来保护第三方应用程序。该系统高度模块化，采用沙箱化方法来处理应用程序，这使得应用间无法交流。在有需要的时候，文件和协议处理器将协助应用程序间的通信，但是交互还是十分受限。

此外，微软还使用其他机制来保护设备本身的数据存储。例如，Windows Phone 8 使用了 BitLocker 磁盘加密技术，不仅能够保护存储区域，还能够保护应用程序使用的独立数据存储空间。

11.5.3 Windows Phone 系统架构

Windows Phone 8.1 与 iOS 一样都是闭源系统，开发者无法获取底层代码，只能使用 API 及 Windows 开发工具包。Windows Phone 8.1 基于 Windows NT 内核，是一个精简的 Windows 系统，安装了 Windows

Phone 8.1 的设备可以像其他 Windows 设备一样启动、管理硬件和资源、进行认证和通信。此外，它还包含了低级别的安全功能和网络组件。Windows Phone 8.1 的独特之处在于，它包含了额外的手机专用二进制文件，这些文件是操作系统的核心。

Windows Phone 系统架构是一个分层模型。应用程序运行在操作层之上，操作层提供服务和编程框架，应用程序可以基于操作层创建用户体验。操作层下面是系统内核，它控制着文件（系统）读写存储、输入输出（I/O）管理器、内存管理器，以及组网和安全功能。系统内核层之下是设备驱动程序，它们直接与原始设备制造商（OEM）硬件进行交互。Windows Phone SDK 8.0 可供应用开发人员使用，其中包含了开发运行于操作系统上的应用程序所需的工具和仿真器。

知识拓展

微软在智能手机和便携式计算机中使用的操作系统不同，这是区别于苹果 iOS 和谷歌安卓系统的一点。

11.5.4　Windows 应用商店

Windows 应用商店（Store）来源于 Windows Marketplace，后者是微软的在线软件商店。Windows Store 随 Windows 8 于 2012 年推出。它旨在为用户提供一个平台，以浏览和购买 Windows 应用程序，以及过去称为“metro 类型应用”的平台。微软要求应用程序必须经过严格的沙盒处理，并且不断监测其质量、合规性和安全性。

Windows Store 是 Windows 应用程序的数字分发平台，是分发 metro 类应用程序的主要途径。微软会对应用程序的安全问题和漏洞进行扫描，并检测和过滤恶意软件。微软与苹果均采用围墙花园模式，Windows Store 是授权应用的唯一下载源。

Windows Store 提供了一个供用户浏览 Windows Phone 应用程序的平台，第三方开发者也可在该平台上传展示开发的应用。微软为开发者提供了门户网站和一系列工具，能够通过开发者工作台跟踪销售、财务、接受度和评分情况。

Windows Store 是微软公司发展战略的一部分，并且微软将 Windows Phone 份额较低的原因之一归咎于 Windows Store 中缺乏外部应用程序。Windows Store 被认为能够与谷歌应用商店和苹果应用商店抗衡。目前，Windows Store 中有超过 17 万个可供下载的应用程序，其中以游戏、娱乐、书籍和查询类为主。

本章小结

自 2007 年以来，智能手机和便携式计算机销量的极速增长给网络犯罪分子提供了绝佳的机会。它不仅提供了大量新的攻击途径，同时也帮助犯罪分子定位了潜在的富有用户。此外，这些新设备和技术已经成为浏览互联网和通信的主要途径。越来越多的智能手机用户将设备用于电子商务和移动银行业务，并将他们的手机用作移动钱包。这些设备已经不仅仅是通讯工具，更是一种生活方式工具，它们中包含了高价值的个人和财务信息，如银行或信用卡的详细信息。

虽然安卓操作系统由于其开源性质和多线程版本成了最大的攻击目标，但包括苹果 iOS 和 Windows Mobile 在内的几个主要的移动操作系统，都先后被直接证明存在漏洞或者容易受到基于用户行为和第三方应用程序漏洞的影响。除了这些特定平台的漏洞外，所有智能手机都容易受到基于浏览器漏洞的影响，这种漏洞同样存在于便携式计算机和 PC 中。

使得安全问题变得更加复杂的是，由于新技术不断涌现，用户需要时间来熟悉设备和用于缓解风险的安全最佳实践。同样，设备制造商也需要时间和经验来了解安全漏洞，并采取措施修复漏洞。

本章习题

1. 由于安卓操作系统基于开源模型，它比苹果 iOS 和 Windows Phone 系统更易受到攻击。
   A. 正确　　B. 错误
2. 与 PC 相比，移动设备具有以下哪项特点？
   A. 风险更低，因为它们是处于移动状态的攻击对象
   B. 风险更高，因为它们存在跟非移动设备相同的漏洞，此外还有很多自身的问题
   C. 风险与非移动设备相同
   D. 风险更低，因为发布时间更晚
3. 潜在恶意应用程序（PUA）被用于？
   A. 在谷歌应用商店中制造竞争
   B. 通过与包含进攻性宣传的第三方广告网络互联将应用程序变现
   C. 作为低等级应用的一个类别
   D. 清空手机内存
4. 下列哪项是由于安卓系统的开源特性导致的？
   A. 安全性更高　　B. 低代码量
   C. 各供应商之间的软件版本能够保持一致　　D. 以客户需求为导向的快速、多线程开发
5. 在安装一个应用程序之前，谷歌应用商店会显示该应用程序所需的所有权限。这提醒用户在安装前要注意该应用将使用的所有服务。
   A. 正确　　B. 错误
6. 苹果公司出于安全考虑，将应用程序的下载源限制为其应用程序商店，这是人们对手机进行越狱的原因之一，也是 iOS 中最大的安全问题之一。
   A. 正确　　B. 错误
7. 下列哪项是安卓系统和苹果 iOS 安全措施的主要区别？
   A. 开源模型更加安全
   B. 苹果使用围墙花园模式，要求所有的应用都经过其系统审查
   C. 谷歌应用商店缺少安全检查
   D. 谷歌使用围墙花园模式，要求所有的应用都经过其系统审查
8. Windows Phone 被越狱攻击的可能性较低的原因在于？
   A. 市场份额较低，因而不会被攻击者优先选择
   B. 多种设备上均可运行该操作系统，人们拥有更多选择
   C. 代码设计架构增加了越狱难度
   D. 不提供第三方应用程序
9. Windows Phone 系统采用的应用程序沙箱使得应用间无法直接交互。
   A. 正确　　B. 错误
10. Heartbleed 漏洞在被发现和公开披露之前已经存在多年，说明了以下哪一点？
    A. 开发者们十分懈怠
    B. 开源模式不安全
    C. 无论开发者如何努力，复杂代码中总会存在漏洞
    D. 黑客们利用漏洞的进程缓慢

移动设备安全模型

由于智能手机和智能设备的广泛普及，以及这一领域巨大的市场潜力，包括谷歌、苹果、微软在内的所有主要智能手机制造商都在努力为用户减少风险、提高设备安全性。有趣的是，这些供应商的方法并没有明显的不同。三家公司采用的方法在一定程度上都是基于两个主要概念：一是控制应用程序的访问（下载）权限，二是对应用程序及其资源进行隔离。

近年来，鉴于自带设备（BYOD）的接受程度越来越高，人们对移动平台在企业中的适配情况也越来越关注。为此，移动平台正在增加对企业管理安全、监测和控制服务的支持，使信息技术（IT）团队能够有效地管理大量的移动设备。

本章探讨了几个主要移动平台的安全模式，包括谷歌的安卓系统、苹果iOS和微软Windows Phone系统。本章首先对几个平台的异同进行比较，然后探讨IT组织对大量智能设备进行安全管理和控制的方法。

12.1 安卓系统的安全性

安卓系统建立在Linux这个开源系统之上。但安卓设备上使用的应用程序是用Java开发的，具体来说使用的是Dalvik Java平台。开发人员通常会用Java编写应用程序，然后使用谷歌安卓软件开发工具包（Software Development Kit, SDK）工具对应用程序进行转换，以便可以运行在安卓设备专用的Dalvik平台上。

安卓的安全模型是基于开源系统的，作为开源系统，安卓允许用户通过任一网站下载应用程序和软件。为了充分利用安卓系统开源模型的优势，安卓系统支持用户对下载来源的可信度进行审查。

12.1.1 安卓系统安全模型

安卓系统建立在Linux内核之上，该内核已经在安全敏感环境中使用多年。安卓应用程序使用进程沙箱来保证安全，这意味着每个安卓应用都运行在自己独立的Dalvik虚拟机（Virtual Machine, VM）中，并且虚拟机间通过自身的不同Linux进程实现隔离。尽管Java和Dalvik虚拟机是安全的，但安卓系统的安全并不依赖Java虚拟机，而是依赖Linux内核。因此，Linux内核是安卓系统安全的基础，并提供关键的安全功能。这些功能主要包括基于用户的权限模型、进程沙箱、强大的进程间控制机制，以及删除内核中不安全元素的能力。这是通过Linux强大的多用户功能实现的，该功能对不同用户进行隔离，并防止用户A读取用户B的文件、应用程序、资源或内存。安卓系统在这些概念基础上，构建了所谓的安卓沙箱。

12.1.2 安卓沙箱

安卓系统利用了Linux的多用户环境，将基于多用户的保护机制作为识别和隔离安卓应用的一种手段。安卓安全系统为每个安卓应用分配了唯一的用户 ID，然后将该应用作为一个独立的用户进程运行，并为该应用分配相应权限。这种配置方式将应用程序及其文件、资源、设备和内存进行了隔离。此外，由于应用程序内核位于操作系统内核内，这种隔离进一步扩展到了操作系统应用程序、库、应用程序框架和应用程序运行时。

在沙箱中对应用程序进行隔离的安全优势之一在于，不仅进程间通信受到控制，而且资源和内存也受到控制。例如，某一个应用程序的内存崩溃不会造成损害设备整体的安全问题。在沙箱环境中，内存崩溃发生后，只会在被影响的应用程序范围内使用原有权限执行命令。也就是说，当一个应用程序崩溃或被破坏时，不会有应用程序之间的泄漏。

12.1.3　文件系统权限

权限是指在 Linux 文件系统中确保一个用户不能访问其他用户文件的控制措施，或者在安卓手机中，权限是指防止一个应用程序访问其他应用程序的方法。在安卓系统中，每个应用程序都作为一个用户运行，有自己的一套权限。除非开发者明确授予权限将文件暴露给其他应用程序，否则一个应用程序创建的文件是不能被其他应用程序读取或使用的。

12.1.4　安卓系统 SDK 安全特性

安卓系统 SDK 的显著特性使得内存损坏问题很难发现。安卓系统 SDK 的特性之一是拥有 ProPolice 来防止堆栈溢出。还有一些工具可以在内存分配过程中防止内核地址的泄漏和整数溢出。此外，还有格式字符串保护技术和基于硬件的“No-eXecute”参数控制措施，防止在堆栈或堆内存中执行代码。

安卓系统还可以通过加密应用程序编程接口（API）来加密数据，这些接口支持加密原语。低级加密算法用于建立加密协议，如高级加密标准（Advanced Encryption Standard, AES）、RSA（协议开发者 Ron Rivest、Adi Shamir 和 Leonard Adelman 的姓氏缩写）、数字签名算法（Digital Signature Algorithm, DSA）和安全哈希算法（Secure Hash Algorithm, SHA）等。安卓 3.0 及更高版本还支持完整的文件系统加密，其中加密密钥采用 AES-128 算法根据用户密码生成。这可以保护用户数据免受未经授权的访问。安卓的后版本，如 Marshmallow（即安卓 6 版本）提供了 AES-256 的完整文件系统加密，但这非默认设置。因此，只有大约 25%使用安卓 8.0 及较低版本的智能手机是加密且安全的。谷歌认为 Nougat（及安卓 7 版本）等较高版本的安卓系统默认是加密的，这使得 80%的智能手机的安全性得到了极大改善。但实际上问题仍然存在，因为较廉价的手机不具备使得加密算法生效的容量和处理能力，因此也就不具备安全防护能力。

除了较廉价的手机之外，还有其他原因也会导致谷歌的默认加密模式很难起到作用。安卓系统是开源操作系统，并且已作为首选操作系统被物联网（IoT）设备广泛采用。然而，物联网设备往往资源受限，因为它们的内存或处理能力极低。谷歌一直在努力解决安卓系统中的这一异常现象，并推出了名为 Adiantum 的低功耗版本安卓加密技术。其目的是通过使用高效的加密算法，使得完整文件系统加密算法可以在低端物联网设备和廉价智能手机上顺畅运行。

12.1.5　根权限获取及设备解锁

在安卓安全模型中，只有最底层的操作系统内核和一小部分核心应用程序能够使用根权限（root）运行。根（超级用户）权限使用户或应用程序能够不受限制地访问操作系统、内核和所有应用程序。对设备进行根权限获取意味着拥有了特权，能够凌驾于安卓系统的安全要求之上对设备进行任意操作。

将应用程序的权限改为根权限，会大大增加设备被恶意软件攻击的风险。糟糕的是，某些版本的安卓系统支持用户通过引导加载程序改变启动顺序，进而上传其他版本的操作系统或具有根权限的应用程序。

12.1.6　安卓系统权限模型

安卓系统应用程序在沙箱中运行。默认情况下，应用程序对系统资源的访问权限有限。这种方式限制了那些可能通过恶意或错误方式访问资源和系统功能，进而导致设备被破坏的情况发生。这些限制可以通过一系列方法实现，比如故意不提供API进行安全保护，还可以对API状态进行保护。只有受信任的应用程序才能访问被保护的API，API保护是通过权限来控制和实现的。

知识拓展

受保护的API有摄像功能、位置数据、蓝牙功能、短信服务（Short Message Service, SMS）和多媒体信息服务（Multimedia Messaging Service, MMS）功能，不胜枚举。

在使用API之前，应用程序首先需要得到设备归属方的许可。在应用程序安装时，会提出对功能和资源访问的许可请求。应用程序清单中也会包含这些请求，并在应用程序安装之前提供给用户检查。是否同意授予某些受保护功能的访问权限，以及允许安装应用程序，这全都取决于设备拥有者。如果用户同意清单中列举的请求，那么应用程序就会在安装时具备上述权限。

得到许可后，应用程序的权限会一直保留，直到应用程序被删除。用户可以查看所有应用程序的权限，但是不能针对已安装应用程序中的某个权限进行撤销。此外，用户可以针对某个功能进行全局性禁用，比如禁用蓝牙或Wi-Fi，但是对于应用程序来说，只有卸载后才能撤销或删除其个具备的权限。

知识拓展

用户有责任判断应用所申请权限的必要性。

参考信息

安卓系统与其他移动操作系统间的区别除了安卓为开源系统之外，还有就是一旦用户向应用程序授予权限，那么该权限在应用程序的整个生命周期内都会一直存在。设备不会再次对权限进行提示，应用程序提供服务时不会有中断情况。而其他操作系统采用的方式与此不同，它们会在应用程序执行或需要访问某些功能时提示用户。毫无疑问从用户体验的角度来看，安卓采用的方式更好。因为应用程序工作不会被中断，无须向用户申请权限，用户可以实现应用程序间的自由切换，这是安卓的愿景。但是从安全的角度来看，结果恰恰相反，安卓采用的方式是不合理的。在应用安装使用过程中只会向用户提出一次权限申请，这些请求可能数量庞大，或者对应用的访问需求表述并不明确。对于安全意识强或精通技术的人来说，问题可能并不突出，但对于并不了解安全和技术知识的人来说，他们可能并不清楚为了尽快完成应用安装而匆匆同意的申请内容。

具备根权限的安卓设备存在的另一个安全问题是，安卓原生支持Flash、Java、JavaScript和HTML5等动态内容，而这可能为恶意软件打开攻击通道。此外，还有一些新的功能，如倾听保持和自动更新，这些功能很容易被滥用，因为它们可以动态地启用或禁用功能、提供位置信息或记录对话。

12.2 iOS 的安全性

iOS 是苹果公司操作系统 OS X 的精简版，后者是用于苹果公司 Mac 电脑产品线的操作系统。OS X 实际上来自由大型开源社区维护的 UNIX 代码变体 FreeBSD 的衍生物。它的安全模型基于访问控制、应用安全、加密和隔离。

12.2.1 iOS 安全模型

苹果公司采用围墙花园式的安全模型，以限制用户在除了苹果应用商店之外的网站进行访问和下载。通过 iOS 开发者计划及 iOS 开发者企业计划，苹果公司高度重视应用程序来源，目的在于确保用户可以信任应用商店中应用的真实性和完整性。苹果要求应用程序的开发者必须注册并付费后才能成为正式的 iOS 开发者，成为正式开发者后他们会得到苹果颁发的数字证书，用于给应用程序签名。只有经过授权开发者数字签名后的应用才能被上传至应用商店。数字证书还能确保每个应用程序的完整性，因为代码在发布后会被保护以避免篡改。此外，根据苹果对应用程序来源的要求，面向消费者的应用程序开发者需要通过苹果应用商店进行应用的分发和销售。这样一来，苹果公司可以在向开发者颁发证书并将应用发布到应用商店之前，对提交的每个应用程序的质量和安全进行监督。

12.2.2 应用程序来源

虽然苹果采用的应用程序来源控制措施无法完全确保应用商店中应用程序的安全性，但是能够有效促使开发者为其应用负责，进而在一定程度上避免了开发者发布恶意代码。实际上，颁发证书的机制在安全方面并不是万无一失的。例如，开发者可以用偷来的身份注册账户，并尝试上传恶意应用（可能是间谍软件或移动广告软件）。

尽管苹果的颁发证书机制仍然存在发生欺骗的可能性，但是目前市场上并没有针对未越狱 iOS 设备（即用户没有对设备的安全功能进行规避）的恶意软件，从这一点来看，苹果公司的应用程序来源控制措施是十分有效的。成功原因主要在于：

- 为了访问苹果应用商店并获得数字证书，开发者需要注册并付费；
- 苹果公司会对所有应用程序的安全性和恶意软件进行彻底的测试，因此违规行为很可能被发现。这意味着恶意软件开发者将被发现、禁止，并可能被起诉。鉴于苹果强大的经济实力和技术领导地位，这一后果会让很多潜在恶意软件开发者望而生畏。
- 苹果公司为获批产品提供数字证书，这使得网络犯罪分子无法篡改已发布的应用程序。这意味着黑客必须创建新的应用程序，而不是将恶意软件嵌入现有代码中。

知识拓展

数字证书的颁发对象是开发者，开发者使用证书给应用程序签名，随后该证书会由颁发机构进行验证。对于苹果应用商店来说，苹果公司即颁发机构。

参考信息

在对应用程序下载网站的可信度进行审查时，iPhone 手机用户需承担相应责任。这对苹果公司是有利的，因为如果手机用户对安全限制进行了规避，该公司可以否认因此出现的所有问题。

应用程序来源的主要限制在于它只适用于未越狱的 iOS 设备。如果用户对设备进行越狱以下载其他来源的应用，那么意味着用户绕过了苹果的应用程序来源模型。一旦应用程序来源模型被禁用，iOS 设备就容易受到恶意软件的攻击。

12.2.3　iOS 沙箱

苹果公司通过控制应用运行在各自的沙箱中来对应用进行隔离。如前所述，沙箱会对应用程序的数据、使用的资源、提供的服务与其他应用进行隔离。此外，沙箱中的应用无法判断其他应用是否存在于设备上。通过防止应用程序访问内核或安装驱动后获取根权限，苹果对应用实现了进一步的隔离。这种方式使得应用程序间，以及应用程序和操作系统内核间都实现了高度隔离，因此苹果 iOS 能够为设备提供防止恶意软件攻击的高度安全防护能力。

从理念上来看，苹果的沙箱与安卓有所不同。苹果允许应用程序自由访问系统资源和功能。而安卓系统要求在访问应用程序或系统功能之前必须得到用户许可。在 iOS 系统中，除了音乐、电话和视频文件外，一个应用程序还可以访问联系人和日历。同样，iOS 允许直接访问 Safari 搜索历史、YouTube 播放列表，以及设备的麦克风和视频摄像头，这些均不需要得到用户许可。当然，这也带来了隐私问题。尽管苹果公司应用程序来源模型广受赞誉，但在应用对服务访问方面，也饱受争议。

12.2.4　安全问题

虽然应用程序是相互隔离的，但理论上仍然容易受到基于网络的攻击。例如，攻击者通过恶意网页对设备的 Safari 网络浏览器进行攻击，从而获得对浏览器的逻辑控制，尽管由于攻击无法传播至其他应用程序，攻击存在一定局限性。但即便如此，被隔离的恶意负载还是能够自由访问系统内的资源，如日历、电话簿，甚至摄像头。此外，恶意负载还可以窃取经过浏览器应用程序传输的所有数据，包括网页密码和登录凭证。

也就是说，确保设备上的应用程序不被其他应用程序修改，能够限制恶意软件的影响，并阻止将驱动程序或 rootkits 载入内核等行为。沙箱中的应用程序还能对短信和电话功能进行限制性访问，这严重限制了木马的潜在影响。但是恶意软件能够不受限制地访问互联网，且能获取联系人、地址等信息，因此可能导致数据丢失的恶性事件发生。

12.2.5　基于权限的访问

在 iOS 中，在基于权限的访问控制方面其限制比安卓系统少得多，应用程序仅在进行如下操作时需要获取用户许可：

- 通过 GPS 获取位置数据。
- 通过互联网接收远程通知提醒。
- 拨打电话。
- 发送短信或邮件。

除了权限控制的范围远小于安卓系统之外，iOS 的权限持续时间也较长。例如，如果用户允许某全球定位系统（Global Positioning System, GPS）应用程序获取位置信息，那么该应用具备的权限是永久的。这种权限申请过程与安卓类似，但又有所不同。在安卓系统中，应用程序每次拨打电话、发送短信或邮件时都需要申请相应权限，而在 iOS 中，只需要申请一次即可。这提高了便利性，但是同时也提升了权限滥用的风险，因为大多数人在同意用户协议的时候不会逐字逐句阅读，这就导致了用户可能会在无意中授予本不应同意的权限，没有意识到应用申请的权限超出了必要范围。在 iOS 13 中，苹果对权限结构进行了调整，希望能够解决用户权限粒度过粗的问题。例如，对于获取位置信息的功能，iOS 13 取消了之前的仅使用用时允许、总是允许、不允许三个选项，取而代之的是：

- 仅允许一次：允许应用在当前会话中收集位置信息。
- 不允许：无论何时都禁止应用收集数据。
- 仅使用时允许：这种模式允许应用在前台运行和活动时收集数据，但应用在后台运行时该权限也有效，因此这其实是一种伪装的“总是允许”。

这种调整对于问题的解决帮助不大，因为权限更新后用户更加困惑了。例如，“仅使用时允许”的定义模糊不清，因此用户会不断收到选择“总是允许”的提示。修订后的应用权限并没有帮助用户进行更加安全的设置，增加的只有复杂度和用户困惑。实际上，应用和设备的安全最终还是取决于用户，而非苹果公司。但苹果公司一直对这个事实敬而远之。

12.2.6　加密技术

除了应用程序来源、隔离、强大的访问控制之外，苹果公司还通过完整的设备加密技术为用户提供了高水平的安全防护能力。但是，苹果的完整加密技术中的密钥是存在于设备上的。这是因为即使用户没有登录设备，设备的后台也在持续运行应用程序和服务。因此，即使拿到手机的人不知道用户密码，也能够读取加密数据。为了解决这个问题，iOS 中采用了分层设计，对某些数据（比如电子邮件、短信及其他个人数据）进行双重加密。通过这种方式加密后，可以保护文件免受未经授权的访问，只有拥有主密钥的人才能读取数据。

12.2.7　iOS 越狱

从设计的角度来看，iOS 的安全措施限制性很强，并且通过苹果公司的安全策略得以切实执行。但很多用户认为其限制性过高，他们希望不受苹果公司限制自由下载应用程序。因此，对设备进行越狱（或者说解锁）变得十分常见，越狱后的设备能够下载任一来源的应用。此外，用户也会为了使设备脱离运营商限制而进行越狱，这种限制将运营商补贴的手机与该运营商绑定。

设备越狱后用户将具有根（超级用户）权限，这时作为 iOS 安全架构基础的应用程序来源限制已经不再生效，用户能够自由下载应用程序、音乐及其他内容。糟糕的是，这种自由是以损害安全性为代价的，因为这种行为破坏了苹果的围墙花园安全策略背后的保护层。有些人认为，有能力成功越狱的用户具备防范恶意软件的能力，但关于越狱的操作说明就像食谱一样简便易得，许多用户会在越狱后陷入困境。

12.3　Windows Phone 8 系统的安全性

Windows Phone 8.1 是微软智能手机操作系统的最新版本。该操作系统于 2014 年发布，微软曾以该操作系统能够提供安全及管理控制、减少数据泄露、提供恶意软件防护等功能为卖点着力开拓企业市场。微软还将 BitLocker、Windows Defender、SmartScreen Filter 和用户访问控制等安全功能整合到其移动设备的安全架构中。微软在 2016 年继 Windows Phone 8.1 之后推出了 Windows 10 Mobile，但后者是 PC 操作系统的一个版本。2020 年微软停止对移动操作系统的支持后，Windows 10 Mobile 也被淘汰了。但是由于有大量设备使用 Windows Phone 8.1，对微软的手机安全架构进行研究还是很有意义的。

12.3.1 平台应用的安全性

微软的策略与苹果的 iOS 策略类似，他们都致力于通过隔离来保护应用程序。微软和苹果都采用了对应用程序来源的限制措施，微软最终采用了安全的应用商店模式，将其版本命名为 Windows Store。它遵循与苹果应用商店相同的基本模式，即只有经过严格审查的应用程序才可以发布并下载到运行 Windows Phone 8（WP8）操作系统的设备上。

12.3.2 安全功能

在安全架构方面，微软使用了由可信平台模块支持的安全启动程序，可信平台模块负责对数据和应用进行加密，同时保证设备和固件的完整性。在这一点上，微软和苹果也是类似的。此外，Windows 8.1 还部署了沙箱模型，以确保应用程序在运行期间与系统资源和其他应用程序隔离。

这些安全措施大大增强了移动操作系统的安全性，与微软现有 PC 操作系统相比更是如此。但是，Windows 8.1 操作系统的最佳安全功能与同行相比并不显著，原因在于其市场份额有限，仅有 2%。该操作系统仅在少数设备上运行，无法成为恶意软件开发者的攻击目标。这通常被称为“无名安全”。

2016 年，随着微软 Windows 10 Mobile 的推出，Windows 8.1 被淘汰。但前者并未给微软带来预期收益，也并未获得移动市场内第三方供应商的青睐，因此在 2020 年停用，市场留给了安卓系统和 iOS。

12.4 iOS 与安卓系统的演进

对于移动市场来说，Windows 10 Mobile 系统出现得太晚，已无力改变现有局面。原因在于谷歌公司的安卓系统和苹果公司的 iOS 通过对各自流行移动操作系统的改进，具备了功能优化和迭代完善的优势。事实上，安卓系统在大量不同的供应商、设备和平台中均有部署，从智能手机、便携式计算机再到物联网设备，安卓已经在整个技术行业中无处不在。这种设备的多样性进一步促进了对操作系统的创新以及功能丰富程度的需求。而苹果公司虽然产品有限但受到广泛欢迎，苹果公司因此专注于 iOS 的开发，以满足用户的特定需求。这样一来，安卓系统和 iOS 经过多次演进都已经发展为成熟的移动操作系统，这个成果并非一挥而就，有时为了满足开发者的需求需要对安全架构进行重大的妥协调整和重新评估。

我们能看到，经过多年变迁，安卓系统和 iOS 都不得不从原有的僵硬死板的安全架构转变为使用沙箱和应用程序隔离的安全架构。这种变化主要源于开发者和市场压力。在 2010 年，应用程序作为独立代码的观点十分普遍，应用程序隔离作为一种安全机制是行之有效的。但随着微服务编程方法以及供应商 API 的出现，情况发生了变化。人们需要的是能够与外部通过接口交互的应用程序。与此对应的是，人们需要能够将应用程序集成和简单编程结合在一起的安全架构，这意味着需要将供应商 API 与链接代码进行组合和匹配以形成功能齐全的应用程序，因此，如果开发者还秉持隔离的理念，则会对开发工作造成严重阻碍。

为了应对环境的变化，谷歌和苹果都进行了安全政策上的放松，这一点可以在近年来各自的版本更新中看到。但是，尽管安卓系统和 iOS 在进行应用与文件系统、应用间隔离时都使用了沙箱，但是两者使用的技术实际上有很大差异。

在安卓系统中，每个应用程序都作为一个特定的“用户”运行，具有各自的用户身份编号（UID），Linux 内核保证不同的“用户”间默认隔离，因此应用间不会相互干扰。

而对于 iOS 来说，所有的应用在运行时都对应同一个用户（即“mobile”），这意味着所有应用对应的根目录都是不同的，进而每个应用只能读取文件系统中各自对应的部分。

然而，应用程序隔离对应用的限制只是沙箱问题的其中一个方面。总会有应用程序需要安全访问API、联系人、位置等信息，为了满足该类需求，安卓系统和iOS都使用了更加细粒度的应用权限，随着时间的推移这些权限被系统引入和完善。

12.4.1　安卓系统版本演进

自2008年安卓1.0操作系统推出以来，该系统已经发生了翻天覆地的变化。为了明确安卓系统自安卓1.0到如今的安卓11发生的演变，首先需要了解安卓系统的发展历程。

- 2008年，安卓1.0推出，这时候的安卓系统仅仅是一个内置了谷歌应用程序的基本操作系统。
- 2009年4月，安卓1.5（也称为Cup Cake）推出，引入了适用于第三方应用的架构。
- 2009年9月，安卓1.6（也称为Donut）推出，实现了对CDMA和不同尺寸屏幕的支持。
- 2009年10月，安卓2.0-2.1（也称为Eclair）新增了导航以及语音转文字等功能。
- 2010年5月，安卓2.2（也称为Froyo）增加了对flash动画的支持，并进行了一些内部性能升级。
- 2010年12月，安卓2.3（也称为Gingerbread）对屏幕布局和色彩方案进行了美化。
- 2011年2月，安卓3.0-3.3（也称为Honeycomb）是一个便携式计算机专用版本，对用户界面进行了调整。
- 2011年10月，安卓4.0（也称为Ice Cream Sandwich）使得智能手机具备了2.3版本（Gingerbread）中的很多UI功能。
- 2012年至2013年，安卓4.1-4.3（也称为Jelly Bean）新增了Google Now应用及快速设置（Quick Settings）面板。
- 2014年10月，安卓4.4（也称为KitKat）新增了OK、Google等应用，并重新设计了屏幕布局和用户界面。
- 2014年11月，安卓5.0（也称为Lollipop）新增了材质设计功能，为第三方应用开发者提供了可以用在移动应用中的主题。
- 2015年，安卓6.0（也称为Marshmallow）新增了细粒度的第三方应用权限控制功能。
- 2016年，安卓7.0（也称为Nougat）新增了谷歌语音助手和第三方应用分批通知。
- 2017年，安卓8.0-8.1（也称为Oreo）拓展了第三方应用的通知渠道，并使得供应商发布软件更新时更加便捷。
- 2018年，安卓9.0（也称为Pie）能够防止应用程序在后台运行时访问照相机、麦克风或者传感器，且能在应用程序访问所有设备时发送明确通知。
- 2019年，安卓10（无使用甜点名字命名的别称）对权限系统进行了更新，用户对应用访问位置数据的掌控能力增强，同时对用于保护唯一设备标识符的系统进行了扩展。
- 2020年，安卓11对权限系统进行了扩展和细化，可以支持单个用户单次使用如定位系统、照相机、麦克风等设备。

除此之外，谷歌还推出了更加严格的隐私和安全措施，以防范没有底线的开发者在没有获得明确同意的情况下擅自使用位置数据。

默认情况下，安卓沙箱中的应用是相互隔离的。因此，应用程序间进行资源和数据共享时需要明确提示。为了实现这个目的，应用程序需要使用安卓6.0版本（也即Marshmallow）中新增的细粒度权限模型。这意味着获取应用程序运行所需权限或使用基本沙箱功能之外的能力时都需要进行声明。细粒度权限模型能够支持应用合理访问其他应用或设备功能，比如照相机、定位或麦克风。

12.4.2 iOS 版本演进

iOS 版本演进过程如下：

- 2008 年，iOS 1.0 版本随 iPhone 一并推出，苹果公司将其描述为苹果 X 桌面操作系统的移动设备操作系统版本。
- 2008 年，在 iOS 2 中新增了苹果应用商店、邮件推送，以及 GPS。
- 2010 年，iOS 3 随 iPhone 3GS 一并推出，该版本可使用 3G 运营商网络。
- 2011 年，iOS 4 新增了对 CDMA 的支持。
- 2011 年，iOS 5 新增了 Siri、iCloud，并且集成了 Twitter。
- 2012 年，iOS 6 新增了对 LTE 的支持，并且集成了 Facebook。
- 2013 年，iOS 7 新增了 Airdrop 及通知控制中心功能。
- 2014 年，iOS 8 新增了 Apple Pay、iCloud Drive，以及 Handoff 功能。
- 2015 年，iOS 9 能够支持与安卓系统间的迁移。
- 2016 年，iOS 10 新增了对第三方开发者访问苹果应用的支持。
- 2017 年，iOS 11 新增了 Apple Pay Cash，并对 Siri、钱包、地图、应用商店等应用进行了更新。
- 2018 年，iOS 12 提升了 Safari 隐私保护能力，能够避免浏览器活动追踪。
- 2019 年，iOS 13 支持通过面部识别快速解锁，并对 Siri 语音进行了改进。

从上述时间线来看，安全领域的里程碑事件发生在 2016 年，当时苹果有意弱化应用程序沙箱隔离的概念。在这一年，iOS 10 支持设备中的应用访问其他第三方应用，甚至包括苹果自有的应用程序 Siri。

随着时间推移及版本不断更新，安卓系统和 iOS 都解决了将应用程序与文件系统及其他系统资源进行安全隔离的问题，同时通过细粒度权限管理来满足特定访问需求。这两个系统都放松了对隔离的限制，能够在安全态势不变的情况下实现互连、集成和协作。

12.5 切换功能带来的安全挑战

2014 年，苹果发布了一项名为切换的新功能，Windows 和谷歌也在研究类似技术。使用切换功能的前提是，设备必须连接到同一 Wi-Fi 网络，并以相同的苹果 ID 登录 iCloud。切换功能实现了设备之间的无缝转移，当用户切换使用的设备后，可以在上次离开的基础上继续使用。举例来说，如果一个用户在 Mac 上撰写电子邮件时被打断，该用户可以切换到另一个设备（比如说 iPhone），然后接着写。这同样适用于在 iPhone 上浏览网页，用户切换设备后可以在原来的位置基础上继续浏览。

当设备连接至同一个本地 ad hoc 无线网时，用户可以使用 Mac 或 iPad 拨打电话。要实现这个功能，只对 iCloud 存储空间中文档位置进行调整还远远不够，还需要通过蓝牙 4 和 Wi-Fi 直连实现设备间的连续性。通过这种方式，设备间得以实现通信、数据传输和工作流。但是从安全的角度来看，这有可能导致数据泄露给管理范围外的设备，甚至是未经授权的应用。

微软和谷歌都在努力攻克这项技术并研发自身的相应版本，切换功能可能会从根本上改变人们未来使用设备的方式。更重要的是，开发者可以通过 iOS 8 应用扩展将切换功能添加到他们的应用中。有了切换功能，应用程序间可以通信，进而不再需要沙箱的概念。数据可以在应用间传输，这样一来，社交媒体应用也可以获取企业应用中的数据和信息。

12.6 BYOD及其安全性

随着iPhone等消费级智能手机的出现，企业在制定员工个人设备相关的政策时也发生了一定转变。可以很快发现的是，员工们更愿意使用自己的手机登录企业邮箱。

起初，这对IT部门来说并不是大问题，因为已经有可行的安全技术，如Outlook Web Access和Exchange Active Sync（EAS）。然而，员工们很快发现仅能够访问电子邮箱是不够的，如果深夜收到一封要求提供紧急信息的邮件，他们还需要访问工作文档及应用。最容易想到的解决方案是通过企业内部资源或者使用软件即服务（Software as a Service, SaaS），提供虚拟专用网络（Virtual Private Networks, VPN）和基于网页的应用程序，并允许员工使用自己的设备进行远程连接。最终，目标转移到了提高生产力以及实现工作和生活间的平衡等问题上。很快，员工们开始希望在网络可覆盖范围内使用个人设备。便携式计算机和智能手机迅速遍布工作场所。对于IT部门来说，这带来了一个重大挑战。BYOD的浪潮不可逆转，需要解决随之而来的重大安全难题。

对于安全部门来说，需要对不归属公司的设备实施某种程度的控制和管理。然而，要做到这一点，他们需要一个员工和IT管理层都能接受的BYOD政策。该政策需要帮助IT部门执行公司管理政策，以确保网络安全不受影响，并保护公司资产（数据）。数据泄露是一个用于描述企业数据离开传统网络边界的术语，从过去到现在数据泄露一直都是重要的安全问题。

BYOD加剧了数据泄露的风险，因为成千上万不受控制的移动设备都有可能访问或持有公司数据。使问题更加复杂的是，很快就出现了BYOD的变体，即自带应用（Bring Your Own Applications, BYOA）。本就严重的安全问题又新增了非标准甚至是未获许可的软件，此外还有谷歌应用及SaaS应用的个人订阅。很快，BYOA中又一个不稳定因素出现了，员工纷纷将数据上传到iCloud、Google Drive和Dropbox。控制数据泄露似乎更加困难。

从IT部门的角度来看，安装了Windows系统的便携式计算机并不是什么问题，多年来他们已经掌握了锁定和保护Windows平台安全的方法，问题关键在于出现的新技术，也就是办公室内普遍使用的智能手机和便携式计算机。幸运的是，主要的设备供应商苹果和谷歌已经通过在其操作系统中新增了安全和管理功能来解决安全问题。IT部门能够根据这些功能设定策略模板，对不希望出现或不安全的功能进行限制，并在设备上配置与公司IT管理政策一致的安全策略。

到目前为止，工作场所内iPhone的占比最高。iPhone是理想的BYOD客户端，因为其操作系统唯一，且每个版本的设备只有一到两个型号。此外，苹果iOS是一个封闭的系统。如果设备安全没有被人为破坏（也即没有对设备进行越狱），那么设备自身的操作系统和防恶意软件功能就足以将很多潜在威胁拒之门外。这样一来，安全策略的制定易如反掌。苹果iPhone和iPad的操作系统中内置了强大的安全和管理功能集，IT部门可以在iOS设备上统一设计和配置标准且细化的安全策略。苹果在企业市场上大获成功的原因也许就在于它与BYOD的天然契合，在这种情况下，苹果很快就取代了黑莓，成为企业设备的首选。

虽然微软在企业台式计算机和便携式计算机领域占据绝对优势，但在移动设备领域远远落后于iPhone和iPad，因为Windows Phone设备远不如前两者有竞争力。为了解决这个问题，微软与诺基亚达成了一项独家协议，在诺基亚手机中安装微软新发布的Windows Phone 7操作系统。但是由于Windows Phone 7不具备安全或管理功能，因此无法配置BYOD相关的安全策略。直到2014年Windows Phone 8.1发布，Windows终于在其操作系统中解决了这个重要的企业需求。

从过去到现在，安卓操作系统一直都无法与BYOD的需求匹配。安卓操作系统与苹果iOS的情况完全相反，因为它是十分分散的系统，安装的设备各异且供应商繁多。但是 IT 部门发现，安卓设备在消费者市场广受欢迎，而且是支持 BYOD 的企业内重要的设备。尽管安卓在所有操作系统中安全和管理功能最多，但在安卓平台上创建标准和统一的安全和管理政策仍然十分困难。原因在于使用安卓的设备众多，功能和应用都十分广泛，这也是安卓作为开放操作系统和使用开源模式的副作用。

显然，如果 IT 部门要成功管理 BYOD，就必须要有能够为每个设备提供、管理和远程部署安全策略的系统和政策。该系统需要能够对设备进行识别和验证，并在允许设备进入网络之前检查其配置是否符合公司政策。移动设备管理（MDM）是 IT 部门用来提供、配置和管理工作场所中移动设备的系统，它面向设备，而移动应用管理（MAM）用于管理移动设备上的应用软件。MDM 和 MAM 都属于企业移动设备管理（EMM）的范围。

12.7 企业移动设备管理的安全性

企业移动设备管理（EMM）是一个框架，由管理企业内移动 IT 设备所需的人员、流程和技术组成。企业移动 IT 设备管理因引入 BYOD 付出了巨大代价，因为 BYOD 会带来巨大的安全风险。为了应对这些威胁，IT 部门需要一套完整可行的解决方案，来对众多的操作系统及设备进行安全防护和管理。EMM 涉及的领域众多，包括安全、应用管理和财务管理等。

在安全方面，由于系统管理员缺乏对设备的访问权限，再加上操作系统和设备的多样性，在 BYOD 设备上配置和安装应用程序十分困难。在 EMM 解决方案中，通常会使用 MDM 中间件实现对各种移动设备的自动管理。随着 BYOD 的引入，保护和管理移动设备的自动化变得十分必要。企业中存在大量各异设备，手动操作的方法只能适用于小型公司。对于大型公司来说，需要自动化的无线配置和部署方法。

12.7.1 移动设备管理

移动设备管理（MDM）通常建立在客户端-服务器模型上，其中 MDM 服务器对安装在移动设备上的客户端代理进行控制和管理。MDM 软件可以自动检测网络上的设备、发送和收集信息、通知更新，并通过无线方式对设备进行配置。如果设备丢失或被盗，MDM 还支持对设备中的企业数据进行锁定和擦除。此外，MDM 可以将更新通知发送给单个或一组设备，比如同时发送给所有安装了 iOS 8 的设备、所有安装了安卓 4.4 系统的设备或所有安装了 Windows Phone 8 的设备。这个功能极大地减轻了管理大量企业设备或 BYOD 设备时的负担。还有一些 MDM 系统具备面向用户的门户网站，里面包含了适用于特定设备的应用程序、驱动以及安装包，员工可以自行访问。对于管理者来说，MDM 可以用于获取设备活动报告，报告内容包括通话记录、发送或接收的信息、安装或删除的应用程序、配置变化、防恶意软件和防病毒软件的版本，以及最近一次运行日期，所有这些都由中央 MDM 服务器网络控制台控制运行。

所有功能中最有用的是，当已注册设备申请加入网络时，可以从一开始就将该设备置于安全隔离区，并通过无线方式为其自动配置安全模板。随后 MDM 软件会向移动设备代理查询手机中的安全和管理设置。最后，MDM 会将查询到的设置与设备的安全模板进行比较，并将最新版本的安全和管理功能模板下载至设备，同时打开或关闭某些功能（这与公司的政策有关）。最终的结果就是所有已注册的智能手机和便携式计算机都自动与最新的安全政策保持一致。

MDM 服务器可以是企业自有，也可以通过使用云服务以 SaaS 的形式获取。表 12-1 中展示了大部分 MDM 系统应具备的功能。

从 MDM 功能清单中可以看到，MDM 具备一些通用的应用程序和软件管理功能，但是在企业生态系统中，软件和应用程序的管理一般是由 MAM 系统负责的。

表 12-1　MDM 功能清单

功能分类	功能举例	功能描述
台账管理	维护设备台账	设备清单应该包括设备型号、设备 ID、固件版本和操作系统级别、网络适配器和可移动存储卡
	台账更新	MDM 软件会定期对每台设备信息进行查询，从而更新设备台账
	移动设备的物理位置跟踪	如果想要知道公司移动设备的携带者以及当前位置，那么有必要添加该项功能。需要注意，这项功能在 BYOD 的场景下存在争议
设备供应	设备管理	这取决于对许多设备特性的支持情况，如操作系统、供应商和平台
	设备注册	MDM 软件可以直接为用户设备完成注册，或者用户可以使用注册门户
	设备激活	一些设备（如苹果公司的设备）出厂时就原生带有 MDM 客户端软件，因此可以直接激活；其他设备可能需要通过包含网页地址的短信来下载客户端，用户在该网页完成下载
	设备配置	MDM 软件可以对设备进行重新配置，从而与公司政策保持一致
软件分发	补丁更新	MDM 软件可以将补丁更新安装包自动推送至已注册的客户端
	移动网络优化	MDM 软件可用于管理带宽，并通过已知较差的广域网（WAN）链路上提供压缩或增量更新
	软件包集合	MDM 软件可以将相关的软件更新及应用程序集合在一起打包发给特定的组，组内包含多个客户端
安全设备管理	用户认证	该功能可以与活动目录或其他单点登录解决方案融合
	口令执行	MDM 软件可以确保安全口令的启用，且与公司安全政策一致
	远程设备擦除	指从丢失或被盗的设备中擦除数据
	白名单/黑名单配置	这种功能可以用来对某些不安全的功能和应用程序颁发许可或进行阻拦防护
数据保护	数据加密	执行硬件加密策略的能力，大多数智能手机都可以支持该功能
	备份/恢复	MDM 软件可以通过无线方式执行预定的数据备份，数据将被存储到基于云的空间中
	数据跟踪	MDM 软件可以对设备上的企业数据进行审计，并对通过无线同步传输或发送到可移动媒体设备的敏感文件进行控制和报告

（续）

功能分类	功能举例	功能描述
远程技术支持	自服务门户	MDM 软件通常都具有客户端自服务门户，用户可以据此获得技术支持，了解常见问题（FAQ）以及已知问题
	诊断	MDM 软件可以展示当前设置，显示推荐设置，提供关于内存、电池和网络连接质量的实时健康检查
	远程控制	MDM 软件通常能够支持设备远程控制，便于管理员控制手机
	审计与合规检查	MDM 软件可以提供评估报告、补救报告，以及合规性报告

12.7.2　移动应用管理

移动设备管理（MDM）和移动应用管理（MAM）之间的主要区别是，MDM 用于处理设备激活、注册和配置，而 MAM 用于软件的交付。MAM 为应用程序提供了一个具有应用工作方式管理的分发平台，同时也用于处理软件许可、配置和使用情况跟踪。

在实际情况中，MAM 会和 MDM 协同工作，作为整个 EMM 解决方案的一部分。MDM 系统在将控制权移交给 MAM 系统继续处理之前，会对用户进行认证并对设备进行清点。MAM 会确认设备中安装的所有的必选应用和可选应用，之后根据用户或组的配置文件，向设备推送一个目录或单个应用程序。此外，它还会记录软件维护、审计和合规报告结果。

对于苹果 iOS 和 Windows Phone，MAM 还起到了另一个重要的作用。由于这两个都是闭源操作系统，重点关注应用程序来源。因此，这两个操作系统都被配置为只允许在设备上下载和安装经过数字签名的应用程序。如果企业有自己内部开发的应用程序，需要在 iPhone、iPad 或 Windows Phone 8 系统上运行，那么将存在应用程序来源问题。解决方案是使用供应商的企业开发者证书来给应用程序签名，但企业内部的应用程序需要被放置在内部的企业应用分发平台上，以便设备可以在平台注册并下载所需的应用程序。MAM 提供了这个企业应用分发平台，并能够管理应用程序从发布到下线的整个生命周期。因此，MAM 是 EMM 解决方案中重要的组成部分。

本章小结

在安卓系统、iOS、Windows Phone 系统三个主要的移动操作系统平台中，应用程序来源控制和沙箱都十分常见，且这两种措施已经被证明是确保移动设备安全的可靠基石。应用程序来源确保在应用发布前对开发者和应用进行审查；而沙箱确保应用程序独立，某一应用存在的问题不会影响其他应用。

不使用应用程序来源控制的平台是出现恶意软件问题最多的平台，这一事实从根本上证明了应用程序来源控制的重要性。同时，使用应用来源控制的系统中大多数问题来自用户规避了来源控制。

除了特定设备的安全模型外，IT 团队还需要有能力对大规模设备进行配置、控制和保护，以满足支持 BYOD 和组织风险管理的双重要求。为此，主要平台供应商也都开发了相应机制来满足大型组织的需求。

本章习题

1. 安卓系统权限模型是确保应用无法访问其他应用及所需资源的关键。

A. 正确 B. 错误

2. 安卓系统是如何利用 Linux 多用户环境的?
   A. 植入社交媒体应用程序
   B. 在多个应用间共享资源
   C. 对安卓的应用程序隔离措施中多用户保护进行调整
   D. 开发源代码
3. 下列关于应用程序来源的描述,描述最准确的是?
   A. 确保用户可以信任应用商店中应用的真实性和完整性
   B. 避免应用访问公共资源
   C. 保证应用安全,远离恶意软件
   D. 以上均是
4. 苹果系统的沙箱与安卓系统的区别在于?
   A. 苹果应用商店更加安全
   B. 苹果要求应用访问其他应用或系统功能前获得用户许可
   C. 苹果支持应用自由访问系统资源及功能
   D. 没有区别
5. 苹果 iOS 中大部分的安全问题源于设备越狱,该操作会规避苹果对应用的安全防护。
   A. 正确 B. 错误
6. Windows 的安全启动程序和应用完整性措施确保了应用的真实性和完整性,犯罪分子因而很难将 Windows Phone 设备作为恶意软件的攻击对象。
   A. 正确 B. 错误
7. Windows Phone 8 的策略控制与安卓系统的区别在于?
   A. 安卓系统中的谷歌应用商店(Google Play)策略控制能力更强
   B. 由于安卓系统分散在多种设备上,类似地,Windows Phone 8 的策略控制也可以在所有 Windows Phone 设备上执行
   C. 由于 Windows 系统分散在多种设备上,类似地,安卓系统的安全策略控制也可以在所有安卓移动设备上执行
   D. 没有区别
8. 尽管苹果系统的切换功能能够提高生产力,但同时也会带来?
   A. 会引入潜在的恶意软件 B. 会破坏应用程序来源控制功能
   C. 会破坏沙箱功能 D. 会改变权限控制模型
9. MDM 和 MAM 间的主要区别在于?
   A. MDM 用于苹果手机,MAM 用于安装了安卓系统的手机
   B. MDM 用于处理设备激活、注册、配置,MAM 用于软件的交付使用
   C. MAM 用于处理设备激活、注册、配置,MDM 用于软件的交付使用
   D. MDM 可以对应用程序完整性进行检查
10. 对于苹果 iOS 设备或 Windows Phone 设备中的企业自定义的应用,MAM 在应用程序来源控制方面起到了重要作用。
   A. 正确 B. 错误

|Chapter 13| 第 13 章

移动无线攻击及补救措施

智能设备会涉及多种风险，包括因设备丢失或被盗导致的数据丢失、设备访问及控制问题、恶意软件等。此外，由于智能设备同时也是无线客户端设备，因此无线网络也会存在相应风险。无论是不知情用户的无意行为，还是试图获得非法访问的故意攻击行为，或以其他方式破坏无线网络，智能设备的出现都带来了全新的潜在攻击。IT 安全团队需要对此进行关注和考虑。本章探讨了移动客户端给企业网络带来的风险，以及用于减轻这些风险的工具和技术。

13.1 企业网络中的移动攻击扫描

智能手机和便携式计算机等移动设备的出现，以及随后企业中自带设备（BYOD）的流行带来了极大的安全问题。数据泄露就是其中一个，但不止于此，因为移动设备还为网络犯罪分子带来了其他的攻击途径，即通过后门进行攻击。员工将越狱、获取根权限或者通过其他方式破坏后的设备带入企业网络，这给犯罪分子打开了攻击的大门，攻击对象不只是这些设备，同时还有设备所在的网络。

安全专家们定期对网络进行扫描，以检查是否存在未经授权的智能设备。讽刺的是，这正是犯罪分子在进行攻击前收集信息时的做法。因此，扫描无线网络既是一项重要的管理职能，也是一项黑客活动。收集网络信息对管理员和黑客来说都是一个重要的工具，他们使用的许多工具和技术都是相同的，都在寻找基础设施中的漏洞，只是意图不同。

对于 IT 部门来说，令人头疼的是他们不仅需要对已知网络进行扫描，同时还需要对未经授权的 ad hoc 网络进行扫描，且后者已成为主要的威胁来源，由于使用智能设备就可以轻松建立一个 ad hoc 网络，因此存在很大的滥用风险。

好在手机和 Wi-Fi 设备制造商已经努力在减少通过设备实施的攻击面（所有潜在攻击途径之和），以缓解潜在网络犯罪分子带来的攻击威胁。这样一来，安全漏洞可以被大大减少，前提是用户不会进行有意或无意破坏。这引出了移动安全领域的一个重要问题：安全意识。

13.2 安全意识

对于消费者市场领域内的技术，常会出现的一个问题是开发人员会高估公众的技术知识。例如，当涉及 Wi-Fi 安全时，可以肯定的是，很少有公众了解有线等效加密（Wired Equivalent Privacy, WEP）、Wi-Fi 保护访问第 2 版（Wi-Fi Protected Access 2, WPA2）和轻量级可扩展认证协议（Lightweight Extensible

Authentication Protocol, LEAP）之间的区别，更不用说公众会了解不掌握这些概念造成的后果。因此，尽管收到过关于未受保护的无线系统可能会受到黑客攻击的警告，但是很多接入点设备还是缺乏安全防护，或使用已经过期的安全协议。

同样的问题也存在于智能手机和便携式计算机中，而且可能情况更加糟糕，因为用户可能理解对Wi-Fi路由器加强安全防护的需求，但是却对智能手机或便携式计算机 Wi-Fi 连接的安全性视若无睹。这样一来，移动设备很容易成为犯罪分子的攻击对象。

从安全的角度来看，公众缺乏安全意识的问题令人担忧。毕竟，如果拥有智能联网设备的授权用户安全意识淡薄，或者以毫不在乎的态度规避安全防护措施，那么网络怎么可能是安全的呢？出于这个原因，以及在管理层的全力支持下，IT 部门会向员工提供安全意识培训。此外，在员工设备接入公司网络之前，员工必须了解安全政策，如 BYOD 安全政策。

现如今企业网络中智能手机、便携式计算机、可穿戴设备繁多，安全问题更加严峻，员工们不再是人手仅一部智能设备。在自带设备的情况下，员工可能会携带一台便携式计算机、一到两部智能手机、一台便携式计算机和一块具有 Wi-Fi 功能的智能手表来工作，但其中只有一到两台是授权设备。

问题在于，这些未经授权的设备会随着员工的进出而定期离开和重新进入网络，且很有可能使用默认的无线网络设置。随着员工位置的移动，设备会尝试与所在区域内任意一个 Wi-Fi 网络建立无线连接，最终随机连接至其中一个网络，而这个网络可能是合法的免费热点（且并不排除被攻击者破坏的可能性），也有可能是黑客部署的热点。即使该设备没有随意连接，设备拥有者也有可能在不了解安全风险的情况下，寻找并连接至某一网络。这还不足以成为令 IT 部门担心的问题，令其担心的在于员工携带已被攻击的手机进入公司，且很有可能将风险传播至其他设备。

对网络中授权的智能手机和便携式计算机进行追踪本身已经十分困难，而更加糟糕的是还需要追踪通过移动热点、ad hoc 网络，或蓝牙连接的未经授权的设备。因此，即使有严格的企业移动管理（EMM）措施，管理员还是要定期对无线网络进行扫描、对漏洞进行评估、检查安全合规性，以及恶意攻击防护能力。

13.2.1　网络扫描的目的

对无线网络进行评估时，第一步是进行网络搜索或扫描，以发现哪些实体在 2.4GHz 和 5GHz 这两个免授权频段的 20MHz 和 40MHz 信道上通信。通常，在进行无线网络扫描时，管理员或攻击者会从发现的接入点设备中收集以下信息：

- 媒体访问控制（MAC）地址。
- 扩展服务集标识符（Extended Service Set Identifier, ESSID）。
- 信道。
- 信噪比均值或峰值。
- 功率大小。
- 网络类型（802.11a/b/g/n）。
- 信标安全参数（WEP、临时密钥完整性协议或高级加密标准-计数器模式密码块链消息完整码协议）
- 信标服务质量（QoS）参数。
- 位置。

此外，管理员或攻击者还会根据发现的无线客户端设备记录以下信息：

- 相关的接入点设备及同类客户端。

- 802.1X 标识。

基于此，管理员可以将网络扫描的结果与清单和已竣工的网络设计图纸进行比较，从而发现差异，而攻击者可以据此找出网络中的漏洞并对其进行利用。

管理员在发现可疑设备后可以着手对其进行调查。要知道，发现恶意设备的存在只是第一步，难点在于对其进行定位和去除，因为有时候会发现这些设备并不都是真的恶意设备，可能是邻居、供应商、访客或员工的设备。此外，使用 NetStumbler 或 Kismet 等工具对设备进行调查和评估耗时较长，为了缩短网络扫描及可视化环节的时间，可以使用 inSSIDer Office 商业版工具。

理想情况下，企业应配备无线入侵防护系统（Wireless Intrusion Protection System, WIPS），该系统架构由控制中心、报告控制台、分布式代理组成，能够对所有无线网段进行保护。作为高效的自动化解决方案，WIPS 代理需要在所有无线网段内全天候运行，对未经授权设备的探测请求进行扫描和识别。

理论上管理员或攻击者只有在掌握授权设备基线清单的基础上才能发现恶意设备，但事实并非如此。这在一些大公司更加明显，公司内缺乏对授权接入点和 BYOD 设备的限制，以满足员工的紧急需求。

知识拓展

网络扫描并不是违法行为，但是企业网络管理员大概率不会同意员工对企业网络进行未经授权的扫描。当前，网络扫描行为并不会被认定为违反美国的联邦法律，但是在很多国家这种行为会导致失业，因为会被认为是违反劳动合同或不合理使用网络的行为。因此，即使只是计划进行合法的网络扫描行为，也应该事先获得书面许可。

13.2.2　漏洞扫描

无线扫描的目的不仅在于找到恶意设备，而且也能够验证授权接入点的安全措施是否到位。所有的接入点都应该像路由器和防火墙一样进行严格的安全测试，因为它们会同时连接可信设备和不可信设备。具体来说，应该对接入点进行如下几方面的检查：

- 是否安装最新的固件及安全补丁。
- 是否具备正确的安全证书。
- 是否使用恰当的安全协议。
- 是否使用加密管理接口。
- 是否进行了合理的协议过滤。
- 对于常见攻击是否存在漏洞，比如通过认证泛洪实施的拒绝服务（DoS）攻击。

获得授权的智能手机和便携式计算机也可能存在问题，必须使用 OpenVAS 等漏洞扫描仪检查其是否安装了最新的操作系统（OS）和安全补丁。此外还需要检查这些设备是否安装了防恶意软件及防间谍软件，并检查这些软件的使用信息，比如最近一次使用软件进行设备扫描的时间。其他值得注意的还有是否存在防火墙，以及可能成为攻击目标的开放端口。

自动与之前已经关联过的服务集标识符（SSID）重新关联是智能手机中常见的一个漏洞。这种默认配置的初衷是为了提高连接的便利性，但是对于许多安装了安卓系统和 iOS 的设备来说，只要接入点设备信号足够强，那么设备就可能连接至任一邻近的接入点。因此，对漫游设备能够连接的网络进行选择是十分重要的。

但是设备供应商常常会忽视这个问题，因为至少从用户角度来说，对便利性的需求超过了对安全性的重视。因此，智能设备经常会被配置为自动连接到附近的任一无线网络。其结果是，如 iPhone 或 iPad

这样的设备会一直轮询并尝试与网络进行连接。虽然这对快速连接很有帮助，但它也是一个漏洞。所有的恶意设备都有可能伪装成接入点设备，进而与客户站设备连接。

智能手机还会同时连接移动网络和 Wi-Fi 网络，由于数据使用手机接口进行传输，并对两张独立网络进行桥接，因此数据会绕开企业的路由器和防火墙。这是智能手机固有的漏洞，也是数据泄露方面的一个主要问题。

以上内容描述了未经授权的智能手机存在的部分无线网络安全问题。智能手机作为数据通信设备盛行的同时也带来了一些无线网络安全问题。对网络进行防护或者攻击的前提是获取网络的信息，所以对无线网络拓扑进行扫描是审计或者攻击时首要考虑的步骤。

一般来说，无线网络至少应该和防火墙、路由器等其他外部组件一样通过相同级别的渗透测试。大多数测试并不是专门针对无线网络的，而是作为固定且面向互联网的网络基础设施项目的一部分，但鉴于无线网络的特性以及无线网络中攻击面更大，所以还是应该重点关注无线网络及支持 Wi-Fi 的智能设备的安全问题。

参考信息

对于手机同时连接 Wi-Fi 和移动网络的情况，最著名的例子就是 AT&T Wi-Fi 网络，这种连接方式被称为 ATTWIFI。原本 AT&T 和苹果手机在与无线网络接入点设备进行通信时会使用设备的唯一 MAC 地址，但实际情况是，如果手机在 24 小时内连接过其他 AT&T 网络，那么手机与任一 ATTWIFI 网络都可以直接连接，无须 MAC 地址验证的步骤。这样一来，Wi-Fi 网络劫持变得十分容易。虽然这一现象在 10 年前就已经被发现了，但到目前为止用户的安全意识并没有明显提升，还是会常常看到智能手机用户不假思索地将设备连接到免费的 Wi-Fi 网络。

13.3　Kali Linux 安全平台

为了对企业中的设备进行扫描和漏洞评估，安全管理员或职业攻击者都会使用一种基于安全移动平台的安全工具包，Linux 操作系统支持一种称为 Kali Linux 的开源安全平台，它是添加了限制条件的 Linux 版本，只有单用户访问权限，同时包含了大量安全和渗透测试工具。

作为一个安全平台，Kali Linux 可帮助管理员对以下几类安全措施进行检查和验证：

- 情报收集。
- 漏洞分析。
- 无线攻击。
- 网络应用程序。
- 开发工具。
- 取证。
- 压力测试。
- 嗅探和伪装。
- 密码及硬件攻击。

Kali Linux 还包括 Metasploit 和 Aircrack-ng，以及其他 300 多个渗透测试工具，还有用于对网络安全进行验证和渗透测试的方法。

Kali Linux 安全平台基于 Debian Linux 开发，用户可以将开源代码下载并安装在便携式计算机、U 盘，以及安卓手机上。因此如果被不法分子利用，后果将十分可怕。建议在使用 Kali Linux 前了解一些基本的 Linux 相关知识。Metasploit 提供了帮助用户提高安全技能的工具，用户可以在对实际网络进行安全评估之前先以虚拟主机为目标进行试验。

Kali Linux 中的一些工具用于对无线网络进行扫描，如 Fern Wi-Fi Cracker 和 Aircrack-ng。无线网络扫描的目的在于发现网络中存在的所有无线设备、寻找漏洞、搜索（可能会被攻击的）非法且未经授权的设备、测试获得授权的接入点设备，以及更新台账。这些都是在考虑采取行动、对漏洞进行消除或利用漏洞之前需要进行的工作。

使用 Airodump-ng 进行扫描

Airodump-ng 是一种无线网络扫描工具，它是 Kali Linux 自带的 Aircrack-ng 套件的一部分。使用 Airodump-ng 对发现的设备进行扫描后，返回的无线网络扫描审计结果包含如下内容：

- 基本服务集标识符（BSSID）：与客户端设备有关。
- 扩展服务集标识符（ESSID）：即网络名称。
- MAC 地址：每个接入点设备和客户端的 MAC 地址是唯一的。
- 探针：客户端设备尝试连接的网络。
- 功率大小：指实体设备广播信号的强度（功率越大，则密码被破解的可能性越高）。
- 加密：WEP、TKIP 或 CCMP。
- 认证：通常有预共享密钥（PSK）、远程认证拨号用户服务（RADIUS）或不使用认证。

接着管理员会将得到的数据与台账进行核对比较并找出差异。这时，调查工作才真正开始。

13.4 客户端及基础设施中的漏洞

网络犯罪分子会在发现的网络基础设施、设备硬件或者操作系统中找出存在的漏洞，这些漏洞与设备的关联和认证有关。在有线网络中，由于设备间需要通过线缆或交换机实现物理连接，因此通过关联发现漏洞是理所当然的；但是在无线网络中，情况有所不同，所有监听了相同的 2.4GHz 频段或 5GHz 频段的设备都有可能通过协商建立联系并加入网络。

在 802.11 协议的早期，无线网络很容易被渗透攻击，因为加密算法功能较弱，且人们还不了解最佳实践。如今，IT 部门的标准得以完善，可以使用更强大的工具对无线网络进行安全防护。但是网络漏洞并没有消失，无线网络存在的主要问题之一在于客户端会向所有监听设备进行广播，因此当务之急是保护无线通信网络免受未经授权的访问或窃听攻击。

智能手机和便携式计算机等移动设备支持 Wi-Fi 连接，因而设备能够通过无线网络进行监听和通信，可能通过许可频段（电信、3G、LTE 等）也有可能通过免许可频段（802.11 等）。大多数设备能够同时使用许可频段和免许可频段通信，这给攻击企业网络提供了后门，数据泄露可能因此发生且不被察觉。

移动设备潜在的安全漏洞还包括设备中的数据被配置为自动通过云数据存储服务进行备份，如上传至 iCloud、谷歌云服务、One Drive、Azure 等。这种设备离线的存储方式对于个人数据可能可以接受，但是对企业数据来说却存在较大风险。更糟糕的是，企业可能对这些操作并不知情。只要登录了相同的账户，存储在云服务提供商网站中的数据就可以被其他设备和应用获取，因此安全问题并没有得到解决，比如应该把数据存在哪里、使用什么安全措施作为条件才能保证数据安全？

客户端漏洞

近年来 Wi-Fi 通信的安全防护技术得到了有效提升，同样进步的还有可扩展认证协议-传输层安全（Extensible Authentication Protocol-Transport Layer Security, EAP-TLS）中的认证技术和 802.11i 中详述的加密技术。因此，攻击者开始使用恶意软件对客户端进行攻击，攻击途径包括附件、下载过程、网站浏览（路过式浏览器攻击）、USB 直连等。

客户端攻击一直都是攻击者的备选攻击方式之一，它通过各种技术在客户端中安装木马或恶意软件。但是智能手机本质上相对 PC 来说更加安全，这给犯罪分子带来了困扰，其中一种“解决办法”是通过 PC 的 USB 接口对智能手机进行攻击。

例如，网络犯罪分子会通过社会工程进行攻击，从而获取电子邮箱地址及其他所需信息。在拿到可信合作伙伴（比如公司的手机供应商）的邮箱地址后，攻击者会使用公司的邮箱地址发送伪造邮件。通常来说，只要邮件内容（以及主题）看起来十分可信，那么让人们打开附件是轻而易举的事情，比如某项特别活动的邀请或必须批准的费用变更等。

随后，攻击者可以使用 Metasploit 漏洞创建客户端有效载荷，如 Adobe util.printf 就是一种 Metasploit 漏洞，它利用了 Adobe Reader 中的一个漏洞。攻击的目的在于向客户端中注入载荷，它会伪装成一个扩展名为.pdf 的文件（如前所述作为电子邮件中的附件）。该文件会使用反向 TCP/IP 连接至攻击者的机器，从而实现加载 USB 漏洞的目的。加载完成后，攻击者就能够远程控制 USB 端口。具体过程是，恶意 PDF 文件能够通过防病毒检查，且在打开时被激活，之后连接至攻击者的机器，同时夺取对 USB 端口的控制权。获得对 USB 端口的远程控制后，攻击者就有机会在智能手机连接到该端口时对其进行控制。之后攻击者就可以随心所欲地对设备进行越狱、获取根权限、窃取数据、植入木马或其他恶意软件。

这类客户端漏洞很难修复，因为攻击者通过社会工程收集信息，并使用复杂的工具将恶意的有效载荷嵌入邮件附件，且将该邮件发送者伪装成可信来源。但是一旦有效载荷被激活，WIPS 就能够检测到流量异常并发出警报。

13.5　其他 USB 漏洞

智能设备的漏洞存在于 USB 接口与设备连接时的握手过程，这个过程决定了连接设备的种类。例如，恶意的 USB 设备可能会伪装成键盘等人机接口设备，但事实上被攻击的 PC 上键入的所有按键信息都会被转发到外接 USB 设备上，这种漏洞称为键盘记录器，是一种在固定和无线外设上都很常见的漏洞。这种攻击通常发生在酒店的商务休息室，攻击者将 USB 密钥插入一台供数十人使用的计算机，以获取多个账户的信息。这种漏洞得以被成功利用的原因在于只有极少数人会去检查当前使用设备是否与其他物理设备相连，黑客几周后回来就能获取潜在的大量用户名和密码关联信息。

对于智能设备来说，其特别之处在于 USB 标准支持任意的关联，这样一来易受攻击的 PC 和与其连接的智能手机间的 USB 连接关系并不是确定的。因此，很多犯罪分子会以脆弱的 PC 客户端作为（优先级较低的）攻击目标。在攻陷 PC 之后，犯罪分子就能够进一步攻击与 PC 通过 USB 接口连接的智能手机和便携式计算机等优先级较高的目标。Kali Linux 提供了多种用于 USB 控制器重新编程的工具，并允许利用影响所有设备的硬件漏洞。此外，对犯罪分子有利的是，除了禁用 USB 控制器外，没有其他方法可以修复 USB 漏洞。

知识拓展

NetHunter 是 Kali Linux 的其中一个实现方案，它在谷歌 Android Nexus 系列智能手机上运行，是一个非常轻巧便携的审计或攻击工具。

网络冒充

网络冒充也是一种常见的网络攻击方式。采取这种攻击方式的犯罪分子会通过广播一个与正常接入点设备相同的 SSID 进行冒充（也即恶意双胞胎接入点），但在网络接口处攻击者提高了功率。通过设置比真正接入点设备更强的无线电信号，攻击者的恶意接入点设备就能捕捉试图连接的客户端信息。此外，真正的接入点设备还需要向客户端发送解除授权（即去授权）数据包，从而解除所有与客户端的连接关系。利用 hostapd 软件和一些无线适配器等工具，攻击者可以轻松地在安卓智能手机或任何其他能够运行 Kali Linux 的无线设备上创建恶意接入点。

当攻击者向真正的接入点发送去授权命令后，该接入点将会断开所有连接。此时客户端设备将会尝试重连，且优先与信号较强的设备连接，也即恶意接入点设备，所有的通信数据都会流经 Kali Linux box。在这一环节，攻击者可以实施中间人（MITM）攻击，比如用于注入虚假更新包的 Evilgrade、用于接管加密会话的 SSLsplit 等。黑客还可以通过运行 Dnsmasq 工具欺骗域名系统（Domain Name System, DNS）的查询功能，将受害者智能手机的浏览器请求重定向到钓鱼网站。

创建恶意的双胞胎接入点十分简单，且 Kali Linux 中提供了方法。不幸的是，定期审计并不能降低风险，因为这些恶意接入点可能安装在智能手机上，而智能手机由于体积小且便携，很难对恶意接入点进行定位。如果使用基于智能手机的恶意接入点，黑客可以四处移动或间歇性操作，并长期处于休眠状态，从而避免被发现。WIPS 是监听和检测网络频谱中恶意设备的重要工具，虽然 WIPS 并不能阻止恶意设备的出现，但它会大大降低恶意设备的检测难度，从而起到威慑作用。

13.6　网络安全协议漏洞

除了利用客户端漏洞和基础设施漏洞之外，犯罪分子还可能利用网络协议及服务漏洞，并且也确实这样做了。在网络安全协议和服务条件具备的情况下，这种攻击方式尤其有效。此时，组织内的安全防护根基被攻击者利用，成为攻击组织自身的武器。

13.6.1　RADIUS 冒充

前文中概述了黑客如何利用恶意接入点将流量导向虚假的 DNS 服务器。同样，FreeRADIUS 也使用了类似方法，它将 RADIUS 身份验证请求传递给运行 FreeRADIUS 的恶意主机，恶意接入点继而能够拦截并捕获客户端的登录凭证。PwnSTAR 和 easy-creds 等软件包可以自动配置虚假环境，Karmetasploit（Kali Linux 平台捆绑的另一款 Metasploit 工具）可以冒充接入点、获取密码及数据。

在利用 RADIUS 服务器漏洞时，攻击者首先会创建一个假的接入点和 RADIUS 服务器，然后等待（更准确来说可能是强迫）客户端进行身份验证。然后，攻击者可以获取 RADIUS 服务器和客户端之间的请求和响应流量。客户端密码是加密的，但可以使用各种密码破解工具进行破解。破解完成后，攻击者就拥有了用户账户和密码，基于拿到的用户凭证，攻击者可以访问敏感数据。这些凭证用途广泛，既可以远程访问虚拟专用网络（VPN），又可以访问 Outlook Web Access。

这种攻击得以生效的原因在于，802.11 环境中经常使用自签名证书，这些证书是安装在 RADIUS 服务器中的。而 windows 客户端默认接受服务器提供的所有证书，原因在于受保护可扩展认证协议（Protected Extensible Authentication Protocol, PEAP）配置并不要求客户端对 RADIUS 服务器证书进行验证。此外，客户端通常还会支持来自外部的证书授权中心（颁发数字证书的公司或机构）（Certificate Authority, CA）颁发的证书。如果启用外部证书授权，那么提供伪造证书的攻击者将会向客户端发起确认请求，而客户端大多数情况下都会确认该伪造证书，从而使得伪造的外部证书变为可信状态。在此过程中会对攻击者的设备进行认证，攻击者因此能够获得多种网络资源的访问权限。

为了缓解此类攻击，管理员应使用 EAP-TLS。EAP-TLS 采用了双向认证，对这种攻击的防护能力更强。PEAP 中只包含了服务器对客户端的认证，而 EAP-TLS 除了前者之外还有客户端对服务器的认证。此外也可以安装内部 CA 证书，禁用具有伪造风险的外部签名或公共签名证书。管理员可以强制要求客户端验证 RADIUS 证书并手动配置内部服务器证书（以及取消选择所有其他证书），以此规避 RADIUS 冒充漏洞。上述补救措施最好通过 Active Directory 完成，因为它支持集中配置并确保将配置分发给所有无线客户端。

13.6.2　公共证书授权漏洞

在银行或购物网站的服务器通信中，证书用于身份认证，以保证网站的真实性。这种安全套接字层（Secure Sockets Layer, SSL）协议使用可信 CA 颁发的证书对服务器进行认证，确保数据不被泄露。大多数浏览器会对 SSL 证书有效性进行严格检查，如果证书过期或无效，会立即发出警告。然而，许多移动应用程序在部署时并不会检查 SSL 证书的有效性。

SSL 证书目前存在一个问题，就是有效期通常较长，一般为 3 年。但这对于管理员来说是有利的，因为除非必要，一般情况下人们都不想提前更新。然而，主流浏览器厂商（Chrome 归属的谷歌公司、Safari 归属的苹果公司）都在积极争取缩短证书有效期，原因在于，有效期越短、加密密钥的生成就会越频繁。如果定期进行密钥生成，那么安全性将能够得到提升，并且能够降低因密钥或口令丢失带来的大部分风险。2020 年 9 月，有效期超过 398 天的 SSL/TLS 叶子证书就已经无法通过苹果的 Safari 浏览器认证。当然，2020 年 9 月之前签发的 SSL/TLS 叶子证书不受影响。

更加糟糕的是，自签名的虚假证书越来越多，其中包括向脸书、谷歌、苹果，以及某俄罗斯银行提供的证书。尽管现在的浏览器几乎都能辨别并拒绝伪造的自签名证书，但许多移动应用程序选择接受伪造证书。这个问题值得关注，因为如果应用程序不验证 SSL 证书的真实性，攻击者就可以使用伪造的证书对银行和电子商务网站发起 MITM 攻击。

2014 年初，在 OpenSSL 中发现了心脏出血漏洞（Heartbleed），给人们一直普遍认为的安全通信和可靠认证技术带来了巨大打击。这动摇了人们对网上银行和电子商务平台的信心。此外，OpenSSL 还被用于许多开源软件和商业软件中，包括安卓操作系统。事实上，从 Jelly Bean 到 KitKat 的所有安卓操作系统版本都存在 OpenSSL 漏洞。幸运的是，这些版本都禁用了心跳功能，因此只有早期版本的安卓操作系统（4.1.1）容易受到此漏洞攻击。

参考信息

SSL 通过定期发送 keep-alives 信号或心跳信号来确保连接。但问题在于，OpenSSL 会使用内存堆栈中最近转储的数据发送心跳信号，这些数据可能是敏感数据，因此这种方式会带来安全风险。此外，客户端可以请求发送 64KB 大小的心跳信号，这远超了 keep-alive 功能所需，可能包含未加密的安全密钥。而实际上也已经证实利用心脏出血漏洞能够还原加密密钥。更可怕的是，OpenSSL 漏洞存在的威胁已持续多年。

13.6.3　开发人员数字证书

除通信和身份认证外，证书还可用于应用程序验证。对于后者，代码中包含了可信方签署的加密数字签名，主要用于确保应用程序未被篡改。例如，可信来源可以是苹果、微软或谷歌自己的应用门户，即分别为苹果应用商店、Windows 应用商店或谷歌应用商店。在企业环境中，企业可能需要将内部应用程序下载到 BYOD 设备中，这种情况下可以使用企业开发人员证书对应用程序进行验证。然而，开发人员证书也可能被窃取并在不法市场出售。证书也有可能被伪造，然后被用于签署恶意应用程序，这些应用程序可以从强制登录门户下载，或使用 USB 接口注入。

13.6.4　浏览器应用及网络钓鱼漏洞

移动设备还有可能受到的一类间接攻击是利用浏览器和网络钓鱼漏洞进行攻击。这些类型的漏洞在 PC 上已经存在多年，并且在移动设备中也基本一样。所不同的是，移动客户端体积小，因此更难发现漏洞的蛛丝马迹，而且在移动设备上点击链接和打开电子邮件可能更加随意。

强制登录门户

强制登录门户在 IT 安全领域中发挥着重要作用，常用于验证每位访客的用户身份，并展示 Wi-Fi 网络的使用条款。然而，与许多工具和技术一样，强制登录门户也有可能被黑客和网络犯罪分子利用。除了 MITM 攻击外，强制登录门户还可能被用于窃取用户凭证，这种情况通常发生在访问互联网的网站或专用的内部网站中。

安全工具 PwnSTAR 可被攻击者用于搭建恶意接入点设备的前端。客户端的移动设备由于 DNS 欺骗被重定向到强制登录门户，随后自动连接至网络，而用户此时甚至都不知道自己的设备已经被重定向。一旦客户端进入强制登录门户，黑客就可以窃取 Wi-Fi 保护访问（Wi-Fi Protected Access, WPA）中的握手凭证和电子邮件凭证、展示钓鱼网页，并启动 Aireplay-ng 和 Airdrop-ng 等各种漏洞利用程序来取消客户端设备的认证。

例如，购物中心内的网络犯罪分子可以使用路由表将客户端路由到强制登录门户。在用户输入凭证信息后，强制登录门户可以像真正的热点一样帮助用户访问互联网，但只有用户下载了客户端 PDF 攻击文件后才能访问，该攻击利用了前面客户端攻击部分详述的 Adobe Reader 漏洞。此外，攻击者还可以利用多个浏览器漏洞来跟踪使用情况并记录键盘输入情况。

知识拓展

随着智能手机和便携式计算机的普及，以及对设备安全威胁认识不足的消费者不断增加，基于强制登录门户的黑客攻击变得非常普遍。由于这些门户通常打着合法目的的幌子，用户很容易被欺骗，并不会仔细辨别门户真伪。

13.6.5　路过式浏览器攻击

移动设备面临的漏洞并不只有强制登录门户和钓鱼网站，路过式浏览器攻击正在变得越来越普遍，它的攻击对象是移动设备中用于运行 Java、Adobe Reader 和 Flash 的浏览器插件。这些攻击通常通过已被攻陷的合法网站发起，目的是感染移动客户端上运行的浏览器软件。令人担忧的是，这种攻击可以在没有任何用户交互的情况下得以实施，只需浏览网站就足以感染设备。

浏览器漏洞利用框架（Browser Exploitation Framework, BeEF）就是 Kali Linux 中的一种路过式浏览器漏洞。该工具可以很容易地安装和启动，目的是通过网页浏览器对设备进行评估或攻击移动设备。BeEF 利用了在客户端浏览器上运行的 JavaScript 钩子函数。在攻击过程中，攻击者将脚本嵌入网页的代码中，使得网站被攻陷，这样一来设置漏洞就轻而易举。之后可以通过各种手段促使用户访问该网站，包括但不限于社会工程、DNS 欺骗等。一旦用户访问了该网站，攻击者的代码就会向浏览器中注入包含木马的载荷。

对于用户和网站管理者来说，针对上述漏洞的最佳防护方法就是用户及时对浏览器及其插件进行更新，同时网站管理者及时对网站进行加固。用户也可以禁用 JavaScript 插件，但这会极大影响网络浏览体验。

13.7　移动软件漏洞及补救措施

与其他所有网络中的设备一样，移动设备也会受到攻击，这些攻击利用了设备软件中的漏洞、后门或其他弱点，软件上承载了设备正常运行所需的基本功能、通信协议以及应用程序。鉴于移动设备具有使用模式多样、应用广泛、相对较新和软件复杂等特点，其成为黑客和网络犯罪分子的目标也就不足为奇了。

> **参考信息**
> 上述移动风险及补救措施主要是开发人员而非 IT 安全专家们关心的问题，但是这些信息有助于 IT 安全专家们了解相关问题。IT 安全专家处于“下游”，如果网络中出现安全事件，他们是首先做出响应的。了解移动风险有助于采取事后措施，其中可能包括封禁违规应用程序并与其开发人员沟通。

开放式网络应用程序安全项目（Open Web Application Security Project, OWASP）是一个国际基金组织和开放社区，致力于帮助组织开发安全的应用程序，并促进软件安全性的可视化，以便个人和组织能够对安全风险做出明智的决策。OWASP 认为移动威胁是一类独立的安全问题，并列出了十大移动风险，具体如下：

- 服务器侧安全性不足。
- 缺乏数据存储安全防护。
- 传输层安全防护不足。
- 数据泄露。
- 授权和认证不力。
- 密码被破解。
- 客户端注入。
- 通过不可信输入进行安全决策。
- 会话处理不当。
- 缺乏二进制保护措施。

上述风险将在后面详述。

> **知识拓展**
> 从 IT 安全的角度来看，如果发生了安全事件并且原因被追溯为上述其中一种，那么应该禁用该违规应用，并与开发人员沟通。

13.7.1　服务器侧安全性不足

服务器侧安全性不足可能会导致恶意代码注入，进而通过路过式浏览器攻击使得移动设备中的浏览器被攻陷。这种安全漏洞利用的是网页界面或网页应用程序编程接口（API），造成的影响可能会十分恶劣。解决方案是使用可信来源发布的应用程序，可信来源指在开发安全的应用程序软件方面口碑良好的平台。

13.7.2　缺乏数据存储安全防护

通常情况下，开发人员会认为用户或恶意软件无法访问设备的文件系统，当敏感数据存储在没有安全保障或安全保障不足的地方时，就会出现这种漏洞。如果设备被攻破或入侵，可能会发生数据丢失、数据欺诈甚至凭证被盗。攻击者一般会通过恶意软件利用这一漏洞实施攻击，这可能会造成十分严重的后果。一次安全入侵事件就有可能造成大量用户利益受损。

针对上述漏洞的补救措施因平台而异。对于 iOS 开发人员来说，最佳实践包括：

- 不在设备的文件系统内存储登录凭证。
- 如果必须在设备上存储凭证，使用安全的 iOS 加密库。
- 对于在密码管理系统中存储的内容，使用最安全的 API 名称。
- 考虑使用多层加密措施，不要仅依赖设备的硬件加密。
- 对于存储在设备上的数据库，使用 SQLCipher 进行 SQLite 数据加密。

针对安卓设备的最佳实践包括：

- 为了在设备上安全存储数据，可考虑使用企业级安卓设备管理 API，它可以强制对本地文件存储进行加密。
- 使用主密码和 AES-128 加密方式保护所有明文数据。
- 考虑使用多层加密措施，不要仅依赖设备的硬件加密。
- 不要将共享首选项属性设置为 Mode_ World_ Readable。

13.7.3　传输层安全防护不足

对使用了较为安全的 SSL/TLS 认证协议，且会在用户安全登录后转换为明文 HTTP 的网络流量，移动应用程序通常不会对其进行保护，因此这种流量很容易遭受 MITM 攻击和窃听。但好在通常这种攻击范围限定在一个人或一次会话，所以影响范围有限。

为了应对这种攻击，开发人员应采取的最佳实践包括：

- 确保服务器提供的用于身份认证的数字证书有效。
- 在所有情况下均使用安全传输 API。
- 不使用外部网站或者服务器提供的自签名证书。

此外，安卓开发人员应该删除所有默认接受所有证书的应用程序代码，比如 Apache 的 AllowAllHostnameVerifier，因为这种做法等同于信任所有来源的证书。

13.7.4　数据泄露

数据泄露通常是开发人员无意中将敏感数据放置在移动设备易于访问的存储位置中导致的，这是一种常见且易于利用的漏洞。在移动设备中，这种漏洞通常发生在操作系统对数据和图片进行缓存、处理日志和数据缓冲区的时候。

为了对这种漏洞进行防护，iOS 和安卓系统中应用程序的开发人员应采取的最佳实践包括：

- 检查 URL、剪贴板，以及键盘缓存。
- 检查 HTML5 数据存储。
- 检查浏览器 cookie。
- 检查发送给第三方的分析数据及其他信息。

13.7.5　授权和认证不力

如果移动设备的认证机制不健全，那么攻击者就能够访问该设备并执行功能。移动设备上的身份验证失败通常是移动屏幕上的输入表单造成的，这些表单往往采用的是简单的身份验证方案。这个漏洞很常见且易利用，但造成的影响可能很严重。在这种情况下，对该漏洞进行补救的责任就落在了开发人员身上，他们应确保服务器端的身份验证机制得到执行，而不是依赖用户的设备身份验证。

13.7.6　密码被破解

用于身份认证或数据通信的弱密码很容易被攻击者获取和破解。在 iOS 应用程序中，代码被加密以防止通过逆向工程破解或篡改。但在启动时，iOS 加载器必须对内存中的应用程序进行解密，然后才能执行代码。这意味着恶意应用开发人员可以在越狱的 iOS 设备上加载应用程序，并对内存中的解密代码进行快照。攻击者可以使用 ClutchMod 和 GBD 等工具在应用程序开始执行前完成上述任务。密码被破解的漏洞很常见，并可能产生严重影响。如果攻击者使用了正确的工具，那么这个漏洞将会带来极大的安全威胁。

开发人员可以采取的补救措施如下：

- 不要依赖内置的代码加密程序。
- 对密钥进行有效且安全的管理。
- 不要使用已废弃的算法，如 RC2（Rivest Cipher 2 的缩写）、MD4（Message Digest 的缩写）、MD5 或 SHA-1（Secure Hash Algorithm 的缩写）。

13.7.7　客户端注入

客户端注入会导致在移动应用上执行恶意代码，并可能生成恶意的畸形数据，从而导致结构化查询语言（Structured Query Language, SQL）注入，JavaScript 注入，或攻击者访问应用程序接口或功能。尽管人们认为客户端注入漏洞的影响程度有限，但这种漏洞很常见，也很容易被攻击者利用。由于客户端代码的安全权限通常和用户的安全权限相同，这种设置限制了对其他服务或服务器的影响。

作为应对上述漏洞的最佳实践，移动应用程序开发人员应从以下方面对应用程序进行检查：

- （通过输入验证实现）SQL 注入。
- （通过输入验证实现）JavaScript 注入。
- 本地文件使用情况。
- 可扩展标记语言（Extensible Markup Language, XML）注入。
- 典型的 C 语言攻击，如通过 strcat、strcopy、strncat、sprint、gets 等 C 语言函数实施注入。

13.7.8　通过不可信输入进行安全决策

移动应用程序可以通过进程间通信（Inter-Process Communication, IPC）接受多个来源提供的数据，从而允许不同的手机进程和子设备共享信息。为防止恶意代码感染其他应用程序，应使用沙箱进行应用开发。对于应用来说，只有明确需要与其进行通信的情况下才能允许进行应用间通信，否则需要进行隔离。而对于需要通信的应用来说，可以采用白名单（即获得许可的应用或用户列表）的方式进行控制。进程间开放通信的普遍性是一种常见的安全漏洞，其造成的影响可能十分严重，且本身该漏洞也十分容易被攻击者利用。

为了缓解上述风险，开发人员应采取的最佳实践包括：

- 只有在业务需求迫切的情况下，才允许应用程序进行交互。
- 访问敏感数据或功能的操作必须经过用户。
- 所有外部输入都应通过严格的验证测试。
- 由于所有应用均可读取 Apple Pasteboard 中的内容，不要将其用于 IPC 通信。

13.7.9　会话处理不当

由于 HTTP 的无状态特性，用户在与网络应用交互时必须处理会话。为了让用户与网络服务器进行无缝地事务处理，而无须每次都进行身份验证，必须维持会话，以便服务器能够唯一地识别用户。识别过程是通过令牌或 cookie 来实现的，令牌或 cookie 用于识别和维护服务器与客户端用户之间的会话。这种方式存在的漏洞是攻击者可能会访问 cookie，并通过冒充用户（或服务器）来劫持会话。攻击可以通过访问物理设备、空中获取通信数据、部署恶意软件等方式实施。这种漏洞很常见，影响范围不等，且易于利用。

最佳补救措施是让开发人员明白需要将服务器侧以及移动设备侧的会话一并失效，否则 HTTP 漏洞利用工具就有机会捕获当前会话。开发人员还应根据应用程序的敏感性对应用程序设置适当的超时限制。例如，安全应用程序的超时限制为 3 分钟，安全性较低的应用程序超时限制为 1 小时。

此外常见的错误做法还包括在会话管理过程中未对 cookie 进行更新。在如下事件发生时，应对 cookie 进行更新，并对当前会话进行删除和重建：

- 用户从匿名状态切换到登录状态。
- 设备中登录用户发生变化。
- 从普通用户切换到高权限用户（管理员或 root）。
- 会话超时。

13.7.10　缺乏二进制保护措施

大多数移动开发人员基本不会为其代码提供二进制保护。二进制保护也称为二进制加固，它是一种软件安全技术，通过分析和修改二进制文件来防止常见的漏洞攻击。二进制保护可防止恶意开发人员使用逆向工程或对应用程序代码进行篡改。如果没有二进制保护，网络犯罪分子就可以修改代码，并以恶意软件的形式向应用程序注入恶意代码，以执行某些隐藏功能。这种漏洞很常见，其影响也十分恶劣。但是如果使用了二进制保护，攻击者想要进行代码逆向工程并不是一件容易的事情。

为了缓解这类风险，开发人员应采取的最佳实践包括确保应用代码遵循安全编码技术，特别是越狱检测、校验和控制、证书锁定控制和程序调试器检测。此外，在执行移动应用程序时必须首先确定是否存在违反代码完整性的情况。

本章小结

由于在公共网络和企业网络间存在大量自由通行的移动设备，以及大部分移动设备用户安全意识薄弱，智能设备成了网络犯罪分子的首选攻击目标。这些设备中不仅存在很多常见的PC漏洞，犯罪分子还将一些传统的PC漏洞升级到移动客户端中，因为后者的攻击价值更高。为了应对这些威胁，IT安全团队需要扩展工作范围，关注新型的基于移动设备的攻击，对企业网络进行定期扫描，加强用户安全培训和重视安全意识提升。

本章习题

1. 服务器侧安全性不足不会对移动客户端构成直接威胁。

   A. 正确 B. 错误

2. 以下哪项不是客户端注入攻击带来的风险？

   A. SQL注入 B. 数据泄露

   C. JavaScript注入 D. 黑客获取到应用程序接口或功能的访问权限

3. 下列关于二进制保护的说法正确的是？

   A. 它是一种双向握手的认证方式 B. 它能避免恶意开发人员进行逆向工程或篡改应用程序代码

   C. 它是会话安全的一种表现形式 D. 它能避免基于蓝牙的攻击

4. 除了恶意设备搜索之外，无线网络扫描还可用于？

   A. 查看员工使用的网站 B. 避免数据泄露

   C. 干扰未经授权的接入点设备 D. 验证授权接入点设备的安全措施是否到位

5. 鉴于开发人员在移动平台方面已经做出的改进，用户安全意识问题不再存在。

   A. 正确 B. 错误

6. 很多智能设备能够同时访问移动网络和Wi-Fi网络，这给下列哪个方面带来潜在的安全问题？

   A. 企业管理 B. 数据泄露

   C. 安全补丁 D. 沙箱技术

7. 对于移动设备来说，基于PC的USB漏洞问题无须关心，因为大多数设备都没有USB接口。

   A. 正确 B. 错误

8. 证书授权中心（CA）漏洞给智能设备带来的问题在于？

   A. 移动设备的浏览器不会对证书授权中心颁发的证书进行验证

   B. 很多移动应用在部署的时候不会检查SSL证书的有效性

   C. 移动设备体积很小，证书难以阅读

   D. 以上均是

9. 下列关于强制登录门户的说法，错误的是？

   A. 可用于窃取用户登录凭证 B. 可用于恶意接入点设备的前端页面

   C. 专门用于攻击，应避免使用 D. 可用于发起攻击

10. 以下哪项是路过式浏览器攻击的目标？

    A. 未加密的接入点设备

    B. 高速公路上的移动设备

    C. 基于近场通信的应用程序

    D. 移动设备中用于运行Java、Adobe Reader，以及Flash的网页浏览器插件

|Chapter 14| 第 14 章

移动设备指纹识别

指纹识别是一种识别网络中的设备或使用设备的用户的过程。顾名思义，指纹识别的过程涉及某些特征的识别，这些特征能够唯一标识某台设备或某个用户。

本章讨论了移动设备指纹识别的直接（即设备连接至某网络）和间接（设备连接至一个或多个网站）方式。鉴于移动设备的特性，会发现固定 PC 的指纹识别方法并不适用于移动设备。但与此同时，移动设备的其他特性使其具备了前所未有的惊人的指纹识别能力。

14.1 指纹识别的本质

指纹识别是一种对网络中的设备或使用设备的用户进行识别的过程。这种技术的本质以及它是好还是坏的讨论，到目前尚没有定论。大众（和媒体）普遍认为，指纹识别是一种带来消极影响的新型技术，是通过互联网策划的、用于侵犯毫无戒备的受害者隐私的阴谋。但实际情况是，虽然确实有一些新的识别技术，但设备和用户的指纹识别技术与网络几乎是同时出现的。虽然指纹识别技术有可能（且确实）存在被滥用的情况，但是它也能带来好处。指纹识别技术与其他技术一样，它是“好”还是“坏”取决于用户及其意图，而不是技术本身的性质。

从积极的方面来看，指纹识别技术能够帮助管理者获取网络中的设备和使用者的信息，这有助于提升网络性能和安全性。此外，指纹识别还能带来更加丰富的用户体验，网站能够提供个性化内容和更便捷的交易体验。

从消极的方面来看，指纹识别可能会被用于主动向用户推送令人反感的广告和弹窗。此外，如果用户希望对自己访问过的网站保密，那么指纹识别也会带来问题，因为只要用户使用浏览器，那么与浏览过的网站相关的广告就随时有可能弹出。指纹识别还有可能被人用来进行跟踪，获取被调查者的一举一动（虽然这给执法部门带来了便利）。

对移动设备的指纹识别心存疑虑是合理的，因为它增加了不法行为发生的可能性。计算机中可能包含了用户的财务状况及一些不适于公开的信息，而移动设备作为很多人的随身物品则掌握了人们生活中更为私密的细节信息，因此对移动设备进行指纹识别的价值更高。试想，如果你被要求参与某个项目，该项目会获取你的如下信息：

- 任意时间的位置。
- 私密照片（包含时间和地点）。
- 私人信件（电子邮件和短信）。

- 网上浏览记录和购买记录。
- 任一时刻的音频和视频信息。
- 银行和信用卡信息。
- 家中的安全系统和家居系统信息。
- 配偶、孩子、朋友和雇主的信息，包括姓名、照片、联系方式。

虽然没有人会受到这种程度的跟踪，但上述信息确实在大多数人的手机中是可以获取到的。

除了像追踪恐怖分子等极端情况之外，大多数人通常不会受到这种极端监控，因此目前尚且不必担心。但是，这种获取信息途径的存在可能会带来潜在的十分严重的隐私问题。因此，尽管指纹识别技术本身并不会带来危害，但当指纹识别技术被用于不正当目的时，其所产生的严重后果需要安全专业人员和个人用户予以关注和谨慎考虑。

14.2　指纹识别的种类

指纹识别总体上可以分为两类，这里更多的是以指纹识别的地点作为分类标准，而不是采集方式（采集方式有很多种），分别是：

- 近距离指纹识别：在网络中进行的指纹识别称为近距离指纹识别。
- 远程指纹识别：通过在线方式完成的指纹识别称为远程指纹识别。

知识拓展

与固定设备相比，无线移动设备的近距离指纹识别和远程指纹识别间的区别更为明显，因为根据无线电发送机的独特特性能够唯一识别移动设备。

14.2.1　网络访问控制与终端指纹识别

网络访问控制（Network Access Control, NAC）是一种安全范式，用于限制人或终端设备访问企业网络上的资源。NAC 的目标是对所有加入网络的用户进行正面验证，并确定其设备是否符合网络安全策略的最低要求。

NAC 可以避免不安全的设备无意间访问敏感网络资源，或向网络中引入潜在不安全因素。但是，如果想要识别出非企业终端设备，需要使用一种称为终端指纹识别的技术。

终端指纹识别的目的在于对未知的非企业设备和终端进行发现、分类和监控。在进行指纹识别时，首先需要获取终端设备的 MAC 地址，在此基础上验证终端设备是否与公司的认证、授权以及计费（AAA）记录一致。

有了终端指纹识别，对于互联网协议（Internet Protocol, IP）电话、物联网（Internet of Things, IoT）设备等这样遍布网络的终端，网络和安全管理员可以通过被动扫描技术对这些网络中的终端进行自动安全分析。NAC 通常用于大型网络，但它并不是唯一的网络扫描及指纹识别方法，还有一些其他的技术和工具适用于包括小型企业网络在内的多种场景。

提示

从安全和管理角度来看，对网络拓扑进行可视化和指纹识别很有用，管理员可以借此看到无线网络中的所有设备，然后将其与已知的授权设备的基线进行比较。

14.2.2 网络扫描与近距离指纹识别

近距离指纹识别通常由管理员执行，以识别网络扫描过程中发现的设备。通过使用 inSSIDer 等工具扫描无线网络，管理员可以实现网络拓扑的扫描、发现和可视化。对 Wi-Fi 网络及其中的设备进行可视化能够显示 ad hoc 网络以及未经授权的网络连接。在这种场景下，对设备进行指纹识别的目的在于获取设备的类型、制造商、操作系统（OS）版本，以及其他扫描应用能够获取的信息。

匿名无线通信

所有连接到无线网络的设备，无论其是否授权，都需要与接入点设备进行通信。在此过程中，接入点将记录与之通信的设备的媒体访问控制（MAC）地址。这意味着所有设备都能被轻松检测到。但是检测到设备与识别该设备是不同的，因为大多数攻击者都会努力实现匿名无线通信。

例如，假设黑客偶尔从无线网络内部发起恶意攻击，如对外部目标发起拒绝服务（DoS）攻击，攻击持续时间较短，且黑客会保持设备匿名。攻击发生后，安全管理员会通过 WIPS（无线入侵防护系统）收到告警，并尝试对短时间内突然出现又消失的匿名设备进行识别。要识别攻击者的设备，管理员必须首先对其进行指纹识别。与此同时，攻击者会努力避免被采集指纹，以便保持匿名并继续攻击。

为了保持匿名，攻击者必须不断更改其设备的 MAC 和 IP 地址，此外还需要清除设备上的 cookie（cookie 是指网站在用户首次访问时创建的包含用户唯一标识符的文件）。对 cookie 进行清除能够防止接入点设备上的强制登录门户通过 cookie 检索到设备标识符。此外，攻击者可以通过伪造另一个合法用户的 MAC 和 IP 地址，并使用其 cookie 作为虚假标识符来伪装成该用户。

无论攻击者采取哪种策略，显然都可以通过更改三个最常见的标识符轻松改变设备的身份，即 MAC 地址、IP 地址和 cookie。因此，至少在有证据证明或怀疑存在未经授权的匿名访问情况下，有必要找到能够识别设备的其他身份特征或指标。

识别授权用户和授权设备很简单，但对攻击者的探测和定位并没有那么容易，恶意接入点尤其难定位，因为它们通常并不总是处于开启状态（攻击者会长时间保持设备休眠，活跃时间很短）。由于无线入侵防护系统（WIPS）与攻击者的设备使用了相同的指纹识别原理，所以 WIPS 能够检测到入侵，但在精确定位方面并不完善。此外安全人员还面临匿名通信的问题，因为攻击者出于自身利益考虑会避免指纹识别，从而保持匿名状态。

14.2.3 远程指纹识别

大多数人熟悉或者使用过的指纹识别技术是远程指纹识别（在线指纹识别）。这种技术在电子商务及搜索分析的过程中起到了重要作用。远程指纹识别对用户来说是有利的，但是这种技术的用途也存在争议。由于大众对线上隐私的担忧，远程指纹识别的用途往往会成为头条新闻。

其中一个存在争议的用途是，互联网营销公司通过固定设备和移动设备中的网页浏览器收集用户的个人信息，然后将这些信息整理并出售给其他营销公司。部分第三方公司会根据用户的网络浏览习惯，对不同类别的用户采取不同的营销策略。

需要注意的是，这并不是间谍软件。间谍软件是一种恶意软件，可使用户暗中获取其他用户的计算机活动信息。在远程指纹识别中，不会在用户设备安装任何软件。远程指纹识别是一种根据所有设备共有的某类特征集进行设备识别的技术。例如，当对一台苹果的 iPhone 进行指纹识别时，管理员或黑客的目标是找到一个能够区别于其他所有智能手机的独特特征，从而可以根据该特征识别出这台 iPhone 设备。为了实现上述目标，指纹识别技术必须能够适用于各种网络浏览器。

网站需要某种能够在用户多次访问过程中识别并记录用户的机制。由于超文本传输协议（Hypertext Transfer Protocol, HTTP）是无状态的，也就是说当同一时间内有多个用户访问网站时，它无法在多个交易中“记住”用户。因此，会话ID对于保持会话状态和帮助网站识别用户至关重要。有了会话ID，网站就可以针对不同用户，跟踪和整理各自独特的用户行为，并将其转化为无缝的交易流。但是会话ID只在用户使用网站期间有效，当用户结束会话或者超过一定非活跃时间后，会话就会被删除。因此，虽然会话ID可以作为唯一的指纹识别标识，但是它并不能在多次访问中标记某一用户的设备。解决办法一直以来就只有cookie。

14.3　cookie

如前所述，网站会在用户首次访问时创建一个cookie。当设备再次访问网站时，设备会将该网站的cookie发送至网站。然后，网站能够识别cookie的唯一标识符，进而可以识别用户。

cookie是包含了信息的简单文件，其中信息以名称-值这样的形式对出现。例如，userID/A9CF87546ABC，其中userID是名称，A9CF87546ABC是值。大多数网站创建的cookie仅存储这些信息，除此之外再无其他。这并不是因为考虑到用户的隐私问题，而在用户的设备上存储所有用户信息并不现实，因为网站存储的用户信息远不止名称-值对这么简单。除此之外常见的信息包括用户的浏览历史、用户点击的页面或广告、用户配置的偏好选项、用户的购物车状态，以及用户的购买历史等。

这些关键信息存储在网站自己的数据库中，并在用户访问网站时查询使用。当用户点击链接或输入URL访问网站时，cookie将被发送给网站，用于查询关键的用户数据。Amazon.com等网站就是通过这种方式记录用户信息，并根据用户以前的购买记录或浏览行为提供销售辅助信息。网站还能在客户多次访问时对客户的购物车情况进行记录并维护，因为这些信息存储在网站的数据库中。这是在无状态互联网上获取状态信息的简单解决方案，多年来一直行之有效。

遗憾的是，这个系统也有缺陷。从网站的角度来看，最大的缺陷是用户可能会在清除临时互联网文件夹时删除cookie文件（顺便提一下，这恰好是技术支持人员帮助用户在排查浏览器问题时采取的第一步）。这个问题不是很严重，但当用户再次访问自己喜欢的网站时，就会感到不便。由于cookie文件已被删除，网站将无法识别用户，相反网站会将其视为新用户，并创建一个新的cookie，好在用户的原始信息仍在网站数据库中。用户可以使用他们的登录凭证检索原始信息，并将生成的新cookie与网站数据库中存储的原始信息重新关联起来。这是网站只在用户设备上存储名称-值对的主要原因。

尽管cookie有很多好处，但人们对它却心存疑虑。有人认为cookie侵犯了用户的隐私。因此，许多用户现在都将禁用cookie作为默认设置，只在部分知名网站上按使用情况启用cookie。这种设置不无道理，因为网站应该只存储与所在特定领域相关的信息，而不是来自第三方网站的信息。不过，真正的问题不在于cookie，而在于允许跨网站分析的浏览器。

14.4　跨网站分析

当用户在访问网站时，第三方广告商会向浏览器请求获得cookie，浏览器同意此请求时就会发生跨网站分析。大多数浏览器默认情况下会允许第三方cookie，但iPhone的Safari例外（Safari需要在首选项中专门设置）。跨网站分析之所以是个问题，是因为它允许广告商和谷歌等巨头在许多不同网站中对用户进行跟踪。例如，谷歌会在许多网站上投放广告，并通过收集第三方cookie来跟踪用户的动向，其中托管网站的广告中运行的JavaScript负责收集cookie。虽然收集到的信息是匿名的，但随着时间的推移，当有了足够多的数据，广告商就可以对用户的兴趣和偏好进行剖析，并通过 cookie 对用户的设备进行唯一识别。一旦做到这一点，他们就可以根据用户的网络浏览习惯来精准投放广告。这就是为什么当你访问一个之前未访问过的网站时，会看到与之前在其他网站上购买产品的相似广告。

对于广告商来说，跨网站分析中涉及的数据量是十分可观的。广告网络向第三方网站出售广告服务，这些广告可以专门针对浏览过类似产品或点击过类似广告的用户。通过使用第三方 cookie，可以对用户的设备进行指纹识别。从这件事本身来说，无法评判好坏，因为一方面支持者认为，这种做法可以提升浏览体验，促进商业发展；而另一方面反对者则认为，这是对隐私侵犯的不道德行为。后者很难判定，除非广告网络（或其他实体组织）将用户名、地址和浏览历史联系起来，并对这些信息加以利用。

开发人员、广告商和犯罪分子一直在努力寻找针对移动设备进行指纹识别的新方法。他们希望找到 cookie 的替代方案，因为用户可以禁用 cookie。一直以来我们都在强调移动设备用户在未知网站中输入信息时需提高警惕，特别是用于工作目的的设备。如前所述，即使一项技术在开发时的出发点是好的，但也有可能被不恰当地利用，从而不利于用户体验。

参考信息

好消息是，苹果、谷歌和微软这三大移动设备提供商正在努力推进设备多样化。借助设备多样化，用户的数据可以存储在云端，用户工作不再受到设备限制，工作流程可以从一个设备延续到另一个设备。这大大减少了通过浏览器进行的指纹识别，因为用户可以轻松地在设备之间来回切换，但这同时也增加了指纹识别任务的难度。

14.5　指纹识别的方法

移动设备指纹识别的问题在于，指纹识别要想有效，指纹特征必须足够多样，才能确保独一无二。基于多样性的独特性是确保不会存在两台设备拥有相同指纹的最佳方法。然而，要做到这一点并非易事，对 iPhone 来说尤其如此，因为它是由制造商配置的封闭系统。

移动设备还需要保持稳定。也就是说，它的指纹必须长期保持唯一。一些标识符的唯一性不会随时间而变化，如果用户可以轻易改变某些特征，就不能认为这些特征是稳定的。只有稳定的指纹才能用于在很长一段时间内标记用户，而这正是指纹识别的意义所在。以苹果 iOS 的 IdentifierForVendor 标签为例，这些标签的集合可能是唯一的，但它们不变的前提是应用程序要一直安装在手机中。而这取决于用户，因此它并不稳定。

可以收集的特征很多。但一般来说，特征越明显，获取难度越大。指纹识别的两种方法，近距离指纹识别和远程指纹识别均与指纹识别的地点有关。除此之外，根据不同的分类标准，指纹识别还可以分为被动指纹识别和主动指纹识别。

知识拓展

多样性和稳定性往往会相互矛盾。随着通过使用多个参数提高多样性后，指纹的稳定性会降低，这是因为其中一个或多个特征发生变化的几率也会变高。

14.5.1　被动指纹识别

被动指纹识别（Passive fingerprinting）无须对客户端设备进行查询，而是分析设备本身提供的信息。

在移动设备中，被动分析通常侧重于某些协议，包括 HTTP 报头、TCP/IP 报头、802.11 Wi-Fi 设置和操作系统参数。

根据指纹识别的目的可以选择适当的协议。例如，如果网络管理员想对网络中的设备进行指纹识别，他们可能会将一台便携式计算机设置为接入点，然后使用 Wireshark 以混杂模式或监控模式拦截 Wi-Fi 接口上的流量。通过使用 Wireshark 对数据包进行解码，管理员能够确定在该网段上通信的所有设备的 MAC 地址和 IP 地址。根据报头、设备类型和操作系统，管理员可以创建合理的网络内设备指纹集。

14.5.2　检查 TCP/IP 报文头

被动指纹识别的其中一种方法是检查 TCP/IP 报文头，报文头中包含了重要的数据，比如设备的 IP 地址和 MAC 地址，可以据此判断设备是否为智能手机。但是使用 IP 地址和 MAC 地址也并不是识别设备的最好方式，因为它们并不稳定，IP 地址可以通过动态主机配置协议（Dynamic Host Configuration Protocol, DHCP）轻松更改，而 MAC 欺骗可以修改 MAC 地址。

更好的办法是分析设备向网站发送的 HTTP 流量，因为其中包含了丰富的可供判断的信息，这也是 Panopticlick 确定浏览器唯一性的方法。Panopticlick 网站通过将浏览器指纹与其数据库中的多个样本进行比较，远程对浏览器特征的唯一性进行检查，其中涉及的特征包括：

- 用户代理服务器。
- HTTP_ACCEPT 报文头。
- 浏览器插件详细信息。
- 时区。
- 屏幕尺寸和颜色深度。
- 系统字体。
- 是否启用 cookie。

根据 Panopticlick 结果显示，PC 浏览器间的差异明显，足以对 PC 的唯一性进行识别。移动设备的情况并非如此，尤其是苹果 iPhone 设备。这是因为在 PC 中可以便捷地针对不同的浏览器、插件和系统字体进行个性化定制，这大大提高了浏览器被识别的几率。而苹果 iPhone 不具备这种多样性，它们的配置通常都是一样的。

14.5.3　应用程序识别

一种对智能手机进行指纹识别的方法是同时检查设备的浏览器字段及设备上的应用程序。这可以使用 Nmap 等工具进行端口扫描或应用程序指纹识别实现。应用程序指纹识别会更仔细地查看 HTTP 用户代理报头，以获取应用程序特定信息。在智能手机上，许多网页和云应用程序即使没有使用也会在后台运行，偶尔进行网络连接、同步或更新。此外，每个移动应用程序都会设置自己的用户代理请求报头，可以据此确定是哪台移动设备上的哪个应用程序发起了 HTTP 请求。这是一种确定智能手机或便携式计算机应用程序设置的被动方式，不会进行侵入式查询或侵犯用户隐私。此外，通过观察不同设备（例如 iPhone、iPad 和 PC）间应用程序的同步情况可以推断它们属于同一个用户。当然，这只有在应用程序的组合足够多样化且应用程序不被卸载的前提下才能有效。

14.5.4　主动指纹识别

主动指纹识别与被动指纹识别的不同之处在于，它以入侵方式查询设备，以获取其他方式无法轻易获取的特征，如序列号和其他既唯一又稳定的独特特征。使用简单网络管理协议（Simple Network Management Protocol, SNMP）来发现、映射和可视化网络就是一种主动扫描，在此过程中，SNMP 会对每台设备进行查询，并从代理处检索信息，从而实现网络映射。

前面讨论了对 HTTP 的被动分析，这种分析会产生一些参数，可用于浏览器的指纹识别。主动扫描也具备类似功能，但它能够更进一步地对浏览器进行查询以获取更多信息。网站设计者经常会在电子商务网页上运行 JavaScript，当浏览器加载页面时，JavaScript 会在浏览器中运行，并请求有关设备身份的其他信息。这就是谷歌分析的工作原理。

主动扫描还会对网络进行探测并记录设备的响应，OpenVAS 等漏洞扫描仪也可用于主动扫描网络。扫描结果中包含操作系统版本和补丁配置文件，这些信息对网络设备的指纹识别非常有用。

14.6 设备唯一性识别

指纹识别本质上就是确定唯一的标识符，这个标识符普遍、易得且永久。在进行指纹识别时，应该查询设备的唯一标识符，比如设备序列号。应用程序开发人员通常会尝试获取设备的众多硬件标识符之一，作为其应用程序的唯一标识符。开发人员也可以采取赋予设备标识符的方式（如 cookie），并在下载应用程序过程中关联唯一的序列号。很多基于云的移动应用程序就是这样工作的。不过，如果用户删除应用程序，然后用新的 cookie 下载新的应用副本后，指纹识别的策略就不再生效。虽然这些都是开发人员以应用程序为中心的唯一性识别解决方案，但这些方法都不是广泛采用的设备识别和指纹识别方法。

14.6.1 iOS

每个设备都有自己的唯一标识符。例如，所有全球移动通信系统（Global System for Mobile Communications, GSM）手机都有一个国际移动设备识别码（International Mobile Station Equipment Identity, IMEI），而对于安装了 iOS 和安卓系统的手机来说，这些设备均有唯一设备识别码（Unique Device Identifier, UDI）。对这些标识符信息的访问应该受到严格控制，因为如果落入不法分子手中，这些信息可能会被滥用，如欺诈或者身份盗用等。

苹果手机曾经有两个唯一标识符，即通用设备标识符（Universal Device Identifier, UDID）和 IMEI，后者是所有 GSM 手机都有的。不出所料，苹果公司不支持应用程序访问设备唯一标识符，并禁止这些应用进入其应用程序商店。自 iOS 5 停服之后，因获取 UDID 而产生的潜在漏洞得到了缓解，此后 iPhone 上已无法获取 UDID。

在 iOS 6 中，苹果针对广告商推出了另一种标识符：广告标识符（Advertising Identifier），以取代 UDID。该标识符对于每台设备都是唯一的，但如果用户擦除设备，该标识符就会被删除。在 iOS 6 及更高版本中，还有一个可用的标识符是供应商标识符（Identifier For Vendor）。该标识符的作用是将设备与相应的应用软件供应商联系起来，以便进行分析。每个已安装应用程序的供应商都有一个唯一的标识符，但该标识符存在的前提是手机上该供应商的应用程序不会被删除。

应用程序开发人员可以使用供应商标识符对设备进行指纹识别，但这只适用于安装了该供应商应用程序的设备。这对应用程序开发人员来说不是问题，因为他们只关心是否能使用自己的应用程序识别设备。不过，对于一般的指纹识别，这种方法有一个重要缺陷，就是如果用户删除了应用程序，或者不运行该程序，那么该标识符就无法使用。由于苹果配置的沙箱功能，应用程序标识符无法在多个应用间共享，因此只有在运行特定应用程序时，指纹才会起作用，而且只能为该特定应用程序的开发者所用。

14.6.2 安卓系统

对于安卓手机，IMEI 可以作为唯一的硬件标识符，并可通过 getDeviceID 获取。每台设备还有一个设备序列号和一个安卓 ID（Android ID），两者都是唯一的数字。其中后者为 64 位数字，在设备首次启动时随机生成，并在设备的整个生命周期内保持不变。

这些数字为通过特定应用程序识别安卓设备提供了绝佳的方法。例如，对于云服务提供商的移动应用程序，可使用标识符对设备进行指纹识别。然而，与 iPhone 一样，要创建一个可以加载在所有 Android 手机上的应用程序来进行指纹识别也是不可行的。而且，安卓手机与 iPhone 一样，一旦删除应用程序，标识符就会丢失。

14.6.3 HTTP 报头

当应用程序无法获得 UDID 和 IEMI 时，还可以使用创建数据集的方法识别设备，然后使用每个数据集中的信息为设备创建一个唯一的指纹。要做到这一点，必须主动扫描浏览器并获取以下信息：

- 国家代码。
- 设备品牌。
- 设备型号。
- 设备运营商。
- IP 地址。
- 语言。
- 操作系统（OS）名称。
- 操作系统（OS）版本。
- 用户代理。
- 时间戳。

然后，汇总所有属性并对设备指纹识别赋予权重，就可以利用返回的信息创建数据集。其中一些特征并不是唯一的，可以被动收集，但所有属性集合起来将提供唯一性约 94% 的指纹。遗憾的是，数据集的稳定性仅保持 24 小时。换句话说，这个解决方案虽然通过多样性确保了唯一性，但缺乏稳定性。

14.7 移动设备指纹识别的新方法

对于移动设备来说，前述方法并不理想，因此除了前面提到的指纹识别方法，研究人员还开发了新的方法，可以更好地找到既独特又稳定的特征。事实证明，对于移动设备来说，每台设备的物理特征虽然不是理想的指纹识别特征，但能提供足够的指纹识别特征。

斯坦福大学开展并发表的一项此类研究中，涉及对移动设备中嵌入的子组件制造公差的探测。具体来说，研究的重点是通过测量麦克风和加速计（一种检测和测量运动的传感器，用于识别显示器和游戏中的屏幕倾斜度）的性能来确定设备的唯一标识。通过在网页上运行 JavaScript，与浏览器交互的研究人员可以精确测量这些组件中极微小的缺陷。他们发现，每个加速度计在可预见情况下都彼此不同，而组件的测量读数可以作为指纹来唯一识别设备。

这种通过分析设备中传感器的缺陷来创建独特数字指纹的方法具有很大潜力。设备上无须加载任何活动软件。此外，无论智能手机的品牌或状态如何（是否被越狱或获取根权限），每部智能手机都可以通过扫描生成具有唯一 ID 的指纹。供应商、营销人员甚至执法部门都可以使用该 ID 来确定个人用户的身份。对于广告商来说，这可能是一个巨大的收获。

JavaScript

在网站上运行 JavaScript 是主动对设备进行指纹识别的绝佳方法。通过运行 JavaScript，与被动扫描 HTTP 报头相比，网站可以从设备中探测和获取更多的属性。例如，Augur. js JavaScript 库可以使用唯一标识符对设备进行指纹识别，从而为浏览网站的设备提供一个稳定的指纹，且 Augur. js 的功能不受用户匿名的影响，即无论是匿名用户还是注册用户，都能实现设备的指纹识别。此外，这种主动识别方法对于设备而言是无感知的，因为 JavaScript 是与设备的浏览器进行交互。这也是一些智能手机制造商将浏览器默认设置为不支持 JavaScript 的原因之一。

对于希望进行指纹识别并锁定目标用户的人来说，JavaScript 是一个很好的方法。因为即使用户发现了入侵，他们也无法通过调整应用程序的隐私设置来降低风险或删除指纹 ID。但这并不是说用户不能阻止入侵，只要禁用 JavaScript 即可。但糟糕的是，这将对整体浏览体验产生负面影响。此外还存在更大的问题，用户意识的缺乏可能意味着，随着越来越多广告商使用这种指纹识别技术，绝大多数用户都会受到这种指纹识别技术的影响。

德国德累斯顿工业大学的一个研究小组得到了与斯坦福大学类似的结果，他们发现可以利用发射的无线电信号的变化来追踪智能手机。由于放大器、混频器和振荡器等无线电原件存在制造公差和物理差异，这会产生一个可预测的特征用于识别设备。同样，研究人员发现，M7 协同处理器芯片也可以为移动设备提供持久的指纹识别功能。M7 协同处理器负责处理运动传感器的所有量化自我（Quantified Self, QS）跟踪（指许多健身和日常应用中使用的运动和位置自愿跟踪），其中涉及设备的加速计、陀螺仪和指南针。该处理器可以分担主处理器的压力，减少对电池的使用。但对于那些希望保护自己隐私的人来说，不幸的是，iPhone 的这个协同处理器可以存储 7 天的数据。它不仅能提供独一无二的指纹，还能准确记录用户在不同时间的位置。

从指纹识别攻击者的角度来看，这些高科技解决方案的主要缺陷在于，要收集指纹信息，用户需要访问运行 JavaScript 的网站。通过对用户进行有关指纹识别和路过式恶意移动软件危险性的教育，可以大大降低遭受此类攻击的几率。遗憾的是，历史经验表明，即使隐私权倡导方大力宣传，许多用户还是会在不知情的情况下受到指纹识别和跟踪的影响。

14. 8　用户指纹识别

对于执法部门来说，智能手机是一个有用的工具。但是这里的目标不是对设备进行指纹识别，而是使用设备对个人进行指纹识别。具体做法是为警察提供一个由智能手机和宽带连接组成的移动系统，用于在街上扫描和处理指纹。这样，警察就可以在现场对嫌疑人提取指纹，从而提高工作效率。

利用智能手机上的指纹传感器，警察可以在现场对嫌疑人进行扫描并提取指纹。智能手机会对收集的指纹扫描结果进行处理，并通过高速宽带将处理结果发送到警方和联邦调查局的数据库，以检查是否匹配。令人担忧的是，迄今为止，安装在智能手机和高端便携式计算机上的指纹传感器仍不尽如人意，但随着技术的改进，现场指纹应该能够经得起法律的检验。

这对执法部门来说是个好消息，但从隐私角度来看却令人担忧。恶意软件有可能以指纹识别的形式对手机进行不断扫描以获取指纹。更糟糕的是，用户很可能不会意识到他们的指纹正在被扫描、共享，甚至被滥用。

尽管用户生物识别技术可能存在隐私问题，但它已成为安全领域的一个热门话题，因为它有可能解决现有的密码难题。

通过生物识别技术进行用户指纹识别

长期以来，使用密码作为身份验证的方法一直是安全难题。即使有了双因素身份验证，也无法从根本上缓解这一问题，因为无法证明每个掌握登录凭证的人与其声称的身份相符。为了解决这一难题，人们采用虹膜扫描或指纹识别等生物识别技术来进行物理访问控制。在过去的十年中，生物识别技术作为一种在线用户身份验证方法得到了广泛的研究。这背后的原理是，每个人与用户界面交互的方式都不尽相同。用户打字、移动鼠标或浏览表单、页面的方式都非常具有说明性。

通过用户输入字符的速度、节奏，甚至在电子邮件地址中插入@ 符号或句号的时间间隔等，来确定特定用户输入方式的唯一特征，进而可用于识别用户。结合最近机器学习方面取得的进展，生物识别技术已经成为一种潜在的解决方案，可以免除使用密码来确定用户的身份。

此外，语音识别也是远程生物识别的一种方式，现在许多呼叫中心，特别是金融服务业，都采用语音识别来验证来电者的身份。因此，生物识别技术在指纹识别和积极认证方面有着巨大的潜力，可以为用户提供不容更改的身份证明。

14.9 移动设备中的间谍软件

间谍软件与指纹识别不同，指纹识别可以识别一个唯一的设备，而间谍软件收集的是关于用户当下所做的具体操作和私人信息，比如访问过的网站、位置等。间谍软件有多种形式，其中最普遍（也最令人讨厌）的是潜在恶意应用程序（Potentially Unwanted Applications, PUA）。PUA 不仅消耗包括电池和带宽在内的资源，而且还会对信息进行收集，包括用户的网页浏览历史、全球定位系统（Global Positioning System, GPS）中的位置和联系人。许多开发人员通过与第三方广告商分享他们利用 PUA 收集到的数据来获得资金。PUA 还会更改浏览器设置，使得用户可能面临信息被进一步滥用的风险。

这种情况似乎有点令人震惊，但更令人震惊的是，开发人员对此直言不讳，这也是 PUA 能起作用的原因。实际上应用程序的活动都会在应用程序的条款和条件中写明，这使得苹果和微软等厂商很难阻止。上述问题的原因在于几乎没有人（包括安全专家在内）会真正阅读应用程序的条款，这些条款通常都是好几页包含了法律术语的密密麻麻的文字。从根本上说，这些 PUA 开发者隐藏在众目睽睽之下，榨取了大量尚未明白根本不存在“免费应用”的手机用户的利益。

间谍软件打着合法应用软件的幌子，但实际上其隐蔽性和潜在危害性要大得多。对于这类间谍软件，开发者再次利用了很少有人阅读或关注智能手机应用程序权限这一事实。智能手机手电筒应用程序就是一个例子，它提出了一系列不合理权限申请，如要求读取和删除 USB 设备上的文件、打开麦克风、使用摄像头、访问存储的照片和视频，以及通过 GPS 跟踪用户。同样，该应用程序的开发者可能会在条款和条件中说明上述申请，以保护自己，但这种类型的入侵并不那么容易解释。这种类型的嵌入式间谍软件有可能带有恶意，进行真正的间谍活动。因此，在将任何应用程序下载到智能手机之前，都应该对其权限进行审查。

知识拓展

PUA 是一种骚扰，但很少是恶意的。在这方面，它们与跨网站分析并无太大区别，只是它们是直接从设备中获取信息，而不是通过与浏览器交互获取已有信息。

14.9.1　侦察软件

侦察软件是一类（至少向用户）目的公开的间谍软件，通常父母、雇主或其他手机所有者在希望追踪手机用户行为时会使用侦察软件。这类软件通常会面临合法性问题，但在满足某些条件的情况下使用这类软件是合法的，这些条件包括：

- 安装侦察软件并查看信息的人或组织必须是侦察软件所在手机的所有者或具备合法授权。
- 安装侦察软件并查看信息的人或组织必须告知使用手机的成年用户，使其知悉自己正在被监听。

要清楚的是，如果已经告知员工他们的行为将会被监控，那么对归属公司的智能手机进行监控就是合法的，这一点需要在使用政策中明确阐述。通常来说，如果使用手机的是在成年人监护下的未成年人，那么不要求尽到告知义务。

> **知识拓展**
> 上述内容在法律方面的考虑是针对一般情况的论述，各地的法律不尽相同，因此，如果你被要求在工作或私人场所安装此类软件，最好先核实所在地区的现行法律。

尽管针对侦察软件的使用已有相关法律法规，但显然在智能手机上安装侦察软件确实存在滥用风险。大多数间谍软件包都能监控短信、电子邮件、网页浏览记录、通话记录和 GPS 定位。还有一些更高级的功能，包括监控 WhatsApp 和 Skype 等聊天软件、电话录音、背景声音录音，以及在用户不知情的情况下远程控制智能手机的摄像头和麦克风等功能。在后者这种情况下，摄像头会处于激活状态，但不会有“摄像头开启”的提示。

幸好侦察软件的使用也存在一些限制。如果手机安全防护状态正常或没有被获取根权限，那么侦察软件是无法运行的。也就是说，手机只有被越狱的情况下才能安装侦察软件，Windows Phone 8.1 系统也适用这种情况。如果手机由专业的 IT 专业人员按照归属公司的手机相关政策进行根权限获取，这就不是问题。但对于普通用户来说，越狱后的手机会面临被大量滥用的巨大风险。

安卓智能手机的情况则有些不同。由于安卓手机可以安装第三方应用程序，这些程序可以通过注入或网站下载完成安装。因此这种情况下，获取侦察软件所在手机的根权限并不是必要的，但对于一些更高级的侦察软件来说，可能仍需要这样做。

如果在苹果设备上安装侦察软件，可以在 PC 中使用 PhoneSheriff Investigator 等应用程序，这种方法不涉及设备越狱。该软件安装在公司的 PC 上，对苹果 iCloud 备份进行监控，而不是手机本身。当 iPhone 与 iCloud 同步时，它会对所有内容进行备份。随后，侦察软件就可以从 iCloud 账户中提取数据，而无须连接到手机本身。可监控的项目包括短信、iMessages、通话记录、GPS 定位、照片、联系人、Safari 书签、备注和手机内的账户详情。这种方式可能不如直接加载到手机中的侦察软件那么显眼，但对于 iPhone 来说是一种不会损害手机安全性的巧妙解决方案。虽然如此，这种软件也有被滥用的风险。

> **知识拓展**
> 如果 IT 部门以避免员工不合理使用智能手机为借口对手机进行越狱，便于安装跟踪软件，那么这种行为很可笑。因为对手机进行越狱会使其暴露在多种恶意软件攻击环境下，造成的危害比员工在工作日吃午饭时间过长或浏览脸书大得多。

14.9.2 利用 Stingray 设置间谍蜂窝

一种监控手机的方法是使用间谍蜂窝，即对蜂窝塔或基站进行模拟，类似恶意双胞胎接入点设备模拟合法的无线接入点设备。实现上述功能的一个众所周知的程序是 Stingray，它本质上是一个用于拦截移动网络并实施中间人（MITM）攻击的假基站。这些间谍基站有时也被称为国际移动用户识别码（International Mobile Subscriber Identity, IMSI）捕捉器，因为它们能捕捉到手机上唯一的 IMSI 号码。执法部门和情报部门经常使用间谍基站来监视和跟踪特定蜂窝区域内的移动用户（IMSI 是所有 GSM 和通用移动通信系统网络移动电话用户具备的唯一标识）。

> **知识拓展**
> Stingray 和其他伪基站只能工作在 2G GSM 上。因此，为了完成攻击，需要将现代 3G/4G 手机强制切换到 2G 模式。如果 3G 或 4G 手机突然降为使用 2G，特别是在本来有更先进网络的地区，攻击的有效性将大大减弱，因为该现象出现后能够说明可能存在异常。有趣的是，即使是最新的 5G 网络也容易受到此类攻击，我们将在后面讨论这一点。

手机与 Wi-Fi 客户端设备类似，都被配置为搜索更优的信号，也就是说信号越强越好。因此，IMSI 捕捉器的信号功率比真正移动运营商的信号功率更高。通过伪装成基站，IMSI 捕捉器可以捕获与该基站（或其他预先确定的相关区域）连接的手机信息。IMSI 捕捉器还可以通过一个中间设备与真正的基站连接，并将捕获的呼叫转发到真正的基站，而呼叫者对此无法感知。

这种攻击的高明之处在于，IMSI 捕捉器伪装成基站来捕获附近信号。由于基站在与手机建立通话连接时会设置加密类型，它也可以迫使手机不使用加密技术。而呼叫者对此毫不知情，因为这项功能是自动执行的，用户根本不知道从手机到假基站的初始呼叫段并没有使用加密，也不知道他们的所有数据（和语音）都是明文传输的（从假基站到真基站的第二段通话路径使用的是标准加密方式，此时是正常通话）。

这种 MITM 攻击早期的一个弱点是呼叫的发起是单向的，因此被窃听的电话无法接听电话（这也成为攻击中的一个纰漏）。为了弥补这一缺陷，后来的设备采用了直通技术，设备从此能够接听电话。这种 MITM 攻击存在的另一个弱点是，该技术只能在 GSM 基站上使用，而不能在后来的 UMTS B 节点基站上使用。不过，由于几乎所有网络都支持旧式 2G 手机接入 3G 网络，因此基站和 B 节点可以共存于同一网络，从而解决了这一问题。

> **知识拓展**
> 传统来看，美国法律对电话窃听的惩罚十分苛刻，但《爱国者法案》放松了其中的一些要求，这让隐私权倡导者大失所望。

Stingray 移动电话追踪器最初是为军方开发的，但后来被美国的地方和州执法机构广泛采用。Stingray 有主动和被动两种模式，在主动模式下，它是一个基站模拟器；在被动模式下，它是一个数字分析仪。当调整至主动模式时，Stingray 可以强制附近的所有手机与其连接，因为它模拟的是真实的基站。然后，Stingray 可以提取 IMSI 号码和电子序列号（Electronic Serial Number, ESN）等数据。这一步通常是必要的，因为 Stingray 会捕获许多移动设备，而运营商必须通过提取设备内部存储的数据来识别目标设备。一旦识别目标设备的 IMSI，就可以继续对该手机进行监控。

比执法部门侵犯隐私权更令人担忧的是，美国 ESD（美国国防和执法技术供应商）在 2005 年左右进行的一项调查，该调查显示全美国境内存在 19 个伪基站，其中一些位于纽约、芝加哥、丹佛、达拉斯、洛杉矶、西雅图、休斯敦和迈阿密等大城市。这些伪基站之前一直身份不明，可能是美国的犯罪分子仿效中国的商业模式安装的，即通过向用户手机发送垃圾短信来获取银行信息。犯罪分子通过拦截明文短信可以在无人察觉的情况下获取数据。

14.10　现代蜂窝网络的指纹识别

移动通信网络的发展参差不齐，在发展中国家的某些地区，2G 和 3G 网络仍十分普遍；而在发达国家，4G 甚至 5G IP 数据网络已经取代了早期的时分复用（Time Division Multiplexing, TDM）技术。新技术极大地改善了带宽、速率、延时、每小区用户密度等问题，但同时也带来了自身独有的安全问题。

在当今的现代移动蜂窝网络中，攻击者可以对 LTE 等现有 4G 技术中已知的缺陷加以利用。存在缺陷的原因在于当设备与网络进行首次连接时，用户身份和设备功能的传输是未加密的。这意味着智能手机、物联网设备或智能汽车将以明文形式向核心网络发送其设备能力和所需功能。这发生在用户设备和 eNodeB（4G 网络接入点）建立初始连接的过程中。然而，由于首次对话是在未加密的情况下进行的，因此窃听者可以对用户设备进行指纹识别或发起 MITM 攻击。

要了解这一缺陷是如何产生的，我们首先需要了解，4G 和 LTE 网络是由覆盖特定区域的基站组成的。这些基站基于 IP 运行，因此它们通过边缘云或 IP 回程路由连接到核心网络。然而，智能手机、物联网设备或智能汽车等设备在与运营商网络建立连接时是通过空口连接到基站（eNodeB）的。由于设备的功能和使用情况各不相同，因此设备必须向基站传递一份包含设备功能和需求的清单。通常包括可支持的加密原语类型、是否需要语音通话、短信、车间（Vehicle to Vehicle, V2V）通信，以及包含设备处理器功率的设备分类情况，这对于物联网设备至关重要。基于此，窃听者可以确定发出连接请求的设备。此外，智能手机和调制解调器还能检测到正在使用的频率，以及设备是否要求无线接入网（Radio Access Network, RAN）使用多输入多输出（Multiple Input/Multi Output, MIMO）天线以获得高带宽吞吐量。有了这些指纹数据，攻击者就可以根据设备的使用情况对漏洞进行定制。

2019 年底至 2020 年初，用户从 LTE 网络正加速转向全面 5G 商用网络。5G 网络宣称具备超高速高带宽网络和超低延迟，但与此同时也需要重新思考对 5G 网络的安全保障方式。不幸的是，由于急于率先将商用 5G 网络推向市场，5G 的许多安全协议和算法都沿用了 4G 标准，而 4G 标准尚未解决允许攻击者通过未加密连接数据进行设备指纹识别以进行定向攻击和 MITM 攻击的漏洞。

14.10.1　MNmap

欧洲和美国的安全研究人员能够嗅探到 4G 或 5G 设备发送的明文信息。利用这些信息，他们能够创建一个连接到已知网络的设备地图。更重要的是，他们可以对所有设备进行指纹识别，并极有可能判断出给定设备运行的是 iOS 还是安卓操作系统，给定设备是否是物联网设备、智能手机、汽车调制解调器，甚至是连接到自动售货机的路由器。

从设备的指纹识别中可以推断出很多信息，因为目前只有有限的几家主要的基带制造商。此外，这些厂商的设备使用的强制性功能并不相同，这有助于对设备进行指纹识别。

14.10.2　中间人攻击

除了 MNmap（设备网络映射），MITM 攻击还可以对用户设备进行更复杂的攻击。例如，如果在安全措施应用之前利用MITM中继对设备信息进行劫持，就可以利用这些数据修改设备的功能。例如，在4G和5G网络中，定义设备接收数据速度的是RAN。因此，通过改变设备的功能来抑制向设备发送数据的速率是可行的。如果RAN误以为设备的类别不是智能手机，而是其他类型的设备，比如物联网设备，那么RAN就会以低得多的速率发送数据。这种攻击被称为"降级"攻击，因为攻击者故意低估了高端设备的功能。同时，降级攻击的使用完全取决于攻击者的想法，因为借助降级攻击还可以做很多其他事情，比如阻止切换或漫游、阻止使用多输入多输出（MIMO）、禁用LTE语音、使手机回落到3G或2G。

值得庆幸的是，5G标准第14版对此漏洞进行了修复。目的是确保在设备向网络发送功能信息之前已经进行加密，从而防止在网络连接时功能交换信息被窃听。不过，截至本书撰写期间，还没有任何5G商业网络实施这一升级措施。

本章小结

虽然指纹识别并不一定是件坏事，但它可能而且往往会导致隐私被滥用或更糟的情况。移动设备尤其如此。因为移动设备是人们生活中的重要组成部分，对其进行指纹识别可以让其他人非常准确地捕捉到个人及其行为的特征。

迄今为止，要找到长时间内可用的设备指纹识别唯一特征仍然是个难题。许多特征都满足唯一性要求，但没有几个是稳定的。而且目前似乎已经出现了可以识别出非常具体的设备及其用户独特特征的方法。这种新的指纹识别方式在很多方面都与真实的指纹识别非常相似，特征独特且稳定，并且与每个人的身份紧密相连。从广告和犯罪的角度来看，这正是问题所在。当一个人浏览网页或在现实世界中四处游荡时，能够追踪到他是一个极具优势的能力。

可以想见，觊觎这些信息的群体正倾其所有以期获得先机。而幸运的是，主要的移动设备供应商正在朝着相反的方向发展，他们在努力追求设备多样性。有了设备多样性，用户可以在任何设备上工作，而其数据存储在云中，工作流程可以从一个设备无缝切换到另一个设备。这可以大大减少通过浏览器进行的指纹识别，因为用户可以轻松地在不同设备之间来回切换，但这同时也增加了指纹识别的难度。

不幸的是，现在有了更新、更详细、更永久的指纹识别方法，不仅可以识别浏览器，还可以识别实际设备和用户。因此，IT安全部门对用户进行培训变得更加重要。这不仅是为了用户考虑，同时也是为了IT团队考虑，因为由指纹识别而不可避免地产生的泄漏到企业空间的漏洞需要由他们处理。

本章习题

1. 设备指纹识别是一种新兴的网络现象，且均用于恶意用途。
   A. 正确　　　　B. 错误
2. 下列关于指纹识别的说法正确的是？
   A. 它提供了更丰富的在线用户体验，使网站能够提供定制内容和更便捷的消费交易体验
   B. 进攻营销型广告商可能会滥用
   C. 可能会导致被越狱的手机出现严重安全问题
   D. 以上均是
3. 下列关于近距离指纹识别的说法正确的是？
   A. 只适用于有线网络　　　　B. 是网络管理的标准实践
   C. 需要使用JavaScript　　　　D. 以上均是

4. 远程指纹识别基本都是通过间谍软件完成的。
   A. 正确　　B. 错误
5. 下列哪项不是被动指纹识别涉及的内容?
   A. HTTP 报头　　B. TCP/IP 报头
   C. GPS 定位　　D. 802.11 Wi-Fi 设置
6. 移动设备中用于指纹识别的唯一特征很少，但如果找到了，该特征往往是稳定的特征。
   A. 正确　　B. 错误
7. 下列关于苹果设备中应用程序的 AdvertisingIdentifier 标签的说法正确的是?
   A. 通常用于跨网站分析
   B. 即使应用程序删除该标签仍可以继续使用
   C. 只有在应用程序不被删除的情况下，应用提供商可以使用标签收集应用程序分析结果
   D. 能够防止设备越狱
8. 避免移动设备指纹识别的最简单方法是?
   A. 禁用 JavaScript　　B. 每次使用后都删除 cookie 文件
   C. 定期将手机重置为出厂设置　　D. 在电子交易平台中对偏好进行隐瞒
9. 下列关于侦察软件的说法正确的是?
   A. 安装很容易
   B. 都是非法且不道德的
   C. 由于该软件通常都需要设备越狱，可能会使手机面临极大滥用风险
   D. 如果手机归雇主所有，那么该软件的使用无须提前告知被监控方
10. 执法部门可以使用间谍蜂窝在局域网内设置恶意接入点。
   A. 正确　　B. 错误

第 15 章 |Chapter 15|

恶意移动软件与应用程序威胁

随着智能手机的普及，网络犯罪分子将目光转向了智能手机。不仅如此，恶意移动软件还带来了一些特有的挑战，使得 IT 安全更加复杂。

在智能手机和智能设备方面存在一个令人担忧的问题，那就是用户会不假思索地点击链接并下载应用。这极大地增加了用户遭到恶意软件攻击或其他攻击的可能性。此外，持有智能设备的用户还会在企业网络和公共网络间自由切换，这给 IT 部门带来了全新的挑战，其规模远超企业 PC 和便携式计算机内存在的恶意软件问题。

本章将对恶意移动软件进行研究，探讨恶意软件最有可能存在的地方、呈现形式，以及进入设备的方式。此外，本章还探讨了有助于防止恶意软件侵入企业资源的措施。

15.1 安卓设备中的恶意软件

在恶意移动软件方面，网络犯罪分子把精力集中在了作为市场领导者的安卓设备上。事实上，90%的恶意软件都以安卓操作系统（OS）为目标。安卓系统的竞争对手（如苹果 iOS 系统）在这一比例上很难与安卓匹敌。尽管存在明显的威胁，但安卓仍在消费领域占据着巨大的市场份额，截至本书撰写之时，已占据全球市场 85.6%以上的份额。

尽管安卓系统在市场中的主导地位在一定程度上导致了犯罪分子纷纷将其作为攻击目标，但这并不是唯一原因，最主要的原因在于安卓操作系统是开源系统。这与苹果 iOS 糟糕的闭源系统形成了显著差异。

苹果公司将其产品锁定在所谓的封闭系统中，来确保其安全性。即要求客户从专用的苹果应用商店内获取应用程序。而安卓系统与其不同，谷歌选择了开放式系统，客户可以从（无论安全与否）任何渠道获取应用程序。用户由此获得了更广的选择范围和更大的灵活性，但与此同时安卓操作系统也因此更容易受到恶意软件的攻击。

但这并不是说安卓操作系统本身不安全。虽然它确实存在一些已知的漏洞（仍比苹果 iOS 少），但安卓操作系统实际上非常安全，而且不容易受到恶意软件的攻击。安卓系统易受恶意软件攻击的真正原因，更多是由于供应商之间的软件碎片化、供应商操作系统更新管理不善，以及更重要的，是由于其庞大的用户群，用户漏洞意识薄弱或用户安全措施不到位。

参考信息

有人可能会问，如果安卓操作系统不存在固有漏洞，那为什么会出现其被攻击的数量超过其市场份额的情况？答案很简单，那就是利益驱动。所有网络犯罪背后的主要驱动力都是经济利益，网络犯罪分子以获利为目标，所以他们会把精力放在有更大获利机会的地方。由于安卓系统的市场份额占主导地位，而且缺乏应用程序来源控制，因此，安卓操作系统是犯罪分子的主要攻击目标。

所有的操作系统软件都非常复杂。由于这种复杂性，供应商、用户和黑客会经常发现安全漏洞，有时安全漏洞的发现甚至在软件发布之后。此时，就需要迅速查明根本原因、编写修复程序、进行测试并发布。之后的操作取决于用户是否选择更新设备，他们可能会更新，也可能不会更新。从漏洞被发现到打补丁修复这段时间风险较高，因为犯罪分子会寻求方法对这一漏洞进行利用。对于封闭系统来说这个问题就已经很棘手了，而对于安卓系统来说更困难。

举例来说，假设谷歌发现其安卓软件中存在漏洞，并发布了一个补丁。对于封闭系统，补丁会直接发送给用户，正常情况下用户就会进行补丁的安装更新。但是，由于安卓操作系统是一个开源操作系统，谷歌必须首先向使用该操作系统的众多硬件供应商发布补丁。然后，这些供应商需要确定补丁是否适用于他们的软件，以及如何适用。例如，谷歌可能修改了基础操作系统，因此打补丁还需要供应商进行额外的开发，此外还要进行必要的测试。只有在测试完成后，来自各个供应商的补丁才能发布，以便用户使用修复程序，且各供应商发布速度各不相同。

15.1.1　软件碎片化

由于安卓操作系统是开放源码的，众多不同的移动硬件供应商都可以使用该系统，由此安卓操作系统在市场份额上超越了闭源的苹果 iOS 和 Windows Phone，占据了主导地位。然而，尽管使用安卓操作系统的众多供应商使用的核心软件代码来源相同，但每个供应商都会根据自己的需求对其进行修改。因此，代码被拆解后变得非常碎片化，增加了代码的整体复杂性和安全漏洞。

当然，安卓操作系统不仅适用于智能手机，也适用于便携式计算机和超大屏手机（一种介于智能手机和便携式计算机之间的设备），每种设备都有自己不同的软件功能和硬件配置。从创新和生产力的角度来看这是一件好事，但由于设备复杂度的增加，也会因此产生更多的安全漏洞。相比之下，苹果公司可以通过补丁下载的方式向全球用户提供更新文件，因为每部苹果手机、便携式计算机和超大屏手机上的代码都是相同的。这在修复漏洞方面是一个巨大的优势。

谷歌无法使用和苹果一样的方式。如前所述，谷歌必须在漏洞确认后才能设计安全补丁，然后将其提供给使用了安卓系统的众多设备制造商。在此基础上，制造商需要研究此次软件更新是否与其所用版本的安卓代码兼容，如有必要，还需要设计相应补丁以适应此次更新。使问题更加复杂的是，有数百家制造商使用安卓系统，其中一些制造商只对自己的部分安卓修改版代码提供支持，甚至在某些情况下，只支持仍在生产的机型或发布不到两年的设备。因此，许多设备可能无法获得补丁，这意味着这些设备仍然容易受到漏洞的攻击。因此，对于那些发布了软件升级的操作系统供应商来说，还面临着只有通过其合作伙伴网络才能对升级代码进行分发的问题。此外，合作伙伴需要执行与软件升级更新相关的回归测试，并确认更新对其定制代码无害后才能发布。因此，距离终端用户能够下载补丁更新包还需要一些时间，即使是最新的手机型号也不例外。

知识拓展

根据谷歌的数据，只有不到 20%的安卓用户使用了最新版本的安卓操作系统，其中一个原因可能在于部分制造商仅对自己发布的少数版本代码提供支持。而苹果 iOS 则完全不同，苹果公司声称 91%的 iPhone 用户运行的是苹果 iOS 系统的最新版本。

对于攻击者来说，这是天赐良机。用户安装补丁的时间滞后为他们打开了利用漏洞的机会之窗，而且这个窗口打开的时间越长，漏洞就越有利可图。这就解释了为什么对安卓系统的关注与其市场份额不相符，并不是因为安卓核心操作系统的安全性低于竞争对手，而是因为开放系统的发布、修改和技术支持带来了复杂度的提升，因而缓解漏洞带来的风险难度也因此增加。再加上发布修复程序也需要时间，这就给网络犯罪分子提供了更多利用漏洞的机会。

问题还没有结束，与苹果采取的围墙花园模式不同，安卓厂商允许开发者通过各种渠道发布软件，也允许用户通过各种渠道安装软件。而且谷歌无法监管谷歌应用商店之外的应用程序，这对网络犯罪分子来说非常理想。设备上持续存在的漏洞和（至少与苹果相比）应用程序监管的缺失为网络犯罪分子提供了一个有利可图的交易环境。

15.1.2　犯罪分子与开发人员的配合

大量智能手机使用着较旧版本且不安全的安卓系统，这一事实给犯罪分子和恶意开发人员带来了巨大的利益诱惑。因此，安全专家怀疑网络犯罪分子和不可信的开发人员之间存在广泛的合作，他们将注意力集中在恶意安卓软件上，主要包括潜在恶意应用程序（PUA）和商业移动广告软件（madware）。根据安全公司 Sophos 的报告，安卓系统内的恶意软件主要集中在金融领域，这也是意料之中的。截至 2020 年，恶意软件主要包括以下几类。

- 远程访问工具（Remote Access Tool, RAT）：RAT 提供了一种通过后门访问被感染设备的手段，通常用于情报收集。部署 RAT 通常用于访问已安装的应用程序，或挖掘个人信息，如用户的通话记录、联系人、网页浏览记录和短信等。此外，移动 RAT 还可用于发送短信、启用设备摄像头和捕获位置数据。
- 银行木马程序：这类恶意软件的目标是窃取一些预先确定的移动应用的用户登录凭证。利用银行木马程序进行的攻击通常是覆盖层攻击，恶意应用会记录设备中安装的所有应用，然后等待应用被用户打开使用。攻击者拥有针对数百个目标应用程序的木马程序，一旦其中一个被打开，木马程序就会生成一个与目标应用程序登录界面匹配的覆盖层，伪装成一个合法的应用程序，从而对通过移动设备进行银行业务或零售业务的用户造成危害。
- 勒索软件：攻击者通过数据加密使设备不可用，用户因此无法访问设备，然后攻击者会要求用户支付“赎金”。只有支付赎金后，才能访问设备。
- 加密恶意挖矿软件：攻击者使用该恶意软件在受害者的移动设备上秘密挖掘加密货币，从而获得加密货币。该恶意软件会在受害者的设备上执行计算，使 CPU 超载并耗尽电池。加密恶意挖矿软件通常隐藏在看似合法的应用程序中。
- 广告点击欺诈：这是一种非常流行的恶意软件，攻击者利用此软件访问设备，通过点击欺诈广告获取收入。
- 跟踪软件：这类软件可以分为两类，简单追踪软件和高度成熟跟踪软件。前者一般侧重于窃取受害者的 GPS 坐标，还有可能拦截短信。这类软件经常存在于谷歌应用商店的应用中。2018 年以后，谷歌发布了相关政策，将大多数简单追踪软件从谷歌应用商店中删除；而后者是商业应用程序，可以从被入侵的设备中窃取几乎所有类型的数据，除了位置数据，还包括照片、短信、联系人、屏幕点击记录（或键盘输入记录）等。近年来，高度成熟跟踪软件在针对特定目标的高级持续性威胁（Advanced Persistent Threat, APT）攻击领域臭名昭著。这些量身定制的攻击通常由成熟的犯罪团伙发起，攻击目标是与利益相关的个人，以获取政治或经济利益。为了不触犯法律，许多开发这些高度成熟跟踪软件工具包的供应商只向声誉良好（或列入白名单）的政府出售，但这并不一定能确保其使用符合道德规范。

参考信息

付费短信（Premium SMS）是一种可以在智能手机上使用的付费服务，其费用可以直接从信用卡中扣除，也能按月结算。通过这种方式，黑客可以使用被攻击手机中的恶意软件向服务器提供方发送高价短信，而该服务提供方为黑客持有、控制，或能够以其他方式从中牟利。网络犯罪分子喜欢使用付费短信，因为这可以让他们迅速获利。

需要注意的是，安卓系统是富于变化的。上述恶意软件类别列表旨在说明在特定时间和目的下高级网络犯罪的关键点，而不是作为一个持久不变的列表存在。上述各类恶意软件有数以千计的变种，且每周都会发生变化。例如，在 2014 年第一季度初，恶意软件家族的数量已上升到 369 个，不是 369 个实例，而是 369 个族，其中每个恶意软件家族都有几十个甚至上百个变种。如今，已确认的恶意软件家族数量达到了 1 267 个。

更令人担忧的是，在过去的几年里，网络犯罪组织的结构发生了变化，更像是一个等级森严的金字塔结构。这与传说中不善交际的黑客独自在阴暗的地下室工作的形象形成了巨大反差。这种新的等级结构里包含了具备软件有效载荷或恶意代码开发能力的黑客或分发人员，是这些动态“组织”的核心。在他们之上，还有各种项目的技术分析师和财务人员。这些网络犯罪组织的规模、专业技能和执行能力都非常强大。

显而易见，这些组织的确切构成和战略无法完全获知。但目前已知的是，这些组织往往将以下几个方面作为重点目标：

- 通过手机获取隐私信息或机密信息。
- 控制手机以进行其他攻击，例如发起分布式拒绝服务（DDoS）攻击以造成业务中断，或发送付费短信以获取经济利益。
- 获取 GPS 和其他位置信息，出售给第三方广告商。
- 控制手机文件系统，窃取数据、照片等，或禁止用户访问从而索取赎金。
- 获取对摄像头和麦克风等设备功能的控制权，以进行监视或位置跟踪，这在商业间谍活动以及网络跟踪活动中十分普遍。

在某些情况下，网络犯罪组织在发起 APT 攻击时会长期集中攻击一个目标。这些持续、有组织的攻击通常出于商业或政治动机，以具体的组织或国家为攻击目标。

网络犯罪分子通过各种技术来实现这些目标，这些技术针对的是移动智能手机固有的风险，包括：

- 缺乏数据存储安全防护。
- 服务器侧控制不力。
- 传输层安全防护不足。
- 授权和认证不力。
- 会话处理不当。
- 数据泄露。
- 加密措施不当。
- 敏感数据泄露。

获取敏感数据是包括恶意软件、PUA，甚至很多“正常的”应用程序等在内的共同目标，所谓“正常的”应用程序通常并不是恶意软件，但是还是会获取位置、联系人、照片等敏感信息。此外，许多非恶意的移动应用程序会与第三方应用程序编程接口（API）进行频繁的数据交换，特别是与广告和营销网络。简而言之，智能设备几乎都会向已知和未知方源源不断地发送信息。

有趣的是，攻击目标的不断变化也推动了恶意软件的发展。比如在 2014 年，最主要的恶意移动软件威胁是付费短信攻击，而并不是针对信用卡的攻击。结合日常看到的头条新闻，大多数人起初会觉得很意外，但是如果看到了具体数据就能明白这一现象并不是空穴来风。

例如，一张信用卡在黑市上的售价约为 60 美分。与此相比，付费短信木马的价格则要高得多。网络犯罪分子通常通过联盟计划生产恶意软件，并向开发有效载荷代码的人支付佣金。有些联盟会员每成功激活一个短信木马就能赚取高达 10 美元的佣金。此外，发送付费短信的恶意软件可以提供持续的收入流，直到不幸的受害者注意到他们的手机账单或信用卡账单上的费用。

后来，由于找到了抵抗短信攻击的方法，攻击者不再青睐短信攻击，转向关注勒索软件。实际上，付费短信和勒索软件都能带来丰厚的利润，以至于形成了一个完整的生态系统。该系统由联络中心组成，利益相关方包括代理人员、开发人员、恶意软件分发人员、合作伙伴，以及附属机构。这种生态系统与合法软件生态系统非常相似，主要区别在于前者支持的是犯罪企业。

从接下来例子里可以看到移动软件威胁生态系统的不断变化。到 2019 年，付费短信和勒索软件都已不再是利润丰厚的攻击方法，犯罪分子的重点已转向恶意银行软件，这种软件旨在从移动设备上窃取银行应用程序的登录凭证，在一段时间内给犯罪分子带来了丰厚的利润。如今，最常见的威胁仍然来自以银行应用程序为目标的攻击，攻击者会使用广告或虚假评论恶意软件。实际上，在排名前 10 位的恶意软件家族中，有 4 个都是广告软件。此外，还出现了一类新兴的以消费者为目标的移动应用威胁，攻击者会使用跟踪软件。自 2019 年以来，越来越多的犯罪分子开始使用这种新型恶意软件。

15.2　移动广告软件

如前所述，恶意软件是一种非常具有攻击性的广告软件，在移动设备上非常普遍。基于互联网中“免费应用程序”的商业运作模式，恶意软件开发者认为恶意软件不仅无害，而且属于合法的应用程序行为。尽管一些利用广告作为收入来源的免费应用程序是合法和无害的，但也存在一些其他的应用程序，它们运行的后台进程会访问 GPS 信息、扫描联系人信息，并通过 HTTP 向第三方 API 发送窃取的数据。有些应用还会跟踪和共享位置详细信息、浏览历史和联系人列表，且上述权限是在用户不知情的情况下获取的。

开发人员坚持认为，使用条款中已对应用权限进行了明确说明，因此应用已获得用户许可。但开发人员自己也清楚，很少有用户会阅读完整的条款和条件，因为这些条款通常都是冗长且复杂的。事实上，用户在浏览并选择“接受”按钮时几乎都只是一扫而过。因此，应用程序供应商在应用程序权限获取方面开始越来越放纵。事实上，许多安卓系统应用程序对手机功能和数据的访问权限要求都远远超出了合理范围，其中甚至包括一些谷歌应用商店内排名前 20 的应用程序。

有人可能会说，用户有责任在给应用授权之前阅读并理解条款内容，在一个“买者自负”的市场中，如果没能对自己的行为负责，那么后果应自行承担，这一点仍值得商榷。但无论如何，对于拥有公司数据、具备公司资源访问权限设备，如果用户给设备中的应用进行了非合理授权，这就成了 IT 部门的问题。在了解用户习惯后，对 IT 部门最有利的做法是监控应用程序商店，让用户注意到权限申请过多或不必要的应用程序。

知识拓展

显然，用户无法做到对应用程序真正需要访问的功能或数据都了如指掌。

15.2.1　获取过度的应用权限

SnoopWall 最近对安卓十大手电筒应用程序的威胁评估研究表明，测试的所有手电筒应用程序获得的访问权限和信息都远远超出了合理范围。人们可能自然会问，为什么开发人员会要求获得应用程序运行并不需要的权限？尤其是当用户拒绝不合理权限申请似乎对应用程序的执行没有任何影响时，这种行为就更令人怀疑了，因为这表明对这些资源的访问本来是不必要的。

我们可以思考一下为了保证手电筒应用正常运行，开发人员需要获取的资源以及权限范围。某手电筒应用给出的清单如下。

- 读取正在运行的应用程序列表：对于手电筒应用来说，这一要求十分可疑。
- 修改或删除 USB 存储设备的内容：为什么手电筒应用程序要删除 USB 设备上的文件？如果其他应用程序（如照相机接口或音乐系统软件）要删除上传或下载的文件还情有可原，但手电筒应用很难自证有合理理由。
- 测试受保护存储设备的访问权限：这个申请十分可疑，为什么手电筒应用需要对容器外的受保护存储进行读取或写入？
- 录制照片或视频：对于手电筒应用来说，如果在用户不知情的情况下具备这项能力，后果将十分可怕。
- 查看 Wi-Fi 连接情况：这项功能也属于手电筒应用的非必要权限。
- 读取手机状态和身份信息：读取手机状态的请求尚且可以认为合理，因为开发人员需要获取这些信息进行分析，以确定手机型号，并确定终端用户使用该产品时对应的操作系统。
- 从互联网获取数据：大多数应用程序都要求这种访问权限，因为它们使用的是客户端-服务器模式，主应用程序托管在远程服务器上。这里的危险在于客户端注入可能会导致安全问题。对于手电筒应用程序来说，这种权限获取后可能会被用于获取广告数据。
- 控制手电筒：这个权限申请是合理的。
- 修改系统显示设置：这看起来可以接受，因为手电筒应用程序需要更改屏幕显示参数。
- 阻止设备休眠：这是手电筒的必要功能，可防止手电筒在使用过程中关闭。
- 查看网络连接情况：非必要权限请求。
- 获得完整的网络访问权：这很可能是请求不受限的网络访问权限，意味着要上传个人信息。
- 通过网络确定大体位置：这显然是广告软件的要求。
- 通过 GPS 确定精确位置：完全是非必要权限。

如上所述，这款手电筒应用程序请求了 14 项权限。在这 14 项权限中，只有 4 项可以近乎视为该应用的合法需求。一般来说，无论是在谷歌应用商店、苹果应用商店、Windows Store，还是在手机上，当用户阅读使用条款和条件时，像这样长的权限列表都应该引起警惕。遗憾的是，已被越狱或获取了根权限的设备无法显示这么多条款，因为安全权限很可能已被规避。

拒绝应用的过度权限申请无法从根本解决问题，恶意软件开发人员会使用各种伎俩来“欺骗”操作系统的安全措施。要想请求一长串权限而不引起警惕，一种方法是将应用程序分成若干模块，每个模块只请求一到两个权限。第一个模块通常只需要申请几个无关紧要的权限，但同时需要获取下载更新包的权限，后续模块的创建可以提示为软件更新。操作系统安全防护体系通常不会发现这些更新的异常。当然手机用户必须同意所有下载请求，（如果用户关注这个问题）这可能会引起用户的警觉。

知识拓展

即使用户十分警觉，恶意软件也有办法避开，安卓系统中 Jmshider 威胁就证明了这一点。具体来说，开发人员用安卓开放源代码项目（Android Open Source Project, AOSP）证书对应用进行签名，这样就可以在无须任何用户交互的情况下进行安装和后续的下载更新。

15.2.2 iOS 设备中的恶意软件

与安卓系统不同，截至本书撰写期间，极少听到 iOS 系统中存在恶意软件。这可能证明了苹果公司闭源系统的安全性，以及注重应用程序来源的重要性。然而，调查显示，中国大约有 50%的 iPhone 已经被越狱。如果调查属实，那么苹果设备中恶意软件极少的现象就很令人意外了。

虽然苹果设备中恶意软件很少，但并不意味着不存在。前面提到的手电筒应用程序就是一个例子，它申请了过度的权限，其中一些涉及敏感功能的访问。虽然没有证据表明这个手电筒确实是恶意软件，但它大概率是有潜在危险的非必要应用程序（PUA），会进行用户反感的、甚至是侵略性的广告宣传。此外，还有可能向广告网络发送位置详细信息，从而侵犯用户隐私。

虽然针对苹果 iOS 的恶意软件并不常见，但也存在一些案例。卡巴斯基实验室最近的研究发现，一种名为 Xsser mRAT 的间谍木马将 iOS 7 作为攻击目标。卡巴斯基发现，感染是通过被入侵的 PC 或 Mac OS 中的恶意软件传播的。通常情况下，恶意软件首先会攻击 PC 或 Mac，并潜伏在 PC 或 Mac 中，等待 iPhone 通过 USB 连接至 PC 或 Mac。然后，木马通过远程控制系统（Remote Control System, RCS）被激活，试图在无人注意的情况下对 iPhone 进行越狱并感染 iPhone。然后，这个复杂的 iOS 木马就可以悄悄地进行间谍活动，且对电池性能影响很小。它可以执行多种功能，包括通过 GPS 坐标跟踪用户位置、窃取个人数据、拍摄照片和视频，以及监视短信和其他信息。

不过，与其他恶意软件一样，Xsser mRAT 也有局限性。其一是手机必须越狱。通常情况下，如果用户将其设备升级到最新的（或官方发布的）iOS 版本，iPhone 的安全防护能力可能会越高。当然，前提是用户（或其他形式的恶意软件）没有对手机进行越狱。但如前所述，中国大约有 50%的 iPhone 已经被越狱，其中很大一部分使用了 APT 组织或团体赞助的恶意软件。

还存在其他一些发现时间更早的 iOS 恶意软件，但其中一部分软件只对越狱设备构成威胁。表 15-1 列举了这些恶意软件。

表 15-1　早期的 iOS 恶意软件

恶意软件	发现时间	影响手机范围	恶意软件描述
iOS/TrapSMS	2009 年	被越狱手机	短信转发器
SpyMobileSpy!PhoneiOS	2009 年	被越狱手机	间谍软件
iOS/Eeki. A!worm	2009 年	被越狱手机	蠕虫病毒
iOS/Eeki. B!worm	2009 年	被越狱手机	蠕虫病毒
iOS/Torres A!tr spy	2009 年	被越狱手机	恶意应用
Adware/LBTMiOS	2010 年	所有手机	拨打付费电话号码
Spy/KeyGuardiPhoneOS	2011 年	被越狱手机	按键记录器
iOS/FindCall A!tr spy	2012 年	所有手机	隐私木马程序

（续）

恶意软件	发现时间	影响手机范围	恶意软件描述
Riskware/Killmob!iOS	2013 年	被越狱手机	间谍软件
iOS/AdThief A!r	2014 年	被越狱手机	广告
iOS/SSLCred A!tr pws	2014 年	被越狱手机	密码窃取器

在撰写本书时，已知的 iOS 恶意软件只有 11 个，其中存在于苹果应用商店中的软件只占其中一部分。与数以千计的恶意安卓软件变体相比，这几乎可以忽略不计，但它确实表明，虽然苹果恶意软件很罕见，但它并非神话。与独角兽相比，说它是独角鲸更为贴切。

15.2.3 恶意移动软件的传播方式

对于恶意移动软件攻击，黑客首先要利用现有工具创建移动设备漏洞利用软件包，在此基础上还要能够成功将其传播给目标设备。这是犯罪分子形成有组织团伙的原因所在，只要有足够多的人尝试传播各种有效载荷，那么通过间谍软件收集到的信息就变得不是很重要了，且传播得越多越好。一旦有效载荷被发送，分析人员就需要对所有数据进行分类，并找到一种方法将收集到的信息变现。传播者的目的就是使用漏洞有效载荷感染尽可能多的设备，然后获取最大数量的数据。

网络犯罪分子通常通过联盟计划来发送恶意软件，他们会像其他合法的联盟计划一样，向传播有效载荷的人支付佣金。事实上，商业软件公司也会使用同样的模式。联盟会员使用的策略不一，但都普遍倾向于使用社交工程将目标载荷发送到受感染的网站进行路过式浏览器攻击。对安卓手机或已越狱的苹果 iPhone 进行网络攻击是感染智能手机的最简单方法之一。

除此之外，恶意移动软件的传播方式还包括：

- 将恶意应用与谷歌应用商店或苹果应用商店中的热门免费应用进行捆绑：除非设计极其巧妙，否则这种方式无法长久。对于使用人工审核方式的苹果应用商店尤为如此，因为苹果公司的员工会检查商店中所有应用程序的真实性和完整性。
- 将恶意软件上传至多个第三方应用商店：安卓手机以及被越狱的苹果手机可接触到的第三方应用商店有很多。
- 创建一个被路过式下载攻击感染的网页：网络犯罪分子会使用各种手段促使用户访问并点击页面（例如，提供“免费”商品）。
- 使用双重有效载荷针对 PC 和智能手机进行混合攻击：如果被感染对象是计算机，它会激活计算机版本的代码，并等待用户通过 USB 接口连接智能手机。智能手机连接后，计算机上的恶意代码会尝试对手机进行越狱，并注入木马有效载荷。
- 使用社会工程攻击：这是通过社交媒体与被攻击者建立友好关系，诱使目标下载木马程序或使用付费短信连接到被感染网站，从而下载木马有效载荷。
- 创建恶意二维码进行恶意软件分发：一个二维码可以包含多达 7 089 个数字或 4 296 个字母数字字符。这些二维码很受营销人员和海报广告商的欢迎，也可用于传播恶意软件。
- 使用木马程序：使用木马程序带来的好处是，用户不会察觉到任何恶意意图，因为它们只是用来执行下载、解密和其他程序等普通任务的代码。这是规避苹果应用商店和谷歌应用商店审核的好方法。接下来需要让用户下载木马程序，为了实现此目的，木马程序往往会伪装成轻量级、有用或无害的应用程序，如货币转换器等。

15.3 恶意移动软件与社会工程

网络犯罪分子每天都在讨论如何攻击企业网络安全的薄弱环节，也即终端用户。这些用户通常是没有安全意识的员工，而他们又恰好配备了功能强大的智能手机。事实证明，网络犯罪分子能够高度协作，这使问题变得更加复杂。在一些企业组织和个人组成的非正式网络中有更多易被攻击的漏洞，且漏洞在其中传播的速度要比许多拥有完善信息传播流程的公司快得多。

知识拓展

值得庆幸的是，攻击者利用的大多数漏洞都得到了修补。不过，用户仍应保持警惕，因为新的漏洞还在不断产生。此外，如前所述，只有用户保持软件在最新状态，补丁才会发挥作用。令人震惊的是，谷歌的一项调查显示，大约80%的安卓手机使用的是过时的操作系统代码。

15.3.1 强制登录门户

网络犯罪分子攻击用户最常见手段是强制登录门户。也就是说，网络犯罪分子会创建一个极具吸引力的免费Wi-Fi门户并进行宣传，因为他们知道，如果热点是免费的，很多人会不假思索地连接到该热点，例如，位于商场或超市里的热点。这些用户中的许多人还会点击提供虚假优惠或赠品的广告。之后用户将从强制登录门户网站被引导进入一个钓鱼网站，该网站使用JavaScript（或其他手段）对浏览器进行路过式攻击，其中JavaScript会在用户浏览器上运行，植入木马，然后加载恶意代码。

15.3.2 路过式攻击

路过式攻击是一种通过在网站中注入恶意代码并利用浏览器的漏洞进行攻击的方式。这种攻击的结果是用户只访问一个网站，其设备就会受到感染。路过式攻击不仅可能发生在专门为发动攻击而创建的黑客网站上，也可能发生在被黑客攻击并感染了恶意代码的合法网站上。

路过式攻击是在用户访问受感染网站时发生的。如果网站是专门为攻击而创建的，通常会设法引诱受害者访问该页面（例如，提供免费项目或服务）。补救方法包括（在可行的情况下）禁用JavaScript和设置首选项，允许Java和Flash只在受信任的网站上运行。

15.3.3 点击劫持

即使用户设法避开了路过式攻击，也可能会陷入点击劫持的圈套。攻击者通过创建一个背景为隐形框架的网页来迷惑用户。之后，攻击者会再叠加一组用户能看到的框架或按钮。如果用户发现点击按钮一两次却没有任何反应，他们就会晃动鼠标并随意点击，从而触发攻击。

15.3.4 点赞劫持

由于智能手机屏幕很小，漏洞很难被发现，点赞劫持通常都能有效。在点赞劫持攻击过程中，脸书的点赞按钮上被放置了一个隐形框架或按钮，点击按钮后的效果与正常一样，但同时设备也会被感染。

15.3.5 即插即用脚本

智能手机的屏幕较小，使用导航控件也很困难，这对于恶意软件开发人员很有利。黑客通过使用惯用的 JavaScript，使得用户的任何鼠标点击操作都可以激活目标按钮，从而感染设备。如果用户无意中点击了错误的位置（这在智能手机上很常见），就会导致恶意软件脚本运行。

然而，浏览器并不是唯一的薄弱环节，插件和脚本中存在的漏洞要多得多。因此建议用户在不需要插件的情况下应将其关闭，这有助于减少攻击面。不过，更重要的是要关闭浏览器中的脚本。

15.4　减少移动浏览器攻击

针对移动浏览器的网站攻击屡见不鲜，而且许多攻击都相当复杂。因此，必须确保智能手机上的所有浏览器都经过加固，以抵御客户端威胁。最佳做法包括以下几点。

- 尽职调查：下载安卓应用程序时尤其需要，因为安卓手机很容易受到恶意软件的影响。
- 输入凭证时使用 HTTPS：如果网站不提供 HTTPS，用户在输入私人或敏感数据前应三思。从网站的 URL 可以看出是否为 HTTPS，它应以 HTTPS://开头，有时也会用安全锁的图标表示。
- 做好防恶意软件维护：保证防恶意软件更新至最新状态，并经常进行扫描。
- （在设备“首选项”设置）阻止弹出窗口：这可以防止恶意弹出窗口，而恶意弹出窗口是多种恶意软件的攻击载体。
- 检查应用权限：在对应用进行下载安装前对其申请的权限进行检查，确保申请的权限是必要的。
- 卸载不需要的应用：调查显示，81%的应用程序下载后只使用过一次。如果你不经常使用某个应用程序，最好将其卸载。
- 关闭对话框自动填充、JavaScript 和 HTML5：一些高级功能（如自动填充）本意是节省时间，但同时也可能会被攻击者利用，因为这些功能在浏览器缓存中存储了个人信息。JavaScript 和 HTML5 等功能可能会被用于路过式浏览器攻击，因此最好尽可能禁用这些功能，只在必要的可信网站开启这些功能。
- 启用欺诈警告：这个功能可以协助避免用户访问钓鱼网站。
- 清除 cookie、浏览历史和缓存：定期删除浏览历史记录可以防止间谍软件和广告软件窃取敏感数据。

15.5　移动应用攻击

移动应用的安全漏洞主要源于以下两个因素。

- 恶意的非必要功能：这是指既不需要又危险的移动代码。由于存在恶意的非必要功能，用户会以为自己下载的应用程序或游戏有特定用途，却不知道其中装有间谍软件、广告软件、钓鱼网站链接或具有能够秘密处理付费短信的功能。恶意非必要功能可能包括监控设备上的活动、窃取数据、未经授权发送付费短信或电子邮件、未经授权拨打电话、未经授权连接网络，以及系统修改，如越狱、安装系统权限获取器或篡改文件系统。

  回想一下手电筒应用程序的例子，这个看似合法的应用程序使用欺骗手段安装了各种功能，消费者并不知道这些以透明形式存在的功能会在后台运行，而这些功能很可能不是以用户切身利益为出发点的。
- 设计和实施中的错误：出现这些漏洞的原因通常在于 iOS 和安卓系统代码的复杂性（以及相对不成熟性），此外还存在成千上万的第三方应用程序，其中许多是由业余爱好者编写的。造成的漏洞包括敏感数据泄漏、敏感信息存储缺乏安全防护、通信和数据传输缺乏安全防护，以及存在硬编码的密码和密钥。

正如手电筒应用程序的例子所示，许多应用程序在设计和开发时并没有考虑到安全性或消费者隐私。由于许多应用程序都是免费提供的，开发人员会通过向广告网络出售用户的位置和浏览历史记录来牟利。由于应用程序匆忙推向市场，而且往往是免费提供，开发人员在一定程度上牺牲了应用的安全性、周全性和用户隐私。这就是第三方应用开发人员快速获得经济回报的方式。毕竟，谷歌应用商店和苹果应用商店是独立开发人员的市场。

15.6　恶意移动软件的防御

恶意软件和有潜在危险的非必要应用程序（PUA）很难区分，因此，通常给用户的建议是在计算机上运行防恶意软件和杀毒软件。有人可能会想，为什么不在移动设备上默认配备这些服务作为标准配置呢？

杀毒软件和防恶意软件工具的问题在于，它们与其他应用程序一样受到限制，只能运行在沙箱中。除非杀毒软件和防恶意软件具备高权限，否则它们的作用只能是有限的。通过对一些产品的测试发现，安卓设备中的杀毒软件检测率不到10%，而iOS和Windows Phone中杀毒软件的作用更是微乎其微。防恶意软件应用的情况类似，所有操作系统中都存在严格的应用程序隔离，这使得防恶意软件无法发挥作用。软件想要发挥作用，就必须突破沙箱。这就要求应用程序以根用户身份运行，而这同时又会使设备面临很多新的恶意软件攻击威胁，因此得不偿失。

如果防恶意软件和杀毒软件都不能解决问题，那么解决办法究竟是什么呢？答案就是前面已经讨论过的最佳实践。回顾一下可以列举如下：

- 为终端用户提供安全意识培训。
- 禁止安装来自未经认证的开发人员和第三方市场的应用程序。
- 限制用户只能使用经过审查和授权的应用市场内的应用。
- 禁止对设备进行解锁、越狱，以及对应用程序进行注入。
- 对第三方应用下载进行监管。
- 使用移动设备管理手段进行合规管理。

保护工作场所移动设备的关键策略是制定自带设备（BYOD）政策并建立移动设备管理（MDM）系统。如果能够按照MDM最佳实践使用企业中的BYOD智能手机和便携式计算机，将大大有助于降低风险。

首先，必须解决密码、加密、远程擦除和数据容器的控制等基本问题。这是通过制定政策来解决的，政策中应包括要求使用复杂密码、在5分钟未活动后自动锁定设备、在连续10次登录尝试失败后自动擦除信息，以及将业务数据隔离在各自的容器中。

此外还必须开发一个轻量级的库存系统，支持有需要的管理人员进行访问，其中包括人力资源团队的成员，他们需要在离职面谈时收回移动设备。这种做法还能减轻IT部门的负担。例如，如果服务台员工能够访问库存数据，他们就能够通过远程控制访问设备，排除故障并进行维修。另一个省时省力的方法是授权用户注册自己的设备，在设备被盗时对设备进行锁定和擦除、重置设备密码，以及查找丢失的设备。

知识拓展

BYOD手机上的业务数据需要进行隔离，这样做可以在不影响员工个人数据的情况下清除业务数据。如果不对这些数据进行隔离，员工可能会因为担心个人数据被清除而迟迟不报告手机丢失。

15.7　渗透测试及其在智能手机中的应用

在恶意移动软件防御方面，最好为每种授权设备制定切实可行的政策和安全模板，并使用户熟悉所使用的设备、清晰了解设备存在的漏洞。理想情况下可以通过在样机或模拟器上进行渗透测试来测试现有的安全措施。

对智能手机进行渗透测试时，主要包括以下步骤。

- 信息搜集：在这一阶段，测试人员通过识别目标网络上的移动设备类型来收集信息。
- 扫描：确定手机类型后，就可以进入扫描阶段。在扫描移动设备时，测试人员要识别移动设备试图连接的网络。
- 攻击：在这一阶段，测试人员会进行信息捕获并控制移动设备。
- 后攻击：在后攻击阶段，测试人员会检查手机的常用区域，查看备注、短信和浏览器历史数据库中的敏感数据。根据项目的范围，测试人员还可能会在钥匙串中搜索存储的密码，以及是否存在后门等有效载荷。

再次强调，在企业网络中进行渗透测试时，必须获得高级管理层的书面许可。同样重要的是，要有合适的工具，来自 Shevirah 公司的社区版 Dagah 工具是一个不错的选择，其前身为智能手机渗透测试框架（Smartphone Pentest Framework, SPF），可以运行在 Kali Linux 平台上。Dagah 软件测试工具可以识别被攻击的智能手机并对其进行端口扫描，在此基础上查找存在的漏洞，例如越狱 iPhone 的默认安全外壳（SSH）密码。此外，Dagah 渗透测试框架还具有一系列远程、客户端和社交工程漏洞攻击功能。

在对智能手机进行渗透测试时，测试人员首先会使用基本的社交工程技术，编写一条包含链接的看起来十分可信的短信。接下来所需要做的就是让受害者点击该链接，随后进入一个网页。短信发送方和链接都要得到用户信任。如果短信制作精良且用户落入攻击的圈套，在这之后设备的浏览器会定向至一个由 Dagah 控制的网页，这个网页中包含了客户端攻击。

要利用哪个漏洞进行攻击取决于渗透测试的目标。典型的渗透测试目标是通过受攻击的浏览器下载带有各种有效载荷选项的 Dagah 代理到手机上。然后，测试人员可以对手机进行查询，并通过 HTTP 响应或短信回复的内容收集数据。此外，还可以使用远程控制功能来演示 Dagah 对设备的控制，如拍照或发送短信。

安卓智能手机渗透测试还可以使用 Armitage 作为工具。Armitage 是 Metasploit 的图形用户界面（GUI），用于创建携带恶意有效载荷的安卓应用程序包。在这种情况下，有效载荷就是一个简单的反向连接，可以连接到测试人员的控制台。如果要让用户启动上述恶意应用程序，需要利用安卓浏览器中的客户端漏洞，或者成功率更高的是通过一些巧妙的社交工程来诱使用户下载并打开应用程序。当用户反向连接到测试人员的控制台时，测试人员会与被入侵的安卓手机建立连接。但此时只是建立了一个反向连接，还需要在有效载荷中加入漏洞，比如远程控制代理。不过，即使这些方法在逻辑上有欠缺，但一般情况下至少也能很好地评估用户的安全意识水平。

本章小结

移动设备用户人数众多，而且往往安全意识淡薄，再加上 BYOD 的盛行，这给 IT 安全团队带来了恶意移动软件这个棘手的问题。由于设备和数据在工作场所和非工作场所之间自由流动，网络犯罪分子有了更便捷的途径接近并攻击能带来丰厚利润的目标，那就是企业及其员工。

而IT部门在PC端可以使用的工具（如杀毒软件）却不适用于移动设备，这使得问题更加复杂。此外，用户将软件或应用程序下载到手机上的可能性要远远高于下载到个人计算机上的可能性，而且下载软件或应用程序的来源往往是有问题的。但实际上，能够在紧急情况下快速下载应用程序是智能手机用户体验的一个基本方面。

尽管如此，IT部门还是有办法解决这个问题，比如使用MDM和对BYOD设备上的数据进行隔离，但这些方法大多只能帮助减轻手机感染恶意软件后造成的损失，并不能阻止安全事件的发生。归根结底，对IT部门来说最佳工具是进行用户教育，这一点的重要性怎么强调都不为过。只有对用户进行教育、提高他们的意识，并对已知的可信任来源或已知需要避免的应用程序进行梳理，IT部门才能在BYOD环境中获得一线生机。

本章习题

1. 安卓设备和苹果iOS设备中的恶意软件数量相当。
   A. 正确　　B. 错误
2. 下列关于以安卓系统为攻击目标的恶意软件的说法，正确的是？
   A. 它存在的原因是安卓系统代码存在漏洞　　B. 它很容易通过谷歌应用商店下载
   C. 它的存在主要是由于软件碎片化造成的　　D. 它并不是很严重的问题
3. 主要的几类恶意移动软件重点关注金融领域，这体现在？
   A. 它们以金融和银行相关的应用为攻击目标　　B. 它们会直接攻击银行
   C. 它们会获取很容易变现的数据或服务　　D. 以上均是
4. 恶意软件通常会在设备所有者不知情或未经其同意的情况下从设备中提取数据，从而对用户进行非法跟踪。
   A. 正确　　B. 错误
5. 对恶意移动软件来说，以下哪项较为关注？
   A. 控制手机以发动DDoS攻击或发送付费短信
   B. 获取控制GPS和其他位置信息的端口，以便出售给第三方广告商
   C. 控制手机文件系统，窃取数据、照片等，或让用户无法使用设备从而索取赎金
   D. 以上均是
6. 任何从应用程序或存储中获取数据的应用程序都应被视为恶意软件或移动广告软件。
   A. 正确　　B. 错误
7. 下列关于苹果iOS中的恶意软件，说法正确的是？
   A. 与苹果公司的市场份额成正比　　B. 主要攻击目标是被越狱的iPhone
   C. 是苹果应用商店中日趋严重的问题　　D. 以上均是
8. 社会工程在恶意软件攻击中的作用并不突出。
   A. 正确　　B. 错误
9. 下列哪项属于恶意软件传播技术？
   A. 强制登录门户
   B. 当手机通过USB连接至PC时对手机进行越狱的USB漏洞
   C. 点赞劫持
   D. 以上均是

参考答案

第1章

1. E 2. A 3. B 4. D 5. D 6. B 7. B 8. A 9. C 10. A 11. C

第2章

1. C 2. B 3. B 4. A 5. C 6. B 7. D 8. B 9. B 10. D 11. D

第3章

1. C 2. A 3. A 4. D 5. B 6. E 7. B 8. A 9. D 10. B

第4章

1. A 2. B 3. A 4. A 5. B 6. A 7. A 8. E 9. B 10. D

第5章

1. A 2. E 3. C 4. C 5. A 6. C 7. B 8. B 9. B 10. C

第6章

1. A 2. D 3. A 4. C 5. B 6. D 7. A 8. A 9. E 10. B

第7章

1. B 2. C 3. D 4. C 5. A 6. A 7. D 8. B 9. A 10. C

第8章

1. A 2. D 3. E 4. D 5. A 6. B 7. B 8. A 9. A 10. A，D，E

第9章

1. B 2. E 3. C 4. B 5. D 6. A 7. C 8. B 9. A 10. B

第10章

1. A 2. B 3. F 4. C 5. B 6. A 7. A 8. A 9. C 10. C

第11章

1. B 2. B 3. B 4. D 5. A 6. A 7. B 8. A 9. A 10. C

第12章

1. A 2. C 3. D 4. C 5. A 6. A 7. B 8. C 9. B 10. A

第13章

1. A 2. B 3. B 4. D 5. B 6. B 7. B 8. D 9. C 10. A

第14章

1. B 2. D 3. B 4. B 5. C 6. A 7. A 8. A 9. C 10. A

第15章

1. B 2. C 3. D 4. A 5. D 6. B 7. B 8. B 9. D

参考文献

"4 New Features: First Wi-Fi Security Overhaul in 13 Years." SecureWorld. Accessed April 19, 2020. https://www.secureworldexpo.com/industry-news/new-wifi-wap3-features.

"10 Questions CISOs Should Ask About Mobile Security." Bitpipe.com, August 14, 2014. Accessed October 2, 2014. http://www.bitpipe.com.

"802.11 Network Security Fundamentals." Cisco. Accessed October 2, 2014. http://www.cisco.com/c/en/us/td/docs/wireless/wlan_adapter/secure_client/5-1/administration/guide/SSC _Admin_Guide_5_1/C1_Network_Security.html.

"802.1X: What Exactly Is It Regarding WPA and EAP?" SuperUser.com, January 12, 2012. http://superuser.com/questions/373453/802-1x-what-exactly-is-it-regarding-wpa-and-eap.

"90% of Unknown Malware Is Delivered via the Web." *Infosecurity*, March 26, 2013. http://www.infosecurity-magazine.com/news/90-of-unknown-malware-is-delivered-via-the-web.

"About the iOS Technologies." iOS Developer Library, Apple Inc. Accessed October 21, 2014. https://developer.apple.com/library/ios/documentation/miscellaneous/conceptual/iphoneostechoverview/Introduction/Introduction.html.

"A Brief History of Wi-Fi." *The Economist*, June 10, 2004. Accessed August 12, 2014. http://www.economist.com/node/2724397.

"Access Control and Authorization Overview." TechNet, Microsoft, February 20, 2014. http://technet.microsoft.com/en-us/library/jj134043.aspx.

"Advanced Persistent Threats: How They Work." Symantec. Accessed September 10, 2014. http://www.symantec.com/theme.jsp?themeid=apt-infographic-1.

"All About BYOD." *CIO*, June 24, 2014. Accessed August 5, 2014. http://www.cio.com/article/2396336/byod/all-about-byod.html.

"An Overview of the Sub-GHz ISM Bands." BehrTech Blog. Accessed April 10, 2020. https://behrtech.com/blog/an-overview-of-sub-ghz-ism-bands.

"Android Security Overview." Android Open Source Project. Accessed October 21, 2014. https://source.android.com/devices/tech/security/.

"Android Tools." Hackers Online Club. Accessed October 21, 2014. http://www.hackersonlineclub.com/android-tools.

"An Introduction to ISO 27001 (ISO27001)." *The ISO 27000 Directory*. Accessed August 30, 2014. http://www.27000.org/iso-27001.html.

"ArubaOS User Guide." Aruba Networks, December 9, 2010. Accessed September 10, 2014. http://www.arubanetworks.com/techdocs/ArubaOS_60/UserGuide/.

Asadoorian, Paul. "Using Nessus to Discover Rogue Access Points." Tenable Network Security, August 27, 2009. Accessed September 10, 2014. http://www.tenable.com/blog/using-nessus-to-discover-rogue-access-points.

"AT&T Labs: Backgrounder." AT&T. Accessed August 15, 2014. http://www.corp.att.com/attlabs/about/backgrounder.html.

Beaver, Kevin. "How to Use Metasploit Commands for Real-World Security Tests." TechTarget, November 2005. Accessed November 26, 2014. http://searchsecurity.techtarget.com/tip/Using-Metasploit-for-real-world-security-tests.

"Best Practice Guide Mobile Device Management and Mobile Security." Kaspersky Lab, 2013. Accessed November 26, 2014. http://media.kaspersky.com/en/business-security/Kaspersky -MDM-Security-Best-Practice-Guide.pdf.

"Black Hat 2019: 5G Security Flaw Allows MiTM." Black Hat 2019. Accessed June, 2020. https://threatpost.com/5g-security-flaw-mitm-targeted-attacks/147073.

Blevins, Brandan. "Report: Backoff Malware Infections Spiked in Recent Months." TechTarget, October 24, 2014. Accessed November 26, 2014.

Bojinov, Hristo, Dan Boneh, Yan Michalevsky, and Gabi Nakibly. "Mobile Device Identification via Sensor Fingerprinting." Stanford University. Accessed November 11, 2014. https://crypto .stanford.edu/gyrophone/sensor_id.pdf.

Botelho, Jay. "Wireless in the Warehouse." Enterprise Networking Planet, February 10, 2014. Accessed August 12, 2014. http://www.enterprisenetworkingplanet.com/netsp/wireless-in-the-warehouse.html.

Bowers, Tom. "Finding the Balance Between Compliance & Security." *Information Week Dark Reading*, January 30, 2014. Accessed August 30, 2014. http://www.darkreading.com/compliance/finding-the-balance-between-compliance-and-security/d/d-id/1113620.

"Building Global Security Policy for Wireless LANs." Aruba Networks. Accessed October 2, 2014. http://www.arubanetworks.com/pdf/technology/whitepapers/wp_Global_security.pdf.

Carter, Jamie. "What Is NFC and Why Is It in Your Phone?" *TechRadar*, January 16, 2013. Accessed August 30, 2014. http://www.techradar.com/us/news/phone-and-communications/what-is-nfc-and-why-is-it-in-your-phone-948410.

Casey, Brad. "Identifying and Preventing Router, Switch and Firewall Vulnerabilities." TechTarget, December 2013. Accessed November 10, 2014. http://searchsecurity.techtarget.com/tip/Identifying-and-preventing-router-switch-and-firewall-vulnerabilities.

"CDMA/FDMA/TDMA: Which Telecommunication Service Is Better for You?" WINLAB, Rutgers, The State University of New Jersey. Accessed August 15, 2014. www.winlab.rutgers.edu/~crose/426_html/talks/foglietta_pres2.ppt.

"Cellebrite and Webroot Partner to Deliver Mobile Malware Diagnostics Capabilities to Cellular Retail Market." Cellebrite, 2014. Accessed November 26, 2014. http://www.cellebrite.com/pt/corporate/news-events/retail-press-releases/706-cellebrite-and-webroot-partner-to-deliver-mobile-malware-diagnostics-capabilities-to-cellular-retail-market.

"Cellular Networks." Northeastern University. Accessed August 15, 2014. http://www.ccs.neu.edu/home/rraj/Courses/6710/S10/Lectures/CellularNetworks.pdf.

Chandra, Praphul, Dan Bensky, Tony Bradley, Chris Hurley, Steve Rackley, John Rittinghouse, James F. Ransome, Timothy Stapko, George L. Stefanek, Frank Thornton, Chris Lanthem, and Jon S. Wilson. *Wireless Security: Know It All*. Amsterdam: Newnes, 2004.

Chebyshev, Victor. "Mobile malware evolution 2019." Kaspersky Feb 25, 2020. https://securelist.com/mobile-malware-evolution-2019/96280.

Chirillo, John, and Edgar Danielyan. *Sun Certified Security Administrator for Solaris 9 & 10 Study Guide*. New York: Osborne McGraw-Hill, 2005.

"Client Side Exploits." Metasploit Unleashed. Offensive Security Ltd. Accessed November 10, 2014. http://www.offensive-security.com/metasploit-unleashed/Client_Side_Exploits.

Cluley, Graham. "Revealed! The Top Five Android Malware Detected in the Wild." *Naked Security*. Sophos Ltd, June 14, 2012. Accessed November 26, 2014. http://nakedsecurity.sophos.com/2012/06/14/top-five-android-malware/.

"COBRA Risk Consultant." *The Security Risk Analysis Directory*, 2003. Accessed November 26, 2014. http://www.security-risk-analysis.com/riskcon.html.

Coleman, David D. CWSP: *Certified Wireless Security Professional Official Study Guide*. Indianapolis, IN: John Wiley & Sons, 2010.

Coleman, David D., and David A. Westcott. *CWNA Certified Wireless Network Administrator Official Study Guide Exam PW0-105*. Hoboken: John Wiley & Sons, 2012.

Columbus, Louis. "IDC: 87% of Connected Devices Sales by 2017 Will Be Tablets and Smartphones." *Forbes*, September 12, 2013. Accessed August 15, 2014. http://www.forbes.com/sites/louiscolumbus/2013/09/12/idc-87-of-connected-devices-by-2017-will-be-tablets-and-smartphones/.

Compton, Stuart. "802.11 Denial of Service Attacks and Mitigation". Technical paper. SANS Institute, May 17, 2007. Accessed November 26, 2014. http://www.sans.org/reading-room/whitepapers/wireless/80211-denial-service-attacks-mitigation-2108.

Constantin, Lucian. "Dozens of Rogue Self-Signed SSL Certificates Used to Impersonate High-Profile Sites." *Computer World*, February 13, 2014. Accessed November 26, 2014. http://www.computerworld.com/article/2487761/encryption/dozens-of-rogue-self-signed -ssl-certificates-used-to-impersonate-high-profile-sites.html/02/13/2014.

Cooney, Michael. "10 Common Mobile Security Problems to Attack." *PCWorld*, September 21, 2012. Accessed November 26, 2014. http://www.pcworld.com/article/2010278/10-common -mobile-security-problems-to-attack.html.

"Cross-Site Scripting (XSS) Attack." Acunetix. Accessed October 15, 2014. https://www.acunetix.com/websitesecurity/cross-site-scripting.

Cruz, Benjamin, et al. "McAfee Labs Threats Report." McAfee Labs, June 2014. Accessed November 26, 2014. http://www.mcafee.com/hk/resources/reports/rp-quarterly-threat -q1-2014.pdf.

"Data Communications Milestones." Telecom Corner, Tampa Bay Interactive, Inc., October 25, 2004. Accessed August 5, 2014. http://telecom.tbi.net/history1.html.

"Delivering Enterprise Information Securely on Android, Apple IOS, and Microsoft Windows Tablets and Smartphones." Technical paper. Citrix, 2014. Accessed August 30, 2014. http://www.citrix.com/content/dam/citrix/en_us/documents/oth/delivering-enterprise-information-securely.pdf?accessmode=direct.

Dewan, Richard. "How to Install Free RADIUS Server in Kali Linux?" *Computer Trikes*, July 7, 2013. Accessed November 26, 2014. http://computertrikes.blogspot.com/2013_07_01 _archive.html.

"Differences Between 802.11a, 802.11b, 802.11g and 802.11n." AT&T. Accessed August 12, 2014. http://www.wireless.att.com/support_static_files/KB/KB3895.html.

Drew, Jessica. "Mobile Phones Are Under Malware Attack." Top Ten Reviews, 2014. Accessed November 13, 2014. http://anti-virus-software-review.toptenreviews.com/mobile-phones-are-under-malware-attack.html.

Du, Hui, and Chen Zhang. "Risks and Risk Control of Wi-Fi Network Systems." *ISACA Journal*, Volume 4, 2008. Accessed October 15, 2014. http://www.isaca.org/Journal/Past-Issues/2006/Volume-4/Pages/Risks-and-Risk-Control-of-Wi-Fi-Network-Systems1.aspx.

Elliott, Christopher. "6 Wireless Threats to Your Business." Microsoft. Accessed October 2, 2014. http://www.microsoft.com.

"Enterprise Mobility Management: Embracing BYOD Through Secure App and Data Delivery." Technical paper. Citrix, 2013. Accessed August 30, 2014. http://www.citrixvirtualdesktops.com/documents/030413_CTX_WP_Enterprise_Mobility_Management-f-LO.pdf.

"Enterprise WLAN Market Grew 14.8% Year over Year in Second Quarter of 2013." IDC, August 26, 2013. Accessed August 12, 2014. http://www.idc.com/getdoc.jsp?containerId=prUS24278113.

"Facts about the Mobile. A Journey through Time." The Wayback Machine Internet Archive. Accessed August 15, 2014. http://web.archive.org/web/20100813122017/http://www.mobilen50ar.se/eng/FaktabladENGFinal.pdf.

"Fake AP Main." Wirelessdefence.org. Accessed October 15, 2014. http://www.wirelessdefence.org/Contents/FakeAPMain.html.

Farley, Tom, and Mark Van Der Hoek. "Cellular Telephone Basics." Private Line, January 1, 2006. Accessed August 15, 2014. http://www.privateline.com/mt_cellbasics/.

Fitzpatrick, Jason. "HTG Explains: The Difference Between WEP, WPA, and WPA2 Wireless Encryption (and Why It Matters)." How-To Geek, LLC, July 16, 2013. Accessed September 16, 2014. http://www.howtogeek.com/167783/htg-explains-the-difference-between-wep-wpa-and-wpa2-wireless-encryption-and-why-it-matters/.

Fletcher, Grace. "Device Fingerprinting Methodology." Mobile App Tracking, June 18, 2013. Accessed November 26, 2014. http://support.mobileapptracking.com/entries/21771055-Device-Fingerprinting-Methodology.

Forrest, Connor. "Wi-Fi is rebranding itself." TechRepublic. Accessed March 19, 2020. https://www.techrepublic.com/article/wi-fi-is-rebranding-itself-heres-how-to-understand-the-new-naming.

Forristal, Jeff. "Android Fake ID Vulnerability Lets Malware Impersonate Trusted Applications, Puts All Android Users Since January 2010 At Risk." Bluebox, July 29, 2014. Accessed November 26, 2014. https://bluebox.com/technical/android-fake-id-vulnerability/.

Frankel, Sheila, Bernard Eydt, Les Owens, and Karen Scarfone. *Special Publication 800-97: Establishing Wireless Robust Security Networks*. National Institute of Standards and Technology, February 2007. Accessed October 2, 2014. http://csrc.nist.gov/publications/nistpubs/ 800-97/SP800-97.pdf.

Gast, Matthew. 802.11 *Wireless Networks: The Definitive Guide*. Sebastopol, CA: O'Reilly, 2002.

Genig, Hannah. "There's an App for That." Benzinga.com. Accessed May 10, 2020. https://www.benzinga.com/general/education/18/07/12001849/theres-an-app-for-that-apples-app-store-celebrates-10th-anniversary.

Georgiev, Martin, et al. "The Most Dangerous Code in the World: Validating SSL Certificates in Non-Browser Software." Association for Computing Machinery, October 16, 2012. Accessed November 16, 2014. http://www.cs.utexas.edu/~shmat/shmat_ccs12.pdf.

"Getting Started with Browser Exploitation Framework (BeEF) in Kali Linux." *Linux Digest*, July 22, 2014. Accessed November 13, 2014. http://sathisharthars.wordpress.com/2014/07/22/getting-started-with-browser-exploitation-framework-beef-in-kali-linux/.

Gianchandani, Prateek. "KARMETASPLOIT, Pwning the Air!" InfoSec Institute, December 19, 2011. Accessed November 26, 2014. http://resources.infosecinstitute.com/karmetasploit.

Gibbs, Mark. "Top 10 Security Tools in Kali Linux 1.0.6." *Network World*, February 11, 2014. Accessed November 26, 2014. http://www.networkworld.com/article/2291215/security/139872-Top-10-security-tools-in-Kali-Linux-1.0.6.html.

Gilchrist, Alasdair. *Tackling Fraud: Behavioural Biometric Analysis*. Independently Published, 2017.

Gilman, Evan, and Doug Barth. *Zero Trust Networks: Building Secure Systems in Untrusted Networks*. Newton, MA: O'Reilly, 2017.

"Giving Business Travelers What They Want Is Both an Art and a Science." Hotel Managers Group, 2014. Accessed August 12, 2014. http://hmghotels.com/What-do-business-travelers-want-in-2014.html.

Gonen, Yoav, Kevin Fasick, and Bruce Golding. "NYPD to Get $160M Mobile Fingerprint Device." *New York Post*, October 23, 2013. Accessed November 26, 2014. http://nypost.com/2014/10/23/nypd-to-get-160m-mobile-fingerprint-device/.

Goodin, Dan. "Stealthy Technique Fingerprints Smartphones by Measuring Users' Movements." *Ars Technica*, October 14, 2013. Accessed November 26, 2014. http://arstechnica.com/security/2013/10/stealthy-technique-fingerprints-smartphones-by-measuring-users-movements.

Gopinath, K.N. "WiFi Rogue AP: 5 Ways to (Mis)use It." *AirTight Networks Blog*, July 28, 2009. Accessed September 10, 2014. http://blog.airtightnetworks.com/wifi-rogue-ap-5-ways-to-use-it/.

Greene, Tim. "Black Hat: Top 20 Hack-Attack Tools." *Network World*, July 19, 2013. Accessed November 26, 2014. http://www.networkworld.com/article/2168329/malware-cybercrime/black-hat--top-20-hack-attack-tools.html.

Gruman, Galen. "How Windows Phone 8 Security Compares to IOS and Android." *InfoWorld*, October 30, 2012. Accessed November 26, 2014. http://www.infoworld.com/article/2616016/windows-phone-os/how-windows-phone-8-security-compares-to-ios-and-android.html.

Guide for Conducting Risk Assessments. National Institute of Standards and Technology. September 2012. Accessed November 26, 2014. http://csrc.nist.gov/publications/nistpubs/800-30-rev1/sp800_30_r1.pdf.

Halasz, David. "IEEE 802.11i and Wireless Security." *EETimes*, August 25, 2004. Accessed November 26, 2014. http://www.eetimes.com/author.asp?section_id=36&doc_id=1287503.

"Hping Network Security—Kali Linux Tutorial." Ethical Hacking. Accessed November 10, 2014. http://www.ehacking.net/2013/12/hping-network-security-kali-linux.html.

Huadong, Chen. "LTE Network Design and Deployment Strategy–ZTE Corporation." ZTE Corporation, January 17, 2011. Accessed August 15, 2014. http://wwwen.zte.com.cn/endata/magazine/ztetechnologies/2011/no1/articles/201101/t20110117_201779.html.

"Installing Aircrack-ng from Source." Aircrack-ng, November 4, 2014. Accessed November 26, 2014. http://www.aircrack-ng.org/doku.php?id=install_aircrack.

"iOS Security." Apple Inc., February 2014. https://www.apple.com.

"iOS Technology Overview." *iOS Developer Library*, Apple Inc., September 19, 2014. Accessed November 26, 2014. https://developer.apple.com/library/ios/documentation/miscellaneous/conceptual/iphoneostechoverview/iOSTechOverview.pdf.

"IP Mobility." Aruba Networks. Accessed August 5, 2014. http://www.arubanetworks.com/techdocs/ArubaOS_60/UserGuide/Mobility.php.

"ISO/IEC 27001—Information Security Management." International Organization for Standardization. Accessed August 21, 2014. http://www.iso.org/iso/home/standards/management-standards/iso27001.html.

"ISO/IEC 27002:2013 Information Technology—Security Techniques—Code of Practice for Information Security Controls." International Organization for Standardization. Accessed August 30, 2014. http://www.iso.org/iso/home/store/catalogue_ics/catalogue_detail_ics.htm?csnumber=54533.

Johnson, Linda A. "Bell Labs' History of Inventions." *USA Today*, December 1, 2006. Accessed August 15, 2014. http://usatoday30.usatoday.com/tech/news/2006-12-01-bell-research_x.html.

Kabay, M. E. "Guidelines for Securing IEEE 802.11i Wireless Networks." *Network World*, February 19, 2009. Accessed November 16, 2014. http://www.networkworld.com/article/2263578/wireless/guidelines-for-securing-ieee-802-11i-wireless-networks.html.

"Kali Linux Evil Wireless Access Point." Offensive Security, June 10, 2014. Accessed November 26, 2014. http://www.offensive-security.com/kali-linux/kali-linux-evil-wireless-access-point.

Kalmes, Chad, and Greg Hedges. "Risk Assessment: Are You Overlooking Wireless Networks?" *CSO Online*, May 10, 2006. Accessed November 16, 2014. http://www.csoonline.com/article/2119881/security-leadership/risk-assessment--are-you-overlooking-wireless-networks-.html.

Kao, I-Lung. "Securing Mobile Devices in the Business Environment." Technical paper. IBM Corporation, October 2011. Accessed August 30, 2014. https://www-935.ibm.com/services/uk/en/attachments/pdf/Securing_mobile_devices_in_the_business_environment.pdf.

Karagiannidis, George. "App Security 101: A List of Top 10 Vulnerabilities and How to Avoid Them." Developer Economics, March 12, 2014. Accessed November 26, 2014. http://www.developereconomics.com/app-security-101-list-top-10-vulnerabilities/.

Kelly, Gordon. "Report: 97% Of Mobile Malware Is on Android. This Is the Easy Way You Stay Safe." *Forbes*, March 24, 2014. Accessed November 26, 2014. http://www.forbes.com/sites/gordonkelly/2014/03/24/report-97-of-mobile-malware-is-on-android-this-is-the-easy-way -you-stay-safe.

Kennedy, Susan. "Best Practices for Wireless Network Security." ISACA, 2004. Accessed September 16, 2014. http://www.isaca.org/Journal/Past-Issues/2004/Volume-3/Pages/Best-Practices-for-Wireless-Network-Security.aspx.

"Cell Phone Spy Software—The Complete Guide." AcisNI.com, 2014. Accessed November 11, 2014. http://acisni.com/cell-phone-spy-software-complete-guide.

Kirsch, Christian. "Introduction to Penetration Testing." Security Street, April 7, 2013. Accessed November 26, 2014. https://community.rapid7.com/docs/DOC-2248.

"Know the Risks of Ad Hoc Wireless LANs." *WLAN Watch Security Newsletter*, AirDefense, Inc., 2002. Accessed September 10, 2014. http://www.airdefense.net/eNewsletters/adhoc.shtm.

Koh, Rachel, et al. "Smartphones and Tablets: Economic Impacts." Accessed August 15, 2014. http://it1001tablet.blogspot.com/p/economic-impacts_25.html.

Lee, Timothy B. "What Killed BlackBerry? Employees Started Buying Their Own Devices." *Washington Post*, September 20, 2013. Accessed August 15, 2014. http://www.washingtonpost.

com/blogs/the-switch/wp/2013/09/20/what-killed-blackberry-employees-started-buying-their-own-devices/.

Legg, Gary. "The Bluejacking, Bluesnarfing, Bluebugging Blues: Bluetooth Faces Perception of Vulnerability." *EETimes*, August 4, 2005. Accessed September 10, 2014. http://www.eetimes.com/document.asp?doc_id=1275730.

Lessing, Marlese. "What is WiFI 6?" SDxCentral. Accessed April 10, 2020. https://www.sdxcentral.com/networking/wifi/what-is-wifi-6.

"Limiting or Removing Unwanted Network Traffic at the Client." The University of Iowa, 2014. Accessed October 2, 2014. http://its.uiowa.edu/support/article/3576.

Litten, David. "Qualitative and Quantitative Risk Analysis." *PMP Primer*. Accessed October 22, 2014. http://www.pm-primer.com/pmbok-qualitative-and-quantitative-risk-analysis/.

Malenkovich, Serge. "Is Your iPhone Already Hacked?" Kaspersky Lab, June 24, 2014. Accessed November 26, 2014. http://blog.kaspersky.com/iphone-spyware.

"Malware Delivery—Understanding Multiple Stage Malware." *Cyber Squared*. Accessed November 13, 2014. http://www.cybersquared.com.

Marin-Perianu, Raluca, Pieter Hartel, and Hans Scholten. "A Classification of Service Discovery Protocols." University of Twente (Netherlands), June 2005. Accessed November 26, 2014. http://doc.utwente.nl/54527/1/classification_of_service.pdf.

McNeil, Andrew. "Build Your Own WIFI Jammer." Instructables. Accessed October 15, 2014. http://www.instructables.com/id/Build-your-own-WIFI-jammer.

Mick, Jason. "The True Story: Two U.S. Nuclear Labs 'Hacked'" *DailyTech*, December 8, 2007. Accessed September 10, 2014. http://www.dailytech.com/article.aspx?newsid=9950.

Miessler, Daniel. "The Difference Between a Vulnerability Assessment and a Penetration Test." Danielmiessler.com. Accessed October 15, 2014. http://danielmiessler.com/writing/vulnerability_assessment_penetration_test.

Miliefsky, Gary. "SnoopWall Flashlight Apps Threat Assessment Report." SnoopWall, October 1, 2014. Accessed November 26, 2014. http://www.snoopwall.com/threat-reports-10-01-2014/.

Mills, Elinor. "On iPhone, Beware of That AT&T Wi-Fi Hot Spot." *CNET*, April 27, 2010. Accessed November 26, 2014. http://www.cnet.com/news/on-iphone-beware-of-that-at-t-wi-fi-hot-spot.

Minzsec. "Kali Linux—Get Control of Android Phone Using Armitage." Operating System Hacking & Security, July 1, 2014. Accessed November 26, 2014. http://operatin5.blogspot.com/2014/07/kali-linux-get-control-of-android-phone.html.

Mitchell, Bradley. "802.11 What? What Do These Different Wireless Standards Mean?" About.com. Accessed September 7, 2014. http://compnetworking.about.com/cs/wireless80211/a/aa80211standard.html.

"What Is WPA2?" About.com. Accessed September 16, 2014. http://compnetworking.about.com/od/wirelesssecurity/f/what-is-wpa2.html.

"Mobile Technology Fact Sheet." Pew Research Centers Internet & American Life Project, January 2014. Accessed August 13, 2014. http://www.pewinternet.org/fact-sheets/mobile-technology-fact-sheet/.

Moreau, Seán. "The Evolution of iOS." Computerworld. Accessed April 3, 2020. https://www.computerworld.com/article/2975868/the-evolution-of-ios.html.

Murph, Darren. "Study: 802.11ac Devices to Hit the One Billion Mark in 2015, Get Certified in 2048." Engadget, February 8, 2011. Accessed September 8, 2014. http://www.engadget.com/2011/02/08/study-802-11ac-devices-to-hit-the-one-billion-mark-in-2015-get.

Murray, Jason. "An Inexpensive Wireless IDS Using Kismet and OpenWRT." SANS Institute, April 5, 2009. Accessed November 26, 2014. http://www.sans.org/reading-room/whitepapers/detection/inexpensive-wireless-ids-kismet-openwrt-33103.

Negus, Kevin J. "History of Wireless Local Area Networks (WLANs) in the Unlicensed Bands." George Mason University Law School Conference, Information Economy Project, April 4, 2008. Accessed August 12, 2014. http://iep.gmu.edu/wp-content/uploads/2009/08/WLAN_History_Paper.pdf.

Nerney, Chris. "Signs Your Android Device Is Infected with Malware (and What to Do about It)." CITEworld, October 16, 2013. Accessed November 26, 2014. http://www.citeworld.com/article/2114383/mobile-byod/android-malware-how-to-tell.html.

Quinn, Tim. "Non-Broadcast Wireless SSIDs: Why Hidden Wireless Networks Are a Bad Idea." Networking Blog, TechNet, Microsoft, February 8, 2008. Accessed September 5, 2014. http://blogs.technet.com/b/networking/archive/2008/02/08/non-broadcast-wireless-ssids-why-hidden-wireless-networks-are-a-bad-idea.aspx.

Okolie, C. C., F. A. Oladeji, B. C. Benjamin, H. A. Alakiri, and O. Olisa. "Penetration Testing for Android Smartphones." *IOSR Journal of Computer Engineering* 14, No. 3 (September/October 2013): 104–09. 2014. Accessed November 26, 2014. http://www.academia .edu/5320987/Penetration_Testing_for_Android_Smartphones.

Olifer, Natalia and Victor Olifer. *Computer Networks: Principles, Technologies and Protocols for Network Design*. Evolution of Computer Networks. Indianapolis, IN: John Wiley & Sons, 2005. Accessed August 5, 2014. http://czx.ujn.edu.cn/course/comnetworkarc/Reference/Evolution_of_Computer_Networks.pdf.

Park, Bok-Nyong, Wonjun Lee, and Christian Shin. "Securing Internet Gateway Discovery Protocol in Ubiquitous Wireless Internet Access Networks." Cham, Switzerland: Springer International Publishing AG. Accessed October 2, 2014. http://link.springer.com/chapter/10.1007/11802167_33#close.

Patil, Basavaraj. "IP Mobility Ensures Seamless Roaming." *Communication Systems Design*, February 2003, 11–19. Accessed August 5, 2014. http://m.eet.com/media/1094820/feat1-feb03.pdf.

Paul, Ian. "F-Secure Says 99 Percent of Mobile Malware Targets Android, but Don't Worry Too Much." CSO, April 29, 2014. Accessed November 26, 2014. http://www.csoonline.com/article/2148947/data-protection/f-secure-says-99-percent-of-mobile-malware-targets-android-but-dont-worry-too-much.html.

PCI Security Standards Council Website. Accessed August 30, 2014. https://www.pcisecuritystandards.org/.

Pearson, Dale. "Wireless Attack and Audit Tools…Recommendations List." Subliminal Hacking, February 7, 2013. Accessed October 15, 2014. http://www.subliminalhacking.net/2013/02/07/wireless-attack-and-audit-tools-recommendations-list.

Peltier, Thomas R., Justin Peltier, and John Blackley. *Information Security Fundamentals*. Boca Raton, FL: Auerbach Publications, 2005.

Phifer, Lisa. "Anatomy of a Wireless 'Evil Twin' Attack (Part 2: Countermeasures)." WatchGuard. Accessed September 10, 2014. http://www.watchguard.com/infocenter/editorial/27079.asp.

"Top Ten Wi-Fi Security Threats." *ESecurity Planet*, March 8, 2010. Accessed August 30, 2014. http://www.esecurityplanet.com/views/article.php/3869221/Top-Ten -WiFi-Security-Threats.html.

Plaskett, Alex, and Dave Chismon. "Security Considerations in the Windows Phone 8 Application Environment." MWR InfoSecurity, August 8, 2013. Accessed December 1, 2014. https:// www.mwrinfosecurity.com/articles/security-considerations-in-the-windows-phone-8 -application-environment/.

Poole, Ian. "CDMA Technology Basics Tutorial." Radio-electronics.com. Accessed August 15, 2014. http://www.radio-electronics.com/info/rf-technology-design/cdma/what-is-cdma-basics-tutorial.php.

"Project Isizwe: Free Wi-Fi for Kids in Africa." ProjectIsizwe.org, June 2012. Accessed August 12, 2014. http://projectisizwe.org/downloads/socio-economic-impact.pdf.

"Projects/OWASP Mobile Security Project—Top Ten Mobile Risks." Open Web Application Security Project (OWASP), November 5, 2014. Accessed December 1, 2014. https://www.owasp.org/index.php/Projects/OWASP_Mobile_Security_Project_-_Top_Ten_Mobile_Risks.

PRNewswire. "Alcatel-Lucent Malware Report Reveals That More Apps Are Spying on Us, Stealing Personal Information and Pirating Data Minutes." *Yahoo! Finance*, September 4, 2014. Accessed November 26, 2014. http://finance.yahoo.com/news/alcatel-lucent-malware-report-reveals-140000872.html.

Qaissaunee, Michael, and Mohammad Shanehsaz. "Wireless LAN Auditing Tools." Brookdale Community College, Lincroft, NJ. Accessed October 15, 2014. http://www.ewh.ieee.org/r1/njcoast/events/WirelessSecurity.pdf.

Radack, Shirley, ed. "ITL Bulletin for August 2012." National Institute of Standards and Technology, August 2012. Accessed September 10, 2014. http://csrc.nist.gov/publications/nistbul/august-2012_itl-bulletin.pdf.

Raphael, J.R. "Android versions: A Living History from 1.0 to 11." Computerworld. Accessed April 4, 2020. https://www.computerworld.com/article/3235946/android-versions-a-living-history-from-1-0-to-today.html.

Reeves, Scott. "Try Kismet for Detecting Hidden 802.11 Wireless Networks." *TechRepublic*, December 2, 2011. http://www.techrepublic.com/blog/linux-and-open-source/try-kismet-for-detecting-hidden-80211-wireless-networks.

"Research in Motion Reports Third Quarter Fiscal 2013 Results." *Marketwire*, December 20, 2012. Accessed August 15, 2014. http://www.marketwired.com/press-release/research-in-motion-reports-third-quarter-fiscal-2013-results-nasdaq-rimm-1740316.htm.

Reynolds, Jake. "When 802.1x/PEAP/EAP-TTLS Is Worse Than No Wireless Security." *Depth Security*, November 19, 2010. http://blog.depthsecurity.com/2010/11/when-8021xpeapeap-ttls-is-worse-than-no.html.

Rouse, Margaret. "Enterprise Mobility Management (EMM)." TechTarget, July 2014. Accessed November 11, 2014. http://searchconsumerization.techtarget.com/definition/enterprise-mobility-management-EMM.

"Mobile Application Management (MAM)." TechTarget, June 2014. Accessed November 11, 2014. http://searchconsumerization.techtarget.com/definition/mobile-application-management.

Runnels, Tammie. "History of Wireless Networks." History of Wireless Networks, October 2005. Accessed August 12, 2014. http://www.arp.sprnet.org/default/inserv/trends/history _wireless.htm.

Russon, Mary-Ann. "19 Fake Mobile Base Stations Found Across US—Are They for Spying or Crime?" *International Business Times*, September 4, 2014. Accessed December 1, 2014. http://www.ibtimes.co.uk/19-fake-mobile-base-stations-found-across-us-are-they-spying-crime-1464008.

"Security for Windows Phone 8." Windows Dev Center, Microsoft, August 19, 2014. Accessed November 11, 2014. http://msdn.microsoft.com/en-us/library/windows/apps/ff402533%28v=vs.105%29.aspx.

"Security Risk Assessment and Audit Guidelines." The Government of the Hong Kong Special Administrative Region of the People's Republic of China Office of the Government Chief Information Officer, 2012. Accessed December 1, 2014. http://www.ogcio.gov.hk/en/infrastructure/methodology/security_policy/doc/g51_pub.pdf.

Segura, Jérôme. "A Cunning Way to Deliver Malware." *Malwarebytes Unpacked*, July 11, 2014. Accessed December 1, 2014. https://blog.malwarebytes.org/malvertising-2/2014/07/a-cunning-way-to-deliver-malware.

Seltzer, Larry. "Does IOS Malware Actually Exist?" *ZDNet*, June 13, 2014. Accessed December 1, 2014. http://www.zdnet.com/does-ios-malware-actually-exist-7000030518/.

"Single Sign-On Mythbusting." *Information Week Dark Reading*, January 10, 2013. Accessed October 2, 2014. http://www.darkreading.com/single-sign-on-mythbusting/d/d-id/ 1138961.

Six, Jeff. "An In Depth Introduction to the Android Permission Model." The OWASP Foundation, April 3, 2012. Accessed December 1, 2014. https://www.owasp.org/images/c/ca/ASDC12-An_InDepth_Introduction_to_the_Android_Permissions_Modeland_How_to_Secure_MultiComponent_Applications.pdf.

"Smartphone Sensors Leave Trackable Fingerprints." *ScienceDaily*, April 28, 2014. Accessed December 1, 2014. http://www.sciencedaily.com/releases/2014/04/140428121433.htm.

Snyder, Bill. "User Beware: That Mobile App Is Spying on You." *InfoWorld*, August 6, 2014. Accessed December 1, 2014. http://www.infoworld.com/article/2608494/mobile-apps/user-beware--that-mobile-app-is-spying-on-you.html.

Solomon, Sharon. "Top-10 Essential Challenges of Mobile Security." Checkmarx, November 29, 2013. Accessed December 1, 2014. https://www.checkmarx.com/2013/11/29/10-challenges -of-mobile-security/.

"SPF User Guide." Bulb Security. Accessed November 13, 2014. http://www.bulbsecurity.com/smartphone-pentest-framework/spf-user-guide/#Remote_Attack_Examples.

Srinivas. "Android Hacking and Security, Part 1: Exploiting and Securing Application Components." InfoSec Institute, March 27, 2014. Accessed December 1, 2014. http://resources.infosecinstitute .com/android-hacking-security-part-1-exploiting-securing-application-components/.

Stallings, William. "Security Comes to SNMP: The New SNMPv3 Proposed Internet Standards." *Internet Protocol Journal*, Cisco, Vol. 1, No 3, December 1998. Accessed October 2, 2014. http://www.cisco.com/web/about/ac123/ac147/archived_issues/ipj_1-3/snmpv3.html.

Stevenson, Alastair "Windows Phone 8.1 Review." *V3.co.uk*, May 26, 2014. Accessed December 1, 2014. http://www.v3.co.uk/v3-uk/review/2346443/windows-phone-81-review.

Svajcer, Vanja. "Sophos Mobile Security Threat Report." Sophos Ltd., 2014. Accessed October 21, 2014. http://www.sophos.com/en-us/medialibrary/PDFs/other/sophos-mobile-security-threat-report.pdf.

Tarasenko, Nick. "iOS 7 Is Installed on 91% of Devices, Latest Android Version Only on 21%." iPhoneRoot.com, August 23, 2014. Accessed November 13, 2014. http://iphoneroot.com/ios-7-is-installed-on-91-of-devices-latest-android-version-only-on-21/.

Temple, James. "Stanford Researchers Discover 'Alarming' Method for Phone Tracking, Fingerprinting Through Sensor Flaws." *SFGate*, October 10, 2013. Accessed December 1, 2014. http://blog.sfgate.com/techchron/2013/10/10/stanford-researchers-discover-alarming -method-for-phone-tracking-fingerprinting-through-sensor-flaws/.

Tewson, Kathryn, and Steve Riley. "Security Watch: A Guide to Wireless Security." *TechNet Magazine*, Microsoft, December 2008. Accessed August 5, 2014. http://technet.microsoft.com/en-us/magazine/2005.11.securitywatch.aspx.

"The Rise of the Mobile Workforce and Deskless Workers." Skedulo. Accessed April 18, 2020. https://www.skedulo.com/the-rise-of-the-mobile-workforce-and-deskless-workers.

"Threat Report H1 2014." F-Secure Corporation, 2014. Accessed December 1, 2014. http://www.f-secure.com/documents/996508/1030743/Threat_Report_H1_2014.pdf.

"Top 10 Losing Warehouse Strategies and How to Avoid Them." Motorola Solutions, 2013. Accessed August 12, 2014. http://www.motorolasolutions.com/web/Business/Solutions/Manufacturing/_Documents/_staticFiles/Top%2010%20Losing%20Warehouse%20Strategies %20and%20How%20to%20Avoid%20Them.pdf.

"Understanding Encryption Types." Aruba Networks. Accessed August 5, 2014. http://www.arubanetworks.com/techdocs/Instant_40_Mobile/Advanced/Content/UG_files/Authentication/UnderstandingEncryption.html.

"Understanding IEEE* 802.11 Authentication and Association." Intel Corporation, July 21, 2014. Accessed September 10, 2014. http://www.intel.com/support/wireless/wlan/sb/CS-025325.html.

"Understanding WPA-PSK and WPA2-PSK Authentication." Juniper Networks, Inc., March 13, 2013. Accessed September 16, 2014. http://www.juniper.net/techpubs/en_US/junos-space-apps12.3/network-director/topics/concept/wireless-wpa-psk-authentication.html.

"Upgrade Cisco IOS on an Autonomous Access Point." Cisco, September 2, 2008. Accessed September 16, 2014. http://www.cisco.com/c/en/us/support/docs/wireless-mobility/wireless-lan-wlan/107911-ios-upgrade.html.

U.S. Department of Health and Human Services. "HITECH Act Enforcement Interim Final Rule," 2009. Accessed August 30, 2014. http://www.hhs.gov/ocr/privacy/hipaa/administrative/enforcementrule/hitechenforcementifr.html.

Vladimirov, Andrew A., Konstantin V. Gavrilenko, and Andrei A. Mikhailovsky. *Wi-Foo*. Boston: Addison-Wesley, 2004.

Warner, Jonathon. "The Complete Guide to Jailbreaking Windows Phone 7.8." *Windows Phone Hacker*, February 9, 2014. Accessed November 26, 2014. http://windowsphonehacker.com/articles/the_complete_guide_to_jailbreaking_windows_phone_7_and_7.5-09-24-11.

"Web Application Firewall Detection—Kali Linux Tutorial." Ethical Hacking. Accessed November 10, 2014. http://www.ehacking.net/2013/12/web-application-firewall-detection -kali.html.

Westervelt, Robert. "Droid Danger: Top 10 Android Malware Families." *CRN*, August 8, 2013. Accessed December 1, 2014. http://www.crn.com/slide-shows/security/240159651/droid-danger-top-10-android-malware-families.htm/pgno/0/3.

Westin, Ken. "Penetration Testing with Smartphones Part 1." *The State of Security*, November 30, 2012. Accessed December 1, 2014. http://www.tripwire.com/state-of-security/security-data -protection/penetration-testing-with-smartphones-part-1.

Wexler, Joanie. "Are All-Wireless Networks Vulnerable to Jamming?" *Network World*, August 27, 2007. Accessed December 1, 2014. http://www.networkworld.com/article/2294345/network -security/are-all-wireless-networks-vulnerable-to-jamming-.html.

"What Are Cookies in Computers?" All About Cookies. Accessed November 11, 2014. http://www .allaboutcookies.org/.

"What Is a Mobile Threat?" Lookout, Inc., 2013. Accessed August 30, 2014. https://www.lookout.com/resources/know-your-mobile/what-is-a-mobile-threat.

"What Is MU-MIMO and Why You Need It in Your Wireless Routers." NetworkWorld. Accessed April 10, 2020. https://www.networkworld.com/article/3250268.

"Why Choose WiFi as a Service?" Superloop. Accessed April 20, 2020. https://superloop.com/blog/why-choose-wifi-as-a-service.

"Wi-Fi Certified N: Longer-Range, Faster-Throughput, Multimedia-Grade Wi-Fi Networks (2009)" Wi-Fi Alliance, 2009. Accessed September 8, 2014. http://www.wi-fi.org/file/wi-fi-certified-n-longer-range-faster-throughput-multimedia-grade-wi-fi-networks-2009.

Wijayatunga, Champika. "Internet and Security Fundamentals." Asia Pacific Network Information Centre (APNIC). Accessed August 30, 2014. https://www.pacnog.org/pacnog10/track3/Security-Part-1.pdf.

Williams, Chris, Gabriel Solomon, and Robert Pepper. "What Is the Impact of Mobile Telephony on Growth?" Deloitte LLP, 2012. Accessed August 15, 2014. http://www.gsma.com/publicpolicy/wp-content/uploads/2012/11/gsma-deloitte-impact-mobile-telephony-economic-growth.pdf.

"Windows Phone Architecture Overview, Getting Started." Windows Dev Center, Microsoft, October 3, 2014. https://dev.windows.com.

Woods, John. "Fake AP on Kali Linux." *I'm Here to Protect You*, August 27, 2013. Accessed December 1, 2014. http://secjohn.blogspot.com/2013/08/fake-ap-on-kali-linu.html.

"Worldwide WLAN Market Reaches Nearly $6.4 Billion in 2011, According to IDC." *Reuters*, February 23, 2012. Accessed August 12, 2014. http://www.reuters.com/article/2012/02/23/idUS238517%2B23-Feb-2012%2BBW20120223.

Worth, Dan. "ATM Malware Thefts the 'Modern Day Bank Robbery' Raking in Millions for Crooks." *V3.co.uk*, November 3, 2014. Accessed December 1, 2014. http://www.v3.co.uk/v3-uk/analysis/2378908/atm-malware-thefts-the-modern-day-bank-robbery-raking-in-millions-for-crooks.